太湖流域洪水资源利用理论与实践

王银堂　吴浩云　胡庆芳 等　著

科 学 出 版 社
北 京

内 容 简 介

本书是作者多年从事太湖流域洪水规律分析和洪水调控技术研究及管理工作所积累的成果总结。全书共9章，围绕太湖流域洪水资源的利用依据、利用方式和利用效果三个层面，针对暴雨洪水演变规律、洪水资源利用评价、洪水调控模式以及风险效益评价等内容开展了系统研究，构建了平原河网地区洪水资源利用技术体系，并在2008年以来的流域洪水与水量综合调度实践中进行了应用，取得了显著的经济、环境和社会综合效益。

本书可供水文水资源、水利工程、水文气象、自然地理等学科的科研、管理人员和高等院校相关专业的师生参考。

图书在版编目(CIP)数据

太湖流域洪水资源利用理论与实践 / 王银堂等著. —北京：科学出版社，2014.12

ISBN 978-7-03-041612-4

Ⅰ. 太… Ⅱ. 王… Ⅲ. 太湖-流域-洪水-水资源利用-研究 Ⅳ. TV213.9

中国版本图书馆 CIP 数据核字（2014）第 184200 号

责任编辑：张 菊 / 责任校对：钟 洋

责任印制：徐晓晨 / 封面设计：无极书装

科 学 出 版 社 出版

北京东黄城根北街 16 号

邮政编码：100717

http://www.sciencep.com

北京建宏印刷有限公司 印刷

科学出版社发行 各地新华书店经销

*

2014 年 12 月第 一 版 开本：787×1092 1/16

2017 年 2 月第三次印刷 印张：18

字数：430 000

定价：128.00 元

（如有印装质量问题，我社负责调换）

序

太湖流域洪水资源利用是统筹解决流域防洪排涝、水资源利用和水环境改善的重要举措，旨在保证防洪和生态安全的前提下，依托水利工程体系，综合利用工程调控、先进技术和管理手段，对洪水实施拦蓄和滞留，将部分洪水适时适度地转化为可供利用的水资源，满足流域经济、社会、生态和环境的用水需求。

随着治太工程的全面实施，太湖流域已初步建成了望虞河、太浦河、环湖大堤工程等十一项骨干工程，形成了洪水北排长江、东出黄浦江、南排杭州湾，充分利用太湖调蓄、"蓄泄兼筹，以泄为主" 的流域防洪工程体系，不仅在流域防洪减灾方面发挥了重要作用，也为流域洪水资源利用提供了良好的工程条件。另一方面，天气监测技术的提升，暴雨洪水预测预报技术的进步，工程体系调控能力的改善，为充分利用洪水资源、增加流域蓄洪水量提供了必要的技术前提和实施手段。

太湖流域管理局与南京水利科学研究院联合开展了太湖流域洪水资源利用的系列研究，历时五载，成果丰硕。研究围绕太湖流域暴雨洪水特性和变化趋势、流域洪水资源利用评价和潜力、洪水资源利用的调控方式以及洪水资源利用的风险效益评价等问题，采用实地调研、定性分析、定量模拟、调度仿真、系统优化等综合方法，建立了流域洪水资源利用的理论框架和评价体系，构建了集资源利用、工程调控、风险管理于一体的流域洪水资源安全利用技术体系，提出了太湖流域洪水资源利用的总体策略和技术方案。研究成果在 2008 ~2011 年太湖流域洪水和水量调度中得到实际应用，取得了良好的生态、经济和社会效益。

该书是太湖洪水资源利用实践的理论概括和项目研究成果的系统总结。实践表明，太湖流域洪水资源安全利用，对于有效利用洪水资源，增加流域蓄供水量，缓解流域水资源供需矛盾，提高流域水体自净能力，改善流域水生态环境，具有重要现实意义和实用价值。该书的出版，将进一步丰富流域洪水资源利用的内涵，拓展和完善流域洪水资源利用的理论框架和技术体系，也为我国丰水地区流域洪水资源利用提供了有益启示和成功示范。

胡四一

2014 年 4 月 18 日

前 言

太湖流域经济发达、人口密集、城镇化程度高，随着人口的增长和经济的迅速发展，流域内水资源需求量和污水排放量不断增加，出现了自产水量不足、水质型缺水以及洪涝灾害严重三者并存的局面，水资源问题已成为制约区域经济社会可持续发展的主要因素。开展太湖流域洪水资源利用研究，通过合理调控流域洪水资源的时空分布，将流域的防洪减灾与水资源利用和水环境改善密切结合、统筹考虑，实现防洪调度与水资源调度相结合，对于缓解流域水资源供需矛盾、增加流域供水、改善流域水生态环境、有效提高水资源的利用效率和效益具有重要的现实意义。

围绕太湖流域的洪水资源利用，我们依托水利部现代水利科技创新项目“太湖流域洪水资源化利用研究”、水利部太湖流域运行调度设计专题“太湖流域梅雨与台风遭遇可能性研究”以及水利部引江济太专题“引江济太风险分析与对策研究”等项目，历时五年多时间开展了系统深入的研究工作。围绕太湖流域洪水资源的“利用依据”“利用方式”和“利用效果”三个方面，针对太湖流域暴雨洪水特征和变化趋势分析、太湖流域洪水资源利用识别体系构建、太湖流域洪水资源利用评价和潜力计算、太湖流域洪水资源调控模式初步研究以及太湖流域洪水资源利用的风险效益评价等内容开展了系统研究。综合运用水文学、水资源系统分析、风险分析等理论，采用实地调研、数理统计、模拟仿真与多目标优化、定性与定量分析相结合的方法，对太湖流域洪水资源利用中的关键技术问题进行了多途径和多角度的研究，构建了太湖流域洪水资源利用实用的技术体系，为提高水资源利用效率和效益提供了科学依据。

在以下方面取得了创新性成果。

1）系统研究了太湖流域暴雨洪水的天气系统背景、时空分布特征、多尺度演变特征和长期变化趋势，分析评价了人类活动、气候变化因素以及水资源分区降雨量对太湖最高水位的影响作用。揭示这些规律有助于客观认识太湖流域水资源系统的实质，了解流域洪水资源的特征，为太湖流域洪水资源利用和管理奠定坚实基础。

2）在综合分析形成太湖流域梅雨与台风雨天气背景的基础上，研究梅雨与台风特征因子的时空分布特征和演变规律，分析了梅雨与台风遭遇时机、遭遇频次以及可能组合等情况，评估了梅雨与台风遭遇对太湖流域降雨的时程分布和地区组成产生的影响，提出了对流域现行设计暴雨计算方案和成果的修改建议，为流域防洪调度的设计和实践提供科学依据。

3）在分析流域洪水特性，评价现状调度方式、洪水资源利用约束条件的基础上，首次提出了太湖流域洪水资源利用的识别体系，明确了太湖流域洪水资源利用评价的基本概念，系统提出了洪水资源利用评价体系和计算流程，定量评价了太湖流域洪水资源利用现状和利用潜力，为流域洪水资源利用提供了基础理论支撑。

4）分析了太湖流域现状调度方式调整的可行性，指出优化太湖防洪控制水位是太湖流域洪水资源利用调度的重点。基于太湖流域水量水质调度模型，考虑流域水资源需求及防洪风险约束，拟定了多种调控方式，在综合分析论证多场典型降雨和不同设计暴雨条件下流域洪水资源利用和调控效果的基础上，提出了太湖流域洪水资源利用调度方案。

5）构建了集基本概念、资源评价、利用模式和风险效益评估于一体的太湖流域洪水资源利用技术体系，丰富了洪水资源利用的内涵，拓展了洪水资源利用的技术体系，为丰水地区流域洪水资源利用提供了技术示范。

6）研究成果在2008年、2009年、2010年、2011年太湖流域调度实践中得到应用，取得了良好的经济和社会效益，实现了流域洪水资源利用理论与实践的结合。

本书共分9章。第1章叙述了本书的研究背景和意义，总结了国内外洪水资源利用方面的相关进展，分析了今后的研究趋势，阐述了本书的研究目标、研究框架、总体思路和技术路线；第2章系统分析了影响太湖流域的梅雨、台风大气环流背景和海洋特征，探讨了太湖流域梅雨、台风遭遇的可能性规律；第3章分析了太湖流域水文要素（降雨、梅雨、台风雨、水位等）的演变、趋势和周期特征，提出了气候和人类活动因素对太湖最高水位的影响程度；第4章阐明了太湖流域洪水的基本特征、指示要素和利用方式，提炼出洪水资源利用的约束指标，建立了洪水资源利用的识别体系；第5章阐明太湖流域洪水资源量与洪水资源利用量、利用潜力等概念，提出洪水资源利用评价指标体系及其计算流程，给出太湖流域洪水资源利用评价结果；第6章基于太湖流域现有防洪调度的再认识，分析洪水资源利用方式调整的可能途径，模拟和分析评价流域洪水资源调度方案；第7章综合分析太湖流域洪水资源利用方案的效益和风险，建立多目标评价模型优选出可行的洪水资源利用方案；第8章总结了2008～2011年太湖流域洪水资源利用的调度实践经验；第9章，归纳总结了主要研究成果和结论，同时讨论进一步开展的研究建议。

本书各章编写人员如下。第1章，王银堂，吴浩云；第2章，刘勇，梅青，崔婷婷，王宗志；第3章，胡庆芳，刘勇，潘彩英，王雨雨；第4章，胡庆芳，王银堂，吴浩云，梅青；第5章，胡庆芳，徐洪，张怡，邓鹏鑫；第6章，关铁生，胡艳，王银堂，林荷娟；第7章，刘克琳，吴浩云，林荷娟，关铁生，葛慧；第8章，吴浩云，徐洪，程媛华，张怡；第9章，王银堂，吴浩云。

此外，南京水利科学研究院冯小冲、陈艺伟、程亮，太湖流域管理局贾更华、刘克强、孙海涛、金科、姜桂花、杨洪林、秦忠等也参加了本书的研究工作。

在本书写作过程中，得到了水利部副部长胡四一教授、河海大学芮孝芳教授、南京大学许有鹏教授、水利部太湖流域管理局吴泰来教高、徐莩琛教高、管维庆教高等给予的热忱指导、支持和帮助，胡四一副部长还在百忙中欣然为本书作序，在此对他们致以诚挚的谢意和崇高的敬意！本书撰写过程中参考和引用了国内外许多学者的有关论文和论著，谨此向这些学者表示衷心谢意！

本书得到了水利部现代水利科技创新项目（编号XDS2007－04）、水利部公益性行业科研专项经费项目（编号201201072、201301075）、水利部引江济太专题以及南京水利科学研究院出版基金的大力支持和资助。在此，作者表示衷心感谢！

鉴于太湖流域洪水资源利用问题的复杂性，涉及因素众多，同时研究人员水平有限，工作的深度和广度有待于在今后进一步加强。书中的一些观点和方法可能留有争议或存在不足之处，殷切希望同行专家和读者朋友们给予批评指正。

作　者

2014年10月12日

目　　录

第 1 章
Chapter 1

绪 论

1.1　太湖流域洪水资源利用背景与意义

太湖流域地跨苏、浙、沪、皖四省市，位于长江三角洲核心区域，流域面积 36 895km^2,是我国人口最集中、经济最发达、城镇化程度最高的地区之一。2010 年以占全国 0. 39% 的国土面积，养育了占全国 4. 3% 的人口，创造了占全国 10. 8% 的国内生产总值（gross domestic product，GDP)，人均 GDP 超过 8. 2 万元，是全国人均 GDP 的 2. 3 倍。

太湖流域属亚热带季风气候区，降水丰沛。流域多年平均降雨量约 1185mm。太湖流域河流纵横，湖泊众多。较大的河流有东苕溪、西苕溪、南溪、江南运河、锡澄运河、望虞河、太浦河、浏河及黄浦江等；流域内有沙河、大溪、横山、青山、对河口、赋石和老石坎等大中型水库。太湖流域水系及水资源分区如图 1-1 所示。

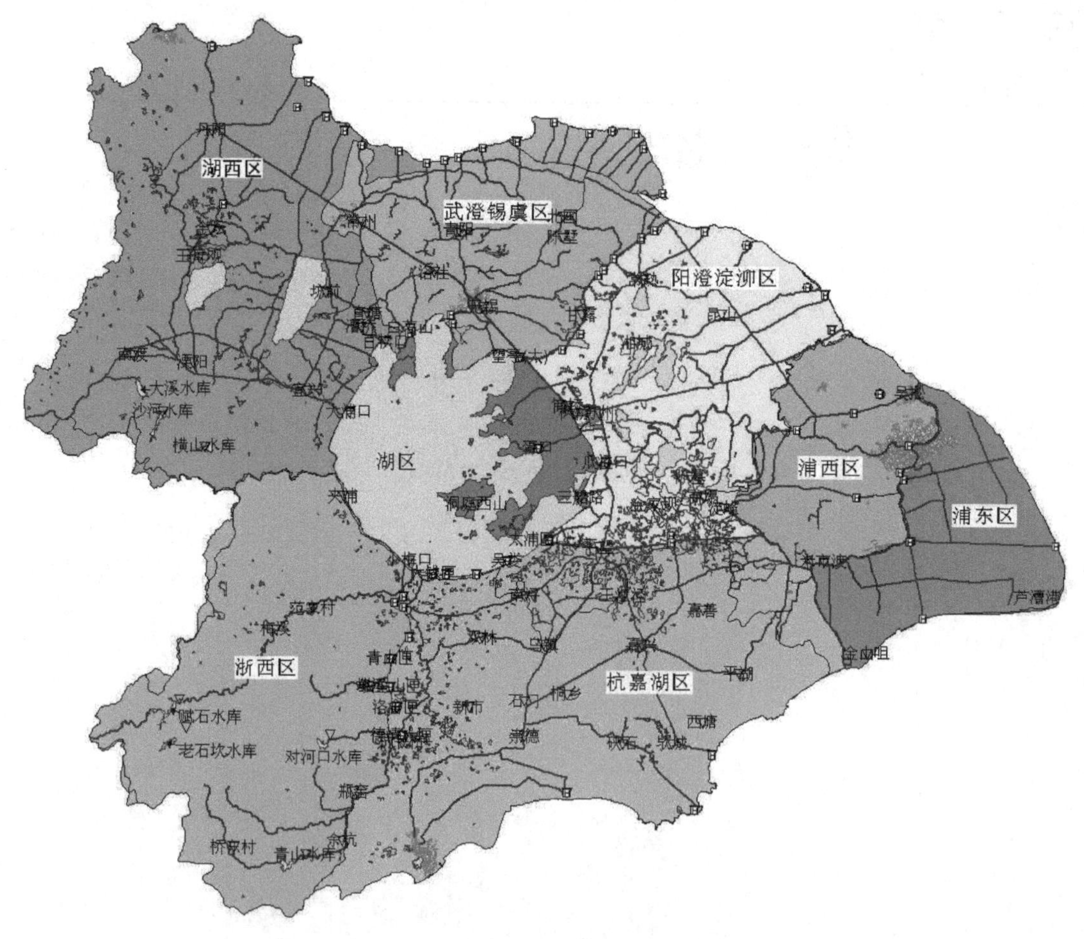

图 1-1　太湖流域水系及水资源分区图

随着人口和经济的快速增长，太湖流域水资源需求量和污水排放量不断增加，出现了自产水量不足、水质型缺水以及洪涝灾害频繁并存的局面，成为区域经济社会可持续发展瓶颈。根据《太湖流域及东南诸河水资源公报（2008年）》，2008年太湖流域用水量达到354.6亿m^3，其中流域本地水源供水为201.9亿m^3；沿江口门引长江和钱塘江水量为152.7亿m^3（包括自来水厂和工矿企业自备水源直接取水以及沿江口门引水），占供水量的43%，因此形成了过分依赖过境水和外流域引调水供水的局面。此外，由于工业、生活污水排放量的不断增加，加之太湖流域中间低、四周高的"碟型"地势特征，使得工业废水、生活污水汇聚于平原河网中，流域河网水质恶化趋势明显。2008年，在总河长3 028.7km的水质评价中，全年期85.2%的评价河长水质劣于Ⅲ类，部分河段为V类甚至是劣V类，流域的水质型缺水问题日益突出。另一方面，太湖流域受季风气候影响显著，降雨年内分配变化大，地表水资源量的60%~85%集中在汛期5~9月，导致流域洪涝灾害频发。1949~2011年发生较大洪涝灾害的年份有15年，20世纪80年代、90年代发生了9次，特别是1991年和1999年，当年洪涝灾害的直接经济损失就达到114亿元和141亿元。

1.1.1 基本概况

1.1.1.1 太湖流域地理概况

(1) 地理位置

太湖流域地处长江三角洲南缘，北滨长江，南濒钱塘江，东临东海，西以天目山、茅山等山区为界，地理坐标范围为东经119°08′~121°55′、北纬30°05′~32°08′。行政区划分属苏、浙、沪、皖三省一市，包括江苏省苏州、无锡、常州三市全部与镇江市、南京市高淳县的一部分，浙江省嘉兴市、湖州市全部与杭州市的一部分，上海市大陆部分（不含崇明、长兴、横沙三岛）以及安徽省宣城市的少部分地区。流域总面积36 895km^2，其中江苏19 399km^2，占52.6%；浙江12 093km^2，占32.8%；上海5 178km^2，占14.0%；安徽225km^2，占0.6%。

(2) 地形地貌

太湖流域地形特点为周边高、中间低，呈碟状。其西部为山丘区，属天目山及茅山山区的一部分，中间为平原河网和以太湖为中心的洼地及湖泊，北、东、南周边受长江口和杭州湾泥沙堆积影响，地势相对较高，形成碟边。

流域地貌大致以丹阳-溧阳-宜兴-湖州-杭州为界分山地、丘陵与平原，平原区又分为中部平原区、沿江滨海平原区和太湖湖区三类。西部山丘区面积7 338km^2，山区高程一般为200~500m（镇江吴淞高程，下同），丘陵高程一般为12~32m，约占总面积的20%；中部平原区面积19 350km^2，高程一般低于5m，约占总面积的52%；沿江滨海平原区7 015km^2，高程一般在5~12m，约占总面积的19%；太湖湖区3 192km^2，占总面积的9%。

1.1.1.2 太湖流域气候概况

太湖流域属亚热带季风气候区，呈现冬季干冷、夏季湿热、四季分明、降雨丰沛和台风频繁等气候特点。冬季受西北冷气团侵袭，盛行西北风，气候寒冷干燥；夏季受海洋气团的控制，盛行东南风，水汽丰沛，气候炎热湿润。多年平均气温介于 15 ~ 17℃，全年无霜期约 230 天，多年平均降水量 1 184.5mm，多年平均水面蒸发量为 822mm。

春夏之交，大多在每年的 5 ~7 月，暖湿气流北上，冷暖气流遭遇形成“梅雨”，易引起洪涝灾害；盛夏受副热带高压（简称副高）控制，天气晴热，大多在每年的 7 ~9 月，常受热带风暴和台风影响，形成“台风雨”，易出现灾害天气。如遇干旱年份，流域供水矛盾也十分突出。

1.1.1.3 太湖流域水系概况

（1）河流

太湖流域是我国著名的江南水乡，河网如织，湖泊棋布，太湖居中，包孕吴越，江南运河横贯南北，沟通河网水系。河道总长约 12 万 km，河道密度达 3.3km/km^2。流域内河流水系以太湖为中心，分上游和下游两个系统。上游有发源于天目山南北麓的苕溪水系和发源于茅山、界岭的南河水系以及洮滆水系；下游主要为平原河网水系，有江南运河水系、黄浦江水系、北部沿江水系和南部沿杭州湾水系。

（2）湖泊

太湖流域内湖泊众多，现有水面面积在 0.5km^{2}以上的大小湖泊共有 189 个，水面总面积 3 159km^2，蓄水量为 57.7 亿 m^3。湖泊占全流域面积的 8.6%。湖泊面积大于 10km^{2}以上的大中型湖泊有 9 个，分别为太湖、滆湖、阳澄湖、洮湖、淀山湖、澄湖、昆承湖、元荡、独墅湖，占湖泊总面积的 90%。由于受到自然和人为因素的影响，湖盆形态相似，均为浅水碟形，属三角洲浅水湖泊类型。

太湖是我国第三大淡水湖泊，是整个流域水调节和水生态系统的中心，面积2 338km^2，正常水位 3.11m（吴淞基面）下容积 44.3 亿 m^3，平均水深 1.99m，换水周期 309 天，北部从西向东有竺山湖、梅梁湖、五里湖、贡湖、胥湖以及东太湖等湖湾。

（3）水库

流域内现有 25 座大、中型水库，主要集中在流域西部。其中大型水库 8 座（江苏省 3 座——沙河水库、大溪水库、横山水库；浙江省 5 座——青山水库、对河口水库、赋石水库、老石坎水库、合溪水库），中型水库 17 座（江苏省 7 座，浙江省 10 座）。此外还有小型水库 386 座和众多塘坝。大中型水库总库容为 15.6 亿 m^3，其中防洪库容 5.58 亿 m^3。

1.1.1.4 太湖流域社会经济概况

太湖流域经济发达、人杰地灵。由于得天独厚的自然地理条件，这一经济区域自古就是鱼米之乡。“上有天堂，下有苏杭”正是其富饶繁荣的写照。新中国成立以后特别是改革开放以来，流域凭借良好的经济基础、强大的科技实力、高素质的人才队伍和日益完善的投资环境，经济社会得到了高速发展，成为我国经济最发达、大中城市最密集的地区之一。流域内除特大城市上海、杭州外，还有苏州、无锡、常州、嘉兴和湖州等大中城市以及迅速发展的众多城镇。

（1）人口与耕地

2010年流域总人口5 724.1万，其中城镇人口4 278.1万，人口密度约为1 551.5人/km²，2010年流域城镇化率达74.7%。1980～2010年的30年间，流域人口净增2 555.5万；城镇人口净增3 153.3万；农村人口净减597.8万（表1-1）。

表1-1　太湖流域代表年人口统计表（1980～2010年）

年份	人口（万）				GDP（亿元）				
	总人口	城镇人口	农村人口	城镇化率（%）	全流域	江苏省	浙江省	上海市	安徽省
1980	3 168.6	1 124.8	2 043.8	35.5	1 081.3	255.4	127.3	698.4	0.2
1990	3 493.0	1 649.7	1 843.3	47.2	2 582.6	798.3	363.0	1 420.7	0.6
2000	3 887.0	2 583.1	1 303.9	66.5	9 716.6	3 770.4	1 463.6	4 481.6	1.1
2010	5 724.1	4 278.1	1 446.0	74.7	42 904.5	19 425.1	6 795.9	16 678.0	5.5

注：2000年及以前GDP为2000年可比价，2000年后为当年价

2010年太湖流域农田有效灌溉面积为1 637.7万亩①，较2000年减少351.3万亩。

（2）主要经济指标

2010年太湖流域实现GDP 42 904.5亿元，约占全国GDP的10.8%，流域人均GDP约7.5万元，是全国人均水平的2.5倍。2010年太湖流域实现工业总产值20 197.3亿元，占工农业总产值的96.2%；农业总产值792.5亿元，仅占工农业总产值的3.8%。

2010年太湖流域及分省份经济社会情况见表1-2。

表1-2　2000年和2010年太湖流域经济社会发展指标

年份	分区	人口（万）		GDP（亿元）	人均GDP（万元）	农业总产值（亿元）	工业总产值（亿元）	农田有效灌溉面积（万亩）
		总人口	其中：城镇人口					
2000	太湖流域	3 887.0	2 583.1	9 716.6	2.5	787.3	18 601.8	1 989.0
	江苏省	1 741.6	936.2	3 770.4	2.2	351.2	8 485.8	1 125.3
	浙江省	826.1	475.1	1 463.5	1.8	258.2	3 236.9	534.9
	上海市	1 313.1	1 171.4	4 481.6	3.4	176.6	6 878.3	322.4
	安徽省	6.2	0.4	1.1	0.2	1.3	0.8	6.4
2010	太湖流域	5 724.1	4 278.1	42 904.5	7.5	792.5	20 197.3	1 637.7
	江苏省	2 370.0	1 636.7	19 425.1	8.2	412.9	10 880.2	864.8
	浙江省	1 127.5	677.2	6 795.9	6.0	281.2	2 945.7	542.6
	上海市	2 221.0	1 963.5	16 678.0	7.5	95.2	6 371.2	226.3
	安徽省	5.6	0.7	5.5	1.0	3.2	0.2	4.1

① 1亩≈666.7m²。

1.1.2 洪水资源利用的实践需求

太湖流域治理的核心问题包括防洪排涝、水资源开发利用和水环境改善三个方面。三者之间不是孤立的，客观上要求将流域的防洪减灾与水资源利用和水环境改善密切结合、统筹考虑，实现从洪水调度向洪水调度与资源调度相结合转变、水量调度向水量水质统一调度转变。太湖流域洪水资源利用研究正是在这样的背景下提出的。以科技进步为依托，通过科学调控流域内现有防洪工程，挖掘洪水资源的利用潜力，在平衡防洪风险和水资源利用效益的基础上提高开发利用水平，是流域水资源“开源”的一项重要举措。

从工程条件来看，随着治太工程的全面实施，太湖流域已初步建成了望虞河、太浦河、环湖大堤工程等十一项骨干工程，形成了洪水北排长江、东出黄浦江、南排杭州湾，充分利用太湖调蓄，“蓄泄兼筹，以泄为主”的流域防洪骨干工程体系；建立了以治太骨干工程为主体，由流域上游水库、周边江堤海塘和平原区各类圩闸等工程组成的流域防洪工程体系。这不仅在防洪减灾中发挥了重要作用，而且也为加强洪水资源利用提供了良好的工程条件。

从科技条件来看，随着天气监测技术手段的提高，暴雨洪水预测预报技术的进步，为改进调度方式提供了必要的技术保障。目前太湖流域已建立了水文遥测系统、洪水预报调度系统、水资源实时监测系统、灾情评估系统、耦合平原区产水模型的河网水量水质联合调度模型以及太湖湖区水质及富营养化模型等，这些系统和模型已在流域防洪及水资源调度中得到实际应用。因此，流域具备的防洪工程体系调控能力、洪水监测与预报技术、水量水质模拟技术、信息技术、决策支持技术以及组织和应急能力等条件，为实现洪水资源利用目标提供了基础。

太湖流域管理局针对水质型缺水明显、水污染严重、水生态系统恶化的形势，自2002年以来，以一湖两河为重点，开展了引江济太调水试验。通过引江济太工程，将防洪调度和资源调度有机结合，水量调度和水质调度有机结合，以充分保障流域防洪安全、供水安全和水生态环境安全，引江济太取得了巨大的经济效益、环境效益和社会效益。2002～2008年，望虞河共调引长江清水134亿m^3，其中61亿m^3清水入太湖。2007年4月底，太湖西北部湖湾梅梁湖等出现蓝藻大规模爆发，太湖流域管理局紧急启用望虞河常熟水利枢纽泵站，实施引江济太应急调水，从2007年5月6日至7月4日，通过常熟水利枢纽调引长江水10.0亿m^3，通过望亭水利枢纽引水入湖6.2亿m^3。引江济太应急调水，大量长江清水进入，再加上梅梁湖泵站的引流作用，加快了贡湖和梅梁湖等水域的水体流动，改善了水源地水质。实践表明，引江济太调水维持了枯水季节太湖水位，加快了太湖水体的置换，提高了河流及湖泊的稀释和自净能力，对太湖流域水环境的改善具有重要的现实意义。引江济太调水试验的成功，也为太湖洪水资源利用提供了大量的技术储备和经验。

因此，开展太湖流域洪水资源利用研究，对于缓解流域水资源“短缺”矛盾，增加水量和改善水质以增加优质供水，提高流域水体自净能力，推进流域水生态修复，改善水环境，有效提高水资源的利用效率和效益等方面具有重要的现实意义。研究成果将丰富我国洪水资源利用的内涵，拓展和完善洪水资源利用的理论框架和技术体系，同时，将对我国其他流域（长江、珠江流域等）洪水资源利用的开展具有良好的技术示范作用。

1.2 洪水资源利用研究现状与发展趋势

1.2.1 国外研究现状分析

受水资源可持续利用理念的影响，国外对洪水资源利用的新方法进行了较早的探索和实践。其中在美国，为了缓解水资源供需矛盾，人们通过多种方式对水库库容进行重新分配，即将部分防洪库容转变为兴利库容。美国有关机构和学者逐渐认识到，水库库容分配方案和水库调度原则不应该是一成不变的，必须适应时代的需要，对水库库容的分配方案进行重新调整越来越被认为是解决水资源供需矛盾的一种非常重要的手段。其中的代表性成果有对水库库容重新分配调整的研究。主要研究结论如下。

（1）防洪库容的季节性利用

在美国的某些地区，旱季洪水发生的可能性非常小。在这种地区，水库可将部分兴利蓄水临时蓄存在防洪库容中。季节性调度规则允许兴利库容的上限在年内采用不同的值，但对利用防洪库容可能增加的洪灾风险必须进行细致的评估。Wright Patman 水库已经开始采用季节性调度规则，在一年中的某些月抬升水库兴利库容的上部水位，以便提供额外的供水库容（Harrison，1981）。Wurbs（1993，1997，2005）等对防洪和兴利库容是否可以根据河川径流的季节性变化规律随时程而变的问题进行了系统研究。他们分析了包括降雨、蒸发以及洪水等气候记录，并利用计算机进行模拟分析，以确定水库库容季节性重新分配的最佳方案。以得克萨斯州的 Brazos 河流域作为研究实例，分析研究了大量的考虑洪水季节变化特征的水库调度策略和库容重新分配方案，毋庸置疑，调整后的水库调度方案的供水能力和防洪能力同时得到了提高（Wurbs and Cabezas，1987）。

（2）防洪库容的重新分配

美国有关学者通过研究认为，在以下四种情况下，水库的部分防洪库容有可能永久性地转变为供水库容：①如果防洪库容重新分配的变幅较小，且对水库下游防洪保护对象没有影响，可以进行防洪库容的重新分配。②如果水库下游洪泛区发生了有利于防洪的变化或是新增了水库辅助保护措施，可以考虑重新分配防洪库容。③通过进一步的水文分析，发现水库设计时确定的水库防洪库容过大，可以考虑将部分防洪库容转为其他兴利用途。④如果现有水库所在流域兴建了新的水库，新水库的防洪能力可以替代现有水库的防洪任务，可以考虑调整现有水库的防洪库容。

1.2.2 国内研究现状分析

近年来，随着我国经济社会的持续快速发展，水资源供需矛盾日趋尖锐，在海河流域和松辽流域，由于需求驱动，近年来对流域洪水资源利用评价与潜力分析、水库汛限水位调整、洪水资源利用风险分析等方面进行了大量研究（胡四一等，2002；方红远等，2009；胡庆芳和王银堂，2009；胡庆芳等，2010），同时洪水资源利用的新方法在实践中取得了一定的实效，如漳卫河流域的“引岳济淀”（阎广聚和刘春光，2004）、天津北运河流域的“北水南调”（王家仪和管振范，1992）、吉林白城市“嫩江—月亮泡”洪水调度利用（许士国等，2006）。

2002 ~2004 年，国家防办开展了水库防洪控制水位调整的专题研究，该项研究由两个部分组成，一是试点水库的应用研究，二是基础理论的专题研究。试点水库的应用研究主要针对水库的自身特点，研究提高洪水资源的利用率；基础理论专题则是从设计洪水计算方法、汛期分期设计洪水、水库防洪控制水位动态控制方法等方面进行基础理论和应用技术的研究。

2001 ~2005 年，科技部在“十五”国家科技攻关计划重大项目“水安全保障技术研究”中设立了“海河流域洪水资源安全利用关键技术研究”课题，这也是第一个开展流域洪水资源利用研究的国家级课题。项目围绕海河流域洪水资源安全利用的核心问题，设置了“流域洪水资源潜力评价与利用策略”“水库调控洪水资源关键技术”“河渠互济调蓄洪水资源关键技术”“蓄滞洪区洪水资源综合利用”和“流域洪水资源实时调度系统集成”等专题，解决了洪水资源安全利用的一系列技术难题。

2006 年，科技部启动了“十一五”国家科技支撑计划重点项目“雨洪资源利用技术研究及应用”，项目围绕缓解我国水资源短缺形势这一国家需求，分为七个课题开展研究：“洪水资源化利用评价技术开发及应用”“现有防洪工程洪水资源利用关键技术开发”“城市雨水资源利用技术开发”“地下储水空间雨洪资源利用技术开发及应用试验”“雨洪资源利用的风险与效益评估技术研究”“流域雨洪资源利用技术开发及应用研究”和“洪水资源可利用量计算关键技术研究”。

1.2.3 研究趋势分析

洪水资源利用的研究和实践由来已久，但具有阶段性。近 10 年来我国有关洪水资源利用的理论和实践创新主要集中在北方地区（胡四一等，2002；许士国等，2005），而在水资源相对丰沛的南方地区，流域洪水资源利用的相关研究不多。南方地区流域水资源特点和经济社会情况与北方流域有着明显差异，洪水资源利用的概念、内涵和属性，洪水资源利用的目标、方式和途径，洪水资源潜力的估算方法，以及洪水资源利用所产生的效益与风险评估等方面问题均与北方流域有着较大的差别，亟须在相关问题上有所创新和实践。

1.3 研究目标与主要内容

1.3.1 研究目标与框架

（1）研究目标

紧密结合太湖流域水资源利用特点，通过流域暴雨洪水的时空规律以及不同条件下的洪水特性演变规律的系统分析，为流域洪水资源的利用提供科学依据；系统剖析太湖流域洪水资源的概念、内涵和属性，在权衡和评价用水需求、防洪标准和控制洪水能力以及防洪风险的基础上，建立太湖流域洪水资源利用的识别体系；评估流域洪水资源利用现状，在分析反映流域基本需求的基础上，提出太湖流域洪水资源利用潜力；综合分析现状条件下流域水利工程的分布格局及其调度措施，考虑流域防洪安全，评价重点区域洪水资源利用措施的可行性和相应利用方式，客观评估近年流域洪水资源利用的调度实践和成效；从洪水资源利用的功能和流域需求出发，对洪水资源利用带来的效益和风险进行系统识别和综合评估；在相关研究成果的基础上提出太湖流域的洪水资源利用总体策略。

(2) 研究框架

从洪水资源的“利用依据”“利用方式”和“利用效果”三个层面，回答下面几个问题。

1) 太湖流域的洪水特性如何、未来可能发生什么变化，对洪水资源的利用有什么启示?

2) 什么是太湖流域的洪水资源利用?即要理清太湖流域洪水资源利用的概念、属性以及识别体系。

3) 太湖流域有多少洪水资源量可以利用，这些量是如何分布的?

4) 太湖流域洪水资源利用的方式是什么?有哪些可行的利用方式?

5) 太湖流域洪水资源利用中的风险和效益因子是什么?

以回答上述问题为主线，本书力图构建一个较完整的技术体系为，为实现太湖洪水资源利用的总体目标——“增加流域供水，改善流域水环境，提高水资源利用效率和效益”——奠定基础。太湖流域洪水资源利用研究的总体框架如图 1-2 所示。

1.3.2 主要研究内容

根据总体研究目标，采用“面与点结合”的方式开展太湖流域洪水资源利用研究。在面上，侧重研究“识别体系和资源评价”，即开展太湖流域洪水特性及其变化趋势分析和太湖流域洪水资源利用识别体系研究，并在此基础上对流域的洪水资源利用现状和潜力进行评价；在点上，侧重研究“利用模式和效果评价”，以“一湖两河”为重点，结合流域洪水资源利用调控措施，对洪水资源利用带来的效益和风险进行识别和综合评估。

太湖流域洪水资源利用的研究范围包括太湖全流域，包括浙西区、湖西区、太湖区、武澄锡虞区、阳澄淀泖区、杭嘉湖区、浦东区和浦西区。同时，选择“一湖两河”(太湖湖区、望虞河与太浦河) 以及望亭水利枢纽和太浦闸等重点工程的调度作为研究对象。

研究分五个部分开展工作，主要内容如下。

(1) 太湖流域暴雨洪水特性及变化趋势

研究流域洪水特性、规律和变化趋势及其受气候变化的影响是实施洪水资源利用的前提和基础。一方面，收集降雨、洪水基本资料，采用统计分析途径，定量分析流域洪水的天气成因和季节特性、年际变化、空间分布、梅雨与台风遭遇的可能性等特性；另一方面，定性和定量描述洪水资源的演变过程，预测未来洪水资源演变趋势，为流域洪

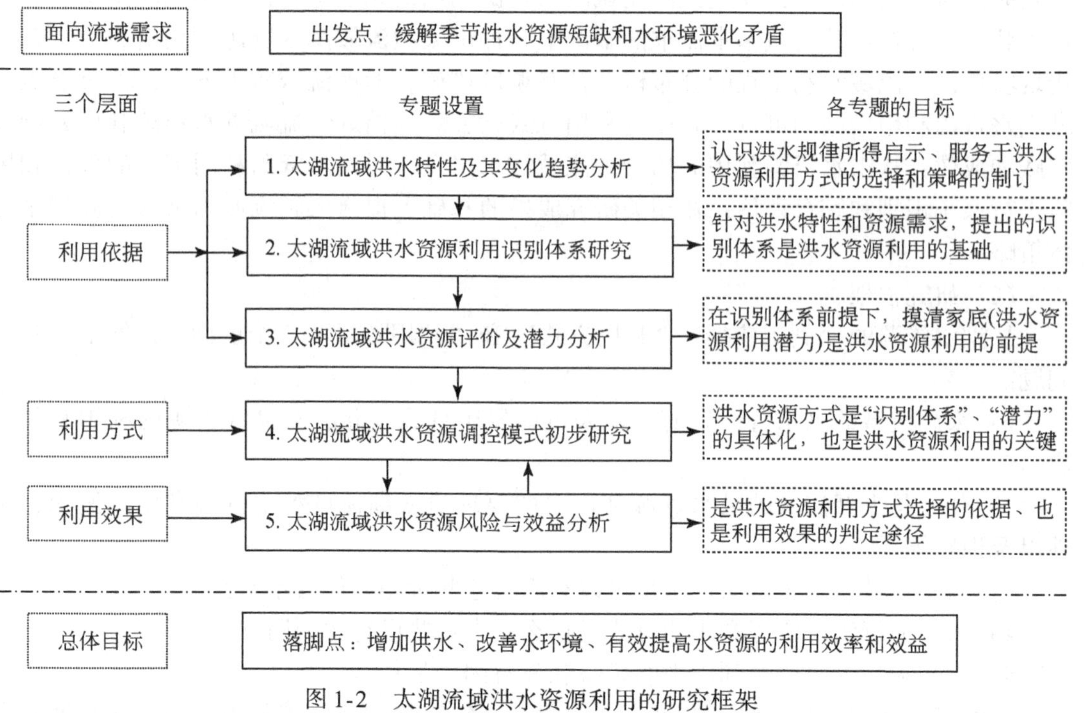

图 1-2 太湖流域洪水资源利用的研究框架

水资源利用规划提供科学背景和现实依据。主要研究内容包括：①流域暴雨洪水的天气背景分析。②流域暴雨洪水要素的演变趋势分析。③太湖年内最高水位的变化规律分析。

（2）太湖流域洪水资源利用识别体系

从区域经济发展对洪水资源利用的需求出发，系统剖析太湖流域洪水资源利用的内涵、外延以及属性，作为指导洪水资源利用方式选择、资源评价、利用方案确定的理论依据。在权衡和评价用水需求（包含水质水量需求）、防洪标准和控制洪水的能力，并考虑生态环境需水的基础上，确定太湖流域洪水资源利用的指标，在此基础上构筑太湖流域洪水资源利用的识别体系。主要研究内容包括：①太湖流域洪水资源利用的基本概念、内涵及属性。②太湖流域防洪工程体系调度现状和洪水资源利用方式。③太湖流域洪水资源利用的识别体系。

（3）太湖流域洪水资源评价及利用潜力

借鉴现有流域洪水资源评价的研究成果，综合分析太湖流域的自然地理、经济社会、水资源开发利用三个方面的情况，分析流域洪水资源利用的外部约束条件，评估流域洪水利用现状，提出太湖流域洪水资源潜力的定义，计算流域的洪水资源潜力，为太湖流域洪水资源利用提供依据。主要研究内容包括：①太湖流域洪水资源利用评价的基本概念。②太湖流域洪水资源利用的评价体系和计算流程。③太湖流域洪水资源利用现状评价。④太湖流域洪水资源利用潜力计算。

（4）太湖流域洪水资源调控模式

在对太湖流域洪水特性及其变化趋势充分认识的基础上，以“一湖两河”为重点，从洪水管理和风险分析的角度，分析太湖流域洪水资源的利用调控模式，开展太湖防洪控制水位调控方案以及望虞河、太浦河闸调控洪水资源模式的初步研究。主要研究内容包括：①太湖流域现有防洪调度方式分析。②太湖流域洪水资源利用调度方案情景。③太湖流域洪水资源利用调度方案结果分析。

（5）太湖流域洪水资源利用效益及风险

以“一湖两河”为重点，结合流域洪水资源利用的调控模式和措施（包括太湖湖区防洪控制水位的调控方案以及望虞河、太浦河闸坝调控洪水资源的模式），对洪水资源利用带来的效益和风险因子进行识别，综合评估洪水资源利用方案的风险和效益。主要研究内容包括：①流域洪水资源利用效益分析。②流域洪水资源利用风险分析。③流域洪水资源利用风险效益综合评价。④流域洪水资源利用风险控制策略。

通过太湖流域洪水资源利用研究，拟解决的关键技术有：太湖流域洪水资源的识别体系，洪水资源利用的内涵和特性分析，洪水资源利用评价和利用潜力估算模型以及洪水资源利用风险与效益识别、定量计算及综合评价技术。

1.3.3　技术路线

通过深入调研、分析和总结国内外有关流域洪水资源利用的研究现状，紧密结合太湖流域已完成的各项专业规划，如防洪规划、水资源综合规划等，以及区域或地区的国民经济发展规划等，突出太湖流域洪水资源利用识别体系、洪水资源利用潜力评价、洪水资源利用风险评估、洪水资源利用总体策略等重点及关键问题研究，妥善处理好洪水资源利用与防洪风险以及生态环境改善的关系，科学研究与生产实践的紧密结合。

本书以解决实际问题为基本出发点，通过多学科联合攻关、多视角综合分析的技术思路开展研究，采用定性与定量分析相结合、数理统计、归纳总结、模拟仿真、多目标优化相结合的方法进行综合分析研究，技术路线如图 1-3 所示。

1）调查分析太湖流域暴雨的时程分布和演变规律。结合太湖流域典型事件，调查分析太湖流域暴雨洪水的天气成因背景；根据长系列水文气象资料，采用统计途径和非参数统计方法，分析流域多年平均降雨的时程分布规律、演变规律和变化趋势；采用统计回归途径，分析气候因素和人类活动对太湖湖区最高水位的影响。

2）太湖流域洪水资源识别体系。充分调研国内外相关研究成果，结合本地的水资源特点以及水量、水质需求，分析洪水资源利用的约束，提出太湖流域洪水资源利用的概念和内涵；通过对流域水利工程分布和蓄水能力、防洪工程系统调度现状的综合分析，评价太湖流域不同区域洪水资源利用措施的可行性；从效益和风险两个角度进行流域水资源利用综合分析，在评价流域用水需求、防洪标准和控制洪水能力的基础上，考虑流域洪水资源利用的对象、利用方式以及约束条件等，形成太湖流域洪水资源利用的识别体系。

3）太湖流域洪水资源评价及潜力分析。在充分认识洪水资源内涵和属性的框架下，分析洪水资源的资源环境属性，通过归纳总结，提炼洪水资源利用评价的相关概念；建立流域洪水资源利用的评价指标，从洪水资源利用的水平（利用率）和效果（利用量）两个方面评价太湖流域洪水资源利用现状；根据洪水资源利用潜力概念，对防洪、生态安全等方面约束条件进行定量表达，基于流域地表水量转化关系的分析，建立洪水资源

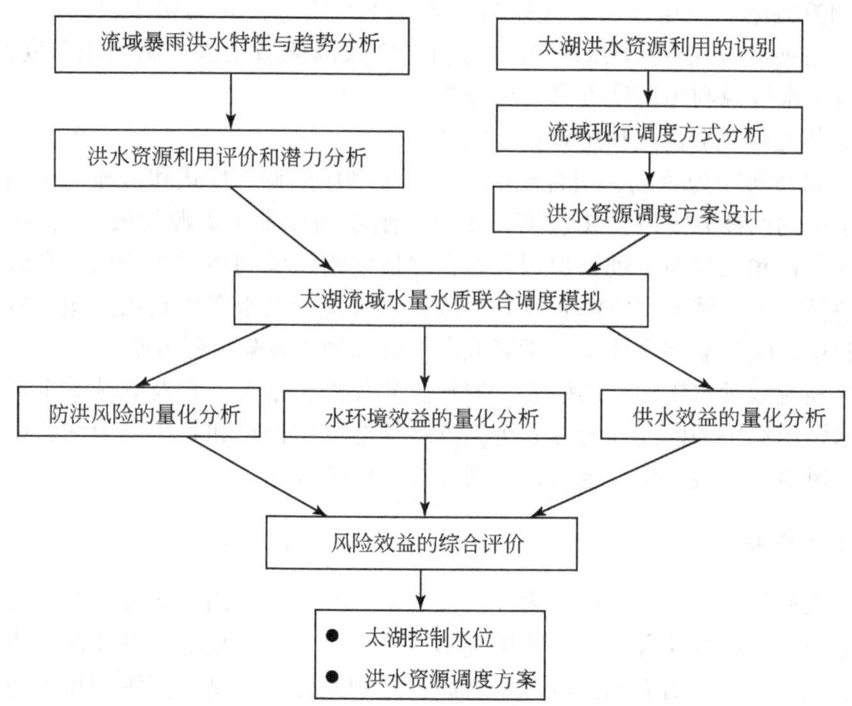

图 1-3　太湖流域洪水资源利用研究的技术路线

潜力评估模型，计算太湖流域洪水资源潜力。

4）太湖流域洪水资源调控模式初步分析。分析和评估重点区域和水利工程的洪水资源现状调控能力，结合流域洪水资源利用的目标和范围，在考虑流域防洪安全的前提下，探讨太湖流域的洪水资源利用模式；依据洪水特征及其规律分析，提出若干湖区的防洪控制水位调整方案和洪水资源利用调度方式；利用太湖流域水量水质调度模拟模型，分析不同调度方案和洪水资源利用调度方式下的洪水资源利用效果，为太湖湖区防洪控制水位调整方案提供决策依据，并据此评价近年流域洪水资源利用成效。

5）太湖流域洪水资源利用效益分析和风险评估。结合太湖流域洪水资源利用方式和措施，从生态环境、经济社会等方面系统识别洪水资源利用的效益和风险因子，并运用主成分分析、对应因子分析等手段筛选出控制性的风险与效益因子；结合不同调度方案和洪水资源利用调度方式，探讨适宜的量化方法，特别是生态环境效益和风险损失的计算方法；基于模糊综合评判等方法，建立洪水资源利用综合风险效益评估模型，评估洪水资源利用综合风险效益。从技术、工程、管理等方面，提出流域洪水资源利用风险控制策略。

第 2 章
Chapter 2

太湖流域降雨的天气背景

分析太湖流域暴雨产生的天气背景，对流域梅雨及台风的统计特征及其遭遇的可能性进行分析，阐明流域汛期的分期，是开展太湖流域洪水资源利用研究的重要前提，对于分析流域洪水资源未来情势变化，制订太湖流域洪水资源调度方案具有重要意义。

本章利用大气环流场与海温场资料，对影响太湖流域的梅雨、台风的大气环流背景和海洋特征进行系统分析，以明确影响太湖流域梅雨和台风的关键环流、海温因子及关键影响区域。同时，根据长系列数据资料，阐明对太湖流域梅雨及影响流域的台风的统计特征，并采用概率统计方法对两者遭遇的可能性进行研究；又根据流域降水统计指标，运用不同方法，开展了太湖流域汛期分期研究，以提出合理的汛期结果。

2.1 太湖流域致洪降雨的天气背景分析

受天气系统影响的不同，太湖流域的暴雨可分为梅雨型和台风雨型。由于流域面积较小，几乎每次降雨过程都处于同一天气系统的影响下。分析形成梅雨和台风雨的天气系统规律，对从成因上把握太湖流域暴雨洪水的时程分布规律具有重要意义。

2.1.1 梅雨期暴雨天气系统背景

2.1.1.1 梅雨期天气系统基本情况

太湖流域地处中国东南沿海，北纬30°～33°，属我国江淮雨区。流域的暴雨洪水多发生在梅雨期。梅雨期暴雨历时长、雨量大、范围广，极易导致流域性洪涝灾害，例如1954年、1991年、1995年、1996年和1999年。

2.1.1.2 影响太湖流域梅雨的大气环流特征分析

梅雨是东亚大气环流过渡季节时期的产物。本书采用能反映对流层中层大气环流的500hPa高度场与流场信息，利用相关分析、合成分析方法，分析关键区域对太湖流域梅雨的可能影响。

(1) 太湖流域梅雨丰枯划分

绘制了1954～2009年太湖流域逐年梅雨量标准化距平序列曲线，如图2-1。梅雨量大于常年五成以上的年份为丰梅年，小于常年五成以上的年份为枯梅年，空梅年则是梅雨期小于7天，梅雨量小于80mm，或梅雨期小于等于4天的年份。1954～2009年中，属于丰梅年的有1954年、1956年、1957年、1975年、1983年、1991年、1995年、1996年和1999年，共9个年份，属于枯梅年的有1959年、1960年、1964年、1977年、1988年、1990年、1992年、2000年和2005年，共9个年份，另外，1958年、1965年和1978年为空梅年，见表2-1。

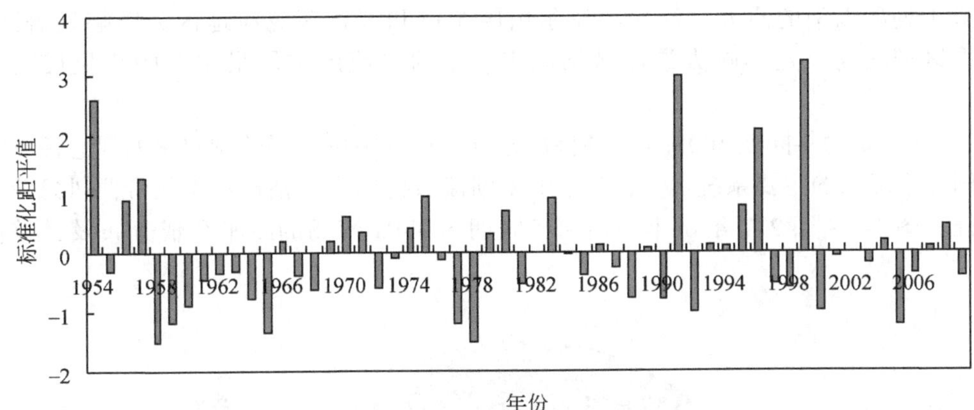

图2-1　太湖流域1954～2009年梅雨量标准化距平图

表2-1　梅雨量丰枯年份统计表

名称	类别	年份
梅雨量	丰梅年	1954、1956、1957、1975、1983、1991、1995、1996、1999
	枯梅年	1959、1960、1964、1977、1988、1990、1992、2000、2005
	空梅年	1958、1965、1978

（2）丰、枯梅年与同期500hPa环流场的合成分析

为了解太湖流域梅雨丰、枯梅年同期对流层中层环流场的特征，分别对丰、枯梅年同期的高度场与流场进行合成分析，分析丰枯梅雨年高度场与流场的差异特征。

1）丰、枯梅年同期500hPa高度场特征分析。图2-2和图2-3分别为太湖流域梅雨丰、枯梅年同期500hPa位势高度距平场的合成图。由图2-2～图2-4可知，太湖流域丰、枯梅年500hPa位势高度距平场存在着显著差异。

在丰梅年，极涡面积较大，中心为负距平，表明极涡强度增强，有利于极地冷空气南侵。在东亚从我国华北至西太平洋地区为一明显的正距平区，其中心位于日本琉球群岛附近，说明丰梅年西太平洋副高势力较强，有利于副高边缘西南暖湿气流输送，提供了丰富的水汽来源。在欧亚中高纬度地区，从乌拉尔山到鄂霍次克海一线为正距平区，中心分别位于欧洲和鄂霍次克海附近，说明乌拉尔山高压脊和鄂霍次克海阻塞高压强度皆增强，加强了脊前西北冷空气向南输送；同时，从巴尔喀什湖以东至日本列岛一带为一带状的负距平区，中心位于我国东北地区和西北太平洋上，说明东亚大槽位置较常年偏东偏南，经向性环流输送增强，一方面加强了槽后冷空气向南输送，另一方面抑制了西太平洋副高的进一步西伸北跳，使副高脊线稳定在长江中下游一带，从而使得我国长江中下游地区梅期偏长，梅雨量增多。在枯梅年，其高度合成场基本与丰梅年呈反相位变化，极涡强度减弱，乌拉尔山高压脊减弱，东亚大槽西退北缩，西太平洋副高强度减弱，东退到西太平洋。该条件不利于冷空气的向南输送和西南暖湿气流北上，从而造成了枯梅年的梅雨量减少。

对丰梅年位势高度距平减枯梅年的差值进行t检验可知（图2-4），在95%的置信度下，日本列岛以南的西太平洋、乌拉尔山脉东侧和鄂霍茨克海地区为影响显著区域，这三个区域的高压是影响太湖流域梅雨丰、枯的对流层中层最主要的行星尺度天气系统。

2）丰、枯梅年同期500hPa流场特征分析。对流层中上层的副热带西风急流，是影响我国夏季降水的主要系统之一，为了解太湖流域梅雨丰、枯梅年副热带西风急流的差异特征，图2-5～图2-7给出丰、枯梅年同期500hPa流场的距平合成分布及其差值场分布。

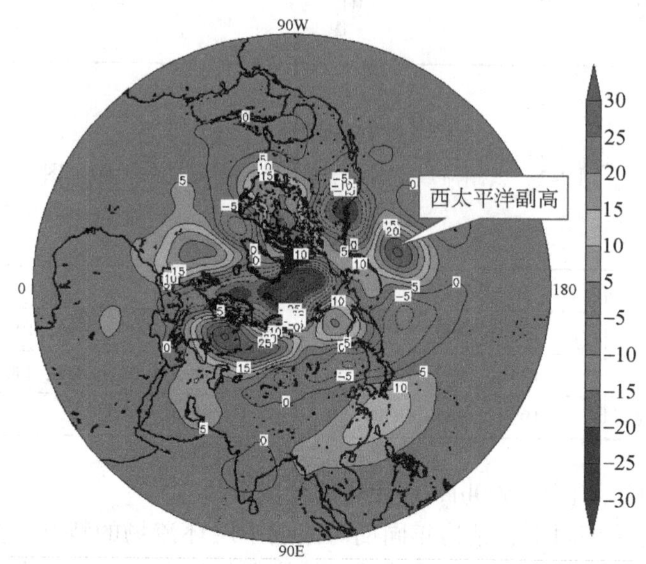

图2-2　太湖流域丰梅年同期（6月）500hPa高度距平场合成图

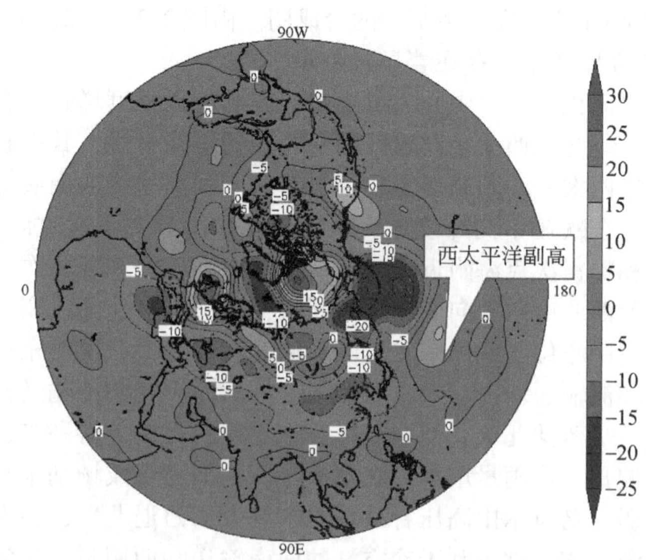

图2-3　太湖流域枯梅年同期（6月）500hPa高度距平场合成图

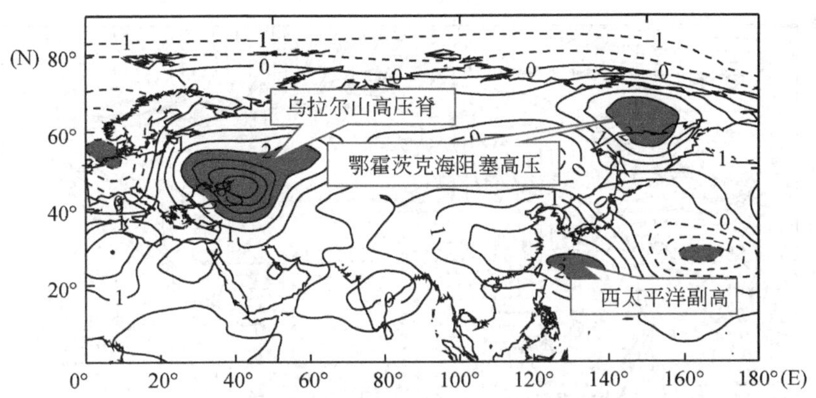

图 2-4　太湖流域丰枯梅年同期 500hPa 高度距平合成场差值 t 检验分布
（阴影分别为乌拉尔山地区、西太平洋和鄂霍茨克海高压活动区域）

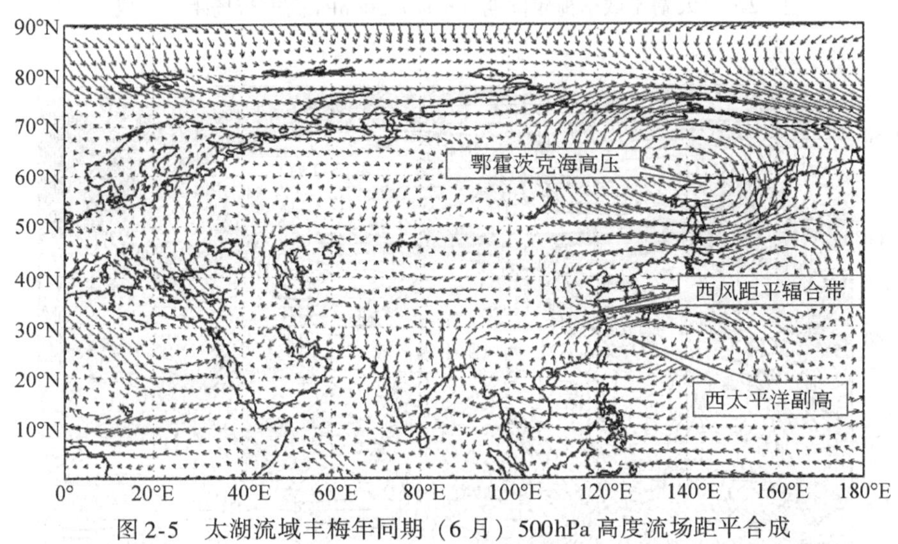

图 2-5　太湖流域丰梅年同期（6 月）500hPa 高度流场距平合成

对比图 2-5 和图 2-6 可知：太湖流域丰、枯梅年 500hPa 流场存在显著的差异，呈反位相分布。

对于丰梅年 500hPa 流场：丰梅年北半球高纬度贝加尔湖以东至鄂霍茨克海地区为一明显的反气旋性距平环流，说明鄂霍茨克海阻塞高压强度增强，中纬度的我国东北至日本列岛一带存在反气旋性切变环流，我国东部沿海一带洋面上为反气旋性距平环流，西太平副高强度较常年增强，上述环流偏北冷气流与西太平洋副高的西南暖湿气流在我国的江淮上空交汇，使得该区降水明显增多。枯梅年我国上空气流变化较为散乱，不利于冷暖空气的交汇，鄂霍茨克海阻塞高压比常年减弱，西太平洋副高也已南撤减弱，其势力已不能影响我国江淮的广大地区。

由丰梅年距平流场减枯梅年距平流场的差值 t 检验分布（图 2-7）可以得出：丰枯梅年环流场差异最大的地区位于我国东部沿海地区、贝加尔湖以东至鄂霍茨克海地区以及欧洲乌拉尔山地区，上述区域也正是前节所述影响太湖梅雨丰枯的对流层中层最主要

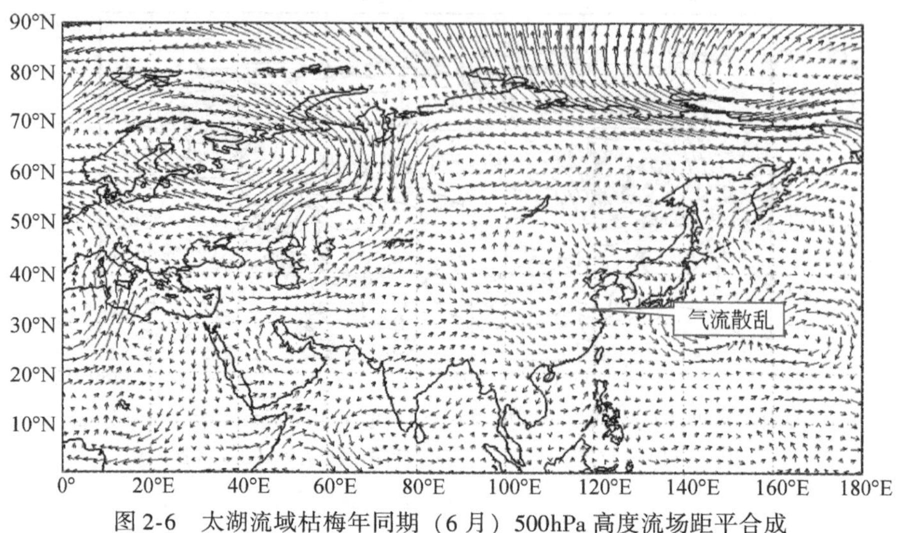

图 2-6　太湖流域枯梅年同期（6 月）500hPa 高度流场距平合成

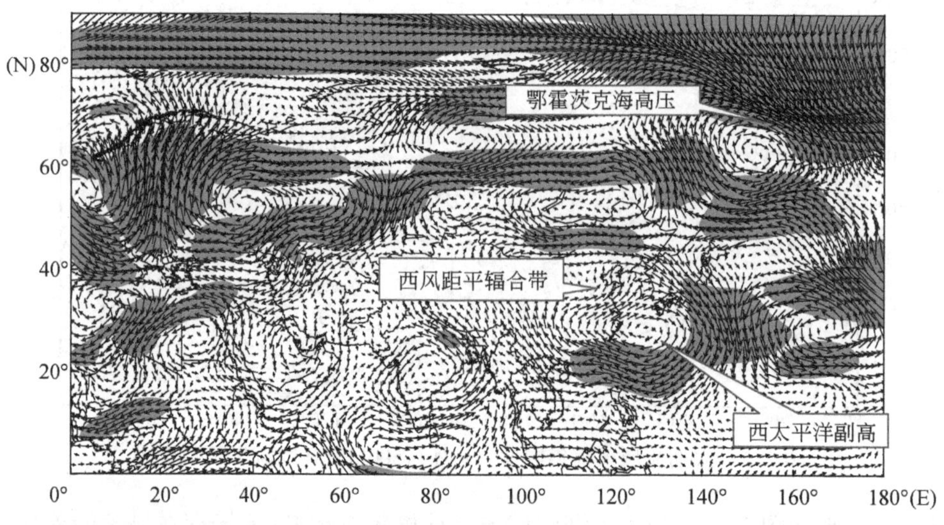

图 2-7　太湖流域梅雨丰枯年同期（6 月）500hPa 流场差值 t 检验分布

的行星尺度天气系统所在位置。因此，应加强对上述高压系统的监测与诊断。

（3）太湖流域梅雨与西太平洋副高的关系分析

西太平洋副高位于北半球对流层中层西太平洋上，夏季其南侧的区域受西南和东南气流影响形成东亚辐合带（季风槽），其北部区域受北上的西南和东南气流汇合形成的偏南气流与来自中高纬度的西北和东北气流影响形成东亚副热带辐合带（梅雨锋），夏季中国东部的天气和气候状况与东亚地区这两条辐合带的强弱变化密切相关。为研究太湖梅雨量与西太平洋副高的关系，分别统计了梅雨丰枯年份的副高强度、副高面积、副高脊线、副高北界位置、副高西伸脊点等特征量，结果见表 2-2、表 2-3。由两表可知，太湖流域梅雨丰枯与西太平洋副高关系密切，且不同月副高特征量对梅雨丰枯的影响程度不同：①6 月副高的强度、西伸脊点以及北界位置与梅雨量关系密切，副高的强度偏强，西伸加强和北界位置偏北会引起太湖流域梅雨增多。②7 月副高的脊线、北界位置偏北，强度偏强，西伸加强会导致太湖梅雨增多。面积过大时，会造成整个太湖流域在副高的势力范围内，反而易高温干旱。

表 2-2　丰、枯梅雨年 6 月同期副高特征量指数统计

名称	脊线（度）	强度	西伸脊点（度）	面积	北界位置（度）
丰梅年	20.6	53.2	112.0	23.0	26.9
1991 年	22.0	57.0	115.0	26.0	27.0
枯梅年	20.6	45.8	116.8	22.8	26.0
1977 年	20.0	33.0	108.0	21.0	25.0
多年均值	20.5	42.6	118.4	21.6	26.0

表 2-3　丰、枯梅雨年 7 月同期副高特征量指数统计

名称	脊线（度）	强度	西伸脊点（度）	面积	北界位置（度）
丰梅年	25.5	44.1	116.3	21.9	31.3
1991 年	26.0	72.0	115.0	30.0	31.0
枯梅年	24.9	41.5	117.3	23.1	30.0
1977 年	27.0	14.0	119.0	12.0	30.0
多年均值	25.3	41.3	121.1	22.1	30.7

为分析太湖梅雨起止时间与西太平洋副高的关系，还统计了梅雨入、出梅早晚年同期的副高特征量，结果见表 2-4、表 2-5。由两表可知，太湖流域梅雨入、出梅日期也与西太平洋副高关系非常密切：①当 6 月副高脊线、北界位置偏北，强度、面积偏强和西伸加强时，入梅时间易提前，反之则推后。1991 年的副高特征值均超过一般的入梅偏早年份副高特征值，入梅时间为 5 月 19 日，比均值提前了 28 天，造成了太湖流域的大洪水；1982 年的副高，强度、面积较强，西伸脊点偏西，但是由于副高的脊线和北界位置偏南，入梅时间反而比均值推后了 21 天。②当 7 月副高脊线、北界位置偏北，强度、西伸减弱时，出梅日期易提前，反之则推后。1961 年为典型的出梅偏早年，其出梅日期为 6 月 13 日，提前了 25 天，1954 年出梅日期为 8 月 1 日，比常年推后了 24 天，加上出梅日期也偏早，其梅期达到了 61 天，造成了太湖流域的严重洪涝。

表 2-4　入梅早、晚年同期副高特征量指数统计

名称	脊线（度）	强度	西伸脊点（度）	面积	北界位置（度）
偏早年	21.6	44.5	115.5	21.8	26.6
1991 年	22.0	57.0	115.0	26.0	27.0
偏晚年	20.2	38.5	122.4	19.6	25.7
1982 年	19.0	44.0	110.0	24.0	24.0
多年均值	20.5	42.6	118.4	21.6	26.0

表 2-5　出梅早、晚年同期副高特征量指数统计

名称	脊线（度）	强度	西伸脊点（度）	面积	北界位置（度）
偏早年	27.0	40.1	116.8	22.8	32.1
1961 年	29.0	32.0	114.0	20.0	35.0
偏晚年	24.7	41.5	119.0	21.4	31.1
1954 年	19.0	44.0	100.0	20.0	27.0
多年均值	25.3	41.3	121.1	22.1	30.7

2.1.1.3　影响太湖流域梅雨的海洋特征分析

海温异常一直被认为是引起环流和气候异常的一个重要因素，在全球气候变化中扮演着一个非常重要的角色。本书建立了前期全球海温资料与太湖流域梅雨量之间的相关关系，分析前期海温场对太湖梅雨的关键影响时段与影响区域。

采用 1954 ~ 2009 年共 56 年太湖流域梅雨量与前一年 11 月至当年 7 月逐月海温资料建立相关关系，图 2-8 为梅雨量与当年 1 月海温场相关图。

从太湖流域梅雨相关的海温区域的变化情况来看，当年 1 月为影响太湖流域梅雨的关键月，无论是显著相关区域面积还是中心相关系数的绝对值均处于各月的最大值，并且基本以正相关为主，影响区域中心主要包括 ENSO（El Niño- Southern Oscillation, ENSO）现象的指示区域赤道太平洋 Nino 3、4 区以及北太平洋西风漂流区。说明当年冬季两区海温升高时，会引起太湖流域梅雨增多，反之则梅雨减少。

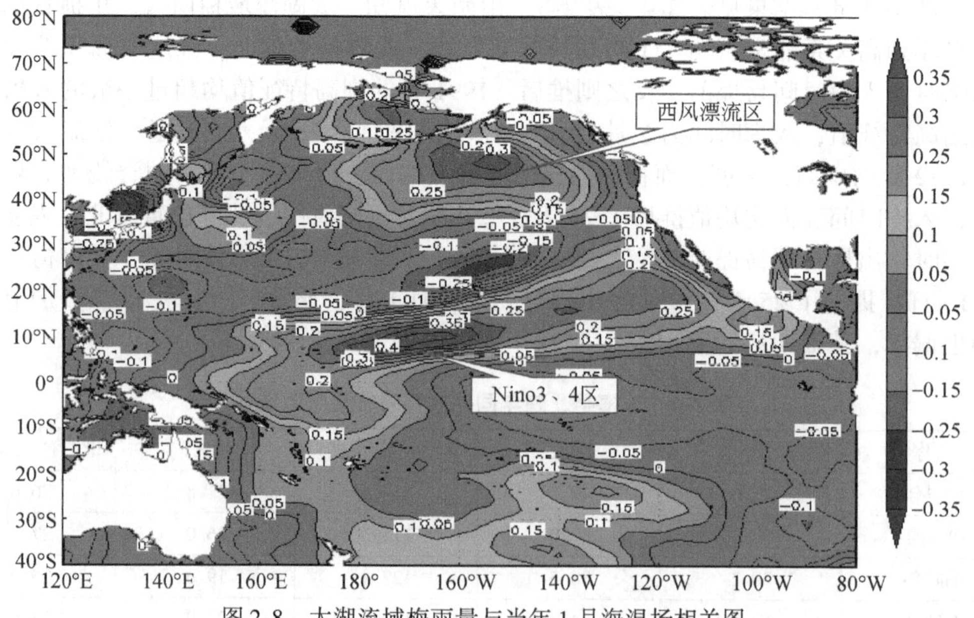

图 2-8　太湖流域梅雨量与当年 1 月海温场相关图

2.1.2　影响太湖流域的台风分析

2.1.2.1　影响太湖流域台风的基本情况

(1) 影响太湖流域台风类型

影响太湖流域的热带气旋（台风）有三种类型：①正面穿越台风，即台风正面登陆浙江、江苏、上海或者登陆福建、广东等省后，台风中心穿越太湖流域。②登陆影响范围内台风，即台风登陆太湖流域邻省或登陆粤东沿海后，台风中心虽未穿越太湖流域，但台风中心距太湖流域 5 个经纬度距范围内。③未登陆影响范围内台风，即台风未登陆，但其中心进入距太湖流域海岸线 10 个经纬度范围内并对太湖流域影响产生降雨的台风。

依据《1949 ~ 1980 年西北太平洋台风基本资料集》及 1981 ~ 2009 年《台风年鉴》(1989 年起《台风年鉴》改为《热带气旋年鉴》)，1949 ~ 2009 年 61 年中影响太湖流域的热带气旋（台风）共有 225 场，平均每年 3.7 场，如表 2-6 所示。225 场热带气旋（台风）中正面穿越的台风有 40 场，登陆影响范围内台风有 114 场，未登陆影响范围内台风有 71 场。

表 2-6　1949 ~ 2009 年影响太湖流域的热带气旋（台风）统计表

序号	编号	名称	影响太湖流域时段	序号	编号	名称	影响太湖流域时段
1	194906	Gloria	7 月 24 日 19 时 ~ 25 日 6 时	20	195618	Babs	8 月 15 日 12 时 ~ 16 日
2	194908	Irma	7 月 29 日 11 ~ 19 时	21	195622	Dinah	9 月 4 日 12 ~ 18 时
3	195004	Elsie	6 月 23 日 18 ~ 23 时	22	195626	Freda	9 月 20 日 8 ~ 22 时
4	195010	Flossie	8 月 1 日 0 ~ 12 时	23	195627	Gilda	9 月 24 日 10 ~ 16 时
5	195116	Marge	8 月 21 日 0 ~ 18 时	24	195705	Virginia	6 月 26 日 14 ~ 20 时
6	195122	Pat	9 月 28 日 10 ~ 18 时	25	195710	Agnes	8 月 19 日 18 时 ~ 20 日 12 时
7	195207	Gilda	7 月 20 日 12 时 ~ 21 日 12 时	26	195820		8 月 30 ~ 31 日
8	195213	Karen	8 月 17 日 0 ~ 13 时	27	195822	Grace	9 月 5 日 4 ~ 16 时
9	195216	Mary	9 月 2 日 2 ~ 11 时	28	195901	Billie	7 月 16 日 12 ~ 20 时
10	195305	Kit	7 月 5 日 9 ~ 14 时	29	195902	Ellen	8 月 6 日 6 ~ 24 时
11	195310	Nina	8 月 17 日 17 时 ~ 18 日 6 时	30	195904	Joan	8 月 31 日 9 ~ 14 时
12	195406		8 月 8 ~ 9 日	31	195905	Louise	9 月 5 日 14 ~ 24 时
13	195411	Grace	8 月 24 日 20 时 ~ 25 日 6 时	32	195906	Nora	9 月 12 日 8 ~ 14 时
14	195505	Billie	6 月 6 日 20 时 ~ 7 日 6 时	33	195907	Sarah	9 月 16 日 12 ~ 18 时
15	195507	Clara	7 月 15 日 0 ~ 13 时	34	196001	Mary	6 月 10 日 6 ~ 14 时
16	195518	Hope	8 月 17 日 12 ~ 24 时	35	196005	Polly	7 月 27 日 7 ~ 18 时
17	195521	Iris	8 月 27 日 16 时 ~ 28 日 10 时	36	196007	Shirley	8 月 2 日 5 ~ 18 时
18	195611	Vera	7 月 27 日 12 时 ~ 28 日 6 时	37	196014	Carmen	8 月 22 日 3 ~ 10 时
19	195612	Wanda	8 月 2 日 0 ~ 15 时	38	196020	Irma	9 月 17 日 15 时 ~ 18 日 3 时

续表

序号	编号	名称	影响太湖流域时段	序号	编号	名称	影响太湖流域时段
39	196103	Alice	5 月 20 日 6 ~ 18 时	74	197203	Rita	7 月 25 日 9 ~ 14 时
40	196104	Betty	5 月 27 日 20 ~ 24 时	75	197204	Susan	7 月 16 日 6 ~ 18 时
41	196112	Grace	7 月 24 日 6 ~ 14 时	76	197207	Winnie	8 月 3 日 12 时 ~ 4 日 6 时
42	196116		8 月 11 日 6 ~ 14 时	77	197209	Betty	8 月 17 日 12 ~ 24 时
43	196122	Pamela	9 月 12 日 12 时 ~ 14 日	78	197220	Pamela	11 月 9 日 6 ~ 13 时
44	196126	Tilda	10 月 4 日 11 时 ~ 5 日 6 时	79	197301	Wilda	7 月 4 日 6 ~ 18 时
45	196203	Joan	7 月 9 日 22 时 ~ 10 日 2 时	80	197303	Billie	7 月 7 ~ 19 日
46	196205	Kate	7 月 24 日 7 ~ 18 时	81	197304	Dot	7 月 19 日 11 ~ 22 时
47	196207	Nora	7 月 1 日 10 ~ 18 时	82	197308	Iris	8 月 15 日 21 时 ~ 16 日 12 时
48	196208	Opal	8 月 6 日 16 ~ 22 时	83	197408	Gilda	7 月 5 日 15 时 ~ 6 日 3 时
49	196210	Sarah	8 月 19 日 12 时 ~ 21 日 12 时	84	197410	Jean	7 月 20 日 0 ~ 7 时
50	196214	Amy	9 月 6 日 15 ~ 21 时	85	197412	Lucy	8 月 12 日 20 时 ~ 13 日 3 时
51	196303	Shirley	6 月 19 日 4 ~ 13 时	86	197413	Mary	8 月 19 ~ 23 日
52	196306	Wendy	6 月 17 ~ 19 日	87	197416		8 月 28 日 18 ~ 24 时
53	196312	Gloria	9 月 11 日 18 时 ~ 13 日	88	197503	Nina	8 月 4 ~ 7 日
54	196404	Betty	7 月 6 日 2 ~ 12 时	89	197504	Ora	8 月 12 ~ 17 日
55	196408	Flossie	7 月 27 日 20 时 ~ 28 日 6 时	90	197513	Doris	10 月 7 日 0 ~ 8 时
56	196423	Dot	10 月 14 日 15 时 ~ 15 日 6 时	91	197613	Billie	8 月 11 日 0 ~ 12 时
57	196506	Dinah	6 月 19 日	92	197615	Dot	8 月 21 日 12 ~ 24 时
58	196507	Emma	6 月 25 ~ 26 日	93	197701	Ruth	6 月 17 日
59	196510	Harriet	7 月 27 日 13 ~ 18 时	94	197704	Thelma	7 月 27 日 0 ~ 6 时
60	196513	Mary	8 月 21 日 1 ~ 12 时	95	197707	Amy	8 月 23 日 0 ~ 12 时
61	196610	Susan	8 月 17 日 18 时 ~ 18 日 6 时	96	197708	Babe	9 月 11 日 0 ~ 18 时
62	196614	Alice	9 月 2 ~ 3 日	97	197805	Trix	7 月 23 日 6 ~ 15 时
63	196615	Cora	9 月 7 日 15 时 ~ 8 日 2 时	98	197806	Wendy	7 月 29 日 ~ 8 月 1 日
64	196705	Dot	7 月 26 日 0 ~ 24 时	99	197815	Irma	9 月 14 日 0 ~ 16 时
65	196721	Gilda	11 月 18 日 18 时 ~ 19 日	100	197909	Erving	8 月 16 日 3 ~ 12 时
66	196807	Polly	8 月 15 日 15 ~ 24 时	101	197910	Judy	8 月 24 日 12 ~ 24 时
67	196910		9 月 14 日 23 时 ~ 15 日 5 时	102	198006	Ida	7 月 13 日 3 ~ 10 时
68	196911	Elsie	9 月 28 日 16 ~ 24 时	103	198012	Norris	8 月 28 ~ 29 日
69	197003	Rudy	7 月 17 日	104	198015	Percy	9 月 19 日
70	197008	Billie	8 月 29 日 0 ~ 24 时	105	198104	June	6 月 21 日 ~ 22 日 6 时
71	197108	Freda	6 月 19 日 6 ~ 12 时	106	198107	Maury	7 月 20 ~ 21 日
72	197117	Polly	8 月 9 日 12 ~ 23 时	107	198108		7 月 23 日 19 时 ~ 24 日 9 时
73	197123	Bess	9 月 23 日 21 时 ~ 24 日 6 时	108	198114	Agnes	8 月 31 日 18 时 ~ 9 月 1 日 20 时

续表

序号	编号	名称	影响太湖流域时段	序号	编号	名称	影响太湖流域时段
109	198116	Clara	9 月 22 日	144	199012	Yancy	8 月 20 ~ 23 日
110	198209	Andy	7 月 30 日 ~ 8 月 1 日	145	199015	Abe	8 月 31 日 12 ~ 24 时
111	198211	Cecil	8 月 12 日 2 ~ 16 时	146	199017	Cecil	9 月 4 ~ 5 日
112	198304	Wayne	7 月 25 日 6 ~ 24 时	147	199018	Dot	9 月 8 ~ 10 日
113	198310	Forrest	9 月 27 日 1 ~ 13 时	148	199116	Joel	9 月 6 ~ 8 日
114	198403	Alex	7 月 4 日 6 ~ 18 时	149	199119	Nat	9 月 22 ~ 24 日
115	198406	Ed	7 月 31 日 3 ~ 10 时	150	199120	Mireille	9 月 26 ~ 27 日
116	198407	Freda	8 月 8 日 6 ~ 24 时	151	199212	Mark	8 月 16 ~ 19 日
117	198408	Gerald	8 月 21 日	152	199216	Polly	8 月 31 日 18 ~ 24 时
118	198409	Holly	8 月 19 ~ 20 日	153	199219	Ted	9 月 23 日 7 ~ 10 时
119	198411	June	8 月 30 ~ 31 日	154	199308	Steve	8 月 13 ~ 14 日
120	198504	Hal	6 月 26 日 18 时 ~ 27 日 5 时	155	199309	Tasha	8 月 20 ~ 21 日
121	198506	Jeff	7 月 31 日 5 ~ 22 时	156	199403	Russ	6 月 10 ~ 11 日
122	198508	Lee	8 月 13 日 0 ~ 12 时	157	199414	Doug	8 月 9 日 3 ~ 18 时
123	198509	Mamie	8 月 17 日 18 时 ~ 18 日 6 时	158	199415	Ellie	8 月 14 日 0 ~ 18 时
124	198510	Nelson	8 月 23 ~ 25 日	159	199417	Freda	8 月 21 日 18 时 ~ 22 日 6 时
125	198511	Odessa	8 月 30 ~ 31 日	160	199430	Seth	10 月 11 日 5 ~ 13 时
126	198519	Brenda	10 月 4 日 18 ~ 24 时	161	199504	Gary	8 月 1 日 0 ~ 2 日
127	198605	Nancy	6 月 24 日 6 ~ 18 时	162	199507	Janis	8 月 25 日 8 ~ 10 时
128	198615	Vera	8 月 27 日 0 ~ 18 时	163	199611	Kirk	8 月 12 ~ 13 日
129	198617	Abby	9 月 20 日 0 ~ 12 时	164	199706	Peter	6 月 27 日
130	198704	Thelma	7 月 15 日 0 ~ 10 时	165	199709	Tina	8 月 7 ~ 8 日
131	198707	Alex	7 月 27 日 22 时 ~ 28 日 5 时	166	199710	Victor	8 月 3 ~ 4 日
132	198711	Dinah	8 月 30 日 6 ~ 14 时	167	199711	Winnie	8 月 19 日 0 ~ 12 时
133	198712	Gerald	9 月 10 日 12 ~ 24 时	168	199806	Todd	9 月 19 日 12 ~ 24 时
134	198807	Bill	8 月 7 日 21 时 ~ 8 日 6 时	169	199808	Yanni	9 月 29 日 0 ~ 24 时
135	198817	Kit	9 月 21 ~ 22 日	170	199903	Maggie	6 月 6 ~ 7 日
136	198903	Brenda	5 月 20 ~ 21 日	171	199905		7 月 27 日
137	198909	Hope	7 月 21 日 12 时 ~ 22 日 6 时	172	199906	Olga	8 月 2 日 0 ~ 24 时
138	198912		7 月 29 ~ 30 日	173	199907	Paul	8 月 7 ~ 8 日
139	198913	Ken. Lora	8 月 3 日 18 时 ~ 4 日 12 时	174	199908	Sam	8 月 25 日 0 ~ 12 时
140	198918		8 月 16 ~ 18 日	175	199909	Wendy	9 月 5 日 13 时 ~ 6 日 3 时
141	198921	Sarah	9 月 13 ~ 14 日	176	199911	Ann	9 月 18 日 10 ~ 22 时
142	198923	Vera	9 月 15 日 20 时 ~ 16 日 3 时	177	199914	Dan	10 月 9 日
143	199005	Ofelia	6 月 24 日 6 ~ 14 时	178	200004	启德	7 月 10 日 0 ~ 6 时

续表

序号	编号	名称	影响太湖流域时段	序号	编号	名称	影响太湖流域时段
179	200008	杰拉华	8 月 10～11 日	203	200509	麦莎	8 月 6 日 12 时～7 日 10 时
180	200010	碧利斯	8 月 25 日 0～12 时	204	200513	泰利	9 月 1～2 日
181	200012	派比安	8 月 30 日 6～24 时	205	200515	卡努	9 月 11 日 17 时～12 日 6 时
182	200014	桑美	9 月 14～15 日	206	200519	龙王	10 月 2～3 日
183	200020	象神	11 月 1 日	207	200601	珍珠	5 月 18 日 15～20 时
184	200102	飞燕	6 月 24 日 6～8 时	208	200604	碧利斯	7 月 14～16 日
185	200108	桃芝	7 月 31 日 15～22 时	209	200605	格美	7 月 25～27 日
186	200116	百合	9 月 6～16 日	210	200608	桑美	8 月 10～11 日
187	200119	利奇马	9 月 29～30 日	211	200613	珊珊	9 月 16～17 日
188	200205	威马逊	7 月 4 日 16～24 时	212	200704	万宜	7 月 13～14 日
189	200212	北冕	8 月 5～6 日	213	200709	圣帕	8 月 19～20 日
190	200216	森拉克	9 月 6～7 日	214	200712	百合	9 月 15～16 日
191	200302	鲸鱼	4 月 24～25 日	215	200713	韦帕	9 月 19 日 11～13 时
192	200306	苏迪罗	6 月 18 日 0～24 时	216	200716	罗莎	10 月 8～9 日
193	200309	莫拉克	8 月 4 日 0～24 时	217	200801	浣熊	4 月 19～20 日
194	200311	环高	8 月 20 日 0～24 时	218	200806	风神	6 月 25 日
195	200314	鸣蝉	9 月 11～12 日	219	200807	海鸥	7 月 19 日
196	200407	蒲公英	7 月 3 日 10～21 时	220	200808	凤凰	7 月 29～30 日
197	200414	云娜	8 月 12～13 日	221	200812	鹦鹉	8 月 22 日
198	200416	鲇鱼	8 月 18 日 0～18 时	222	200813	森拉克	9 月 14～16 日
199	200419	桑达	9 月 6 日 0～24 时	223	200815	蔷薇	9 月 30 日
200	200421	海马	9 月 13 日 18～24 时	224	200903	莲花	6 月 22 日
201	200425	洛坦	10 月 25～26 日	225	200908	莫拉克	8 月 10～11 日
202	200505	海棠	7 月 19～20 日				

（2）影响太湖流域的台风频次分析

表 2-7 和图 2-9 给出了 1949～2009 年影响太湖流域的台风频次统计，从中可知影响太湖流域的台风频次有逐渐增加的趋势。

2.1.2.2 影响太湖流域的台风的大气环流背景分析

台风的生成、发展、运动与大气环流背景密切相关，采用反映对流层中层大气环流的 500hPa 高度场信息，分析影响太湖流域台风（包括频次、最早影响时间、最晚影响时间等特征指标）的前期环流区域，以及可能的影响机制。

（1）台风频次与前期 500hPa 高度场的相关分析

为分析影响太湖流域台风频数长期变化的前期 500hPa 高度环流的相关区域和时段，建立了影响太湖流域台风频数与前一年 11 月至当年 4 月逐月 500hPa 高度环流的相关关系，图 2-10 为影响太湖流域台风频数与当年 2 月 500hPa 高度相关图。

表 2-7　1949～2009 年影响太湖流域的热带气旋（台风）频次统计表

年份	影响台风场次	年份	影响台风场次	年份	影响台风场次
1949	2	1970	2	1991	3
1950	2	1971	3	1992	3
1951	2	1972	5	1993	2
1952	3	1973	4	1994	5
1953	2	1974	5	1995	2
1954	2	1975	3	1996	1
1955	4	1976	2	1997	4
1956	6	1977	4	1998	2
1957	2	1978	3	1999	8
1958	2	1979	2	2000	6
1959	6	1980	3	2001	4
1960	5	1981	5	2002	3
1961	6	1982	2	2003	5
1962	6	1983	2	2004	6
1963	3	1984	6	2005	5
1964	3	1985	7	2006	5
1965	4	1986	3	2007	5
1966	3	1987	4	2008	7
1967	2	1988	2	2009	2
1968	1	1989	7		
1969	2	1990	5		

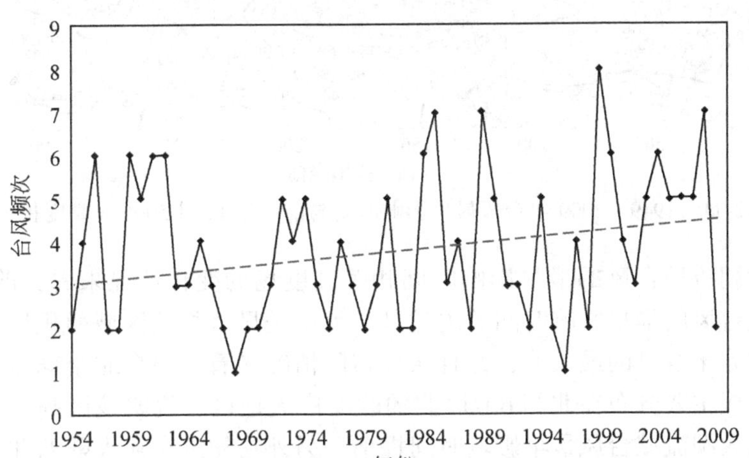

图 2-9　影响太湖流域的热带气旋（台风）频次统计

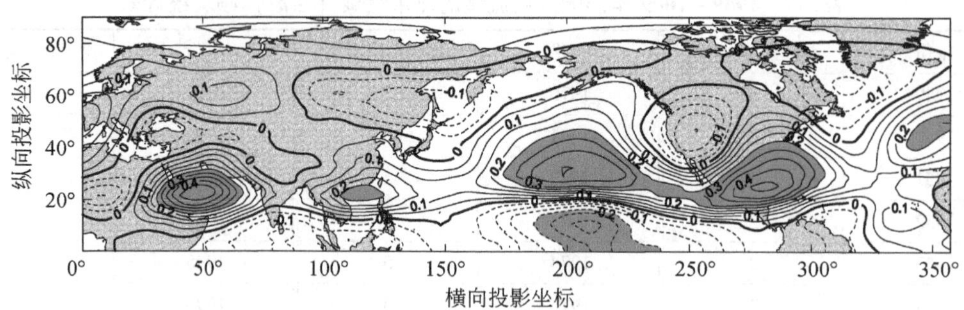

图 2-10　1949 ~ 2009 年影响太湖流域台风频次与当年 2 月 500hPa 高度相关图

由逐月相关图分析可以得出：从前一年冬季到当年的春季，影响太湖流域台风频次的相关区域处于不断地变化当中；其中，以春季 2 月、3 月的 500hPa 高度场相关显著，其相关区域以北纬 20°线为界，正相关区域分布在北纬 20° ~ 40°的北太平洋至北美大陆的上空，以及靠近非洲的阿拉伯海上空，说明该区域大气环流高度增强时，会引发影响太湖流域的台风频次增加；负相关区域位于赤道中太平洋以及靠近白令海峡的东北太平洋上空，表明这一区域的大气环流高度值与台风频次呈负相关关系，该区高度增强时，会引发影响太湖流域的台风频次减少。

（2）台风最早影响时间与前期 500hPa 高度场的相关分析

建立了 1949 ~ 2009 年影响太湖流域的台风的最早影响时间与前年 11 月至当年 4 月逐月 500hPa 高度环流的相关关系。图 2-11 给出了影响太湖流域台风最早影响时间与前年 12 月 500hPa 高度相关图。

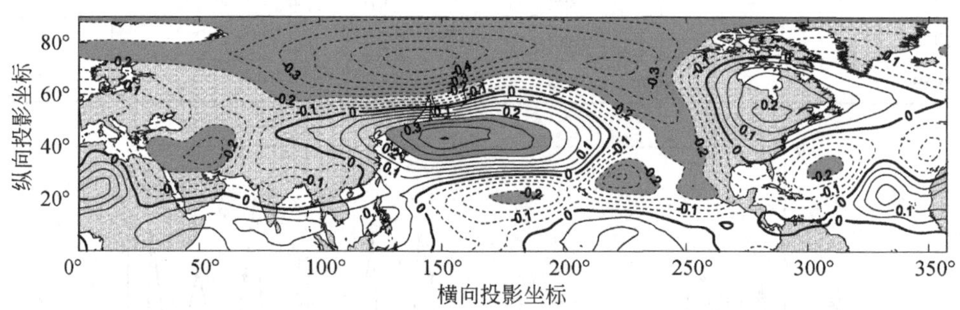

图 2-11　1949 ~ 2009 年台风最早影响时间与前一年 12 月 500hPa 高度相关图

从影响太湖流域台风的最早影响时间相关高度场的变化情况来看，前一年 12 月为影响太湖流域台风的最早影响时间的关键月，无论是显著相关区域面积还是中心相关系数的绝对值均处于各月的最大值，并且从分布的情况来看，整个北半球以负相关分布为主，负相关区域主要分布在北纬 60°以北的欧亚广大地区，说明该区高度场增强时，会引起后期影响太湖流域台风最早影响时间提前，另外在靠近东亚大陆西北太平洋上空分布有正相关区域，表明该区高度增强时，会导致后期影响太湖流域台风最早影响时间推后。

（3）台风最晚影响时间与前期 500hPa 高度场的相关分析

通过建立 1949 ~ 2009 年 61 年影响太湖流域最晚影响时间与前一年 11 月至当年 4 月逐月 500hPa 高度环流的相关关系。图 2-12、图 2-13 为影响太湖流域台风最晚影响时间与前一年 11 月、当年 3 月的 500hPa 高度相关图。

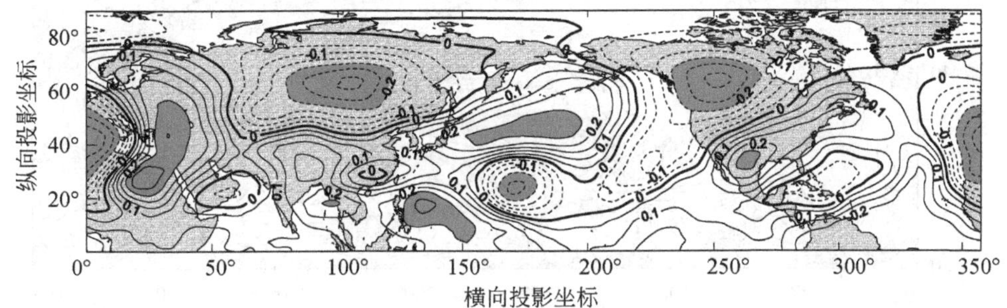

图 2-12　1949 ~ 2009 年台风最晚影响时间与前一年 11 月 500hPa 高度相关图

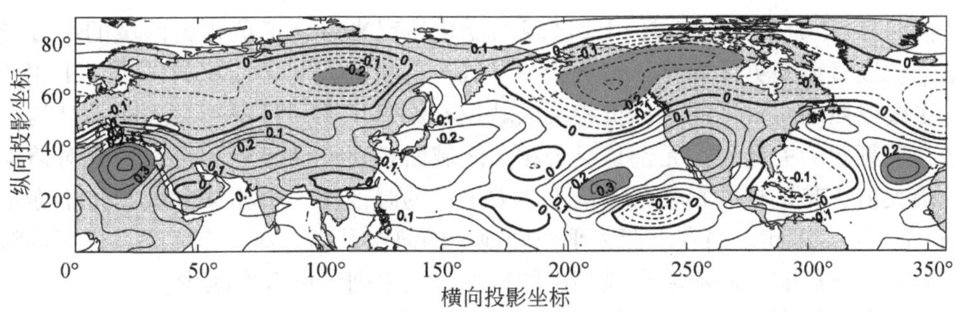

图 2-13　1949 ~ 2009 年台风最晚影响时间与当年 3 月 500hPa 高度相关图

由逐月相关图分析可以得出：从前一年冬季 11 月开始，与影响太湖流域台风的最晚影响时间相关的主要月包括前一年 11 月和当年 3 月，前一年 11 月北半球的正相关区域主要分布在日本列岛以东，菲律宾群岛附近以及欧洲黑海周围，负相关区域则主要位于亚洲的蒙古高原，表明日本列岛以东，菲律宾群岛附近以及欧洲黑海的高压增强、蒙古高原减弱时，会引起影响太湖流域台风的最晚影响时间推后，反之则最晚影响时间提前；春季 3 月主要负相关区域位于蒙古高原以及加拿大上空，说明该区域的大气环流高度增强时会引起台风最晚影响时间提前，正相关区域则位于欧洲黑海附近，说明该区高度增强会导致台风的最晚影响时间推后。

2.1.2.3　影响太湖流域台风的海洋特征分析

利用台风的特征参数与前期冬春季逐月的海温的相关关系，分析了影响太湖流域台风特征指标（包括频次、最早影响时间、最晚影响时间）与前期海洋相关区域海温的相关关系。

（1）太湖流域台风特征量与前期海温场的相关分析

1）台风频次与前期海温场的相关分析。利用 1949 ~ 2009 年 61 年影响太湖流域台风频次与前一年 11 月至当年 4 月逐月全球海温建立相关关系，分析影响太湖流域的台风频数与前期北太平洋海温显著相关的区域和时段，图 2-14 为台风频次与当年 3 月全球海温相关图。

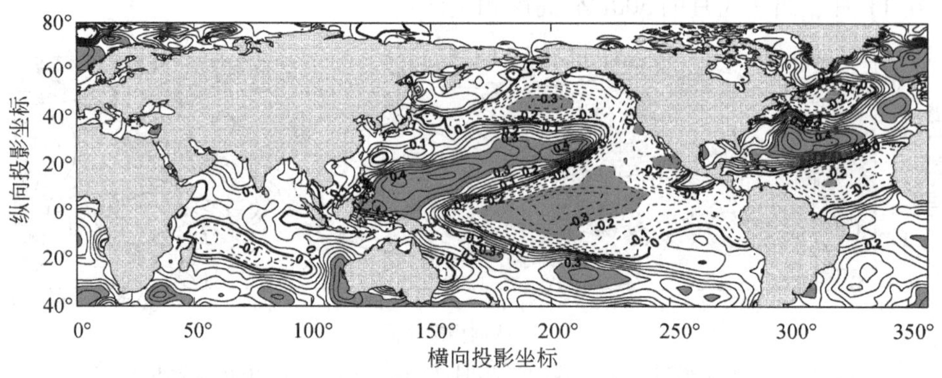

图 2-14　1949 ~ 2009 年台风频次与当年 3 月全球海温相关图

从前一年 11 月到当年 4 月相关区域的变化情况来看，正负相关区域的位置较为稳定，基本上以日期变更线为界，正负相关区域各占将近太平洋面积的一半，正相关区域位于变更线以西的西太平洋上，负相关区域位于赤道东太平洋附近。当年 3 月为影响太湖流域台风频次的关键月，无论是显著相关区域面积还是中心相关系数的绝对值均处于各月的最大值，其正相关影响区域位于西太平洋的暖池区，负相关区域则位于赤道东太平洋的 Nino 区，因此，当春季西太平洋暖池区的海温升高、赤道东太平洋地区的海温降低时，容易引起影响太湖流域台风频次的增加，反之则台风频次减少。

2）台风最早影响时间与前期海温场的相关分析。建立了 1949 ~ 2009 年 61 年影响太湖流域台风最早影响时间与前一年 11 月至当年 4 月逐月北太平洋海温场的相关关系，图 2-15 为影响太湖流域台风最早影响时间与前一年 11 月全球海温相关图。

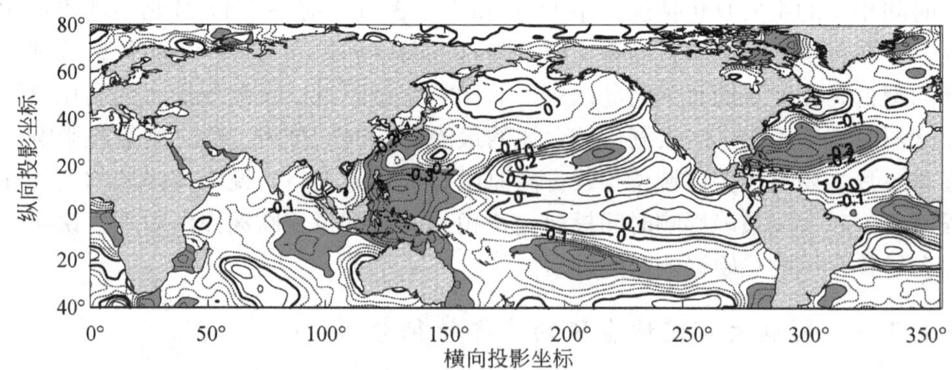

图 2-15　1949 ~ 2009 年台风最早影响时间与前一年 11 月全球海温相关图

从影响太湖流域台风的最早影响时间相关海温场的变化情况来看，前一年 11 月为影响太湖流域台风的最早影响时间的关键月。从分布的情况来看，太平洋上的正负相关区域分布较为集中，靠近亚洲大陆的海域以负相关为主，从日本列岛往南一直到澳大利亚，分布有强负相关区域，靠近北美大陆的海域则分布为正相关，中心位于西风漂流区，说明该区高度场增强时，会引起后期影响太湖流域台风最早影响时间提前，另外在靠近东亚大陆西北太平洋上空分布有正相关区域，因此，前冬北太平洋日本列岛以南至澳大利亚的海域海温升高、西风漂流区海温降低时，影响太湖的台风最早影响时间偏早，反之则偏晚。

3）台风最晚影响时间与前期海温场的相关分析。建立 1949～2009 年 61 年影响太湖流域台风最晚影响时间与前一年 11 月至当年 4 月逐月北太平洋海温场的相关关系，图 2-16 为影响太湖流域台风最晚影响时间与前一年 12 月全球海温相关图。

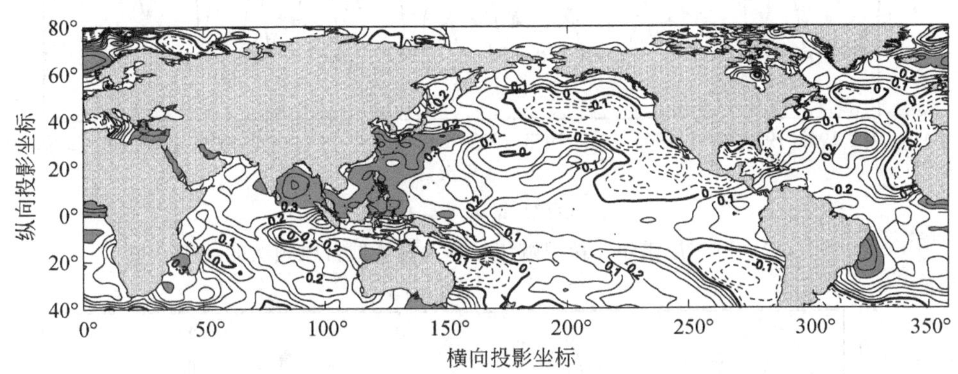

图 2-16　1949～2009 年台风最晚影响时间与前一年 12 月全球海温相关图

由逐月相关图分析可以得出：前一年 12 月为影响太湖流域台风的最晚影响时间的关键月，并且该月整个太平洋海区以正相关为主，显著相关区域中心位于东亚大陆附近海域；另外，北美东海岸分布有负相关区域，但是并不显著。因此，前一年 12 月的太平洋海温特别是东亚大陆附近海域的海温对影响太湖流域台风的最晚影响时间有较好的指示作用，当该区域海温升高时，影响太湖流域台风的最晚影响时间会偏晚，反之则偏早。

(2) 影响太湖流域的台风与 ENSO 的关系分析

ENSO 现象是目前公认的影响大气环流和气候的强信号，许多观测研究和模拟实验表明，当出现厄尔尼诺现象时太平洋热带地区海洋和大气环流有明显的变化，因此也会影响太湖流域的台风活动。陈兴芳和赵振国（2000）研究表明，厄尔尼诺年和拉尼娜年台风活动有相反的趋势：在厄尔尼诺年台风生成数和登陆数偏少，台风生成平均位置偏南和偏东，台风强度偏强；而在拉尼娜年，台风生成和登陆数偏多，位置偏北偏西，强度偏强。冯利华也得出类似结论，并且强调在厄尔尼诺年，影响中国的台风出现时间偏迟，结束时间偏早。

为分析厄尔尼诺现象与影响太湖流域的台风活动的关系，选用国家气候中心 ENSO 监测室制定的划分标准，选取：厄尔尼诺年，1951 年、1953 年、1957 年、1958 年、1963 年、1965 年、1968 年、1969 年、1972 年、1976 年、1980 年、1982 年、1983 年、1987 年、1991 年、1993 年、1994 年、1997 年、2002 年、2004 年、2006 年、2009 年，共 22 年；拉尼娜年，1954 年、1955 年、1964 年、1970 年、1971 年、1974 年、1975

年、1985年、1988年、1999年、2000年、2008年，共12年。分析了厄尔尼诺年和拉尼娜年台风的长期特征参数的变化，见图2-17～图2-19。对多年厄尔尼诺年与拉尼娜年的台风特征参数进行了对比，见表2-8。

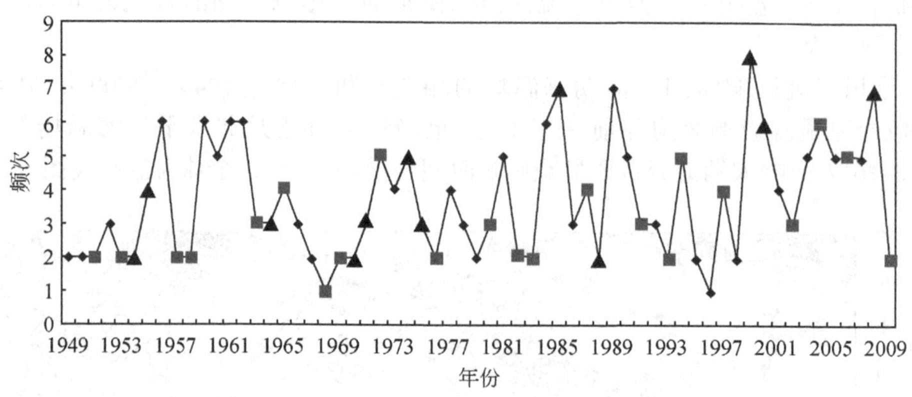

图2-17　厄尔尼诺年、拉尼娜年影响太湖流域台风频次的逐年分布

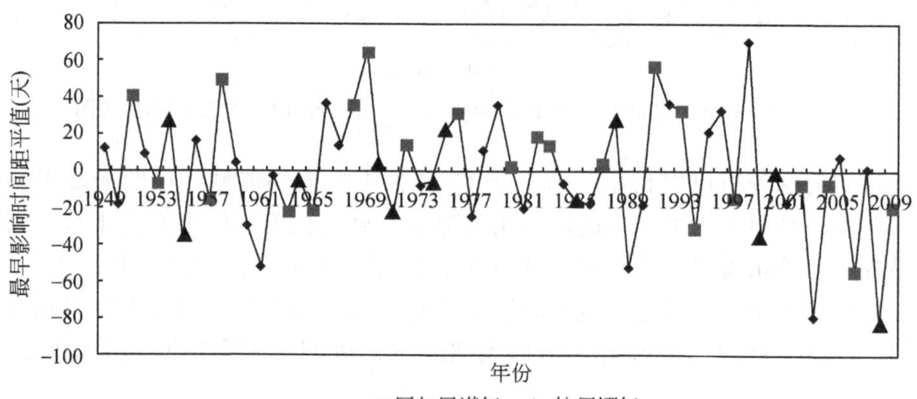

图2-18　厄尔尼诺年、拉尼娜年影响太湖流域台风最早影响时间（距平值）的逐年分布

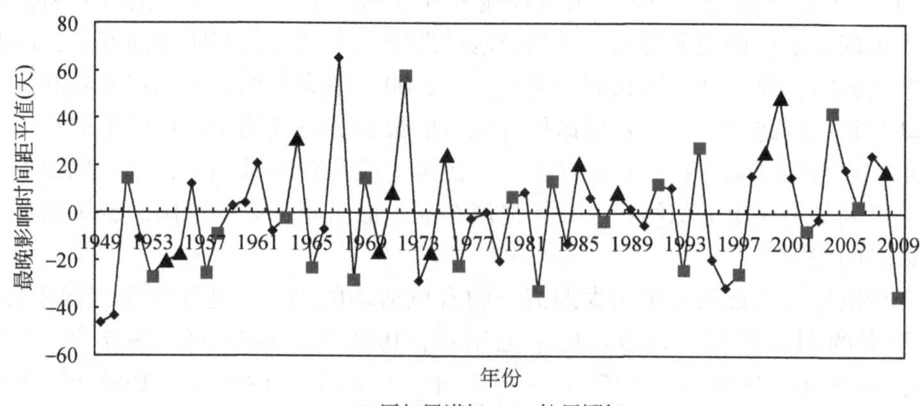

图2-19　厄尔尼诺年、拉尼娜年影响太湖流域台风最晚影响时间（距平值）的逐年分布

表 2-8　厄尔尼诺年与拉尼娜年台风参数对比

参数平均	频次	最早影响时间	最晚影响时间
多年平均	3.69	7 月 12 日	9 月 13 日
厄尔尼诺年平均	3.00	7 月 19 日	9 月 10 日
拉尼娜年平均	4.19	7 月 4 日	9 月 21 日

由图表分析可见：①厄尔尼诺年，影响太湖流域台风的频次较多年平均少，在 22 个年份中，有 15 年低于多年平均值，符合率接近 70%，其中 11 年发生的台风频次少于 2 次；而拉尼娜年中发生的台风频次变化较大，最多 8 次（1999 年），最少 2 次（1954 年、1970 年、1988 年），但总体来看，拉尼娜年平均台风频次（4.19）超过多年平均的台风频次（3.69）。②厄尔尼诺年，影响太湖流域台风的最早影响时间较多年平均晚，平均为 7 月 19 日，最晚是 9 月 10 日（1969 年），拉尼娜年则正好相反，在拉尼娜事件发生的 12 年中，有 8 年最早影响时间比多年平均早，符合率达到 75%，最早是 4 月 19 日（2008 年）。③厄尔尼诺事件造成影响太湖流域台风的最晚影响时间偏早，最早是 6 月 22 日（2009 年），拉尼娜事件则促使台风的最晚影响时间推迟，最晚达到 11 月 1 日（2000 年）。因此，ENSO 现象和影响太湖流域的台风之间具有密切关系，热带海温异常对于后期台风活动具有一定指示作用。

2.2　太湖流域梅雨与台风遭遇的可能性分析

梅雨与台风雨是太湖流域的两种主要的降水类型。一般说来，梅雨期降水具有雨量大、范围广、历时长、强度小的特点，易造成全流域灾害性洪水；台风雨具有局部性、历史短、强度大的特点，会造成区域性洪涝灾害。已有研究成果指出，太湖流域梅雨与台风遭遇事件的发生具有一定的概率，其遭遇情形有三种：一种是“入梅”情形，即台风的运动造成副高脊线由低纬向江淮移动，梅雨期开始；一种是“出梅”情形，台风的活动造成副高脊线由江淮向高纬移动和梅雨锋水汽输送的中断，导致梅雨期结束；另一种情形是“正面遭遇”，梅雨期遭遇台风活动但未造成梅雨锋面的明显改变。由于梅雨与台风遭遇会对汛期降雨的时程分布和地区组成，特别是强降雨过程产生一定的影响，从而大大增加流域及区域防洪调度的难度和不确定性，威胁太湖流域的防洪安全。因此，明晰太湖流域梅雨与台风遭遇的可能程度及其影响和后果，对流域防洪、除涝和水资源调度管理具有重要的现实意义，但目前有关太湖流域梅雨与台风遭遇方面的研究成果较少。本书选择开始时间、结束时间和历时作为描述梅雨的具体指标，把台风“开始影响太湖流域的时间”（简称影响时间）作为刻画影响太湖流域台风的具体指标，对两者的遭遇问题进行研究。

首先，从 1954 ~2009 年共 56 年的梅雨与台风对应的样本中，综合考虑二者的影响时间、台风路径、雨量与雨强等多个方面，统计分析太湖流域梅雨与台风遭遇的可能事件。

其次，依据长系列历史数据，把所选的梅雨和台风指标，作为随机变量，以水文气象领域 5 种常用线型作为备选对象，拟合并选择较好的分布形式；以“梅雨开始时间”

“梅雨结束时间”和“台风影响时间”的分布函数为边缘分布，借助 Copula 函数，构造其联合分布函数；在此基础上，给出梅雨与台风遭遇概率的数学表达形式。

2.2.1　梅雨的统计特征分析

根据 1954 ~ 2009 年的历年实际资料，选择梅雨开始时间、结束时间、梅期长度作为研究对象（随机变量），分别计算其经验频率和统计特征参数，拟合出其时间概率密度函数，进而揭示和总结梅雨发生的基本规律。在 1954 ~ 2009 年的 56 年中，有 3 年（1958 年、1965 年和 1978 年）为空梅，故研究对象有 53 个样本。

2.2.1.1　入梅时间

选择正态、对数正态、伽马、威布尔和极值 I 型等 5 种分布曲线进行拟合，拟合效果如图 2-20 和图 2-21 所示，相应的参数如表 2-9 所示。采用 Kolmogorov-Smirnov（简称 K-S）拟合优度假设检验方法，对入梅时间分布函数进行置信度为 95% 的双边假设。检验结果如表 2-10 所示。

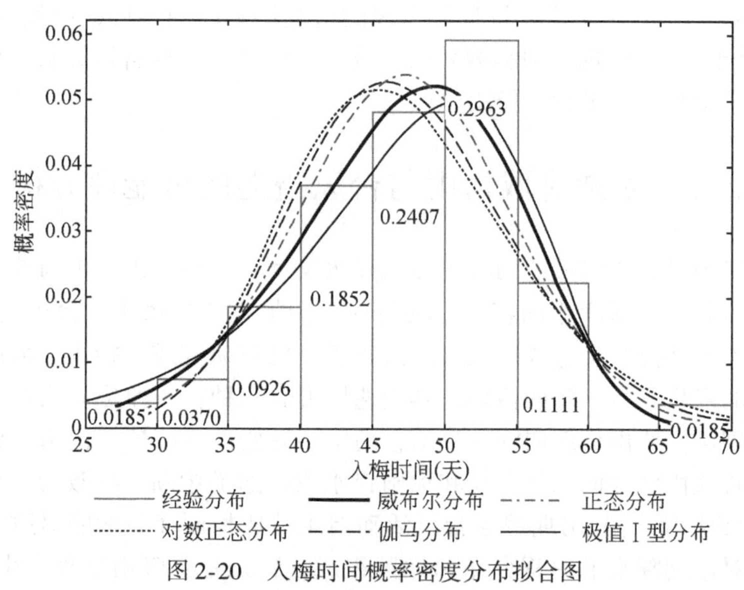

图 2-20　入梅时间概率密度分布拟合图

表 2-9　入梅时间分布线型拟合参数

参数	威布尔分布	正态分布	对数正态分布	伽马分布	极值分布
参数 1	49.887	47.185 2	3.840 9	38.058 4	50.770 7
参数 2	6.568 4	7.422 7	0.168 3	1.239 8	7.381 2

表 2-10　入梅时间分布函数 K-S 检验结果

项目	威布尔分布	正态分布	对数正态分布	伽马分布	极值分布
是否接受	接受	接受	接受	接受	接受
P	0.696 8	0.615 4	0.274 6	0.365 0	0.377 9
Ksate	0.094 7	0.101 2	0.133 1	0.123 0	0.121 7

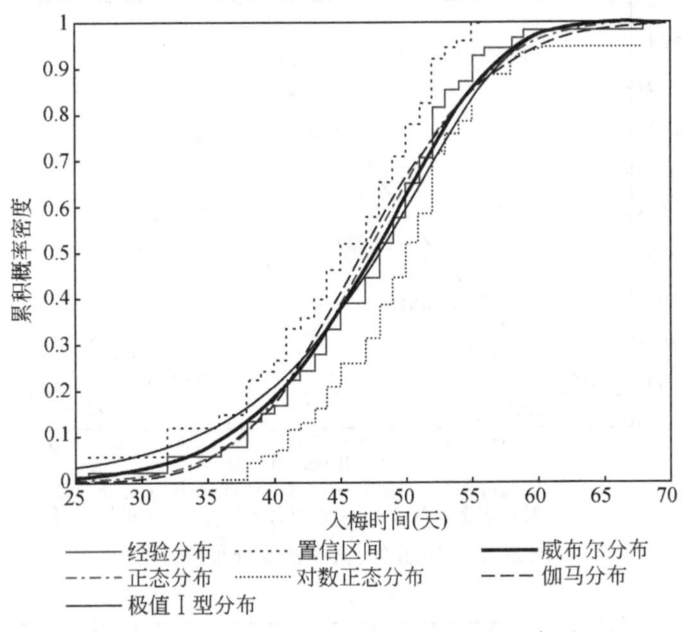

图 2-21　入梅时间累积概率密度分布拟合图

从表 2-10 可以看出，尽管上述五种线型都能满足 K-S 方法的假设检验，但每种线型的具体 *P* 和 Kstae 相差较大。由于 *P* 值越大，Kstae 越小表明，线型与经验点距拟合越好。据此，可认为威布尔分布是入梅时间的较适宜线型，其参数如表 2–9 所示。

根据入梅时间的理论分布密度函数，可以求出其均值 47.0（6 月 15 日）为梅雨开始的平均时间；以其为中心，66.8%（约 2/3）的梅雨在 6 月 9 日至 6 月 23 日的 15 天之内开始，95.5% 的（约为全部）梅雨在 6 月 2 日至 6 月 30 日（共 29 天）开始，49.5%（约一半）的梅雨在 6 月 14 日至 6 月 24 日（共 11 天）开始。

2.2.1.2　出梅时间

选择威布尔分布、正态分布、对数正态分布、伽马分布和极值分布曲线进行拟合，拟合参数见表 2-11，拟合形状见图 2-22 和图 2-23 所示。

表 2-11　出梅时间分布函数参数估计

参数	正态分布	对数正态分布	威布尔分布	伽马分布	极值分布
参数 1	70.055 6	4.240 1	74.154 6	54.373 8	74.762 8
参数 2	9.467 8	0.138 5	8.002 7	1.288 4	9.397 0

采用 Kolmogorov-Smirnov 拟合优度假设检验方法，对入梅时间分布函数进行置信度为 95% 的双边假设。从表 2-12 可知，正态分布是出梅时间的较适宜线型，其参数如表 2-11 所示。

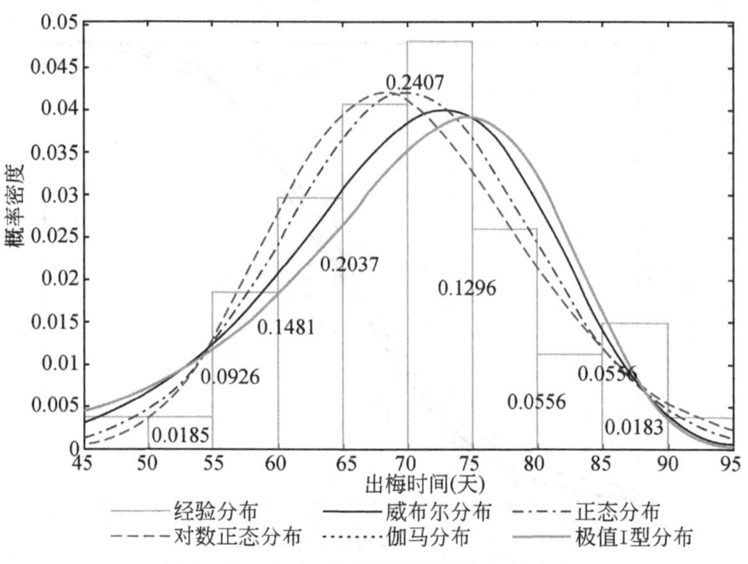

图 2-22　出梅时间概率密度分布拟合图

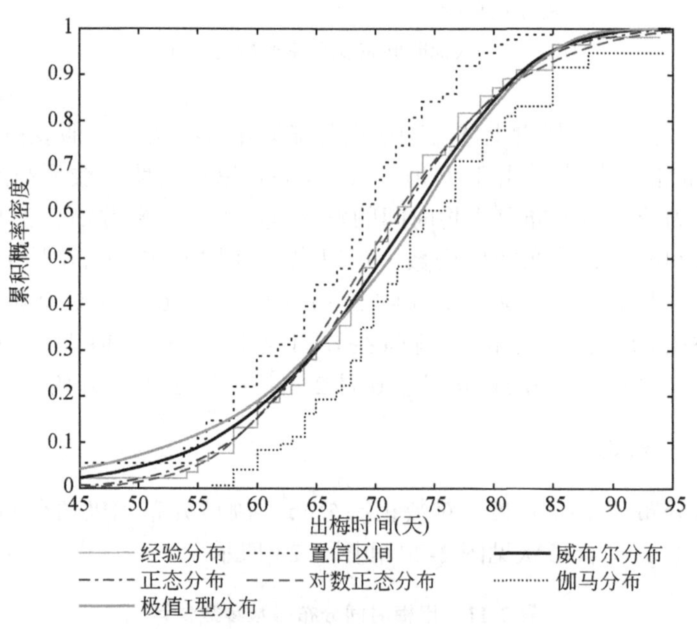

图 2-23　出梅时间累积概率密度分布拟合图

表 2-12　出梅时间分布函数 K-S 检验

项目	正态分布	对数正态分布	威布尔分布	伽马分布	极值分布
是否接受	接受	接受	接受	接受	接受
P	0.979 1	0.765 1	0.640 7	0.871 9	0.378 2
Ksate	0.063 1	0.089 1	0.099 1	0.079 4	0.121 7

根据出梅时间的理论分布密度函数，可以求出其均值 70.0（7 月 8 日）为梅雨结束的平均时间；以其为中心，66.8%（约 2/3）的梅雨在 6 月 30 日至 7 月 19 日的 20 天之

内结束，95.5%的（约为全部）梅雨在6月21日至7月28日（共38天）结束。

2.2.1.3　梅期长度

选择威布尔分布、正态分布、对数正态分布、伽马分布和极值分布曲线进行拟合，拟合参数见表2-13，其拟合形状如图2-24和图2-25所示。

表2-13　梅期长度分布函数参数估计

参数	威布尔分布	正态分布	对数正态分布	伽马分布	极值分布
参数1	26.456 2	23.444 4	2.998 0	3.350 2	30.015 2
参数2	2.012 7	12.294 6	0.625 7	6.997 9	14.498 9

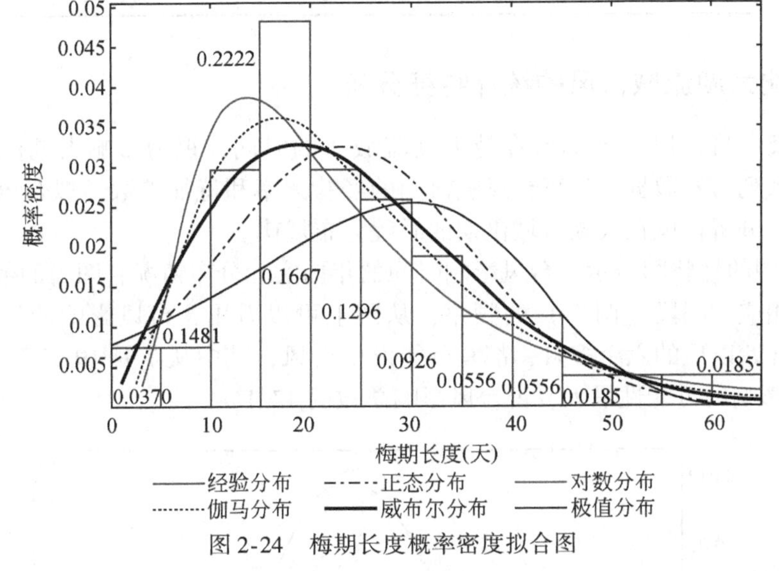

图2-24　梅期长度概率密度拟合图

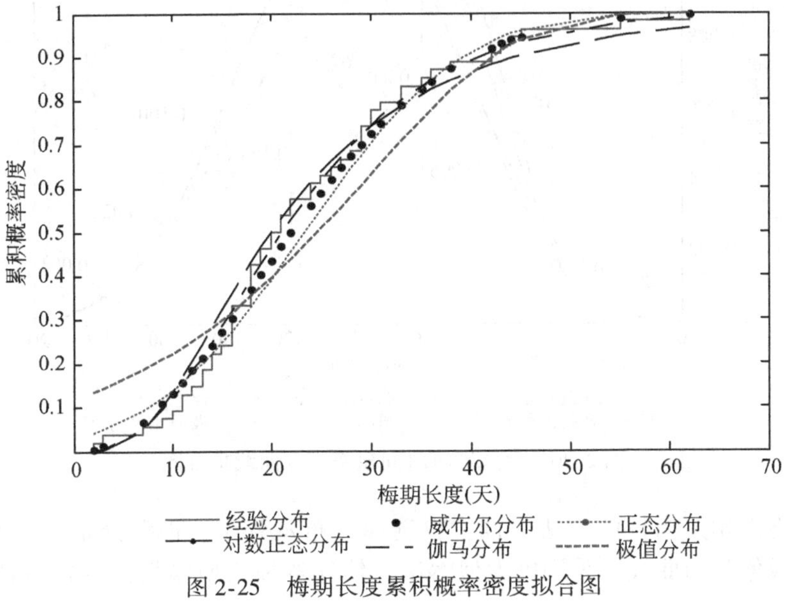

图2-25　梅期长度累积概率密度拟合图

采用 Kolmogorov-Smirnov 拟合优度假设检验方法，对梅期长度的分布函数进行假设检验，参数设置为置信度为95%的双边假设。由表 2-14 可以看出，威布尔分布是随机变量（梅期长度）的较适宜线型，其参数如表 2-13 所示。根据梅期长度的理论分布密度函数，可以求出其均值 23，意味着梅期长度为 23 天，为梅雨开始的平均时间；66.8%（约2/3）的梅雨期长度在 11.5～35.5 天，梅雨期大于48 天的概率在5%以下。

表 2-14　梅期长度分布函数 K-S 检验结果

项目	威布尔分布	正态分布	对数正态分布	伽马分布	极值分布
是否接受	接受	接受	接受	接受	接受
P	0.905 2	0.386 9	0.410 4	0.878 0	0.142 1
Ksate	0.075 7	0.120 8	0.118 6	0.078 8	0.153 6

2.2.2　影响太湖流域台风的统计特征分析

前已述及，将台风“登陆或穿越太湖流域”的时间，视为影响太湖流域台风的时间。根据长系列历史数据，计算台风随时间的经验频率和特征参数，拟合出台风影响时间分布函数，分析台风在太湖流域汛期的时程分布规律。

图 2-26 中的柱状图表示了台风影响时间的年内实际分布情况，图中的数字为台风影响时间落入相应时间段（两旬）的频率，从图上可以看出，台风影响的可能时间比较长，从5月开始以后的六个多月，都有可能发生台风，其中从7月19日至8月28日这40天里台风影响的可能性最大，占台风影响总数的47.1%。

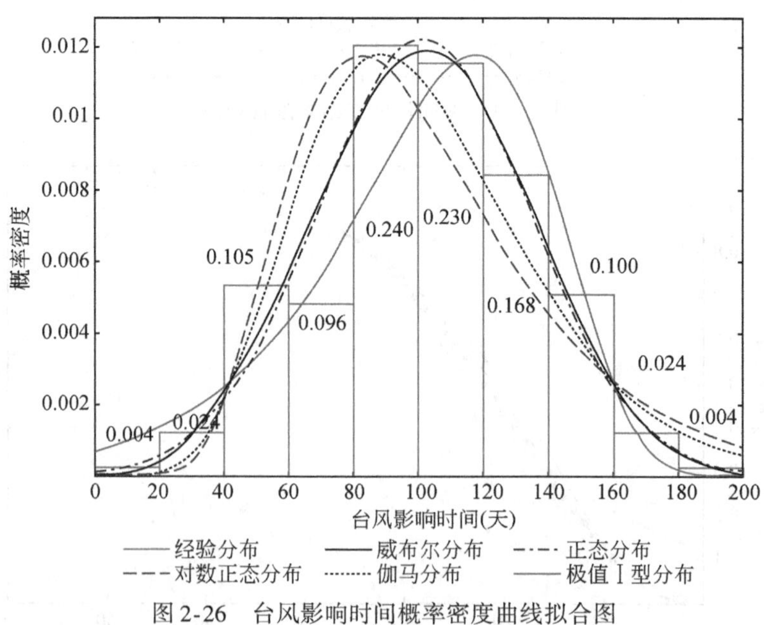

图 2-26　台风影响时间概率密度曲线拟合图

如分析梅雨相关指标的方法一样，也选择威布尔分布、正态分布、对数正态分布、伽马分布和极值分布曲线，采用极大似然法，估计各种线型参数，参数如表 2-15 所示。

其拟合形状如图 2-26 和图 2-27 所示。

表 2-15　台风影响时间分布函数参数估计

参数	威布尔分布	正态分布	对数正态分布	伽马分布	极值分布
参数 1	117.028 7	105.391 3	4.592 3	7.810 2	122.011 4
参数 2	3.483 1	33.768 9	0.395 8	13.494 1	32.892 9

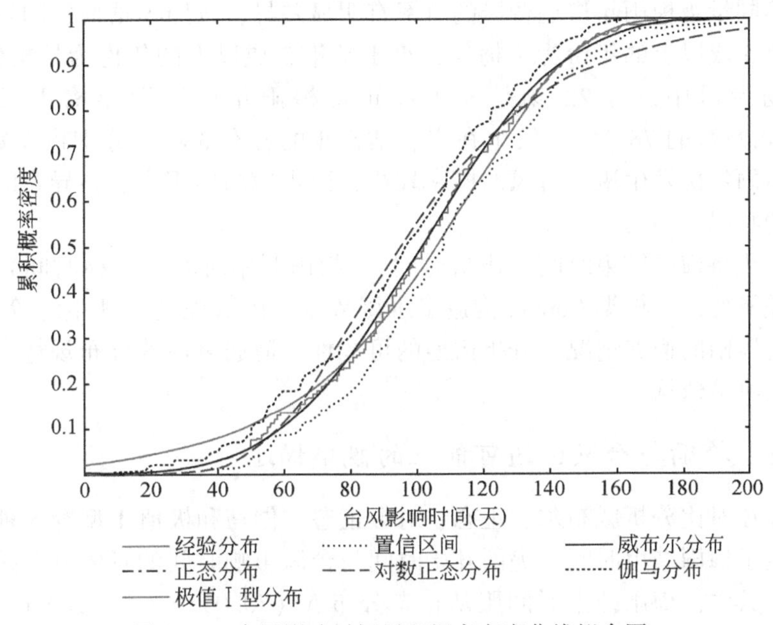

图 2-27　台风影响时间累积概率密度曲线拟合图

采用 Kolmogorov-Smirnov 拟合优度假设检验方法，对台风影响时间的分布函数进行假设检验，置信度为 95% 的双边假设检验结果如表 2-16 所示。上述 5 种线型中，正态分布是台风影响时间的适宜线型，其参数如表 2-15 所示。根据台风影响时间的理论分布密度函数，可以求出其均值约为 105.4 天，也即太湖流域的台风平均影响时间在 8 月 9 日至 8 月 10 日，均方差为 33.8，以平均影响时间为中心，66.8%（约 2/3）的台风影响时间在 7 月 9 日至 9 月 10 日的 64 天之内，95.5%（约为全部）的台风影响出现在 6 月 8 日至 10 月 12 日（共 127 天）。其中，46.5%（约一半）的台风影响出现在 7 月 19 日至 8 月 28 日（共 41 天）。

表 2-16　台风影响时间分布函数 K-S 检验

项目	威布尔分布	正态分布	对数正态分布	伽马分布	极值分布
是否接受	接受	接受	拒绝	接受	接受
P	0.811 7	0.927 4	0.004 6	0.060 4	0.233 5
Ksate	0.043 9	0.037 6	0.120	0.091 1	0.071 4

2.2.3　梅雨与台风遭遇可能性的概率分析

由表2-6可以得出，在1954～2009年影响太湖流域的台风中（非空梅年共205场），与梅雨遭遇的台风共有28场，平均每年0.52场，其中5场为“入梅”遭遇，17场为“正面”遭遇，6场为“出梅”遭遇。遭遇情形占影响太湖流域台风总数目的13.6%，其中入梅遭遇概率为2.4%，正面遭遇概率为8.3%，出梅遭遇概率为2.9%。

同时，不同量级梅雨年遭遇台风的概率有明显差异，按照丰枯梅年的划分标准（梅雨量大于常年5成以上的年份为丰梅年，小于常年5成以上的年份为枯梅年），在遭遇梅雨的28场台风中，有22场是发生在正常梅雨年份（即年梅雨量为108.9～326.6mm），占总数的78.6%；发生在丰、枯梅年的各有3场，分别占总数的10.7%，说明在正常梅雨年份发生遭遇台风的概率较高，而当梅雨出现丰、枯异常时，不易发生与台风遭遇的状况。

下文进一步将梅雨结束时间（出梅时间）、梅雨开始时间（入梅时间）与台风影响时间均看作随机变量，根据Copula构造多维函数分布函数理论（郭生练等，2008），来探讨梅雨与台风雨的遭遇情况，分析遭遇的可能性、遭遇事件的分布规律，为流域洪水科学管理提供决策依据。

2.2.3.1　梅雨与台风遭遇可能性的概率描述

前面已经在对比分析威布尔、正态、对数正态、伽马和极值Ⅰ型等5种分布线型的基础上，确定了梅雨结束时间、梅雨开始时间与台风影响时间的具体分布线型，估计了相应的参数。其中，梅雨结束时间服从正态分布 N（70.055 6，9.467 8）、台风影响时间服从正态分布 N（105.391 3、33.768 9）、入梅时间服从威布尔分布 W（49.887，6.568 4）。从图2-28可以看出，台风影响时间与梅雨结束时间的概率密度函数存在两个交叉点 A 和 B，与梅雨开始时间存在一个交叉点 C，因此，梅雨与台风在理论上存在遭遇的可能性。从台风影响时间密度函数极值点与梅雨结束和梅雨开始时间的远近程度可知，出梅时间较晚，比出梅时间提前或推后相同时间长度与台风遭遇的可能性大。

图2-29为太湖流域出梅时间、入梅时间与台风影响时间经验分布与理论分布关系图。从图2-29可以看出，上述三个随机变量的理论分布函数与经验分布函数均处在相应的95%的置信区间内，表明了所选分布的合理性，同时明显可以看出入梅时间、出梅时间与台风影响时间在总体上（均值）依次往后。

从前面研究可知，梅雨的发生是一个时间段（平均长度为23天），而台风的持续时间则相对较短，从几小时到几天不等。基于此，将台风事件看作一个“点”，用台风影响时间表示；而梅雨看作一“入梅”“出梅”和“正面”遭遇，在时间上可分别理解为，台风影响在梅雨“之前”“之后”和“其中”。为此，分别定义“台风影响时间”“梅雨开始时间”和“梅雨结束时间”为随机变量 x、y 和 z。这样，梅雨与台风遭遇的概率可描述为

$$p(y-\sigma_1 \leqslant x \leqslant y) \cup p(y \leqslant x \leqslant z) \cup p(z \leqslant x \leqslant z+\sigma_2) \qquad (2\text{-}1)$$

其中，σ_1 和 σ_2 分别为梅雨开始时间之前的天数，梅雨结束时间之后的天数；$p(y-$

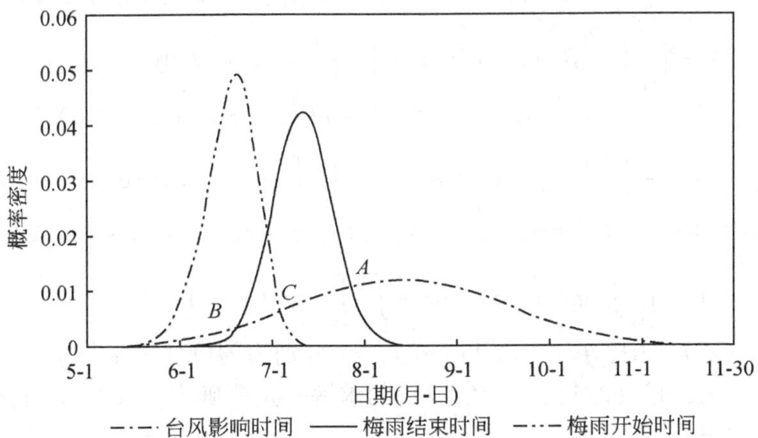

图2-28　出梅时间、入梅时间与台风影响时间的理论概率分布关系图

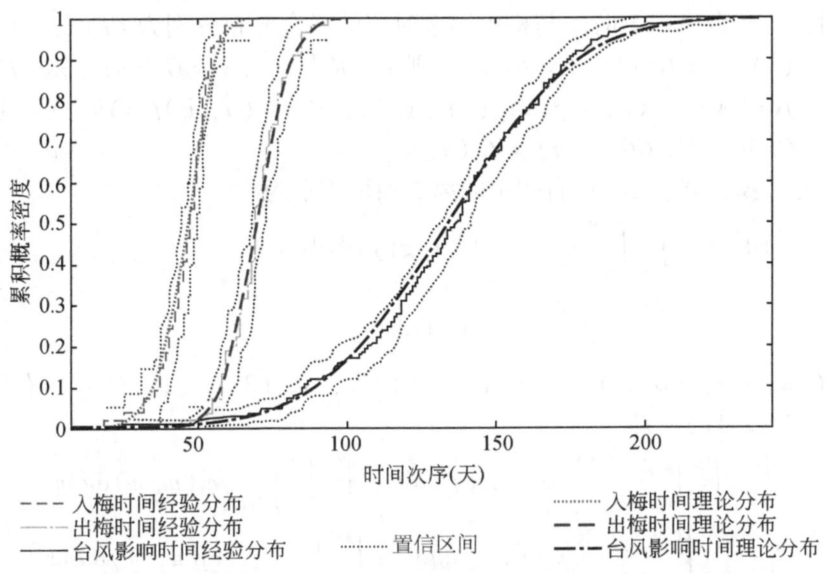

图2-29　出梅时间、入梅时间与台风影响时间的分布关系图

$\sigma_1 \leqslant x \leqslant y$) 表示入梅遭遇概率；$p(y \leqslant x \leqslant z)$ 表示正面遭遇概率；$p(z \leqslant x \leqslant z+\sigma_2)$ 表示出梅遭遇概率。为计算简便起见，分别对上述各项进行调整，具体为

$$p(y-\sigma_1 \leqslant x \leqslant y) = 1 - p(x \leqslant y-\sigma_1) - p(x \geqslant y) \tag{2-2}$$

$$p(y \leqslant x \leqslant z) = 1 - p(x \leqslant y) - p(x \geqslant z) \tag{2-3}$$

$$p(z \leqslant x \leqslant z+\sigma_2) = 1 - p(x \leqslant z) - p(x \geqslant z+\sigma_2) \tag{2-4}$$

另外，考虑到梅雨与台风遭遇事件对防洪影响的可能性，一般可将其90%或95%发生的可能区间作为随机变量的变化范围，相应的取值范围可表述为：$[x_0, x_1]$，$[y_0, y_1]$，$[z_0, z_1]$。基于此，式（2-2）～式（2-4）分别约等价于式（2-5）～式（2-7），即

$$
\begin{aligned}
&1 - p(y_0 \leqslant y \leqslant y_1,\ x \leqslant y - \sigma_1) - p(y_0 \leqslant y \leqslant y_1,\ x \geqslant y) \\
&= 1 - \int_{y_0}^{y_1}\int_{x0}^{y-\sigma_1} ff(x,\ y)\mathrm{d}x\mathrm{d}y - \int_{y_0}^{y_1}\int_{y}^{y_1} ff(x,\ y)\mathrm{d}x\mathrm{d}y
\end{aligned} \tag{2-5}
$$

$$
\begin{aligned}
&1 - p(y_0 \leqslant y \leqslant y_1,\ x \leqslant y) - p(z_0 \leqslant z \leqslant z_1,\ x \geqslant z) \\
&= 1 - \int_{y_0}^{y_1}\int_{x0}^{y-\sigma_1} ff(x,\ y)\mathrm{d}x\mathrm{d}y - \int_{z_0}^{z_1}\int_{z}^{x_1} gg(x,\ z)\mathrm{d}x\mathrm{d}y
\end{aligned} \tag{2-6}
$$

$$
\begin{aligned}
&1 - p(z_0 \leqslant z \leqslant z_1,\ x \leqslant z) - p(z_0 \leqslant z \leqslant z_1,\ x \geqslant z + \sigma_2) \\
&= 1 - \int_{z_0}^{z_1}\int_{x_0}^{z} gg(x,\ z)\mathrm{d}x\mathrm{d}z - \int_{z_0}^{z_1}\int_{z+\sigma_2}^{x1} gg(x,\ z)\mathrm{d}x\mathrm{d}z
\end{aligned} \tag{2-7}
$$

式（2-5）~式（2-7）中，$ff(x,\ y)$ 与 $gg(x,\ z)$ 分别为随机变量 x 与 y、x 与 z 的联合分布密度函数。显然，式（2-5）~式（2-7）的求解一是要确定 $ff(x,\ y)$ 与 $gg(x,\ z)$，二是求解二维函数积分。

分别记台风影响时间、梅雨开始时间与梅雨结束时间的分布函数为 $F(x)$、$G(y)$ 和 $H(z)$，相应的概率密度函数分别为 $f(x)$、$g(y)$ 和 $h(z)$；记随机变量台风影响时间与梅雨开始时间，和台风影响时间与梅雨结束时间的联合分布分别为 $FF(x,\ y)$ 与 $GG(x,\ z)$。令 $u = F(x)$，$v = G(y)$，$w = H(z)$，则 $x = F^{-1}(u)$，$y = G^{-1}(v)$，$z = H^{-1}(w)$。据 Sklar 定理有 $ff(x,\ y) = c_1(u,\ v)f(x)g(y)$，$gg(x,\ z) = c_2(u,\ w)f(x)h(z)$，联合分布为 $FF(x,\ y) = C_1(u,\ v)$，$GG(x,\ z) = C_2(u,\ w)$。

通过积分变换，式（2-5）右侧中的第 2 项可表示为

$$
\begin{aligned}
\int_{y_0}^{y_1}\int_{x_0}^{y-\sigma_1} ff(x,\ y)\mathrm{d}x\mathrm{d}y &= \int_{y_0}^{y_1}\int_{x_0}^{y-\sigma_1} c_1(u,\ v)f(x)g(y)\mathrm{d}x\mathrm{d}y \\
&= \int_{v_0}^{v_1}\int_{u_0}^{F(y-\sigma_1)} c_1(u,\ v)\mathrm{d}u\mathrm{d}v
\end{aligned} \tag{2-8}
$$

式中，$v_0 = G(x_0)$；$v_1 = G(x_1)$；$u_0 = F(x_0)$。同理，式（2-5）~式（2-7）右侧可变换为式（2-9）~式（2-11），即

$$
1 - \int_{v_0}^{v_1}\int_{u_0}^{F(G^{-1}(v)-\sigma_1)} c_1(u,\ v)\mathrm{d}u\mathrm{d}v - \int_{v_0}^{v_1}\int_{F(G^{-1}(v))}^{u_1} c_1(u,\ v)\mathrm{d}u\mathrm{d}v \tag{2-9}
$$

$$
1 - \int_{v_0}^{v_1}\int_{u_0}^{F(G^{-1}(v)-\sigma_1)} c_1(u,\ v)\mathrm{d}u\mathrm{d}v - \int_{w_0}^{w_1}\int_{F(H^{-1}(w))}^{u_1} c_2(u,\ w)\mathrm{d}u\mathrm{d}w \tag{2-10}
$$

$$
1 - \int_{w_0}^{w_1}\int_{u_0}^{F(G^{-1}(w))} c_2(u,\ w)\mathrm{d}u\mathrm{d}w - \int_{w_0}^{w_1}\int_{F(G^{-1}(w)+\sigma_2)}^{u_1} c_2(u,\ w)\mathrm{d}u\mathrm{d}w \tag{2-11}
$$

由式（2-9）~式（2-11）可知，梅雨与台风的遭遇概率的求解，包括两项内容：①随机变量“梅雨结束时间”与“台风影响时间”的联合概率密度函数与联合分布函数的求解。②二维变限积分的求解。本书采用 Copula 连接函数方法，来构造联合分布函数。

2.2.3.2 梅雨与台风遭遇的联合分布函数

梅雨与台风遭遇的联合分布函数包括台风影响时间与梅雨开始时间的联合分布 $f(x,\ y)$，以及台风影响时间与梅雨结束时间的联合分布 $f(x,\ z)$。联合分布函数的确定包括：①边缘分布的确定。②选择 Copula 函数类型。③构造联合分布函数。其中，联合

分布的边缘分布在前面章节已经确定，即“梅雨开始时间”“梅雨结束时间”和“台风影响时间”分别服从威布尔分布、正态分布和正态分布。

（1）台风影响时间与梅雨结束时间的联合分布函数

选择在水文上经常使用的 Gumbel Copula、Clayton Copula 和 Frank Copula 函数，在综合对比分析的基础上确定最适宜的分布函数形式。

首先，计算 kendall 秩相关系数，得其值为 0.096 826，相关性检验值 pv 为 0.045 5 小于 0.05，表明可以二者具有较好的相关性。

其次，选择适宜的 Copula 函数。对于 Copula 函数的选择，或者是关于合理性检验的准则至今是相关领域的一个难题。这里，通过经验频率与理论概率的拟合关系来检验（图 2-30、图 2-31 和图 2-32）。

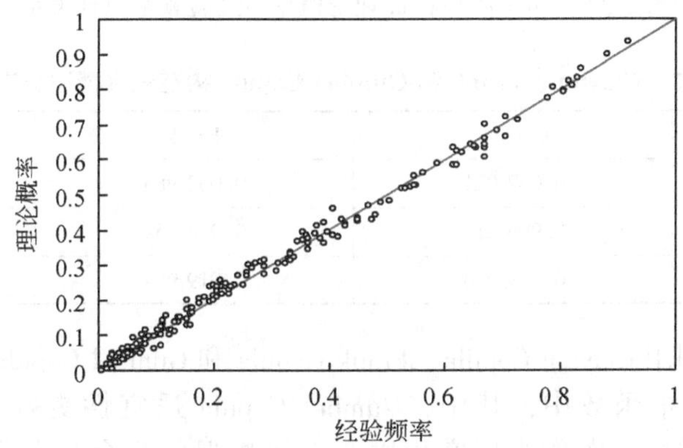

图 2-30　Clayton Copula 理论概率与经验频率拟合关系

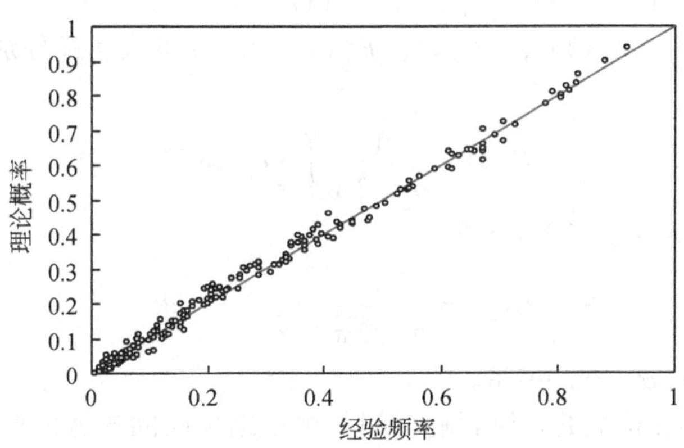

图 2-31　Frank Copula 理论概率与经验频率拟合关系

本书还对边缘分布 CDF 作了［0，1］上均匀分布的假设检验，检验结果表明边缘分布的 CDF 符合［0，1］上的均匀分布；同时，计算了理论频率与经验频率之间的最大距离、相关关系以及均方误差等比较指标。计算结果如表 2-17 所示。

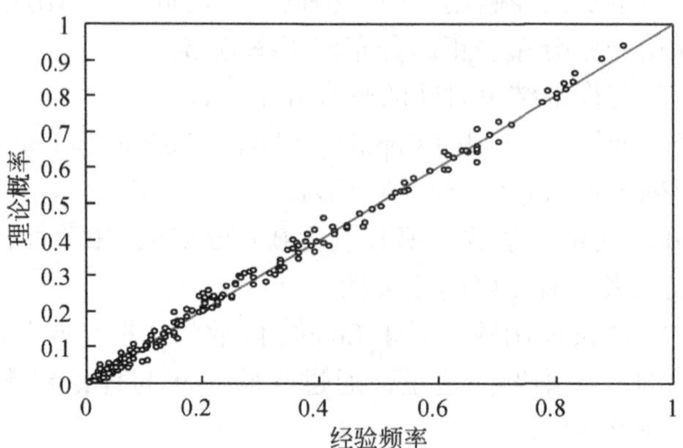

图 2-32 Gumbel Copula 理论概率与经验频率拟合关系

表 2-17 Clayton、Frank 和 Gumbel Copula 构造联合概率分布对比

比较指标	Clayton	Frank	Gumbel
最大距离	0.067 021	0.062 983	0.057 529
相关系数	0.996 318	0.996 354	0.996 556
均方误差	0.019 998	0.019 904	0.019 565

从上述可知，利用 Clayton Copula、Frank Copula 和 Gumbel Copula 函数构造的梅雨与台风构造的联合分布函数中，其中，Gumbel Copula 适宜性更好。为此，把 Gumbel Copula 函数构造的联合分布作为研究梅雨与台风遭遇的联合分布形式，如式（2-12）所示

$$C_1(u,\ v) = \exp\{-[(-\ln u)^{\alpha} + (-\ln v)^{\alpha}]^{1/\alpha}\} \tag{2-12}$$

式中，$\alpha = 1.081\ 5$；$u = F(x)$；$v = G(y)$。$F(x)$ 与 $G(y)$ 的表达式分别如式（2-13）和式（2-14）所示

$$F(x) = \frac{1}{\sigma_x\sqrt{2\pi}}\int_{-\infty}^{x} \mathrm{e}^{-\frac{(t-a_x)^2}{2\sigma^2}}\mathrm{d}t \tag{2-13}$$

式中，$\alpha_x = 105.391\ 3$；$\sigma_x = 33.768\ 9$。

$$G(y) = \frac{1}{\sigma_y\sqrt{2\pi}}\int_{-\infty}^{y} \mathrm{e}^{-\frac{(t-a_y)^2}{2\sigma^2}}\mathrm{d}t \tag{2-14}$$

式中，$\alpha_y = 70.056\ 6$；$\sigma_y = 9.467\ 8$。

由 Gumbel Copula 构造的台风影响时间与梅雨结束时间遭遇的联合分布函数与密度函数，如图 2-33 和图 2-34 所示。

（2）台风影响时间与梅雨开始时间的联合分布函数

选择在水文气象领域经常使用的 Gumbel Copula、Clayton Copula 和 Frank Copula 函数，在综合对比分析的基础上确定最适宜的分布函数形式。

首先，计算台风影响时间与梅雨开始时间系列的 kendall 秩相关系数，得其值为 0.089 1，其中相关性检验值 pv 等于 0.048 7 略小于 0.05，表明二者具有一定的相关性。

其次，对比 Gumbel Copula、Clayton Copula 和 Frank Copula 函数的适应性，进行确定

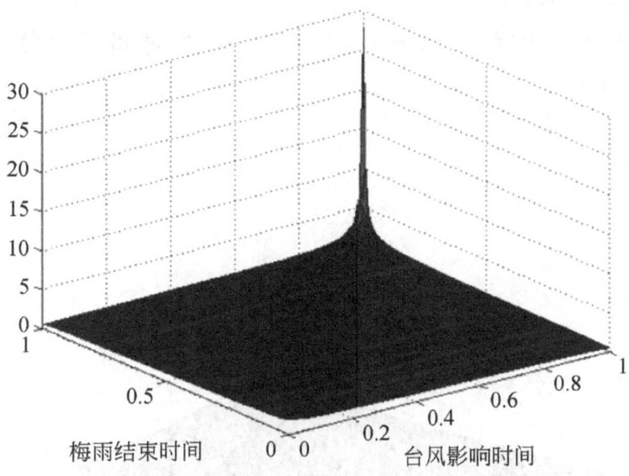

图 2-33　台风影响时间与梅雨结束时间联合密度函数

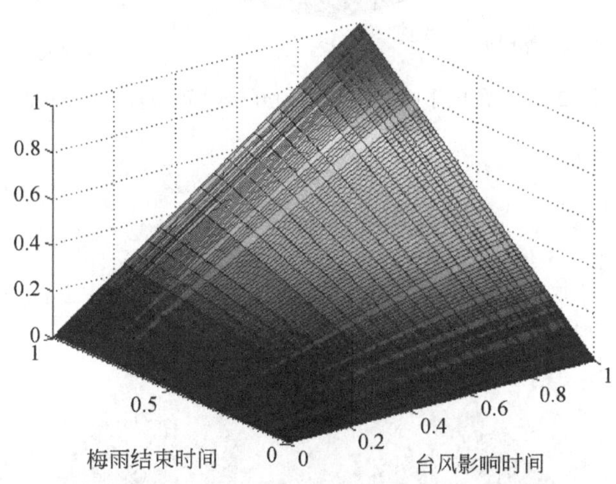

图 2-34　台风影响时间与梅雨结束时间联合分布函数

所选 Copula 函数。关于 Copula 函数的合理性检验，或者是函数的优选准则，至今是相关领域的一个难题。这里，通过经验频率与理论概率的拟合关系来检验。经对比分析 Gumbel Copula 函数最适宜。

台风影响时间与梅雨开始时间的联合分布密度函数可表示为式（2-15）

$$C_2(u,\ w) = \exp\{-[(-\ln u)^{\alpha} + (-\ln w)^{\alpha}]^{1/\alpha}\} \tag{2-15}$$

式中，$\alpha = 1.0978$；$u = F(x)$；$w = H(z)$。$F(x)$ 与 $H(z)$ 的表达式如式（2-16）和式（2-17）所示

$$F(x) = \frac{1}{\sigma_x \sqrt{2\pi}} \int_{-\infty}^{x} e^{-\frac{(t-a_x)^2}{2\sigma^2}} dt \tag{2-16}$$

式中，$\alpha_x = 105.3913$；$\sigma_x = 33.7689$。

$$H(z) = ba^{-b} \int_{-\infty}^{z} t^{b-1} e^{-(\frac{t}{a})^b} dt \tag{2-17}$$

式中，$a=49.887$；$b=6.5684$。

由 Gumbel Copula 构造的台风影响时间与梅雨开始时间联合分布函数与密度函数，如图 2-35 和图 2-36 所示。

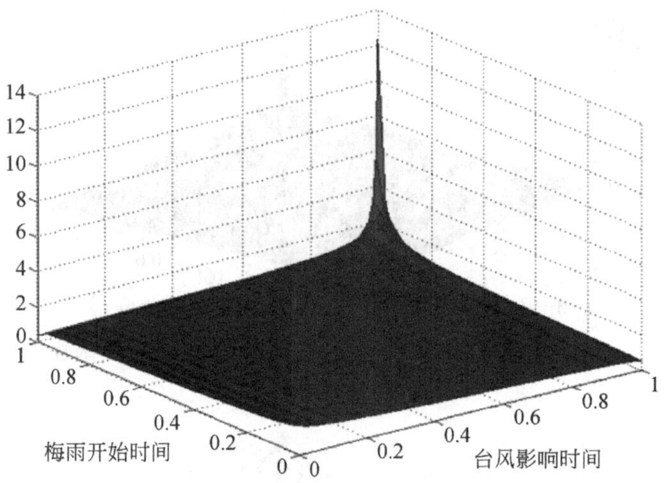

图 2-35　台风影响时间与梅雨开始时间联合密度函数

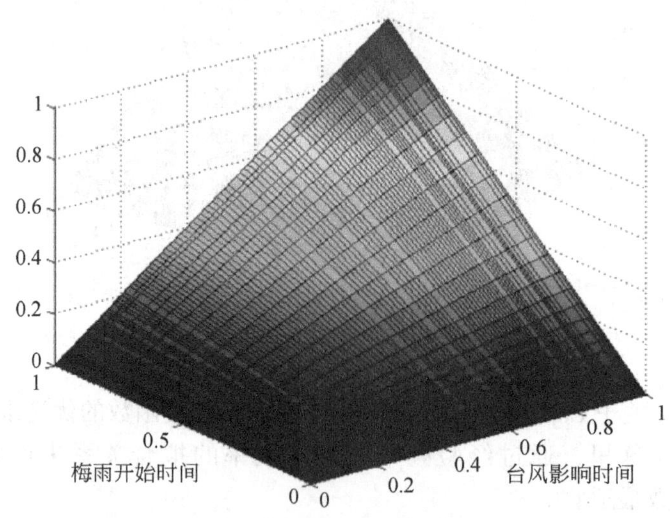

图 2-36　台风影响时间与梅雨开始时间联合分布函数

2.2.3.3　梅雨与台风遭遇概率数值求解

前已述及，求解台风与梅雨的遭遇概率，通常采用两种数值方法进行求解：一是采用由 D. K. Kahaner 和 O. W. Rechard（1987）提出的基于全局自适应算法的数值解法，称之为 TWODQ 算法；二是构造基于 Monte Carlo 模拟的统计实验算法。计算时，各参数设置如下：随机变量（台风影响时间、入梅时间与出梅时间）的上下限为其 90% 发生可能性对应的区间范围与由 σ_1 和 σ_2 引入后的重合范围，Monte Carlo 算法的试验次数取

300 000。太湖水位是太湖流域防洪调度的指示性指标，地区控制工程的运行调度是以太湖水位为依据而联动调控的；从流域降水到太湖水位开始响应是有一段时间的，而这时间的长短取决于降水强度和降水中心位置，是一个复杂的问题，目前尚难以给出确切数值，故本书给出 1 ~ 10 天遭遇概率，即设 $\sigma_1=\sigma_2$，从 1 至 10 每取一个值作为一种情景。计算结果见表 2-18。需指出的是，表 2-18 中 Monte Carlo 算法的计算结果为 5 次试验的平均值。

表 2-18　不同算法的太湖流域台风与梅雨遭遇概率　（单位:%）

情景	Monte Carlo 算法				TWODQ 算法			
	入梅	正面	出梅	合计	入梅	正面	出梅	合计
1	0.15	5.68	0.44	6.27	0.13	5.65	0.44	6.22
2	0.30	5.68	0.89	6.86	0.29	5.65	0.86	6.79
3	0.51	5.68	1.42	7.60	0.46	5.65	1.36	7.47
4	0.57	5.68	1.83	8.08	0.57	5.65	1.79	8.01
5	0.68	5.68	2.38	8.74	0.66	5.65	2.32	8.63
6	0.80	5.68	2.87	9.36	0.79	5.65	2.80	9.25
7	0.93	5.68	3.46	10.07	0.90	5.65	3.46	10.01
8	1.02	5.68	4.02	10.71	1.01	5.65	4.00	10.66
9	1.12	5.68	4.59	11.39	1.08	5.65	4.55	11.28
10	1.23	5.68	5.21	12.12	1.22	5.65	5.14	12.01

由表 2-18 可知，TWODQ 算法与 Monte Carlo 算法的计算结果比较接近，可认为所选择的求解方法是有效的，同时，从表 2-18 可以看出入梅遭遇概率随着天数（入梅时间与台风影响时间之差）的增大而增大，但增幅远小于出梅遭遇概率随天数的变化（台风影响与出梅时间之差），这与 3 个随机变量在时间上分布的次序与形状有关。以下相关内容不妨以 Monte Carlo 算法的计算结果进行阐述。图 2-37 是太湖流域入梅与出梅遭遇概率梯度图，纵坐标为上下相邻两个时段对应遭遇类型的概率差，横坐标为下时段号。

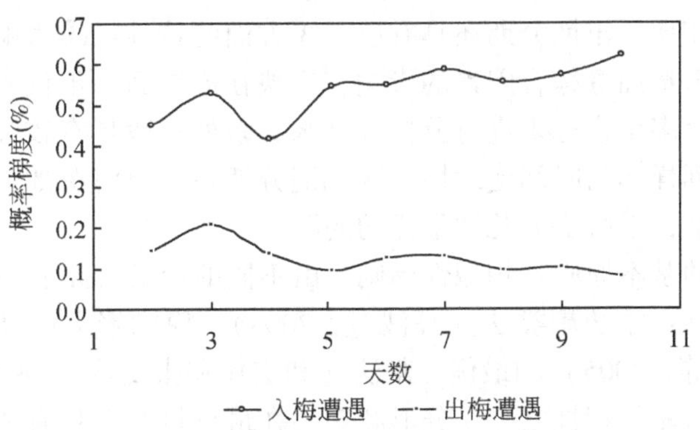

图 2-37　太湖流域入梅与出梅遭遇概率梯度图

从图 2-37 可以看出，当天数大于 5 时，入梅遭遇概率增幅相对稳定，并趋于变小趋势；当天数大于 6 时，出梅遭遇概率增幅趋于稳定，并略呈增长趋势。据此，从数值分析角度可认为 $\sigma_1=5$，$\sigma_1=6$ 时的情景为太湖流域台风与梅雨的可能遭遇情景，此时入梅遭遇概率为 0.68%，出梅遭遇概率为 2.87%，正面遭遇概率为 5.68%，总遭遇概率为 9.23%。计算结果与 1954 ~ 2009 年的统计结果（入梅遭遇占 2.4%，正面遭遇占 8.3%，出梅遭遇占 2.9%，总遭遇概率为 13.6%）对比，可知计算的入梅遭遇与出梅遭遇概率较统计结果偏小。分析原因可能在于如下两个方面：①所规定的变量 90% 可能性变化范围小于实测样本的变化范围。②随机变量分布线型和线型参数的确定过程中存在误差。但是正面遭遇概率比较相近，说明结果基本上合理的，从而也进一步印证了随机变量分布函数遴选的合理性。

2.3　太湖流域汛期分期研究

从影响太湖流域降雨成因稳定性的角度入手，对汛期进行合理划分是制订合理的洪水与水量调度方案，正确处理防洪与兴利矛盾的重要技术途径，对于强化太湖流域洪水调控能力，促进水资源优化配置具有重要意义。本节首先阐明汛期分期的数学描述，然后进一步建立相应的汛期分期模型，提出太湖流域汛期的分期结果，并对结果的合理性进行讨论。

2.3.1　汛期分期的数学描述

汛期分期实质是一个时序样本的聚类问题，其数学描述如下：以汛期作为论域 X，汛期内时段 t（日或旬）为研究对象，表示为 $X_t=X_1$，X_2，…，X_n，抽取描述对象特性的 m 个指标（降雨、径流等），假设对象 X_1 的第 k（$k=1$，2，…，m）个指标的特征值为 X_{ik}，则 X_i 可以用这 m 个指标特征值来描述，记为 $X_i=(x_{i1}, x_{i2}, \cdots, x_{im})(i=1, 2, \cdots, n)$。按照聚类的原则，即同类样本之间具有的相似性，将所有对象 X_t 划分为 k 类（$k=2, 3, \cdots, n-1$）：$\{X_{i1}, X_{i1+1}, \cdots, X_{i2-1}\}\{X_{i2}, X_{i2+1}, \cdots, X_{i3-1}\}\cdots\{X_{ik}, X_{ik+1}, \cdots, X_n\}$，对应的时段子集即为汛期的各个分期。

与一般的聚类相比，汛期分期还具有以下 3 方面的特性：①影响因子多，汛期分期受天气系统、地表下垫面等综合因素的影响，反映在流域面上不仅有降雨量，还有地表径流量等，应该综合多个指标来进行分析。②水文系列一般具有较强的时序性，汛期分期不能破坏水文系列样本的时间连续性。③汛期分期除了要解决如何分期，还应给出最优分期数的判别标准，以解决分几期最优的问题。

聚类分析方法的基本原则是相似性原则，由不同的聚类思路和过程衍生出多种聚类分析方法，其中包括：系统聚类法（高波等，2005）、模糊聚类法（王宗志等，2007）、变点分析法（刘攀等，2005）和最优分割法（和宏伟和张爱玲，1994）等。另外，相似性是分形理论研究对象的特性之一，分形和聚类在最终目标上具有相同的本质，因而分形法也可视为一种聚类分析方法。目前，这些方法在汛期分期中均具有一定应用。

2.3.2 汛期分期模型

本书利用最优分割法和模糊 C-均值聚类方法，综合确定太湖流域汛期分期。以下简要介绍两种模型的基本步骤。

2.3.2.1 最优分割法

设有 n 个按一定顺序排列的样本，测得 m 项指标，样本和指标之间通过指标特征值 x_{ij}（$i=1\sim n$，$j=1\sim m$）构建关系矩阵 $\boldsymbol{X}$：

$$\boldsymbol{X}=\begin{pmatrix} x_{11} & x_{12} & \cdots & x_{1m} \\ x_{21} & x_{22} & \cdots & x_{2m} \\ \cdots & \cdots & \cdots & \cdots \\ x_{n1} & x_{n2} & \cdots & x_{nm} \end{pmatrix} \tag{2-18}$$

若各指标之间的物理量量纲不同，可将指标特征值一致无量纲化处理

$$x'_{ij}=x_{ij}/x_{\max,\ j}(i=1\ \sim\ n,\ j=1\ \sim\ m) \tag{2-19}$$

式中，x'_{ij} 为一致无量纲化的指标特征值；$x_{\max,\ j}$ 为对于第 j 个指标 x_{ij} 中的最大值。

按照各指标对分割样本的重要程度，对各指标赋以不同的权重系数 ω_1，ω_2，…，ω_m，然后加权平均将多指标特征值矩阵转化为单指标特征值向量 $\boldsymbol{Y}$：

$$\boldsymbol{Y}=\begin{pmatrix} y_1 \\ y_2 \\ \cdots \\ y_n \end{pmatrix}=\begin{pmatrix} x'_{11} & x'_{12} & \cdots & x'_{1m} \\ x'_{21} & x'_{22} & \cdots & x'_{2m} \\ \cdots & \cdots & \cdots & \cdots \\ x'_{n1} & x'_{n2} & \cdots & x'_{nm} \end{pmatrix} \boldsymbol{X} \begin{pmatrix} \omega_1 \\ \omega_2 \\ \cdots \\ \omega_n \end{pmatrix} \tag{2-20}$$

（1）定义类直径

类内部样本之间的差异程度用直径来表示，直径越小则差异越小。设某一类 F 为 $\{y_i,\ y_{i+1},\ \cdots,\ y_j\}(j>i)$，直径 D（i，j）取离差平方和

$$D(i,\ j)=\sum_{l=i}^{j}(y_l-\bar{y}_{ij})^2,\ \bar{y}=\frac{1}{j-i+1}\sum_{l=i}^{j}y_l \tag{2-21}$$

式中，$\bar{y}_{ij}$为样本均值。

（2）定义目标函数

若将 n 个样本分成 k 类，其中某一种分类方法表示为 F（n，k），其分点为 i_1，i_2，…，i_k，满足：$1=i_1<i_2<\cdots<i_k<n$。在分类数 k 固定的情况下，以各类的直径和最小作为最优分割的判别标准，即目标函数为

$$E[F(n,\ k)]=\min\sum_{r=1}^{k}D(i_r,\ i_{r+1}-1) \tag{2-22}$$

n 个有序样本最优 k 类分割 F（n，k）一定是在其某一个截尾子段最优 $k-1$ 类分割 F（i，$k-1$）之后再添加一段形成的，于是建立递推公式

$$E[F(n,\ k)]=\min_{k\leqslant i\leqslant n}\{E[F(i-1,\ k-1)]+D(i,\ n)\} \tag{2-23}$$

当分类为 k 时，按公式（2-22）达到最小的分点 i_k 值，得到分类 $F_k=\{i_k,\ i_{k+1},\ \cdots,\ n\}$，

然后再利用公式（2-23），得到分类 $G_{k-1}=\{j_{k-1}^{*},\cdots,j_{k}^{*}-1\}$，类似的方法得到所有分类 $G_1,\cdots,G_k$，就是分类数为 k 的最优分类。

（3）确定最优分类数

绘制目标函数 $e[P^{*}(n,k)]$ 随 k 变化的曲线，取该曲线拐点处对应的分类数为最优。或者计算比值 $\beta(k)=e[P^{*}(n,k-1)]/e[P^{*}(n,k)]$，建立 $\beta(k)\sim k$ 的关系曲线，当 $\beta(k)$ 值比较大时，就说明分成 k 类要比分成 $k-1$ 类好，当 $\beta(k)$ 接近于 1 时即可不必再往下分。

2.3.2.2 模糊 C-均值聚类法

模糊 C-均值聚类方法（fuzzy C-means clustering，FCM）是聚类分析中一类优秀的方法，因应用简单，理论可靠（有严格的收敛性证明）而被广泛应用于各类工程问题中。但是 FCM 只能处理静态数据，不能对时序性数据进行聚类。在对 FCM 加以改进，提出了能够处理高维时序数据的动态模糊 C-均值聚类方法（dynamic fuzzy C-means clustering，DFCM）。然后在 Xie 和 Beni（1991）提出的紧致分离聚类有效性函数基础上，提出了适用于 DFCM 方法、基于时序的紧致分离聚类有效性函数，综合起来，建立了适用于高维时序样本的有效聚类分析模型。

汛期分期模型的建立包括如下 6 个步骤。

（1）原始数据预处理

设原始时间序列矩阵为 $\boldsymbol{X}=\{x(i,j)\mid i=1\sim n,j=1\sim m\}$，其中，$n$ 为样本数目，m 为变量数目。按式（2-24）对原始数据预处理

$$x^{-}(i,j)=x(i,j)/x_{\max}(j)\quad(i=1\sim n,j=1\sim m)\tag{2-24}$$

式中，$x_{\max}(j)$ 为对应变量 j 的序列最大值；$x^{-}(i,j)$ 为变换后样本 i 指标 j 的特征值。不失一般性，变换后的矩阵仍记为 $\boldsymbol{X}$，仍用 $x(i,j)$ 表示。

（2）计算聚类各点相对时间维聚类中心的权重

设聚类数目为 C，随机产生 C 个聚类中心的时间维坐标，$O_{\text{index}}(k)=\text{ranu}(1,n)$，$k=1\sim C$。ranu（1，$n$）为 $1\sim n$ 之间的均匀随机数发生器。将 $O_{\text{index}}(k)$ 按照从小到大排序，取 $a(k)=\text{int}(O_{\text{index}}(k))$，$b(k)=\text{int}(O_{\text{index}}(k)+1)$，其中，$k=1\sim C$，int（ ）为取整函数。聚类各点与时间维聚类中心的权重

$$\omega_{ik}=\frac{1}{\|i-O_{\text{index}}(k)\|^{2}}\Big/\sum_{k=1}^{C}\frac{1}{\|i-O_{\text{index}}(k)\|^{2}}\quad(i=1\sim n,k=1\sim C)\tag{2-25}$$

式中，ω_{ik} 表示聚类点 i 离时间维聚类中心 $O_{\text{index}}(k)$ 越近权重越大，反之越小；$\|\ \|$ 表示欧氏距离。

（3）计算待聚类各点隶属实际空间各聚类中心的隶属度

$$\mu_{ki}=\left(\frac{1}{\|x(i)-o(k)\|^{2}}\right)^{\frac{1}{r-1}}\Big/\sum_{k=1}^{C}\left(\frac{1}{\|x(i)-o(k)\|^{2}}\right)^{\frac{1}{r-1}}\quad k=1\sim C,j=1\sim m\tag{2-26}$$

式（2-26）中，$x(i)$ 表示向量 $\{x(i,j),j=1\sim m\}$ 为第 i 聚类点；$o(k)$ 表示向量 $\{o(k,j),j=1\sim m\}$ 为第 k 个聚类中心；$o(k,j)=x(b(k),j)-\dfrac{b(k)-O_{\text{index}}(k)}{b(k)-a(k)}(x(b(k),j)$

$- x(a(k), j)$ 为实际空间 R^m 上各聚类中心的坐标值；$r \in [1.5, 30]$ 为模糊加权指数，其他符号意义同上。

（4）求解动态模糊 C-均值聚类目标函数

$$\min f(O) = \sum_{k=1}^{C} \sum_{i=1}^{n} u_{ki}^{r} \, \| x(i) - o(k) \|^2 \tag{2-27}$$

式（2-27）中，$u_{ki} = \omega_{ki} * \mu_{ki} / \sum_{k=1}^{C} \omega_{ki} * \mu_{ki} (k = 1 \sim C,\ i = 1 \sim n)$ 为点 i 隶属聚类中心 k 的综合隶属度。式（2-27）表示在聚类数目 C 给定的情况下，目标函数越小使得聚类结果类内相似性越大，而类间差异性越大，显然聚类结果越优。记聚类数目 C 确定下动态模糊 C-均值聚类的最优目标函数值为 J_m。

（5）建立和计算有序聚类有效性函数

对于具有 n 个样本的多维时间序列数据集合，理论上有 2^{n-1} 种聚类结果，究竟哪种聚类结果能最佳反映数据的特征呢？这是聚类的有效性问题。

目前，描述聚类有效性的函数有分离函数法、分离熵法及 Xie 和 Beni（1991）提出的紧致与分离效果函数法三类，紧致与分离效果函数法性能最好，见式（2-28）。

$$S = \mathrm{Comp}/\mathrm{Sep} \tag{2-28}$$

式中，$\mathrm{Comp} = \dfrac{J_m}{n}$ 称为紧致性函数；$\mathrm{Sep} = \min\limits_{i,\ k = 1 \sim C,\ i \neq k} \| o(k), o(i) \|^2$，称为分离性函数，是任意两聚类中心距离的最小值。紧致与分离效果函数 S 是对静态数据而言的，对时序性的数据聚类显然是不适合的，原因在于静态数据中分离性效果函数 Sep，是量测任意两聚类中心的最小距离；时序性数据聚类中分离性效果函数应该是相邻两聚类中心的最小距离，即离性效果函数应该是 $\mathrm{Sep} = \min\limits_{k = 1 \sim C-1} \| o(k), o(k+1) \|^2$，表示目标函数达到 J_m 时，时序上相邻两聚类中心距离的最小值。

（6）确定最佳聚类数目和相应聚类中心

$$S(O*, C*) = \min S(O, C) \tag{2-29}$$

这是一个以聚类中心 O 和聚类数目 C 为自变量的高维、非线性复杂优化问题，常规优化方法求解该问题较为困难，模拟生物进化和染色体内部交换机制的实码加速遗传算法是一种全局优化方法，用它来解决该问题较为方便有效，可以同时以较高精度获得最佳聚类数目 C^* 和聚类中心 O^*。记录综合隶属度矩阵 $\boldsymbol{U}$，按照最大隶属原则确定各点的归属。

2.3.3 太湖流域汛期分期结果分析

2.3.3.1 最优分割法分期结果

以 5 月 1 日至 9 月 30 日中的每个旬为分期单元，选择太湖流域时段平均雨量、时段雨量方差、日降水量不小于 25mm 天数、时段内最大 3 日平均雨量、时段内最大 3 日雨量方差 5 个指标，采用最优分割法进行汛期分期。为了消除各指标间物理量纲的影响，使用标准化公式处理

$$x_i = (x_i - x_{\min})/(x_{\max} - x_{\min}) \tag{2-30}$$

式中，$x_{\min}$、$x_{\max}$ 分别为同一指标下各样本特征值的最大、最小值，标准化的指标特征值 x_i 处于区间 [0，1]。

根据最优分割法的相关步骤，得到目标函数 $e[P^*(i, k)]$，$(i=k+1, k+2, \cdots n; k=2, 3, \cdots n-1)$，计算结果如表2-19 所示。该表中，5 月上旬至9 月下旬共15 个旬，分别用数字 1 ~ 15 表示。样本总数 $n=15$，当分类数 $k=5$ 时，得 $e[P^*(i, k)]=e[P^*(15, 5)]=0.17$，对应$j^*{}_k=12$，得第5类 $G_5=\{12 \sim 15\}$。由 $j_k-1=11$，$k-1=4$，得 $e[P^*(i, k)]=e[P^*(11, 4)]=0.10$，对应$j_4^*=8$，得第4类 $G_4=\{8 \sim 11\}$，同理第3类 $G_3=\{6 \sim 7\}$，第2类 $G_2=\{4 \sim 5\}$，第1类 $G_1=\{1 \sim 3\}$。

根据上述结果，发现 $e[P^*(n, k)]$ 在 $k=5$ 以后趋于平缓，因此确定 $k=5$ 为最优分类数。最终确定的分期为：5 月 1 日至5 月 31 日、6 月 1 日至6 月 20 日、6 月 21 日至7 月 10 日、7 月 11 日至8 月 20 日、8 月 21 日至9 月 30 日。

表 2-19 最优分割法目标函数 $e[P^*(i, k)]$ 计算结果

i \ k	2	3	4	5	6	7	8	9	10	11	12	13	14
3	0.00 (3)												
4	0.01 (4)	0.00 (4)											
5	0.01 (4)	0.00 (4)	0.00 (5)										
6	0.13 (6)	0.01 (6)	0.00 (6)	0.00 (6)									
7	0.14 (6)	0.02 (6)	0.01 (6)	0.00 (7)	0.00 (7)								
8	0.27 (4)	0.14 (8)	0.02 (8)	0.01 (8)	0.00 (8)	0.00 (8)							
9	0.49 (4)	0.16 (8)	0.04 (8)	0.02 (9)	0.01 (9)	0.00 (9)	0.00 (9)						
10	0.50 (4)	0.19 (8)	0.06 (8)	0.04 (10)	0.02 (10)	0.01 (10)	0.00 (10)	0.00 (10)					
11	0.69 (4)	0.23 (8)	0.10 (8)	0.06 (11)	0.04 (11)	0.02 (11)	0.01 (11)	0.00 (11)	0.00 (11)				
12	0.69 (4)	0.27 (8)	0.14 (8)	0.10 (12)	0.06 (12)	0.04 (12)	0.02 (12)	0.01 (12)	0.00 (12)	0.00 (12)			
13	0.72 (4)	0.38 (8)	0.24 (12)	0.12 (12)	0.08 (12)	0.06 (12)	0.03 (12)	0.02 (13)	0.01 (13)	0.00 (13)	0.00 (13)		

续表

k / i	2	3	4	5	6	7	8	9	10	11	12	13	14
14	0.72 (4)	0.39 (8)	0.25 (12)	0.13 (12)	0.09 (12)	0.06 (12)	0.04 (12)	0.03 (14)	0.02 (14)	0.01 (14)	0.00 (14)	0.00 (14)	
15	0.76 (4)	0.39 (8)	0.27 (8)	0.17 (12)	0.13 (15)	0.09 (15)	0.06 (15)	0.04 (15)	0.03 (14)	0.02 (15)	0.01 (15)	0.00 (15)	0.00 (15)

注：括号内的数字为目标函数所对应的分点 j_k^*

2.3.3.2　模糊C-均值聚类法分期结果

以5月1日为中点、以两天为间隔，向前、向后各滑动10天，形成了11个分期起始点方案；然后以10天为计算时段，以150天为汛期长度，同样选择太湖流域时段平均雨量、时段雨量方差、日降水量不小于25mm天数、时段内最大3日平均雨量、时段内最大3日雨量方差5个指标，形成了11个汛期方案（表2-20），从这11个方案中首先确定合理的汛期起始点，然后以相应汛期起始点样本矩阵划分汛期。

表2-20　汛期分期方案设计

方案	起止时期（月-日）
方案1	4-21～9-18
方案2	4-23～9-20
方案3	4-25～9-22
方案4	4-27～9-24
方案5	4-29～9-26
方案6	5-1～9-28
方案7	5-3～9-30
方案8	5-5～10-2
方案9	5-7～10-4
方案10	5-9～10-6
方案11	5-11～10-8

表2-20中的每个方案都构成由5个指标15个样本形成的高维时间序列样本矩阵，具体情况如表2-21所示。对每个矩阵运用前面提出的汛期分期聚类方法进行分析，结果见图2-38。图2-38为汛期分期模型步骤5在不同聚类数目情形下的聚类有效性函数值，从该图可知，在不同聚类数目情形下方案5有效函数的均值最小，因此我们认为以5月1日（方案5）作为太湖流域汛期分期的起始点最为合理。

表 2-21　汛期划分指标特征值

时段	时段平均雨量（mm）	时段雨量方差	日降水量不小于25mm 的天数（天）	时段内最大 3 日平均雨量（mm）	时段内最大 3 日雨量方差
1	43.85	26.42	16	30.17	17.16
2	39.13	22.15	18	29.48	17.5
3	31.09	25.11	14	22.27	16.96
4	42.9	36.53	26	34.33	31.5
5	51.2	44.16	22	34.39	29.13
6	79.6	54.65	45	49.72	31.49
7	62.69	56.37	35	42.52	36.28
8	44.93	35.38	14	29.33	22.99
9	33.83	30.28	6	23.15	17.01
10	43.78	38.41	13	32	30.55
11	34.56	24.43	6	21.72	14.08
12	55	34.61	23	35.03	23.35
13	53.64	49.13	15	37.78	40.08
14	46.26	38.04	17	33.29	28.45
15	33.52	37.51	14	24.67	24.55

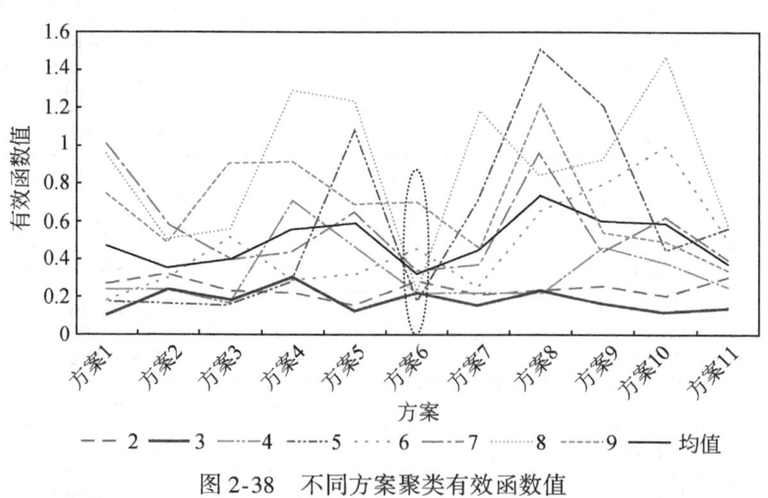

图 2-38　不同方案聚类有效函数值

运用前面建立基于模糊 C-均值聚类法的汛期分期模型，得到聚类有效性函数随聚类数目的变化关系，见图 2-39。当聚类数目为 5 时，汛期分期有效性函数值达到最小，据此确定太湖流域汛期分为 5 段最为合理。

表 2-22 为各点隶属各聚类中心（5 个）的隶属度，用最大隶属原则确定各点的归属，得到太湖流域汛期可以分为以下 5 个时段：5 月 1 日至 5 月 30 日、6 月 1 日至 6 月 20 日、6 月 21 日至 7 月 10 日、7 月 11 日至 8 月 20 日、8 月 21 日至 9 月 30 日。

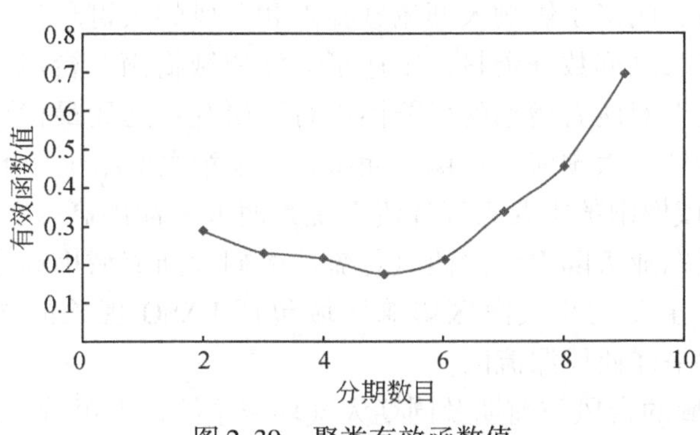

图 2-39　聚类有效函数值

表 2-22　太湖流域汛期分期结果

时段	1 期	2 期	3 期	4 期	5 期
1	0.988	0.006	0.001	0.005	0.001
2	1.000	0.000	0.000	0.000	0.000
3	0.974	0.013	0.001	0.011	0.000
4	0.021	0.968	0.007	0.002	0.003
5	0.000	1.000	0.000	0.000	0.000
6	0.000	0.003	0.997	0.000	0.000
7	0.001	0.021	0.971	0.006	0.002
8	0.017	0.047	0.021	0.897	0.019
9	0.000	0.000	0.000	1.000	0.000
10	0.008	0.061	0.011	0.469	0.451
11	0.017	0.006	0.003	0.939	0.035
12	0.014	0.081	0.014	0.082	0.810
13	0.000	0.004	0.002	0.004	0.990
14	0.000	0.000	0.000	0.000	0.999
15	0.010	0.012	0.002	0.072	0.904

根据上述结果可知，最优分割法、模糊 C-均值聚类两种方法的分期结果一致。从太湖流域多年平均汛期降雨过程线可知，降雨过程一般具有明显的双峰特性，前一个峰为梅雨所致，第二个峰为台风暴雨所致。从上述分期结果来看，前三个期（5 月 1 日至 7 月 10 日）为基本上为梅雨期，第四期（7 月 11 日至 8 月 20 日）为过渡期，第五期（8 月 21 日至 9 月 30 日）可以认为是台风暴雨期，分期结果基本反映了多年平均降雨过程的转折走势，与形成流域暴雨洪水天气系统成因具有明显的一致性。

2.4　小　　结

利用大气环流场与海温场资料，对影响太湖流域的梅雨、台风的大气环流背景和海洋特征进行系统分析，明确了影响太湖流域梅雨和台风的关键环流、海温因子及关键影响区域。同时，基于长系列数据资料，阐述了太湖流域梅雨、台风的统计特征，并采用概率统计方法从理论上对两者遭遇的可能性进行了研究；运用最优分割法和动态模糊有效聚类分析方法，开展了太湖流域汛期分期研究。本章主要结论如下。

1）影响太湖流域梅雨的主要大气环流系统是西太平洋副高、鄂霍茨克海阻塞高压、乌拉尔山高压脊以及东亚大陆上空的西风急流。影响太湖流域梅雨丰枯的海温关键相关时间为前一年1月，主要的相关海区影响区域包括ENSO现象的指示区域赤道太平洋Nino 3、4区以及北太平洋西风漂流区。

2）影响太湖流域的台风与前期及同期大气环流系统密不可分。前期2月、3月北太平洋至北美大陆大气环流高度场增强，同时赤道中太平洋以及白令海峡的东北太平洋大气环流高度场减弱时，会造成影响太湖流域的台风频次增加。当西太平洋暖池区春季海温升高、赤道东太平洋地区的海温降低时，也会引起影响太湖流域的台风频次增加。ENSO现象对影响太湖流域台风的特征有着重要影响。在厄尔尼诺年，台风频次较平均减少，其整体影响时间偏短；而拉尼娜年，台风频次较平均增多，整体影响时间偏长。

3）依据长系列资料统计分析。在1954～2009年影响太湖流域的214场台风中，共有28次台风与梅雨遭遇的事件，其中有5场为“入梅遭遇”，17场为“正面遭遇”，6场为“出梅遭遇”，共占影响太湖流域台风总数的13.1%。在“正面遭遇”的17年中，有14年的梅雨量超过或接近多年平均值，这也是防汛工作中应该重视的一个问题。

4）以“入梅时间”“出梅时间”和“梅期长度”作为刻画梅雨的随机变量，以台风影响时间作为刻画台风的随机变量，在分析单变量统计分布特征的基础上，采用Copula函数方法，构造了梅雨与台风遭遇的概率模型，得到太湖流域梅雨与台风遭遇的总概率为9.13%，其中入梅遭遇概率为0.68%，出梅遭遇概率为2.87%，正面遭遇概率为5.68%。

5）依据1954～2009年逐日面平均雨量数据对太湖流域的汛期进行了分期划分。建立了能够处理高维时序数据的动态模糊C-均值聚类方法，改进提出了有序聚类有效函数方法。从分期结果来看，5月1日至7月10日为梅雨期，7月11日至8月20日为过渡期，8月21日至9月30日为台风暴雨期，分期结果基本反映了多年平均降雨过程的转折走势。

第 3 章
Chapter 3

太湖流域水文要素特性与变化规律

分析流域水文要素的时空特征，诊断和检测其可能的变化，对于预测流域水文水资源未来情势，制订水资源利用和管理的科学决策具有重要意义。在全球气候变化的大背景下，太湖流域降水要素的变化引起了人们的极大关注，它们是全球气候变化在区域的重要结果。因此，认识太湖流域近 50 年以来降水要素的突变、周期波动等演变特征是非常必要的。

太湖水位是流域最重要的控制性水位之一。若太湖水位过高，特别是汛期水位过高，会对流域上下游防洪安全保障构成威胁；若水位过低，则又会对以太湖为重要水源的杭嘉湖区域和上海市（浦东、浦西区）等区域的水量水质安全构成不利影响。因此，分析太湖水位变化规律及其影响因素是洪水资源利用的重要基础。

3.1　降雨的年内分布特征

太湖流域年内雨量主要分布在每年 5 ~ 9 月的汛期。其中，5 ~ 7 月主要受梅雨影响，称为梅雨期，8 ~ 9 月主要受热带气旋影响，为台风雨期。由于天气成因不同，梅雨期和台风雨期的降雨呈现不同的特征，两种降雨都易产生洪涝灾害。

根据 1954 ~ 2009 年太湖流域逐日面平均降雨量资料，统计了多年旬平均降雨量、旬最大 1 日、3 日、7 日降雨量，如表 3-1、图 3-1 所示。从中可知，太湖流域降雨在汛期基本呈“双峰”型分布。第一个峰值处于 6 月下旬，为梅雨期的中期；第二个峰值处于 9 月上旬附近，为台风雨期的中期偏后。从多年平均来看，梅雨期的降雨量峰值明显大于台风雨期。

表 3-1　太湖流域汛期各旬降雨量统计表　　（单位：mm）

旬平均降雨量				旬最大 1 日降雨量				旬最大 3 日降雨量				旬最大 7 日降雨量			
月份	上旬	中旬	下旬	月份	上旬	中旬	下旬	月份	上旬	中旬	下旬	月份	上旬	中旬	下旬
5	47.9	40.6	34.3	5	23.7	21.8	18.2	5	33.5	30.5	24.1	5	40.1	34.9	29
6	43.2	53.5	80	6	22.1	25.2	30.3	6	33.1	37.1	50.1	6	36.9	43	63
7	59.8	33.5	37.3	7	26.3	15.5	19.3	7	41.6	24.4	27.6	7	46.1	27.9	30.2
8	34.9	45.6	46.3	8	18.8	22.3	18.8	8	26.4	32.4	29.9	8	30.4	39.6	35.8
9	51.1	53.3	27.2	9	27.9	28.6	17.3	9	38.3	40.1	22.5	9	43.5	44.8	24.4

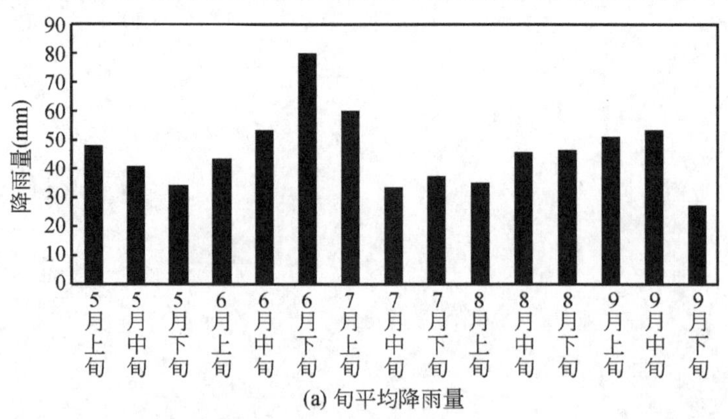

(a) 旬平均降雨量

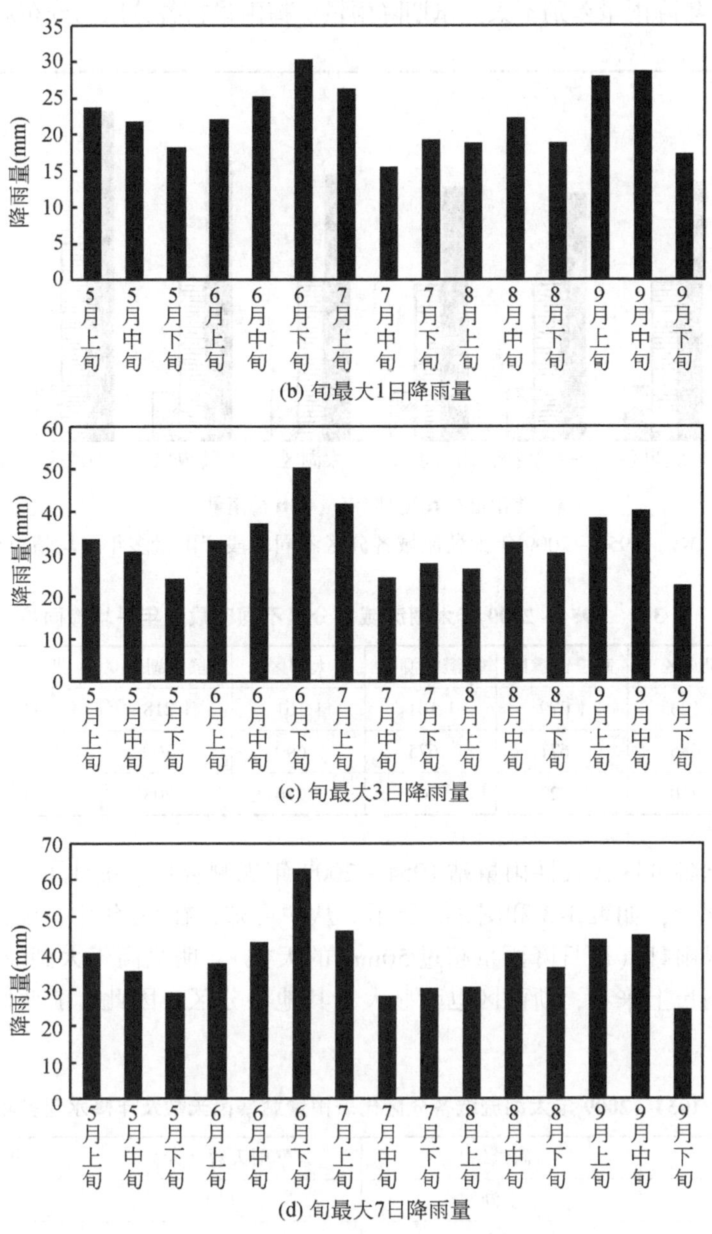

(b) 旬最大1日降雨量

(c) 旬最大3日降雨量

(d) 旬最大7日降雨量

图3-1　太湖流域汛期各旬降雨量时程分布

3.2　降雨的空间分布规律

根据太湖流域湖西区、武澄锡虞区、阳澄淀泖区、太湖区、杭嘉湖区、浙西区、浦东浦西区1954～2009年逐日面平均雨量资料，统计了各分区多年平均年降雨量、汛期降雨量、梅雨量，结果如图3-2、表3-2。从中可知，受地形等因素影响，浙西区降雨量明显高于其他分区。浙西区平均年降雨量为1 430mm，较武澄锡虞区高351mm。除浙西区之外的其他各分区年降雨量差别不大。汛期降雨量、梅雨量在各分区的分布规律也类似。

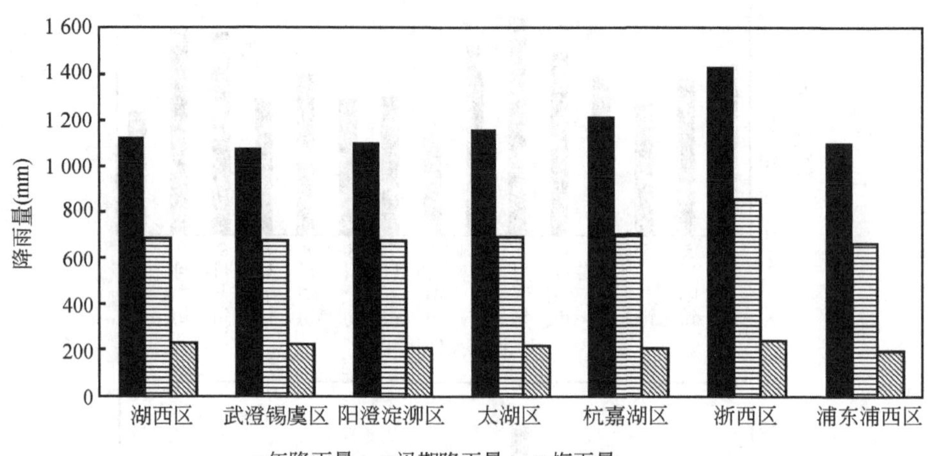

图 3-2　1954～2009 年太湖流域各分区不同时段降雨量多年平均值对比

表 3-2　1954～2009 年太湖流域各分区不同时段多年平均降雨量　（单位：mm）

统计量	湖西区	武澄锡虞区	阳澄淀泖区	太湖区	杭嘉湖区	浙西区	浦东浦西区
年降雨量	1 123	1 079	1 101	1 161	1 218	1 430	1 099
汛期降雨量	685	671	675	690	700	853	659
梅雨量	230	222	205	216	208	242	192

同时，根据各分区代表性雨量站 1954～2009 年观测资料，统计了各站的暴雨天数和多年平均年降雨量，如表 3-3 和图 3-3 所示。从中可知，在 56 年中，浙西区的天目山站共出现 202 个暴雨日（即日降雨量超过 50mm 的天数），明显高于太湖流域其他各分区，另外，从年降雨量上来看，浙西区也明显大于其他各分区，因此，浙西区是太湖流域的降雨中心。

表 3-3　1954～2009 年太湖流域各分区代表雨量站暴雨天数及年降水量多年平均值

区域	雨量站	暴雨天数（天）	年降雨量（mm）
杭嘉湖区	平湖	139	1 131
太湖区	东山	135	1 090
湖西区	溧阳	135	1 071
浦东浦西区	徐家汇	160	1 104
武澄锡虞区	常州	143	1 016
浙西区	天目山	202	1 548

根据 1954～2009 年逐年各分区梅雨量计算结果，统计逐年最大梅雨量所在分区，见表 3-4 和图 3-4。从中可知，梅雨量最大值主要出现在浙西区、其次是湖西区，在两个分区出现的频次之和约占总数的 64%。

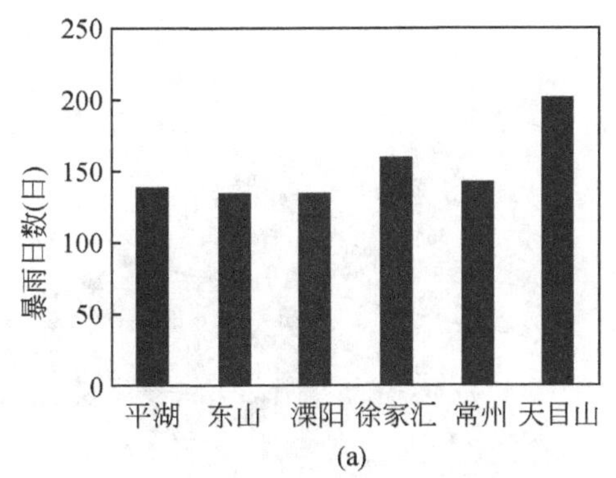

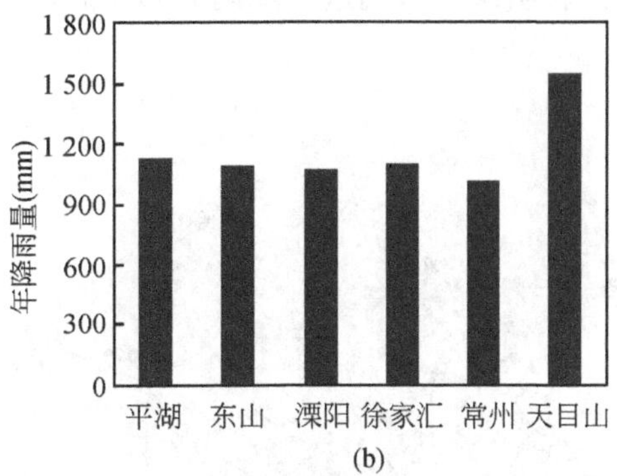

图3-3 1954～2009年各分区代表雨量站暴雨天数及年降水量多年平均值对比

表3-4 1954～2009年梅雨量最大值出现在各分区的频次

分区	湖西区	武澄锡虞区	阳澄淀泖区	太湖区	杭嘉湖区	浙西区	浦东浦西区	总计
次数	16	9	2	2	4	17	1	43
百分比（%）	31	18	4	4	8	33	2	100

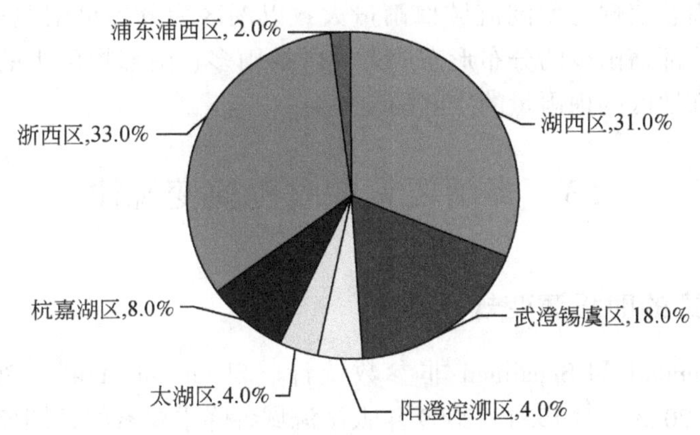

图3-4 1954～2009年梅雨量最大值出现在各分区的比例

采用经验正交函数分解法（empirical orthogonal function，EOF）（高建芸等，2006；邱海军等，2009）分析了太湖流域梅雨量的空间分布特征，提取主要的梅雨分布类型。由 m 个相互关联的变量，每个变量有 n 个样本构成矩阵形式 $\boldsymbol{X}_{m\times n}$，对 $\boldsymbol{X}$ 进行线性变换，即由 P 个变量线性组合为一个新的变量，如式（3-1）所示

$$\boldsymbol{Z}_{p\times n}=\boldsymbol{A}_{p\times m}\times\boldsymbol{X}_{m\times n} \tag{3-1}$$

式（3-1）中，$\boldsymbol{Z}$ 称为原变量的主分量；$\boldsymbol{A}$ 为线性变化矩阵。这一过程将原多个变量的大部分信息最大限度的集中到少数独立变量的主分量上。其主分量的累积方差贡献率越大，表明该主分量占原变量的信息越大。

对各代表雨量站1954～2009年共56年梅雨量进行EOF分析，得到方差贡献率较大（85%）的前2个模态的空间分布图，见图3-5，它反映出太湖流域梅雨具有两种空间分布型，模态对应的时间系数代表了大范围梅雨空间分布型的时间变化特征，系数绝对值越大，表明这一时刻这种降雨分布型越典型。

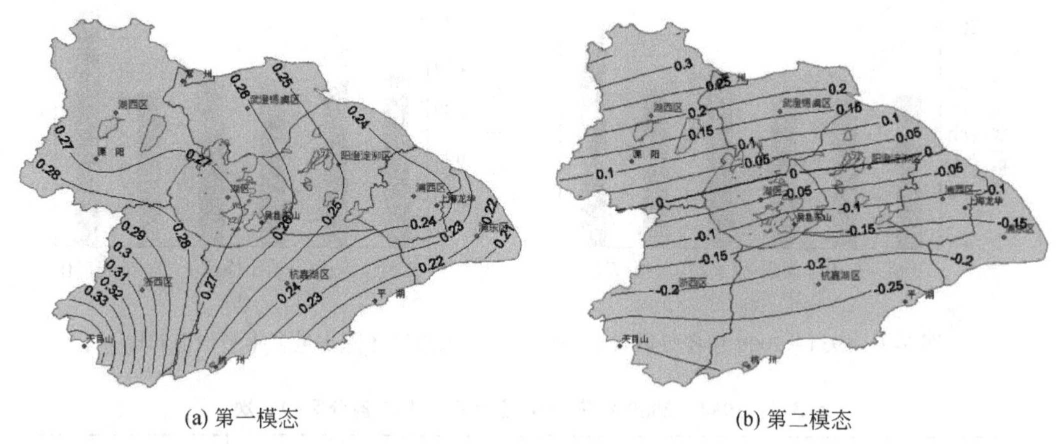

(a) 第一模态　　(b) 第二模态

图 3-5　太湖流域梅雨量 EOF 分解前两个模态的空间分布

由图 3-5 可知，太湖流域梅雨的空间分布有两种模态。第一模态占主导地位，总体呈西高东低的空间分布，其振幅高值中心位于浙西的天目山地区，反映了太湖流域降雨中心位置；第二模态表现为太湖流域梅雨量大致以湖区为分界呈南北相反的分布形态，即南部梅雨多、北部梅雨少的分布形态或者北部梅雨多、南部梅雨少的分布形态，反映了太湖流域南北部地区的梅雨量的空间局地差异。

3.3　降雨要素的时程演变规律

3.3.1　降雨要素的时程演变规律

采用 Mann-Kendall 和 Spearman 非参数统计（Shadmani et al.，2012；李剑锋等，2012；吴浩云等，2013）对 1954～2009 年太湖流域各降水要素的长期变化趋势进行显著性检验；采用小波分析对各要素的突变特征和周期演化规律进行识别，并初步预测其未来变化特征。所分析的降水要素包括太湖流域及各水资源分区和常州、溧阳等 7 个气象站的年降雨量、汛期降雨量和年内最大连续 30 天降雨量。同时，鉴于台风对太湖流域洪水的重要影响作用，因此本章对影响太湖流域的台风特征要素（包括台风影响频次、最早和最晚影响时间）的长期演变规律也进行了分析。

3.3.1.1　趋势特征

（1）年降雨量

对全流域及 8 个水资源分区面平均降雨量的趋势特征进行了分析和检验，结果见表 3-5 所示，图 3-6 给出了全流域及 3 个分区年降雨量变化图。1954～2009 年，除浦西区外，各分区面降雨量虽然存在一定的丰枯波动，但并无持续固定的倾向。Spearman 和 Mann-Kendall 方法对应的统计量均未通过置信水平 90% 显著性检验。

表 3-5　1954 ~ 2009 年太湖流域及各分区年降雨量趋势显著性检验结果

区域	Spearman	Mann-Kendall
湖西区	不显著	不显著
浙西区	不显著	不显著
太湖区	不显著	不显著
武澄锡虞区	不显著	不显著
阳澄淀泖区	不显著	不显著
杭嘉湖区	不显著	不显著
浦东区	不显著	不显著
浦西区	不显著	不显著
太湖流域	不显著	不显著

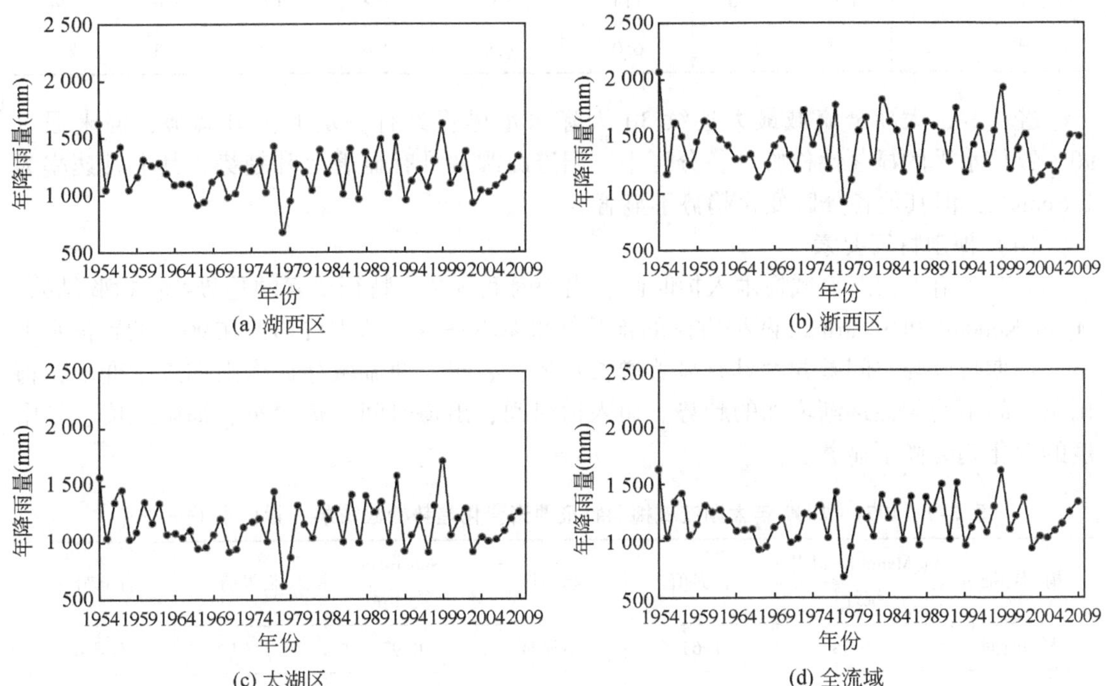

(a) 湖西区　(b) 浙西区　(c) 太湖区　(d) 全流域

图 3-6　太湖流域及分区年面雨量变化趋势

(2) 汛期降雨量

太湖流域降雨集中在汛期。流域旱涝灾害与汛期降雨量的多少及分布密切相关。因此，掌握流域汛期降雨量的变化特征对流域洪水管理具有重要意义。

1954 ~ 2009 年，太湖流域汛期降雨量均值为 695mm，最大为 1 177mm（1999 年），最小为 358mm（1978 年）。汛期降雨量极值比为 3.3，变差系数为 0.23。多年平均情况下，汛期降雨量约占年降雨量的 60%。太湖流域汛期降雨与年降雨量的丰枯变化具有很强的同步性，两者的零阶时间互相关系数达到了0.89。

对太湖流域各分区和气象台站汛期降雨量的变化趋势、显著变点和周期特征进行了检验，分析方法与年降雨量相同。根据分析结果，太湖流域和各分区汛期降雨量均不存在显著的上升或下降趋势，此处不再赘述。

（3）年内最大连续30天降雨

年内最大连续30天降雨量是太湖流域致洪降水的重要量化指标，其极端情况是导致太湖流域大洪水的重要因素。由表3-6可知，全流域连续最大30天降雨量的均值在280mm左右，约占多年平均汛期降雨量的40%。

表3-6　1954～2009年太湖流域最大连续30天降雨量特征值

指标	湖西区	浙西区	太湖区	武澄锡虞区	阳澄淀泖区	杭嘉湖区	浦东区	浦西区	全流域
均值	289	329	282	283	285	276	284	287	280
最大值	725	738	717	691	637	610	636	672	630
最小值	92	176	126	114	106	138	126	126	128
极值比	7.8	4.2	5.7	6.0	6.0	4.4	5.0	5.3	4.9

经检验，太湖全流域最大连续30天降水量尽管具有一定的上升态势，但未通过90%置信水平的显著性检验。各分区中，阳澄淀泖区具有显著上升趋势，其上升速率为1.6mm/a，但其他各分区变化趋势不显著。

（4）梅雨特征要素

表3-7给出太湖流域梅雨入梅时间、出梅时间等7个特征要素的趋势特征检验结果，Mann-Kendall和Spearman两种方法的检验结果基本一致。从中可知，在90%的置信水平下，梅期长度与空间差异度具有显著增长趋势，表明太湖流域存在梅雨期逐渐变长，梅雨量空间不均匀性逐渐增加的趋势。而入梅时间、出梅时间、梅雨量、梅雨强度、集中度的变化趋势尚不显著。

表3-7　1954～2009年太湖流域梅雨特征要素变化趋势检验结果（置信水平90%）

梅雨特征量	Mann-Kendall统计量	临界值	趋势性	Spearman统计量	临界值	趋势性
入梅时间	1.38	1.64	不显著	0.97	1.67	不显著
出梅时间	0.17	1.64	不显著	0.27	1.67	不显著
梅期长度	1.68	1.64	显著	1.69	1.67	显著
梅雨量	0.53	1.64	不显著	0.46	1.67	不显著
梅雨强度	1.49	1.64	不显著	1.31	1.67	不显著
集中度	1.06	1.64	不显著	0.78	1.67	不显著
空间差异度	1.70	1.64	显著	1.73	1.67	显著

3.3.1.2　周期与突变特征

（1）年降雨量

采用 Morlet 连续小波（王文圣等，2002，2005；严银汉等，2012；Sang et al.，2013）分析了全流域及各分区年降雨量的周期演化规律。太湖流域年降雨量小波等值线图和小波方差图（图3-7，其中 a 表示时间尺度）反映了流域年降雨量具有显著的多尺度演变特征，表现出不同时间尺度的周期振荡和多个变异点。

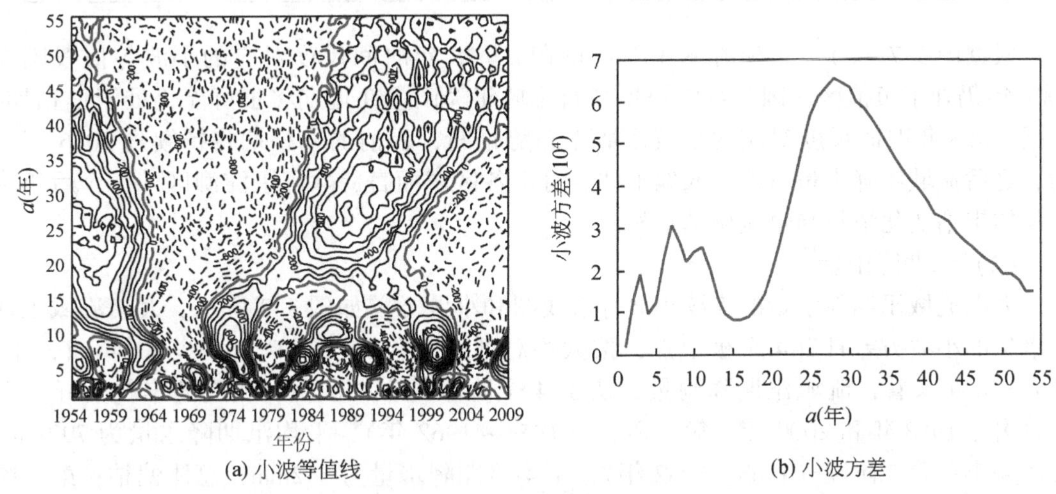

(a) 小波等值线　(b) 小波方差

图3-7　太湖流域年降雨量小波等值线图和小波方差图

根据图3-7（b），可以确定太湖流域年降雨量的显著准周期分别为4年、9年、14年和28年。这几种周期变化特征主要受太阳活动和海气相互作用等物理因素影响。太湖流域年降水量在 $a=28$ 年的时间尺度上的周期振幅最大。在这一级时间尺度上，1954～2009年太湖流域年降雨量基本上经历了四个演变阶段，相应的3个丰枯变异点分别是1963年、1983年和2000年。第一阶段（1954～1962年），平均年降水量为1 242mm，总体偏丰；第二阶段（1963～1982年），平均年降水量为1 081mm，总体偏枯；第三阶段（1983～1999年），平均年降水量为1 242mm，总体偏丰；第四阶段（2000～2009年），平均年降水量为1 108mm，总体偏枯。

太湖全流域及各分区年降水量具有相似的周期变化规律。对太湖流域分区年降雨量的周期演化规律和变异点进行了类似分析，具体结果如表3-8所示。

表3-8　1954～2009年太湖流域年降雨量周期特征分析结果

区域	第一周期（年）	第二周期（年）	第三周期（年）	丰枯情势预测
湖西区	12	4		2016年后由枯水期过渡到丰水期
浙西区	14	9	4	2016年后由枯水期过渡到丰水期
太湖区	9	4	14	2016年后由枯水期过渡到丰水期
武澄锡虞区	14	2		2016年后由枯水期过渡到丰水期

续表

区域	第一周期（年）	第二周期（年）	第三周期（年）	丰枯情势预测
阳澄淀泖区	14	9	4	2025 年后由枯水期过渡到丰水期
杭嘉湖区	12	9	4	2016 年后由枯水期过渡到丰水期
浦东区	14	18	9	2016 年后由枯水期过渡到丰水期
浦西区	9	14	4	2016 年后由枯水期过渡到丰水期
太湖流域	9	14	4	2016 年后由枯水期过渡到丰水期

根据图 3-7（a），太湖流域年降水量在 $a=28$ 年时间尺度对应的小波等值线图在 2009 年仍处于负值区，因此可以初步判断流域年降雨量在近期将很可能仍处于偏枯期。根据 $a=28$ 年时间尺度对应的小波系数作趋势推断，目前的偏枯期将持续到 2016 年前后，之后流域年降水量可能进入偏丰期。对于各区域而言，除阳澄淀泖区外，今后年降水量的丰枯变化情势与全流域基本相似。

（2）汛期降雨量

太湖流域汛期降水量的连续小波等值线图和小波方差如图 3-8 所示。太湖流域汛期降水量的小波方差具有 4 个极值点，按振幅高低依次为 $a=28$ 年、6 年、11 年和 3 年。从 $a=28$ 年来看，流域汛期降雨量经历了 4 个阶段的丰枯演变，相应的丰枯变异点是 1963 年、1983 年和 2000 年。第一阶段（1954～1962 年），平均汛期降水量为 792mm，总体偏丰；第二阶段（1963～1982 年），平均汛期降水量为 632mm，总体偏枯；第三阶段（1983～1999 年），平均汛期降水量为 764mm，总体偏丰；第四阶段（2000～2009 年），平均汛期降水量为 639mm，总体偏枯。根据图 3-8 中的小波等值线图，目前流域及各分区汛期降雨量仍处于偏枯期，并在 2009 年后将继续维持，大致在 2016 年后将进入偏丰期。

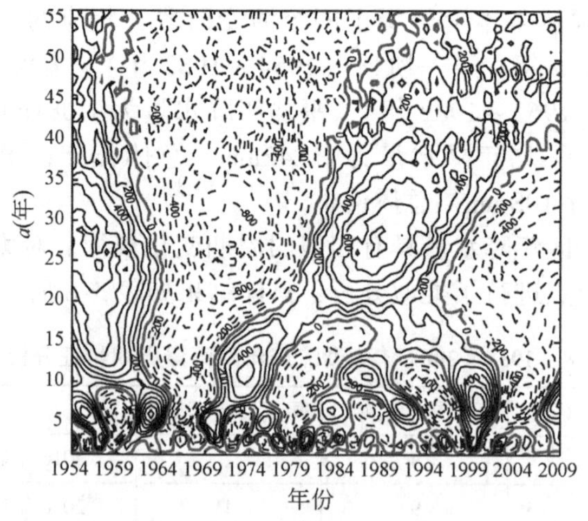

图 3-8　太湖流域汛期降雨量连续小波等值线图

表 3-9 和表 3-10 总结了全流域以及各分区汛期降雨量的准周期以及突变特征分析结

果，同时对今后汛期降雨量的丰枯发展情势进行了外推。

表 3-9　1954 ~ 2009 年太湖流域汛期降水量准周期特征

区域	时段	第一周期（年）	第二周期（年）	第三周期（年）	第四周期（年）
湖西区	1954 ~ 2009 年	7	4	14	
浙西区	1954 ~ 2009 年	14	7	4	
太湖区	1954 ~ 2009 年	4	9	14	
武澄锡虞区	1954 ~ 2009 年	14	7	4	
阳澄淀泖区	1954 ~ 2009 年	14	7	4	
杭嘉湖区	1954 ~ 2009 年	14	4		
浦东区	1954 ~ 2009 年	7	14	18	4
浦西区	1954 ~ 2009 年	14	7	4	
太湖流域	1954 ~ 2009 年	7	14	4	

表 3-10　1954 ~ 2009 年太湖流域汛期降水量丰枯演变及发展情势

区域	变异点			丰枯情势预测
	①	②	③	
湖西区	1963 年	1981 年	2000 年	2018 年后进入偏丰期
浙西区	1963 年	1981 年	2000 年	2018 年后进入偏丰期
太湖区	1963 年	1981 年	2000 年	2018 年后进入偏丰期
武澄锡虞区	1964 年	1983 年	2000 年	2016 年后进入偏丰期
阳澄淀泖区	1964 年	1983 年	2000 年	2016 年后进入偏丰期
杭嘉湖区	1964 年	1981 年	2000 年	2018 年后进入偏丰期
浦东区	1963 年	1983 年	2000 年	2016 年后进入偏枯期
浦西区	1963 年	1981 年	2000 年	2016 年后进入偏枯期
太湖流域	1963 年	1983 年	2000 年	2016 年后进入偏丰期

（3）年最大连续 30 天降雨量

太湖全流域最大连续 30 天降雨量在 $a=42$ 年时间尺度的周期振荡幅度最大。在这一尺度上，最大连续 30 天降雨量可以分为丰枯相继的两个阶段，变异点为 1983 年。1954 ~ 1982 年和 1983 ~ 2009 年，连续最大 30 天降水量的均值分别为 256mm、304mm，丰枯对比明显。但由图 3-9 可知，在 2009 年左右，小波系数为零的等值线已出现，因此今后连续 30 天最大降水量可能转入偏枯期。

（4）梅雨特征量

采用 Morlet 小波对 1954 ~ 2009 年太湖流域梅雨特征要素的标准化距平序列进行了小波分析，得到入梅日期、出梅日期、梅雨期长度、梅雨量四者的小波等值线图，结果如图 3-10 ~ 图 3-13 所示。

太湖流域梅雨特征量均具有显著的多时间尺度演变特征。入梅日期存在 26 年、4 年和 7 年左右的准周期；出梅日期具有 19 年、6 年和 10 年左右的准周期；梅雨量的显著准周期为 6 年、22 年、4 年和 14 年，梅雨期长度显著准周期为 6 年、11 年、4 年和 20

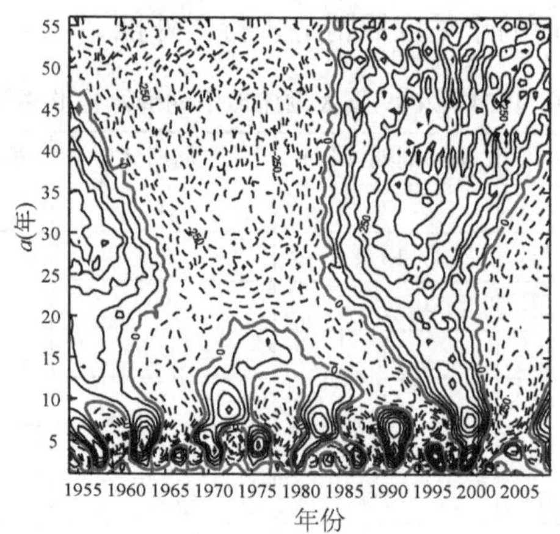

图 3-9　太湖流域最大连续 30 天降雨量小波等值线图

年。梅雨特征量的丰枯交替非常显著。以梅雨量为例，在尺度 $a=33$ 年上呈现出 5 个明显的丰枯变异点，分别在 1958 年、1968 年、1979 年、1990 年和 2001 年，划分了 6 个丰枯交替时段，而在 $a=20$ 年的时间尺度上大致经历了 8 个丰枯交替阶段，变异点分别是 1959 年、1966 年、1973 年、1980 年、1987 年、1994 年、2001 年和 2008 年。

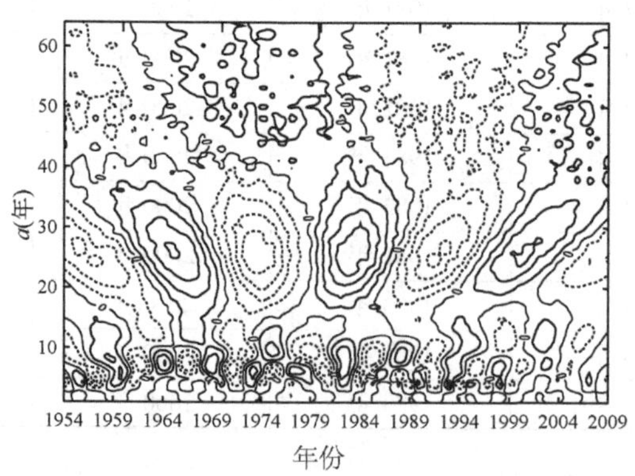

图 3-10　1954～2009 年入梅时间小波等值线图

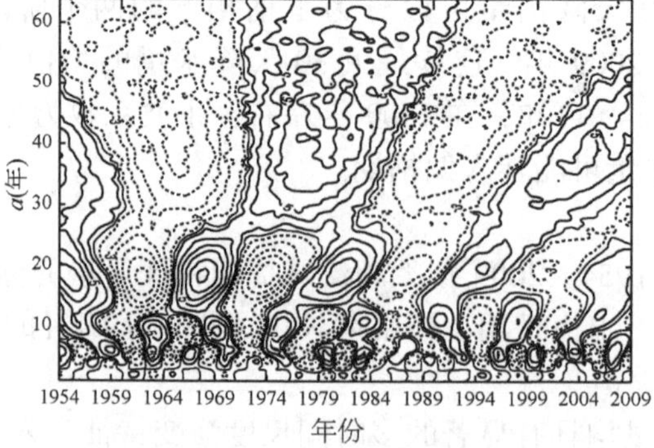

图 3-11　1954～2009 年出梅时间小波等值线图

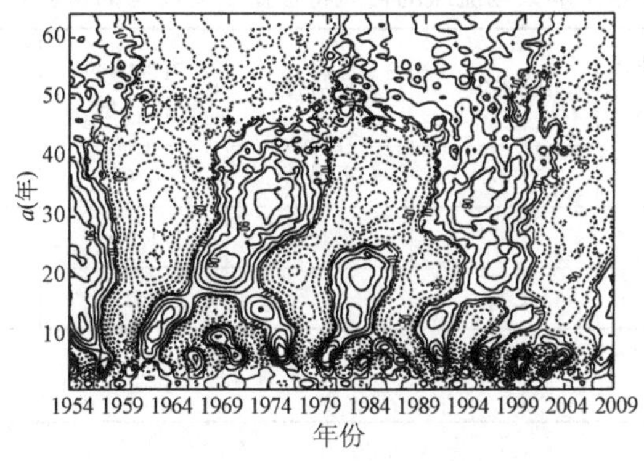

图 3-12　1954 ~ 2009 年梅雨量小波等值线图

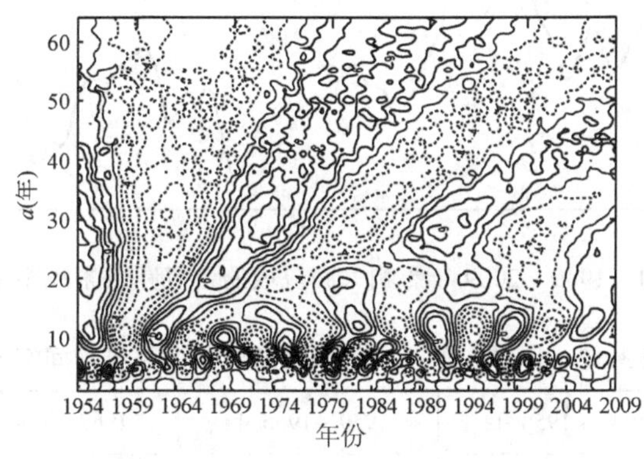

图 3-13　梅雨期长度小波等值线图

3.3.2　台风特征要素的长期演变规律

影响太湖流域的台风特征量主要包括台风影响频次、最早影响时间、最晚影响时间。发生频次是指每年影响太湖流域的台风次数；最早影响时间是指每年第一场影响太湖流域台风的时间；最晚影响时间是指每年最后一场影响太湖流域台风的时间；穿越次数指台风中心穿越太湖流域的次数。

3.3.2.1　趋势特征

从表 3-11 可知：台风频次和最早影响时间的趋势不显著，而最晚影响时间具有显著的推迟趋势。采用累积距平曲线分析了台风频次的趋势性。从图 3-14 和表 3-12 可知，1949 ~ 2009 年影响太湖流域的台风频次在时程上经历“少—多—少—多”四个演变阶段，其变异点分别为 1958 年、1966 年和 1983 年。其中 1949 ~ 1958 年、1967 ~ 1983 年为少台期，1959 ~ 1966 年、1984 ~ 2009 年为多台期。1963 ~ 1983 年为少台期，持续时间较长，年均发生台风不足 3 次；20 世纪 80 年代中叶以来，台风频次呈上升趋势，年均发生台风超过 4 次。

表 3-11　1949～2009 年影响太湖流域的台风特征量变化趋势的检验结果（置信水平 90%）

台风特征量	Mann-Kendall 统计量	临界值	趋势性	Spearman 统计量	临界值	趋势性
台风频次	0.30	1.64	不显著	0.63	1.67	不显著
最早影响时间	1.39	1.64	不显著	1.36	1.67	不显著
最晚影响时间	2.21	1.64	显著	2.11	1.67	显著

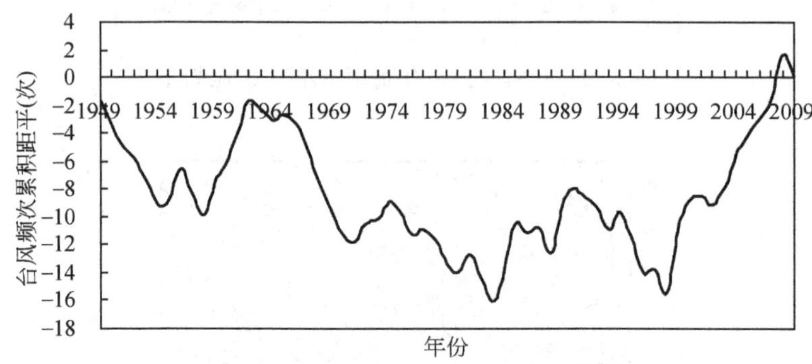

图 3-14　1949～2009 年影响太湖流域的台风频数累积距平曲线

表 3-12　1949～2009 年影响太湖流域台风年际间情况

项目	1949～1958 年	1959～1966 年	1967～1983 年	1984～2009 年
阶段	少台期	多台期	少台期	多台期
间隔年数（年）	10	8	17	26
台风平均数（次）	2.7	4.5	2.94	4.3
偏少年（年均<3 次）	7	0	8	6
正常年	2	4	6	7
偏多年（年均>4 次）	1	4	3	13

图 3-15 和图 3-16 分别为 1949～2009 年太湖流域台风最早影响时间、最晚影响时间的累积距平曲线。由图中可知，最早影响时间在 1965 年及 1998 年有明显的转折，1965～1998 年曲线呈上升趋势，说明台风最早影响时间在这一阶段有推迟的趋势，1998 年之后曲线下降，即 1998 年之后太湖流域台风最早影响时间提前。而最晚影响时间在 1958 年、1972 年、1997 年有明显转折，1949～1958 年曲线下降，说明最晚影响时间提前；1958～1972 年，曲线波动上升，说明影响时间推迟；1997 年后，曲线上升明显，说明台风的影响时间推迟。

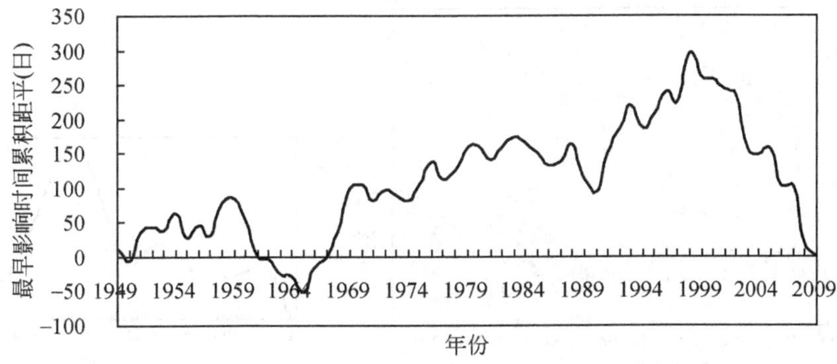

图 3-15　1949 ~ 2009 年太湖流域台风最早影响时间累积距平曲线

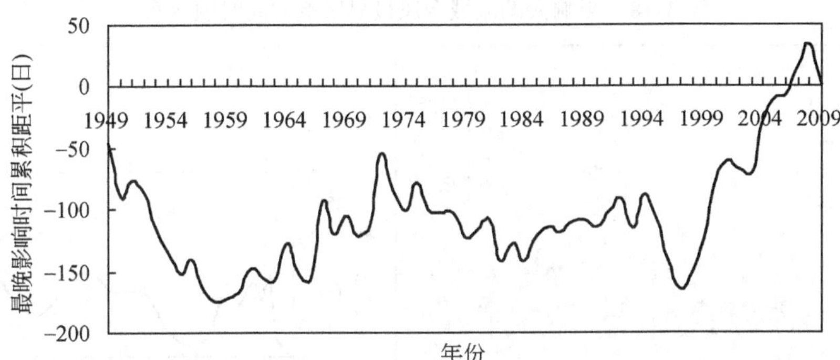

图 3-16　1949 ~ 2009 年太湖流域台风最晚影响时间累积距平曲线

3.3.2.2　周期与突变特征

图 3-17 ~ 图 3-19 分别为台风频次、最早影响时间与最晚影响时间的小波系数等值线和小波方差。从中可知，影响太湖流域的台风频次存在 22 年、7 年左右的显著准周期。台风最早影响时间的准周期约为 21 年和 7 年左右；最晚影响时间存在 4 年、6 年、10 年和 23 年的多种周期。

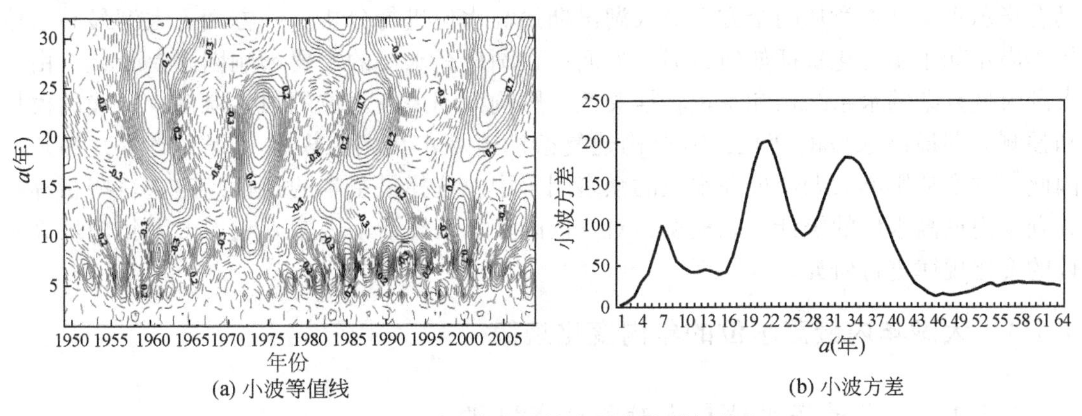

(a) 小波等值线　　(b) 小波方差

图 3-17　影响太湖流域台风频次时频分布

注：图中实线为丰表示台风频次偏多，虚线为枯表示台风频次偏少

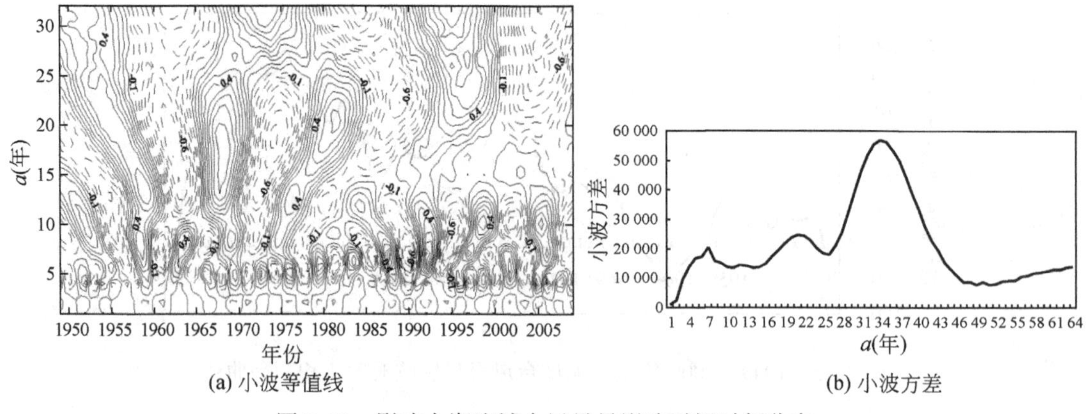

(a) 小波等值线　　(b) 小波方差

图 3-18　影响太湖流域台风最早影响时间时频分布

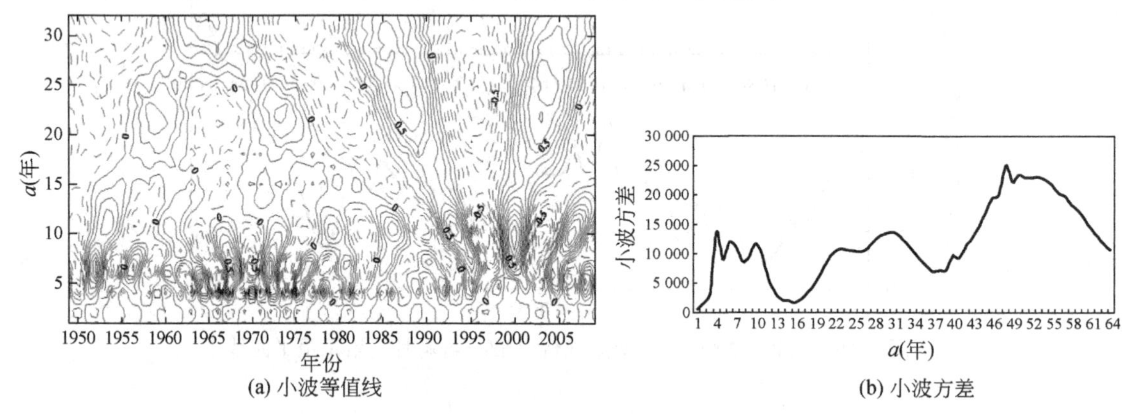

(a) 小波等值线　　(b) 小波方差

图 3-19　影响太湖流域台风最晚影响时间时频分布

注：图中实线表示时间推迟，虚线表示时间提前

3.4　太湖年内最高水位的演变规律及影响要素

太湖年内最高水位是反映太湖和流域水情的基本要素之一，对于流域防洪安全保障具有指示意义。本章从两个方面对太湖汛期最高水位进行分析：一方面，太湖最高水位的年内年际主要变化特征如何；另一方面，太湖最高水位的主要影响因素是什么。由于太湖流域复杂的水系结构和水量转换关系，影响太湖最高水位的因素众多，精确的模拟和预测太湖最高水位的变化，需要构建复杂的流域水量调控模型（程文辉等，2006）。因此，本章从影响太湖年最高水位的众多因子中，选择最基本的指标，建立这些指标与太湖年内最高水位的统计关系模型，对气候因素和人类活动因素影响下太湖年内最高水位的变化规律进行研究。

3.4.1　太湖年内最高水位的年内变化规律

3.4.1.1　年最高水位年内时程分布规律

由图 3-20 和图 3-21 可知，1954 ~ 2009 年太湖年内最高水位出现在 7 月的次数最多，其中又以7月中旬和下旬最为集中。太湖年最高水位出现在5月有2次，6月有4次，7月有20次，8月有7次，9月有9次，10月8次，其他月6次。5～7月最高水位出现的次数占全年的比例为46.4%，这与太湖汛情主要由5～7月的梅雨决定的特征相符。

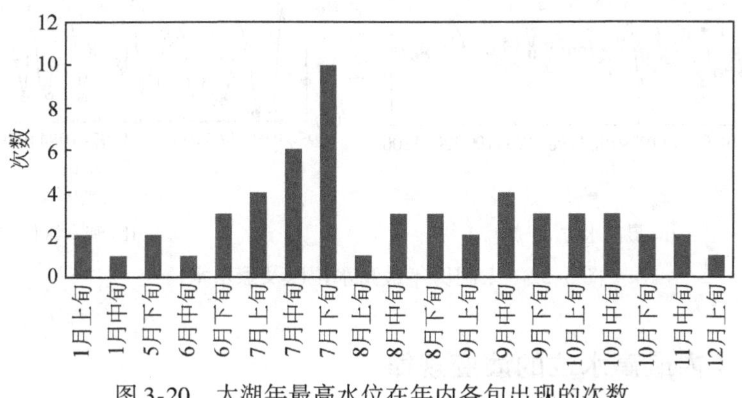

图3-20　太湖年最高水位在年内各旬出现的次数

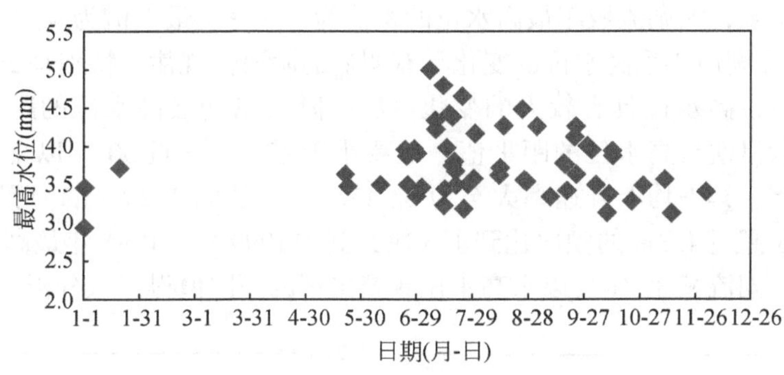

图3-21　太湖年最高水位发生时间散布图

3.4.1.2　太湖涨水过程分析

1954～2009年，太湖流域涨水持续时间（即从太湖水位起涨至达到最高水位的时间）的年际变化较大。最短为23天（1967年、1968年），最长时间可达5个月以上（1956年）。但根据历年水位过程，太湖控制性涨水时段一般在30天左右。在大多数年份，特别是大洪水年，最高水位前30天至最高水位当日时段内的水位涨幅（dZ）与整个涨水期的水位涨幅（dZ_s）之比均达到60%以上。在1993年等多个年份，两者之比甚至达到了100%。也就是说，达到最高水位的前30天至最高水位当日的时段反映了太湖的主要涨水过程。分析这一段时期太湖水位的变化过程及影响因素，对于掌握太湖最高水位的变化规律具有重要意义。

图3-22给出了1954～2009年太湖最高水位以及最高水位出现日期前30天对应的太湖水位。其中，Z_{max}表示太湖年最高水位，Z_0表示最高水位前30天的太湖水位，dZ为Z_{max}与Z_0水位差。因1978年、1998年和2003年太湖最高水位出现在1月上旬或1月中旬，因此图3-22中未给出相应年份的Z_0和dZ值。

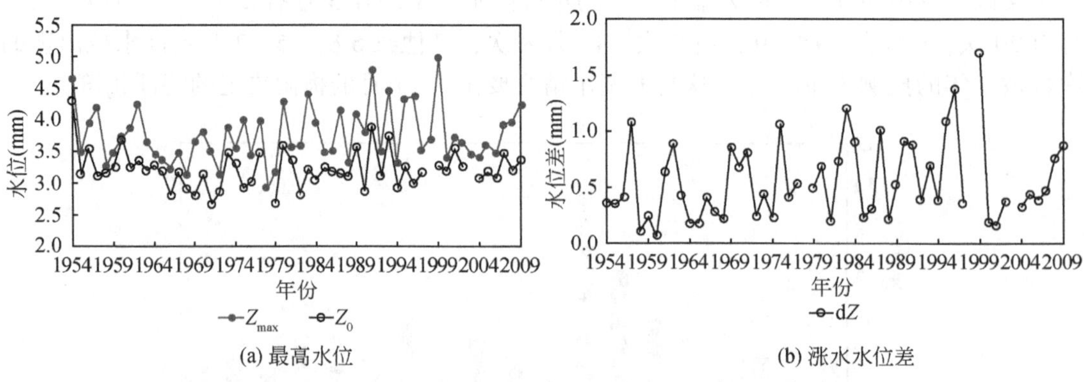

(a) 最高水位 (b) 涨水水位差

图 3-22 太湖历年最高水位以及涨水水位差

3.4.2 太湖年内最高水位的演变规律

对 1954～2009 年太湖年最高水位的年际变化进行了统计分析。根据 1954～2009 年太湖最高水位记录，太湖流域年最高水位的均值为 3.75m，最大值为 4.97m（1999 年）。由图 3-23 知，太湖历年最高水位的变化具有明显的阶段性规律。特别是 20 世纪 80 年代前后，太湖流域最高水位具有较大的变化。后一阶段汛期最高水位的距平值一般大于零，而前一阶段汛期最高水位的距平值一般要小于零，因此近 50 年以来流域最高水位总体呈上升态势，其平均上升速率大至为 0. 45cm/a。从图 3-23（a）可知，90 年代太湖汛期最高水位超过 4.3m 的频次达到了 5 次，其中 1999 年、1991 年最高水位居于近 50 年的前两位。太湖流域 80 年代以来高水位频繁出现的原因值得深入分析。

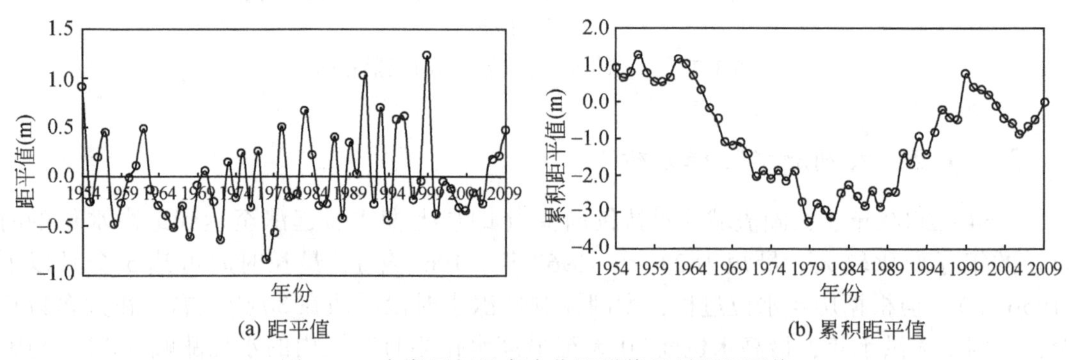

(a) 距平值 (b) 累积距平值

图 3-23 太湖历年最高水位距平值及累积距平值

3.4.3 太湖年内最高水位的影响因素

影响太湖流域年内最高水位的因素众多。概括起来有两类：一类是气候因素，主要是降雨、蒸散发两个流域水循环的基本要素；另一类是人类活动要素，主要包括下垫面变化（土地利用、植被覆盖）和水利工程调控等人类活动因素。气候变化和人类活动因素都会影响到太湖流域水循环过程，因而对太湖最高水位产生直接或间接的影响。

3.4.3.1　气候因素和人类活动因素对太湖最高水位影响分析

从太湖水量平衡关系出发，可对影响太湖最高水位的因素进行一般性分析。假设 φ 为太湖库容函数，V_{max} 为太湖流域汛期最高水位对应的蓄水量，V_0 为最高水位前 30 天对应的蓄水量，I_i、O_i 为各区域该时段内进出太湖的水量，R_i 为时段内分区 i 进入太湖的净水量。可列出如下的水量平衡方程

$$\varphi(Z_{max}) - \varphi(Z_0) = V_{max} - V_0 = \sum_{i=1}^{8} R_i \tag{3-2}$$

$$R_i = I_i - O_i \tag{3-3}$$

根据上式可知，各分区进出太湖的净水量 R_i 是影响太湖水位的真正因素。哪个区域进入太湖的净水量多，对太湖最高水位的影响就大。因此，凡是能够影响净入湖水量的因素必然也能够影响太湖最高水位。一个区域进入太湖的净水量的影响因素主要有以下几个方面：P_i ——时段降雨量；E_i ——时段蒸发能力；S_i ——分区初始蓄水量；X_i ——分区水量引排水能力及调度方式。

R_i 与 4 个因素之间是一种复杂的非线性关系

$$R_i = f_i(P_i,\ E_i,\ S_i,\ X_i) \tag{3-4}$$

上述四个方面的因素中，降雨和蒸发能力具有观测资料，可与太湖最高水位建立直接的统计关系。其他两方面的因素均不具有观测资料，特别是引排水等人类活动因素不易进行显式表达。但是在太湖最高水位—降水量—水面蒸发关系的统计模型框架下，水利工程调控、下垫面变化等人类活动因素可以通过回归系数进行隐式表达。同时，太湖初始水位也是分析最高水位必须考虑的一个因素，该变量反映了流域前期水量等对太湖最高水位的影响。

（1）降雨量对太湖最高水位影响分析

太湖水位变化与太湖流域降雨、前期旱涝、地下径流量等诸多因素有关，其中与太湖流域降雨的关系最为密切。根据历年逐日降雨数据，统计了太湖最高水位前 30 日的时段降雨量（用 P_{30} 表示）。发现 1954～2009 年的 53 个年份（1978 年、1998 年和 2001 年除外），太湖最高水位 Z_{max} 与 P_{30} 相关系数达到了 0.87，故太湖最高水位与流域面雨量具有非常密切的关系。为分析方便，对相关变量进行了无量纲化处理［式（3-5）～式（3-7）］，然后绘制了图 3-24。

$$Z_{max}(i) = Z_{max}(i) / \max_{1 \leqslant i \leqslant n}(Z_{max}(i)) \tag{3-5}$$

$$\mathrm{d}Z(i) = \mathrm{d}Z(i) / \max_{1 \leqslant i \leqslant n}(\mathrm{d}Z(i)) \tag{3-6}$$

$$P_{30}(i) = P_{30}(i) / \max_{1 \leqslant i \leqslant n}(P_{30}(i)) \tag{3-7}$$

根据图 3-24，P_{30} 与太湖最高水位以及 30 日水位差具有很强的一致性。因此，P_{30} 是影响太湖最高水位的基本气候因素，其变化必然对太湖流域最高水位产生重要影响。作为影响太湖流域最高水位的重要因素，1954～2009 年太湖流域 30 天累积降水量具有一定的上升态势（图 3-25）。利用 Mann-Kendall 和 Spearman 两种非参数方法，对 1954～2009 年太湖流域 P_{30} 的变化趋势进行了检验。结果发现在 90% 的置信水平下，P_{30} 呈显著的上升趋势。同时从距平曲线可以看出，20 世纪 80 年代前后太湖流域 P_{30} 的丰枯变化比

较明显。1954～2009 年太湖流域 P_{30} 的多年平均值为 235.7mm。80 年代前属于偏枯时期，而 80 年代后属于偏丰时期，两个阶段 P_{30} 的均值分别为 215.8mm 和 253.5mm。20 世纪 80 年代后太湖流域 P_{30} 偏丰是导致流域最高水位频繁超过 4.0m 的重要原因。

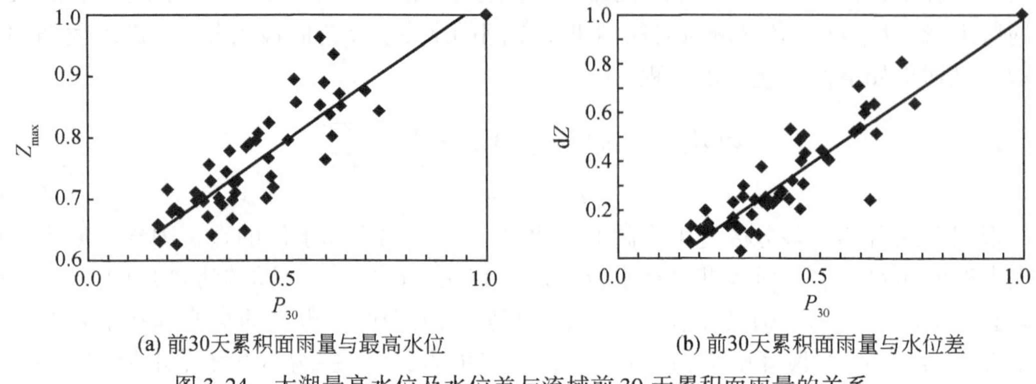

(a) 前30天累积面雨量与最高水位　　(b) 前30天累积面雨量与水位差

图 3-24　太湖最高水位及水位差与流域前 30 天累积面雨量的关系

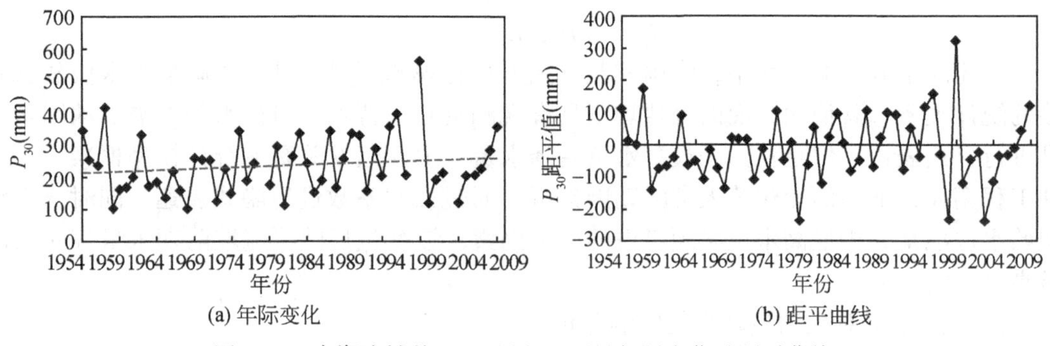

(a) 年际变化　　(b) 距平曲线

图 3-25　太湖流域前 30 天累积面雨量年际变化及距平曲线

（2）蒸发量对太湖最高水位影响分析

流域蒸发能力也是反映流域气候条件的一个重要因素，对流域实际蒸散发和地表径流过程具有重要影响，因此必然对太湖最高水位具有一定的影响。在本研究中，流域蒸发能力以水面蒸发量代表。

本章同样计算了太湖达到最高水位前 30 天的水面蒸发量累积值（用 E_{30} 表示）与太湖流域汛期最高水位的线性相关系数，发现两者的相关系数为-0.33。进一步点绘了两者作一致性无量纲处理后的散点图（图 3-26）。虽然 E_{30} 与太湖最高水位的关系不如 P_{30} 和太湖最高水位的关系密切，但是仍可认识到流域水面蒸发量与最高水位及水位差具有明显的负相关性。在其他影响因素相同的情况下，太湖流域水面蒸发量越大，降水过程产生了地表产水越少，因此太湖水位会相应降低。

1954～2009 年太湖流域 30 天累积水面蒸发量具有一定的下降态势（图 3-27）。利用 Mann-Kendall 和 Spearman 两种非参数方法，对 1954～2009 年太湖流域 E_0 的变化趋势进行了检验。结果发现在 90% 的置信水平下，E_{30} 呈显著下降趋势。同时从距平曲线可以看出，80 年代前后太湖流域 E_{30} 的丰枯变化比较明显。1954～2009 年太湖流域 E_{30} 的多年平均值为83.1mm。20世纪80年代前属于偏高时期，而80年代后属于偏低时期，两个阶段E_{30}的均值分别为87.0mm和70.2mm。80年代后太湖流域E_{30}偏低可能也是导致流域最高水位频繁超过4.0m的气候变化因素之一。

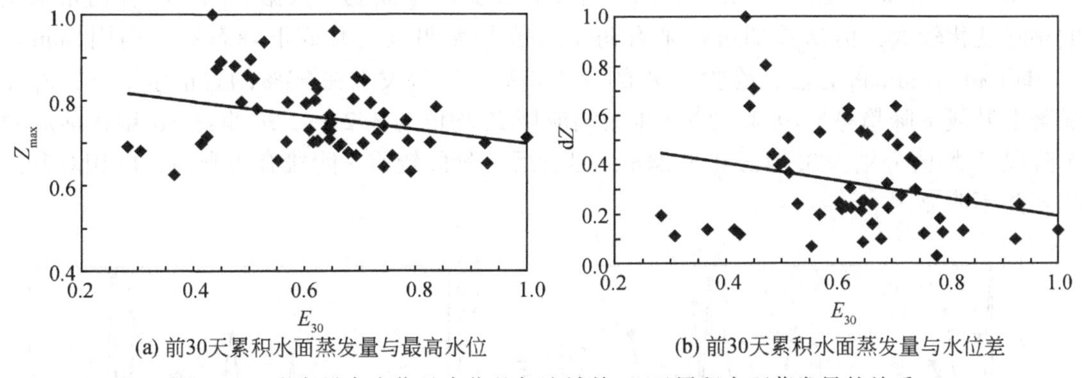

图3-26　太湖最高水位及水位差与流域前30天累积水面蒸发量的关系

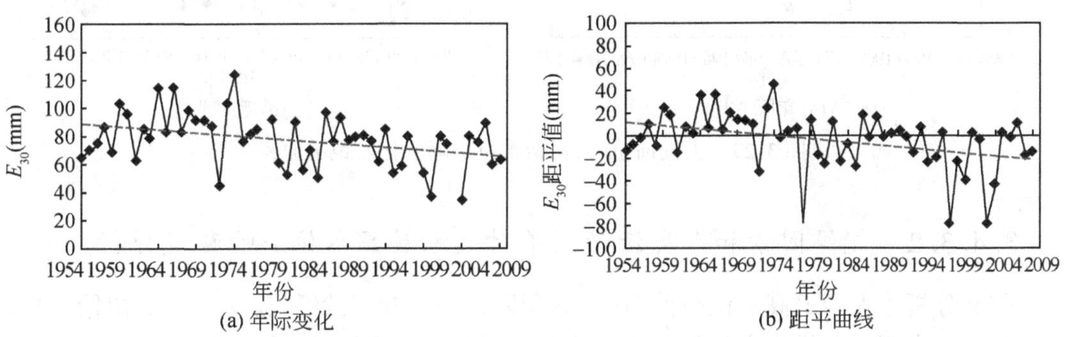

图3-27　太湖流域前30天累积水面蒸发量年际变化及距平曲线

（3）初始水位对太湖最高水位影响分析

初始水位是指太湖达到最高水位前30天的水位值（用Z_0表示）。太湖初始水位是影响汛期最高水位的一个重要因素，它综合表达了流域前期降雨量、前期调度方式对太湖最高水位的影响。1954～2009年Z_0与Z_{max}的相关系数达到0.54。图3-28是太湖汛期最

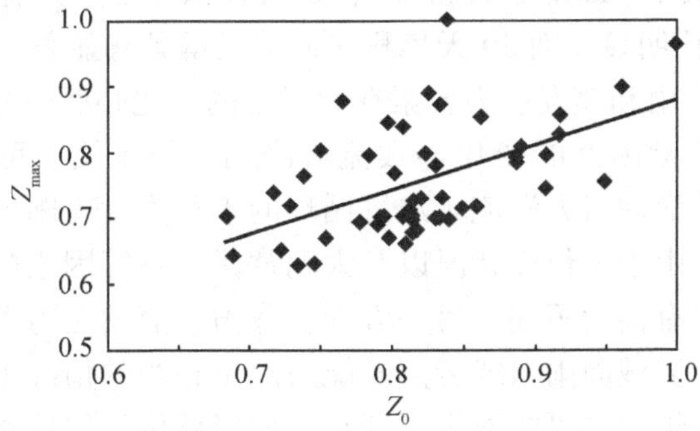

图3-28　太湖最高水位前30天初始水位关系图

高水位与前 30 天初始水位的散点图。从中可知，太湖年最高水位与前 30 天初始水位总体上呈比较显著的正向相关关系。初始水位越高，则太湖最高水位越易抬高。因此，分析太湖最高水位的基本影响因素，必须将前 30 天初始水位作为一个基本变量。

图 3-29 是太湖 1954 ~2009 年 Z_0年际变化及其距平曲线。根据该图，尽管初始水位的年际变化较大，但从长期过程来看初始水位并无明显上升或下降态势。利用 Mann-Kendall 和 Spearman 方法，检验了 Z_0的变化趋势。结果发现在 90% 的置信水平下，Z_0无显著上升或下降趋势。1954 ~2009 年太湖流域 Z_0均值为 3. 21m。20 世纪 80 年代前后两个阶段 Z_0均值分别为 3. 14m 和 3. 24m，尽管后一阶段较前一阶段有所升高，但相对升高幅度并不明显。

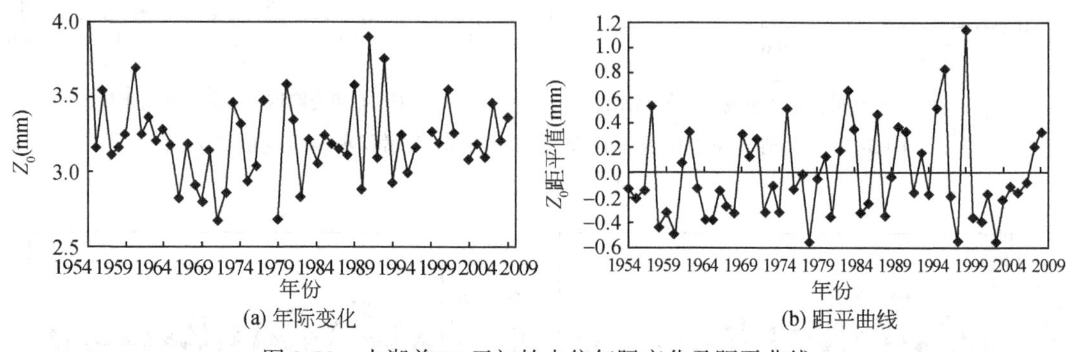

(a) 年际变化　　(b) 距平曲线

图 3-29　太湖前 30 天初始水位年际变化及距平曲线

3.4.3.2　气候因素和人类活动因素对太湖最高水位影响程度分析

前文分析了太湖最高水位与前 30 天累积降雨量、30 天累积蒸发量以及初始水位之间的关系，表明太湖最高水位与上述三种因素具有比较密切的关系。同时，还指出还有其他一些影响因素，特别是下垫面变化（土地利用、植被覆盖等）、水利工程调控等由于难以通过某种指标定量描述，故对其与太湖最高水位的关系并未进行深入分析。但是在太湖最高水位—前 30 天累积面雨量—前 30 天累积水面蒸发量—初始水位的统计框架下，可通过回归系数对下垫面变化和水利工程调控等人类活动因素进行隐式表达，因此人类活动因素对太湖最高水位的相对影响可进行定量评价。

前文已经指出：1954 ~2009 年太湖流域 30 天累积降雨量具有显著上升趋势，20 世纪 80 年代前后丰枯对比明显，而 30 天累积水面蒸发量具有显著下降趋势，80 年代前偏高，80 年代后偏枯。降雨和蒸发能力要素在数量上的变化必然引起最高水位的变化，同时下垫面变化等人类活动因素的变化导致流域降雨—径流关系可能也发生变化。一方面，几十年来以来人类活动对太湖流域水量循环的干预力度不断增加。即使在同样的降雨、蒸发能力条件下，由于下垫面状况以及太湖蓄泄关系等因素的变化，太湖与各分区之间的水量平衡关系也有很大不同。另一方面，降雨、蒸发能力等自然因素的时空特征可能也发生了变化，在流域面雨量或者蒸发能力总量相当的情况下，两阶段降雨量和蒸发量的时程分布和地区组成也可能发生了变化。如何评价气候要素变化和人类活动对太湖最高水位变化的相对影响，具有重要的科学意义，同时对于流域洪水调控又具有重要的实践意义。

（1）太湖最高水位与影响因素关系变化的转折点分析

前文指出 20 世纪 80 年代太湖流域雨情、水情及水面蒸发能力均发生了显著的变化，但并未具体指出太湖最高水位与影响因素关系变化的转折点。为分析不同阶段太湖最高水位与主要影响因素的关系，需要指出太湖最高水位与影响要素关系变化的转折点，然后针对不同阶段建立统计模型，对气候要素变化和人类活动的影响进行区分。

本书利用有序聚类法中的最优二分割法（丁晶和邓育仁，1988）来分析太湖汛期最高水位与前期 30 天累积降雨量 P_{30} 等因素关系变化的最显著的转折点。具体方法和步骤如下。

1）根据同期降雨量、蒸发量和水位数据的资料，建立太湖历年最高水位、前期 30 天累积降雨量、前期 30 天累积水面蒸发量和初始水位的一致化无量纲矩阵 $\boldsymbol{M}$（1978 年、1998 年、2003 年数据除外）

$$\boldsymbol{M}_{43\times4}=\begin{bmatrix}m_1\\m_2\\\cdots\\m_{56}\end{bmatrix}=\begin{bmatrix}Z_{\max}(1) & P_{30}(1) & E_0(1) & Z_0(1)\\Z_{\max}(2) & P_{30}(2) & E_0(2) & Z_0(2)\\\cdots & \cdots & \cdots & \cdots\\Z_{\max}(56) & P_{30}(56) & E_0(56) & Z_0(56)\end{bmatrix} \tag{3-8}$$

2）计算不同分割点对应的两个类别中心值、离差平方和序列 S。设 t（$1\leqslant t\leqslant 56$）为某一分割点，则其对应的类别中心和离差平方和为

$$C_i=\frac{1}{t}\sum_{i=1}^{i=t}m_i \tag{3-9}$$

$$C_2=\frac{1}{37-t}\sum_{i=t+1}^{i=37}m_i \tag{3-10}$$

$$S(i)=\sum_{i=1}^{i=t}|m_i-C_1|^2+\sum_{i=t+1}^{i=37}|m_i-C_2|^2 \tag{3-11}$$

式（3-11）中，$|\quad|$为欧氏距离。

3）找出 S 达到最小值所对应的分割点 t^*，该点即为最高水位与三个主要影响因素关系的最优分割点。根据图 3-30，最优分割点正好对应于 1979 年。

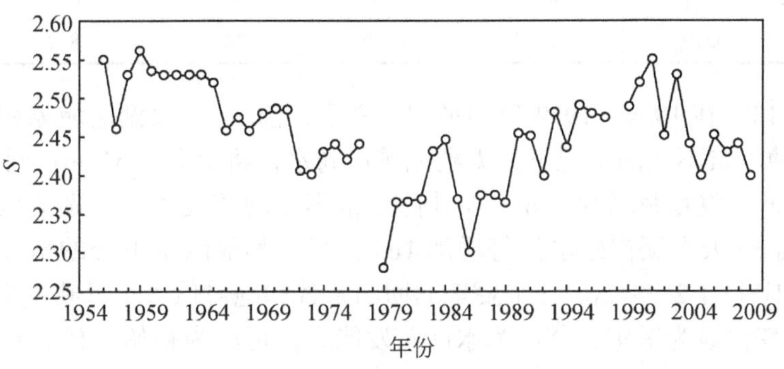

图 3-30　不同分割点对应的离差平方和

（2）太湖最高水位与影响因素的统计模型

通过上文分析可知，太湖流域1979年前后，太湖最高水位与前期30天累积降雨量、前期30天累积水面蒸发量以及初始水位的关系发生了变化。因此，将1954～2009年分为两个阶段：一个阶段是1954～1979年；另一个阶段是1980～2009年。分别针对两个阶段的太湖最高水位、前期30天累积降雨量、前期30天累积水面蒸发量和初始水位，建立太湖最高水位与三个主要影响因素的数学方程，从而对流域降雨、蒸发和初始水位与太湖最高水位之间的关系进行定量分析。建模的方法为多元线性回归，所建立的回归方程形式为

$$Z_{max} = a_1P_{30} + a_2E_{30} + a_3Z_0 + b \tag{3-12}$$

式中，a_i为回归系数；b为常数。为了便于说明问题，将回归方程中变量和自变量的单位全部转换为厘米，得到了两个阶段方程的回归系数。各项回归系数的物理意义可以理解为：

a_1——流域前期30天累积降雨量P_{30}每变化1cm，太湖最高水位的变化量；

a_2——流域前期30天累积水面蒸发量E_{30}每变化1cm，太湖水位的变化量；

a_3——太湖前30天初始水位每变化1cm，太湖最高水位的变化量；

b——反映降雨、蒸发和初始水位无法解释的最高水位构成，体现了这三个变量以外的其他一些因素对太湖最高水位的影响，如引排水等洪水调控因素等。

1954～1979年和1980～2009年两个阶段对应的回归方程的系数及其精度指标如表3-13所示。图3-31是回归方程模拟值与实际值的比较。据图可知，1954～1979年和1980～2009年两个阶段回归方程计算的最高水位与实测值基本吻合。最高水位的平均相对误差分别为5.4%和8.2%，Nash效率系数均在90%以上。因此，所建立的线性回归方程对太湖最高水位的模拟具有较高的精度，反映了流域30天累积面雨量、累积水面蒸发能力以及初始水位与最高水位具有较好的关系。

表3-13　太湖最高水位回归方程系数及模拟精度

时段	回归系数				平均相对误差（%）	效率系数
	a_1（P_{30}）	a_2（E_{30}）	a_3（Z_0）	b		
1954～1979年	3.51	−2.34	0.67	96.94	5.4	0.94
1980～2000年	3.79	−3.27	0.80	58.19	8.2	0.97

根据表3-13，在1954～1979年的平均意义上，前30天太湖流域累积面雨量每增加1cm，则在其他因素不变的情况下，太湖流域最高水位将上升3.51cm；同样，前30天太湖流域累积水面蒸发量每增加1cm，在其他因素不变的情况下，太湖流域最高水位将降低2.34cm；前30天太湖初始水位每增加1cm，则在其他因素不变的情况下，太湖流域最高水位将相应上升2.34cm。三个要素的回归系数和绝对值大小反映了太湖最高水位对于流域降水的变化最为敏感，其次为水面蒸发能力，再次为初始水位。对于1980～2000年，可以进行类似分析。

1954～1979年和1980～2009年两个阶段的回归系数发生了一定的变化。总的来说，太湖最高水位对于累积降水量、水面蒸发和初始水位的敏感性都在增加。在其他因素相

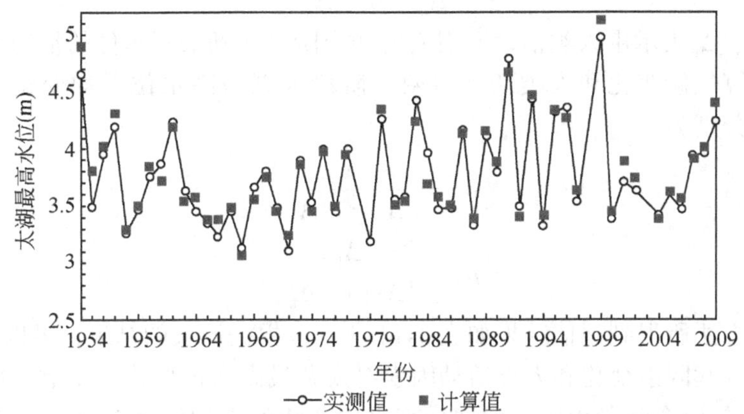

图 3-31　太湖流域最高水位实测值与回归方程模拟值比较

同的情况下，同等的 30 天累积降水量将对应着更高的太湖最高水位，对于太湖初始水位同样也如此。只有水面蒸发的效应是相反的，在同样的水面蒸发量的情况下，将对应着较低的太湖最高水位。这说明，流域下垫面变化和洪水调控等人类活动因素在一定程度上改变流域产汇流过程和河湖蓄泄关系，因此使太湖最高水位变化规律具有不同特征。1954～1979 年和 1980～2009 年两个阶段太湖降水、蒸发要素和初始水位在数量上的变化以及它们与最高水位敏感性关系的变化共同导致了两个阶段太湖最高水位的差异。

（3）气候因素变化和人类活动因素对太湖最高水位的影响程度分析

在两个阶段回归方程的基础上，可以对 1954～2009 年气候因素变化和人类活动对最高水位变化的影响进行评估，定量分析太湖最高水位变化的成因。

首先，计算 1954～1979 年和 1980～2009 年两个阶段太湖最高水位的平均变化量

$$\Delta = f_2(\bar{P}_2,\ \bar{E}_{02},\ \bar{Z}_{02}) - f_1(\bar{P}_1,\ \bar{E}_{01},\ \bar{Z}_{01}) \tag{3-13}$$

式（3-13）中，Δ表示由气候变化和人类活动共同导致的两个阶段太湖最高水位的平均变化量；f_1、f_2分别表示第一个阶段（1954～1979 年）和第二个阶段（1980～2009 年）年太湖最高水位与前期 30 天累积降雨量、累积水面蒸发量和初始水位之间的函数关系；$\bar{P}_1$，$\bar{E}_{01}$，$\bar{Z}_{01}$ 表示第一阶段 30 天累积降雨量、累积水面蒸发量和初始水位的均值；$\bar{P}_2$，$\bar{E}_{02}$，$\bar{Z}_{02}$ 表示第二阶段 30 天累积降雨量、累积水面蒸发量和初始水位的均值。

其次，在假定下垫面不变的情况下，计算由于气候条件变化（30 日累积降雨量和水面蒸发量）而引起的两个阶段最高水位的平均变化量

$$\Delta_c = \varphi_1(\bar{P}_2,\ \bar{E}_{02}) - \varphi_1(\bar{P}_1,\ \bar{E}_{01}) \tag{3-14}$$

式（3-14）中，Δ_c表示在其他条件不变的情况下，仅由气候因素变化导致的两个阶段太湖最高水位的平均变化量；φ_1、φ_2分别表示前后两个阶段的 φ 函数

$$\varphi = a_1 P_{30} + a_2 E_{30} \tag{3-15}$$

再次，计算气候条件不变情况下，由人类活动引起的两个阶段太湖最高水位平均变化量

$$\Delta_h = \Delta - \Delta_c \tag{3-16}$$

式（3-16）中，Δ_h表示由人类活动而引起的两个阶段太湖最高水位的平均变化量。

最后，计算气候变化和人类活动对两个阶段太湖最高水位平均变化的相对影响程度，计算公式分别为

$$\rho_c = \frac{\Delta_c}{|\Delta_c| + |\Delta_h|} \tag{3-17}$$

$$\rho_h = \frac{\Delta_h}{|\Delta_c| + |\Delta_h|} \tag{3-18}$$

根据上述方法所得到评估结果如表 3-14 所示。根据该表的结果，可以分析不同阶段降雨、蒸发等气候因素变化和人类活动因素对太湖最高水位变化的影响。1956 ~ 1979 年和 1980 ~ 2009 年两个阶段相比，太湖最高水位变化的平均值为 23. 8cm，其中由降雨变化而引起的变化量为 17. 2cm，由人类活动而导致的变化量为 5. 4cm。这说明，无论是人类活动影响因素还是气候变化因素对都趋向于抬高太湖最高水位。两者占太湖年内最高水位总变化量的百分比分别为 76. 1%、23. 9%，因此可以认为降雨和水面蒸发的变化是导致两阶段太湖最高水位发生变化的主导因素，而人类活动的影响相对次要。

表 3-14　太湖最高水位变化评估结果　（水位单位：cm）

时段	P_{30}	E_{30}	Z_0	Z_{max}	Δ	Δ_c	Δ_h	ρ_c（%）	ρ_h（%）
1954 ~ 1979 年	21. 6	8. 6	318. 7	365. 2	23. 8	17. 2	5. 4	76. 1	23. 9
1980 ~ 2009 年	25. 3	7. 0	324. 7	388. 0					

太湖流域是人类活动影响比较剧烈的地区，土地利用变化、水利工程调控等人类活动对产汇流过程和流域河湖蓄泄关系产生了重大影响，因此很容易简单地认为人类活动因素就是导致 20 世纪 80 年代以来太湖最高水位抬高的主导性原因。但是基于长系列数据的统计模型说明，1954 ~ 1979 年和 1980 ~ 2009 年两阶段相比，实际上气候要素的变化（降水量增加、蒸发量减少）才是导致太湖最高水位抬升的主导性因素。这一结果说明，不能因为太湖流域人类活动因素的剧烈性就简单地认为它是导致最高水位抬升的主导性因素。这是因为太湖流域人类活动因素是多样的，对最高水位的影响机制也比较复杂。有的人类活动因素（如流域下垫面类型中城镇建设用地等不透水面积的增加、人工调节入湖水量等）对最高水位具有抬升作用，而有的人类活动因素（地区外排能力增强等）对最高水位具有降低作用。正因为不同人类活动因素相互作用，对太湖最高水位的影响相互抵消，因此人类活动因素对太湖最高水位的影响程度总体上相对于气候变化因素就较小了。

3. 4. 3. 3　不同区域降雨量对太湖最高水位的影响分析

对流域各分区降雨对太湖汛期最高水位的影响进行分析，其目的主要在于说明各分区中哪些分区降雨量变化对太湖最高水位的影响较大。这一问题对于提出具有针对性的区域洪水调控策略具有重要意义。由于浦东区和浦西区与太湖没有直接的水量关系，因此在研究中只针对湖西区、浙西区、武澄锡虞区、阳澄淀泖区、杭嘉湖区、太湖区六个

分区与太湖最高水位的关系进行分析。

从前一节分析发现，前 30 天初始水位对太湖最高水位具有重要影响，因此将前 30 天初始水位也作为一个变量。因此，不同区域降雨量对太湖最高水位影响分析的基本思路就是要建立与六个分区 30 天累积降雨量、太湖前 30 天初始水位与最高水位之间的多元线性回归模型

$$Z_{\max}(t) = \theta + \sum_{i=1}^{i=6} \alpha_i x_i(t) + \alpha_0 z_0(t) \tag{3-19}$$

式（3-19）中，$x_1(t)$、$x_2(t)$……$x_3(t)$ 分别表示某一年份湖西区、浙西区、太湖区、阳澄淀泖区、武澄锡虞区、杭嘉湖区 30 天累积降水量；$z_0(t)$ 指太湖前 30 天初始水位；$Z_{\max}(t)$ 指太湖最高水位；α_i（$i=0, 1, \cdots, 6$）和 θ 分别指相应变量的回归系数和方程回归常数。在将水位和降水的单位全部统一为厘米的前提下，变量 α_i 的物理意义可以理解为在其他因素不变的情况下，某一分区降水深或太湖初始水位每变化 1cm 相应的太湖最高水位的变化量。变量 θ 则可理解为六个分区 30 天累积降水量和太湖前 30 天初始水位所无法解释的太湖最高水位构成，也就是这些变量外的其他相关因素对太湖最高水位的影响量。

对于多元线性回归模型，一般可直接采用最小二乘法获得回归系数。但注意到式（3-19）的因变量中，湖西区等六个分区的降雨量之间存在较强的多重相关性（表 3-15），利用最小二乘法求解式（3-19）将是一个病态问题，所得到回归系数的方差值将很大。同时由于矩阵求逆过程中舍入误差的影响，回归系数估计值有较大的不确定性，从而严重影响回归方程的可信度（王惠文，1999；宋金杰等，2011）。因此，必须寻求其他方法建立回归方程。

表 3-15　各分区 30 天累积降雨量相关系数

分区	湖西区	浙西区	太湖区	阳澄淀泖区	武澄锡虞区	杭嘉湖区
湖西区	1.00	0.65	0.80	0.78	0.95	0.56
浙西区		1.00	0.82	0.75	0.64	0.86
太湖区			1.00	0.95	0.80	0.83
阳澄淀泖区				1.00	0.83	0.79
武澄锡虞区					1.00	0.56
杭嘉湖区						1.00

式（3-19）的求解实质上是一个多维极小优化问题。在目前的众多优化算法中，SCE-UA 算法（the shuffled complex evolution method—university of arizona，洗牌复合型进行算法，SCE-UA）是水文科学领域中应用得较为成功的一种全局优化算法。该算法是段青云提出的一种优秀的全局优化算法（Duan et al.，1993，1994），结合了遗传算法和单纯型算法的优点，具有很强的运算效率和搜索能力。本书采用 SCE-UA 算法求解式（3-19）。

建立分区域降雨、初始水位与太湖最高水位的回归模型时，将 1954～2009 年的 47 年（1978 年、1998 年、2003 年除外）数据分两部分分别建模。第一部分是 1954～1979

年的25个数据（1978年除外），第二部分是1980～2009年的28个数据（1998年、2003年除外）。这样可分析不同历史阶段分区降水量与太湖最高水位之间关系的变化。

利用SCE-UA算法得到的1954～1979年和1980～2009年两个阶段式（3-19）的回归系数如表3-16所示。由于降水和水位变量的单位均已统一为厘米，因此表中初始水位或降雨量对应的回归系数的物理意义是初始水位或分区降雨量每变化1cm，太湖最高水位相应变化多少。两个阶段回归模型模拟值与实测值的对比如图3-32和图3-33所示。

表3-16　不同时段分区降水～太湖最高水位回归模型系数

时段	θ	α_0	α_1	α_2	α_3	α_4	α_5	α_6	Nash系数	平均绝对值误差（cm）
1954～1979年	92.71	0.649	0.640	0.940	0.590	0.590	0.139	0.100	0.93	7.1
1980～2009年	24.47	0.866	0.727	1.653	0.510	0.005	0.005	0.100	0.94	9.2

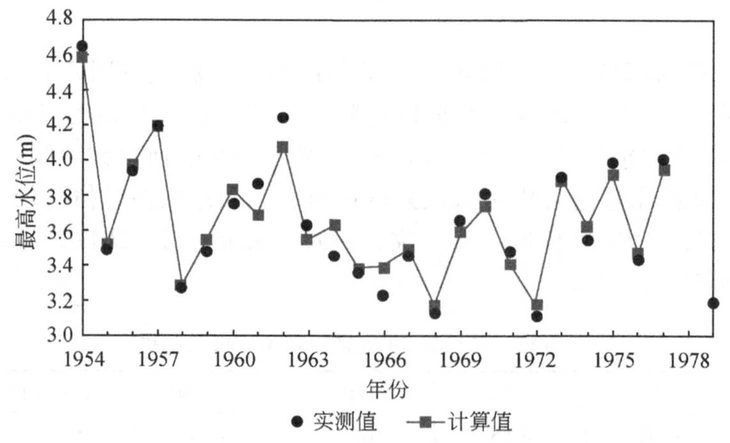

图3-32　1954～1979年太湖最高水位模拟值与实测值

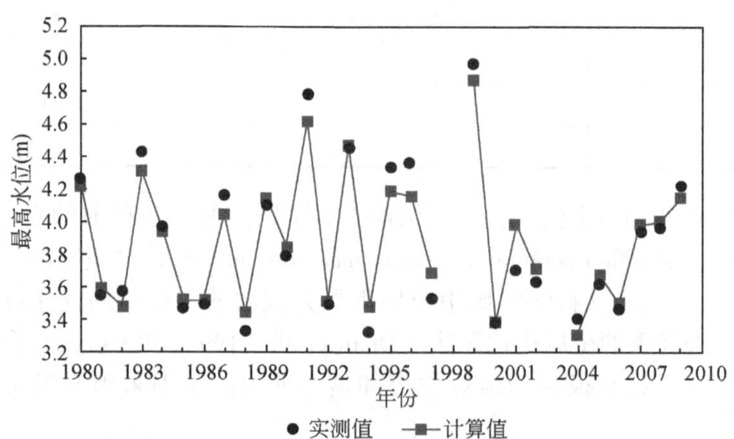

图3-33　1980～2009年太湖最高水位模拟值与实测值

为便于分析比较各分区 30 天累积降水量与太湖最高水位之间的关系，进一步计算了降水量的归一化回归系数，其计算公式为

$$K_j^{\alpha} = \alpha_j / \sum_{j=1}^{j=6} |\alpha_j| \tag{3-20}$$

同时为了分析和比较各分区 30 天累积降水量对太湖最高水位的相对贡献，计算了各阶段各分区 30 天累积降雨量对于太湖最高水位的平均相对贡献率

$$C_j = (\bar{P}_{30})_j \alpha_j / \sum_{j=1}^{6} |(\bar{P}_{30})_j \alpha_j| \tag{3-21}$$

综合表 3-16、表 3-17 和图 3-32、图 3-33，得到以下结论。

表 3-17　太湖流域各分区归一化回归系数

分区	归一化回归系数（%）	
	1954～1979 年	1980～2009 年
湖西区	21.3	24.2
浙西区	31.3	55.1
太湖区	19.7	17.0
阳澄淀泖区	19.7	0.2
武澄锡虞区	4.6	0.2
杭嘉湖区	3.3	3.3

1）两个阶段所建立的回归模型均能够较好模拟太湖最高水位，Nash 效率系数均达到 0.90 以上，平均绝对值误差也较小，这说明初始水位、六个分区 30 天累积面雨量对太湖最高水位具有较强的解释能力，SCE-UA 算法所建立的回归模型是适用的。

2）对于第一阶段（1954～1979 年）而言，从回归系数和归一化回归系数可知，太湖流域最高水位变化对各分区降雨变化的敏感性程度为浙西区>湖西区>太湖区≈阳澄淀泖区>武澄锡虞区>杭嘉湖区（图 3-34）。这说明在这一阶段，在平均意义上，浙西区和湖西区每单位降雨深增加引起太湖最高水位的抬升最多，其次是太湖区、阳澄淀泖区，而武澄锡虞区和杭嘉湖区很小。

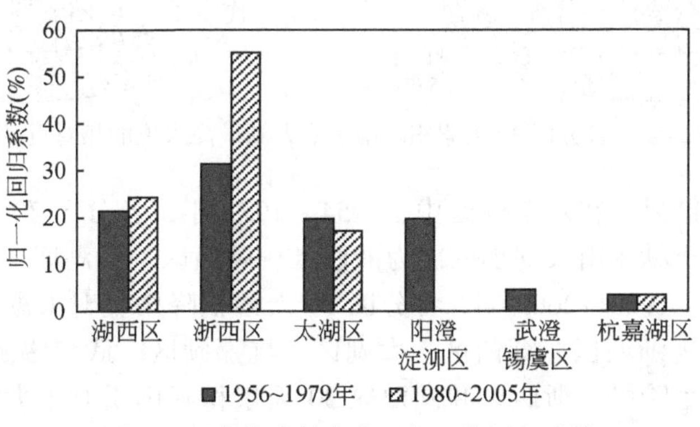

图 3-34　太湖流域各分区归一化回归系数

3）对于第二阶段（1980～2009 年），从回归系数和归一化回归系数可知，太湖流域最高水位变化对各分区降雨变化的敏感性程度为浙西区>湖西区>太湖区>杭嘉湖区>武澄锡虞区≈阳澄淀泖区（图 3-34）。这一结论可以从 1999 年大洪水涨水期太湖水量平衡分析结果得到一定程度的印证。该年涨水期为 6 月 7 日至 7 月 8 日，浙西区入湖水量为 24.25 亿 m^3，湖西区入湖水量为 9.66 亿 m^3，杭嘉湖区为 4.19 亿 m^3，阳澄淀泖区为 3.68 亿 m^3，这一水量来源特征与回归系数的大小关系是一致的。

4）与前一阶段相比，后一阶段太湖最高水位对阳澄淀泖区和武澄锡虞区降雨的敏感性显著减小，太湖区略为减小，杭嘉湖区基本不变，而浙西区、湖西区降雨对太湖最高水位的敏感性增加。这说明这些区域与太湖之间的蓄泄关系已经发生了较大变化，引起了太湖洪水来源的地区组成的调整。其原因一方面在于这些分区下垫面状况发生了较大变化，另一方面在于太湖流域防洪工程的建设及调控方式改变，区域洪水运动路径各异，导致两个阶段在涨水期区域入湖水量差异明显。这一结论对于太湖流域综合治理具有重要参考，但是仍需要根据更详细的流域下垫面资料及实测水量数据作进一步论证。

5）30 天累积降雨量回归系数的变化，导致各分区降雨对于太湖最高水位的相对贡献发生了一定的变化，其实质是太湖洪水的地区来源在两个阶段产生了一定的差异。根据式（3-19），计算了两个阶段各分区 30 天累积降雨量对于太湖最高水位的平均相对贡献率。计算结果如表 3-18 和图 3-35 所示。

表 3-18　各分区 30 天累积降雨量对太湖最高水位的平均相对贡献率　（单位：%）

时段	湖西区	浙西区	太湖区	阳澄淀泖区	武澄锡虞区	杭嘉湖区
1954～1979 年	20.0	35.6	18.8	17.9	4.4	3.2
1980～2009 年	20.6	60.6	15.5	0.1	0.1	3.0

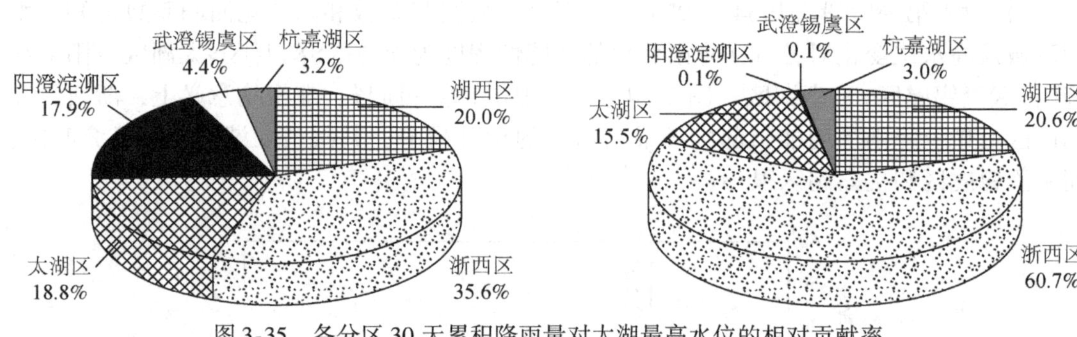

图 3-35　各分区 30 天累积降雨量对太湖最高水位的相对贡献率

根据上述计算结果，在六个分区中，1954～1979 年，各分区 30 天累积降雨量对太湖最高水位的平均贡献率由大到小依次为浙西区、湖西区、太湖区、阳澄淀泖区、武澄锡虞区、杭嘉湖区。1980～2009 年，各分区 30 天累积降雨量对太湖最高水位的平均贡献率由大到小依次为浙西区、湖西区、太湖区、杭嘉湖区、武澄锡虞区、阳澄淀泖区。这说明，无论在哪个阶段，浙西区和湖西区 30 天累积降雨量对于太湖最高水位的相对贡献均占据主导地位，两者相对贡献之和在 1954～1979 年和 1980～2009 两个阶段分别为 55.6%、81.2%，该结论与这两个区域是太湖洪水的主要来源的认识是一致的。这两个分区中，浙西区不仅归一化回归系数较大，而且平均降雨量要明显高于其他区域（图 3-36），因此其相对贡献率更为突出。湖西区和太湖区的相对贡献率在不同阶段比较稳定。

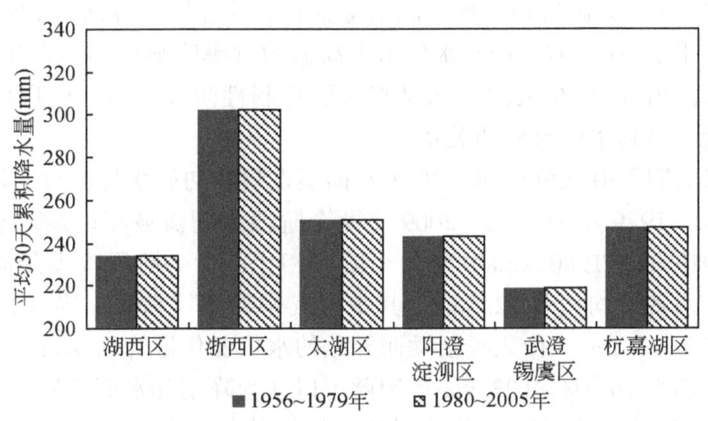

图 3-36　各分区分阶段平均 30 天累积降雨量

两个阶段的相对贡献率发生明显变化的是浙西区、阳澄淀泖区，其中浙西区的相对贡献率有显著上升，阳澄淀泖区的相对贡献率明显下降。这说明，这两个区域在太湖洪水的地区构成中的相对作用发生了显著转变。在两个阶段这两个区域平均 30 天累积降雨量基本不变（图 3-36），相对贡献率变化的原因是回归系数发生了较大变化，这说明洪水过程中太湖洪水的运动路径和地区构成发生了明显改变。

3.5　小　　结

本章从多个方面系统分析了太湖流域水文特征要素及其变化趋势，主要结论包括下列方面。

1）采用 Mann-Kendall 和 Spearman 非参数统计方法，检验了 1954 ~ 2009 年太湖流域及各分区年降雨量、汛期降雨量以及年最大 30 天降雨量序列的长期变化趋势。太湖全流域及各分区年降雨量和汛期降雨量的趋势变化不显著；阳澄淀泖区年最大 30 天降雨量具有显著上升趋势，但全流域和其他分区变化趋势不显著。Morlet 连续小波分析发现太湖流域年降雨量基本经历了“丰—枯—丰—枯”四个演变阶段，其变异点分别为 1963 年、1983 年和 2000 年。流域汛期降雨量的周期振荡和丰枯变异特性与年降水量基本一致。

2）1954 ~ 2009 年，太湖流域梅雨期长度和梅雨空间差异度具有显著增加趋势，而入梅时间、出梅时间、梅雨量、梅雨强度、集中度的变化趋势尚不显著。同时，梅雨特征量存在多时间尺度振荡周期变化，梅雨量显著准周期为 4 年、6 年、14 年和 22 年，梅雨期长度显著准周期为 6 年、11 年、4 年和 20 年。

3）1949 ~ 2009 年，影响太湖流域台风频次和最早影响时间的变化趋势并不显著，而最晚影响时间具有显著的推迟趋势。影响太湖流域的台风频次在时程上经历了“少—

多—少—多”四个演变阶段，其变异点分别为 1958 年、1966 年和 1983 年。台风频次存在 22 年、7 年左右的显著周期；台风最早影响时间准周期分别为 21 年、7 年左右；最晚影响时间存在 4 年、6 年、10 年和 23 年的多种准周期。

4）1956 ~ 2009 年太湖流域汛期最高水位具有上升态势，特别是 1980 年后年最高水位的均值明显高于 1980 年前，最高水位出现高值的频率明显增多。在年内变化规律上，太湖流域最高水位出现前 30 天的时间是涨水的控制性阶段，这一时段的流域累积面雨量和水面蒸发量和最高水位有密切关系。

5）建立了以流域 30 天降雨量、30 天水面蒸发量和初始水位为自变量的多元线性回归模型，对 1954 ~ 1979 年和 1980 ~ 2009 年两个阶段太湖流域年内最高水位均具有较高精度。1954 ~ 1979 年和 1980 ~ 2009 年两个阶段相比，后一阶段太湖最高水位一般要高于前一个阶段，两者平均相差 22. 5cm，其中由气候要素（降雨、蒸发能力）变化而引起的水位变化量为 17. 2cm，由人类活动而导致的水位变化量为 5. 4cm，两者占总水位变化量的百分比分别为 76. 1% 和 23. 9% 。因此可以认为降雨和水面蒸发的变化是导致两阶段太湖最高水位变化的主导因素，而人类活动是相对次要的因素。

6）以太湖流域六个分区 30 天面雨量为自变量，建立了太湖最高水位的多元线性回归模型，分别对 1954 ~ 1979 年和 1980 ~ 2009 年两个阶段太湖流域汛期最高水位进行了模拟分析。在两个阶段，浙西区、湖西区累积降雨量的对太湖最高水位变化的影响始终占据主导地位，是太湖水量来源的主要地区，但 1980 年前后，武澄锡虞区和阳澄淀泖区降雨对太湖最高水位的抬升作用减小，而杭嘉湖降雨对太湖最高水位的相对贡献明显增加，太湖区基本不变。

第 4 章
Chapter 4

太湖流域洪水资源利用识别体系

洪水资源利用是太湖流域水资源利用的主要方式之一，但由于自然地理特征和水资源开发利用特征的复杂性，目前对于该流域洪水资源利用的内涵、外延及基本特征的认识尚不完全清晰。因此，本章将结合“洪水”的一般定义和太湖流域洪水特性，提出太湖流域“洪水资源”的概念；通过分析太湖流域防洪工程调度现状和洪水资源利用在流域水资源综合利用中的地位，论述太湖流域洪水资源利用方式的主要特征；通过剖析洪水资源合理利用的实际需求及影响因素，总结提炼太湖流域洪水资源利用的约束指标。在上述研究的基础上，最终建立太湖流域洪水资源利用识别体系。

科学构建洪水资源利用识别体系是进行太湖流域洪水资源利用评价的基础，也是研究太湖流域洪水资源调控模式的前提。太湖流域洪水资源利用识别体系的提出，既要符合水文水资源科学的基本理论，又要突出太湖流域作为我国南方典型平原河网区域的特色。本章主要研究内容包括：①太湖流域洪水期的划分与洪水判别标准。②太湖流域“洪水资源”的基本定义。③太湖流域洪水资源利用方式。④太湖流域洪水资源利用的约束条件。⑤太湖流域洪水资源利用识别体系。

4.1 太湖流域洪水的判别标准

“洪水资源”这一名词是由“洪水”派生出来的。要系统阐明太湖流域洪水资源的基本定义，就需要全面分析太湖流域洪水的基本特征，明确流域洪水的判别标准。

4.1.1 流域洪水的一般定义

洪水是一种常见重要的水文现象，是指由暴雨、急骤融冰化雪、风暴潮等自然因素引起的江河湖海水量迅速增加或水位迅猛上涨的水流现象。但目前对流域洪水的定义基本是描述性的，未有定量的判别标准。鉴于洪水产生原因不一、类型多样。仅针对“暴雨洪水”进行讨论，这也是我国最主要的洪水类型。“洪水”具有以下特征。

1）洪水过程包括一个河湖水位或流量的完整涨落过程。对于内陆区域而言，因暴雨产生的径流，逐步汇集于河道，形成急剧的涨水过程，洪水期开始。至暴雨停止后一定时间，随着地表径流大部分排出流域，河网流量及水位回落至某一阈值或原有状态，洪水期结束。

2）具有明显的流量或水位峰值是洪水过程的基本标志。当大部分地表径流汇集到出口断面时，流域控制断面的流量或水位增至洪峰流量或洪峰水位。洪峰水位或洪峰流量对于洪水的大小、规模和相伴随的洪水灾害损失具有指示性意义。

3）洪水规模和过程由暴雨总量及强度决定，同时也受到流域初始条件（如前期土壤含水量、河湖初始水位等）的影响。在暴雨条件相当的情况下，流域洪水过程及造成的洪涝灾害损失随初始条件的不同而有所不同。

4.1.2 太湖流域洪水的主要特征

太湖流域洪水与其他流域相比，具有一定的特殊性。因此需要结合太湖流域水文气候、地理地貌特征以及水资源利用情况进一步总结太湖流域洪水的主要特征，方可提出太湖流域洪水的判别标准与方法。

1）太湖流域年内流域洪水过程具有较长的时间持续性，流域“洪水期”较长。在梅雨天气形势控制下，太湖流域容易形成持续性降雨过程。太湖流域梅雨期多年平均长度为 23 天（1954～2009 年），有时甚至超过两个月（1954 年为 62 天，如图 4-1 所示）。即使出梅后，仍可能出现长历时降水过程。据统计，1956～2009 年太湖流域汛期日降水量大于 10mm 的天数平均为 23 天。流域持续性降雨必然伴随着较长的涨水过程。表 4-1 是太湖流域历史典型洪水水情特征统计。太湖流域洪水造峰历时一般为 15 天至 3 个月。1991 年和 1999 年，太湖流域洪水造峰历时分别为 55 天和 44 天。

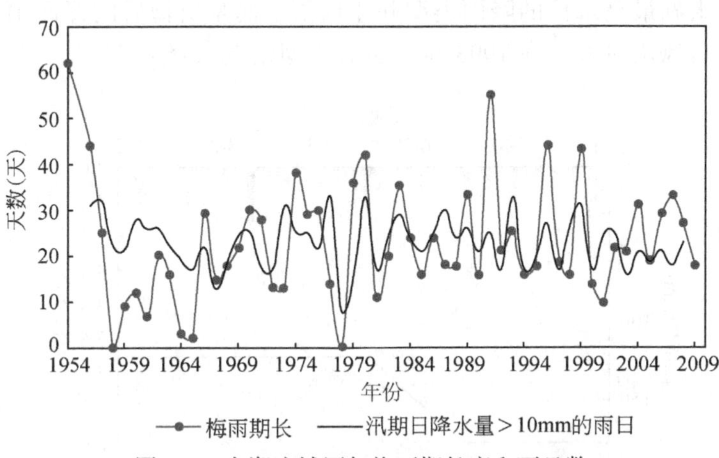

图 4-1　太湖流域历年梅雨期长度和雨日数

表 4-1　太湖流域典型洪水水情特征统计

年份	梅雨期（月–日）	涨水时间（月–日）	起涨水位（m）	太湖最高水位（m）	汛期超警戒水位天数（天）	雨型
1954	6-1～8-1	6-1～8-1	3.93	4.65	156	梅雨
1956	6-5～7-19	9-16～9-29	3.50	3.93	99	梅雨+台风雨
1957	6-14～7-9	6-24～7-11	3.08	4.20	68	梅雨
1975	6-17～7-16	6-21～7-15	2.94	3.99	52	梅雨
1980	6-9～7-21	6-9～9-2	2.69	4.25	64	梅雨+静止峰
1983	6-19～7-24	6-19～7-24	3.19	4.43	59	梅雨
1987	6-21～7-9	6-30～8-1	3.10	4.15	85	梅雨+台风雨
1991	5-19～7-13	5-19～7-13	3.29	4.79	102	梅雨
1993	6-14～7-9	6-14～7-9	3.16	4.51	88	梅雨+台风雨+静止锋
1995	6-20～7-7	6-20～7-7	3.22	4.32	40	梅雨
1996	6-2～7-16	6-2～7-16	2.85	4.39	65	梅雨
1999	6-7～7-20	6-7～7-20	3.08	4.97	113	梅雨
2009	6-20～7-8	6-19～8-15	3.14	4.21	117	台风雨

另一方面，地形地貌和水系结构决定了太湖流域行洪能力相对较小，故洪水消落比较缓慢。太湖流域东部为低洼平原，地势平坦，流速较小，汛期流速仅为0.3～0.5m/s。同时主要洪涝通道的外排能力还受到外江潮汐影响，加之洪水消退过程中，经常伴随降雨过程，因此，涨水期过后的洪水消退时段也较长。

2）太湖流域年内可能出现两次甚至多次洪水过程。梅雨天气是形成太湖流域暴雨洪水的主导性天气系统，但是梅雨期结束后的江淮静止锋和台风对于太湖流域暴雨洪水也有非常重要的影响。在有的年份，台风或江淮静止锋对太湖流域汛情的影响要超过梅雨，成为主要致洪天气系统。以1977年为例（图4-2），该年梅雨期为6月17日至7月1日，形成年内太湖最高水位的降雨类型并非梅雨，而是出梅后的锋面雨以及8月下旬、9月上旬的两次台风雨过程。在1993年，也有类似情况（图4-3）。

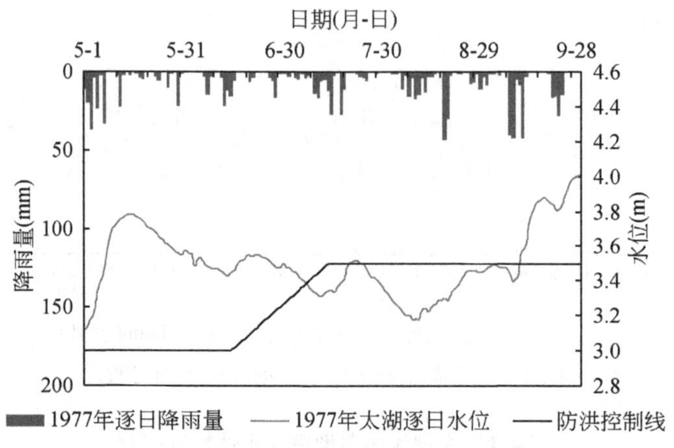

图4-2　1977年太湖流域汛期逐日降雨量和太湖逐日水位图

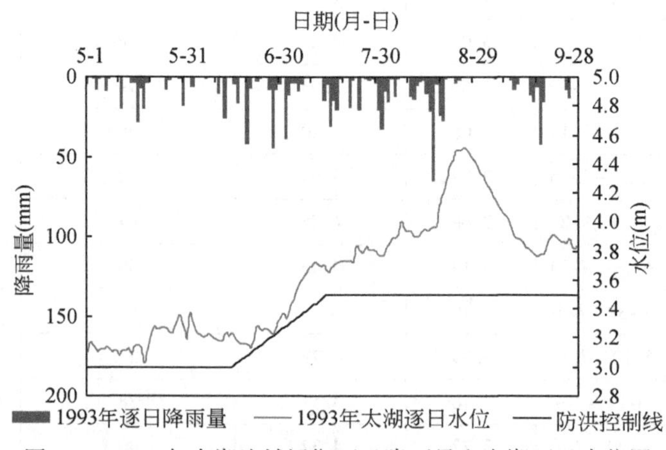

图4-3　1993年太湖流域汛期逐日降雨量和太湖逐日水位图

由于多种天气类型的共同作用，太湖流域年内可能发生一次以上的洪水过程。有时梅雨期洪水尚未全部消退，由后期台风等天气系统导致的暴雨再次产生，又形成新的洪水过程，如1987年洪水过程就是梅雨型洪水与两次台风雨洪水的叠加（图4-4），从而导致该年洪水期持续时间特别长。太湖流域年内洪水过程的这一复杂性，是洪水资源评价和利用中需要充分考虑的。

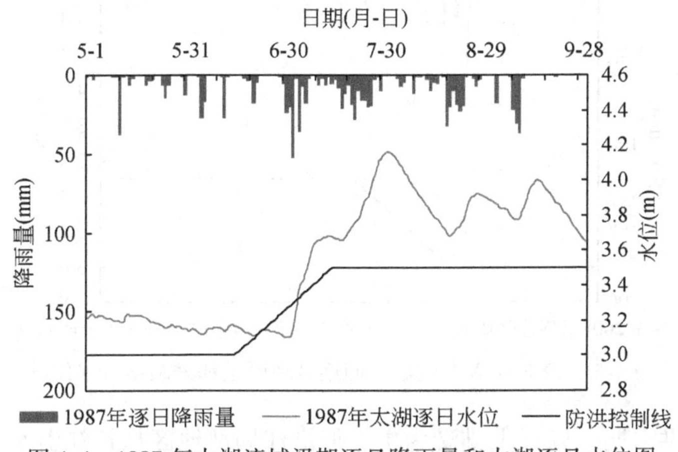

图 4-4　1987 年太湖流域汛期逐日降雨量和太湖逐日水位图

3）太湖水位或区域代表性水位是流域洪水情势的主要指标性因子。太湖流域是以太湖为中心的湖泊河网系统。上游主要是西部山丘区独立水系，下游主要是平原河网水系。太湖水量主要由来自西部山丘区苕溪和南溪水系，洪水经沿湖河汊注入太湖，通过太湖东北部以太浦河、望虞河为主河道外排。平原区大部分水量经黄浦江及沿长江的各条河港流入长江。作为流域水量调节的中心，太湖水位对流域水情具有很强的代表性。太湖水位的高低和持续时间，直接表征了流域洪水的规模及可能的洪涝灾害，是全流域洪水形势的指示性因子。太湖高水位增加了浙西、湖西水系洪水外排的难度，直接影响太湖环湖地区及部分平原区防洪安全。太湖水位还影响到下游平原区排涝。太湖水位较高时，通过下游太浦河和望虞河等骨干性河道外排水量增加，必然抬高地区河网水位，从而影响到地区排涝。一般情况下，当太湖水位达到4.0m，流域汛情开始紧张，流域内局部发生洪涝灾害。

4）太湖流域洪水是由暴雨这一自然因素形成的，但流域洪水过程已经受到水利工程调节等人类活动的明显影响。尽管太湖流域洪水形成的直接原因是流域性或局部暴雨，但是人类活动已对太湖流域洪水过程施加了显著影响。太湖流域洪水是自然因素和人类活动共同影响的产物。人类活动因素不断改变了太湖流域下垫面状况，导致流域洪水的产生和形成机制发生了变化。同时，目前流域防洪工程已初具规模，已对洪水的运动过程和水量构成产生了直接影响。

首先，人类活动直接影响到洪水期太湖水位过程。沿江引排水工程、地区抽排水设施使太湖流域汛期河湖初始水位、洪水的消退过程受到明显的人为调控，对太湖最高水位及出现时间也有影响。这一特点对于中小洪水影响尤其明显，如2008 年太湖流域洪水过程（图 4-5）。

同时，人类活动直接影响了洪水期流域水量构成。太湖流域与长江水系和钱塘江水系存在频繁的水量交换关系。由于引排水工程的存在和流域水情的复杂性，洪水期本地洪水径流与过境水量相互影响，构成了完整的流域洪水运动过程。有的时段即使从总体

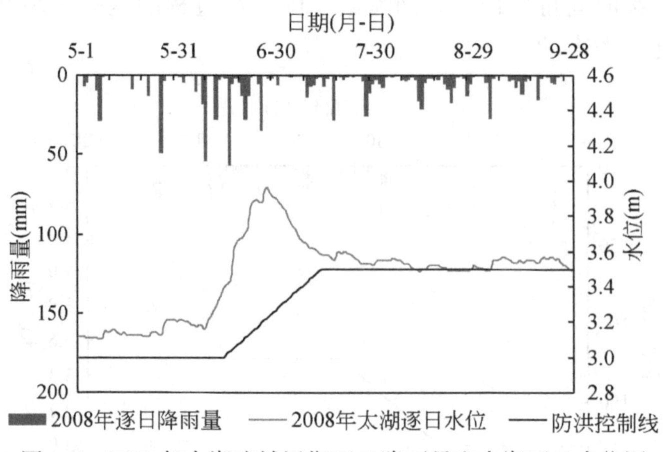

图 4-5　2008 年太湖流域汛期逐日降雨量和太湖逐日水位图

上看，流域处于洪水期，以行洪排涝为主，但沿江局部地区从长江引水。如 1999 年 6 月 1 日至 8 月 31 日太湖流域大洪水期，江苏省沿江地区仍从长江引水达 4. 34 亿 m^3。又如，2001 年 6 月，太湖水位基本都在防洪控制水位以上，存在明显的涨洪过程（图 4-6），但在该月，湖西区、阳澄淀泖区、武澄锡虞区引水工程共从外流域调水达 5. 93 亿 m^3。这一事实充分反映了人类活动影响导致太湖流域洪水的水量构成更加复杂，使流域洪水内涵的分析与表征更为困难。

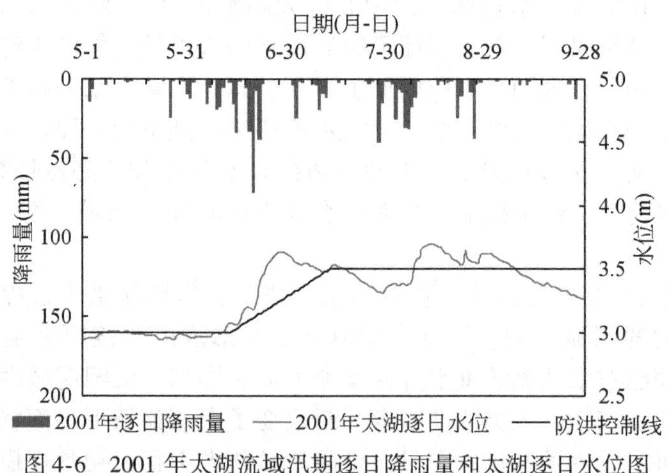

图 4-6　2001 年太湖流域汛期逐日降雨量和太湖逐日水位图

人类活动也改变了太湖流域洪水运动的路径和河湖蓄泄关系。由于水利工程调度的影响，使得各分区之间的水量转换关系和洪水运动路径极为复杂。在洪水期，流域各分区与太湖之间、各分区之间，以及有关分区与长江之间的水量交换已不是一种单向的流动，而是一种双向或多向交换关系。如太湖湖区与阳澄淀泖区之间，在汛期主要是洪水由湖区向阳澄淀泖区排泄，但与此同时阳澄淀泖区也有部分洪水通过环湖口门汇入太湖。这种影响，使得分析区域洪水资源利用比较困难。

4.1.3　太湖流域洪水的判别标准

太湖流域洪水判别标准的提出将为流域洪水资源利用识别体系的建立和洪水期水量平衡分析提供依据。前文已经指出，流域洪水过程包括洪峰流量或洪峰水位在内的一个明显的水位涨落过程。鉴于太湖流域洪水的基本特征，建立太湖流域洪水的判别标准需要阐明以下两个关键问题：①什么情况下可认为太湖流域发生了明显的洪水过程；②一次洪水过程起止时间的确定依据是什么，即在什么情况下可认为一次洪水过程已开始和已基本结束。

对于第一个关键问题，本研究认为由于太湖水位对于流域防洪形势具有指示性作用，因此可将太湖调洪高水位（h_m）作为基本判别标准。只有当洪水期太湖调洪高水位和地区代表站的调洪高水位显著超过了相应时期的防洪控制水位，才能认为发生了明显的流域性洪水过程。如果调洪高水位未显著超过相应阶段的防洪控制水位，则认为没有发生流域性洪水。这一判断原则，是符合流域洪水必须满足“高水位”这一基本特征的，也是符合太湖流域水资源利用的实际情况的。根据这一原则，在若干年份或汛期某些时段，即使次降雨过程导致太湖水位出现了明显的涨落过程，但是由于涨落过程中太湖调洪高水位并未明显超过防洪控制水位，因此可认为太湖流域并未发生明显的洪水过程（如 2005 年、2006 年）。太湖调洪高水位不超过防洪控制水位的原因有两个：一方面，前期降雨总量和降雨强度较小，产生的地表径流量较少；另一方面，由于太湖或地区初始水位较低，流域初始土壤含水量也较低，流域调蓄能力较大。但从太湖流域历史上主要洪水过程（如 1983 年、1984 年等）来看，降雨总量是决定性条件。洪水过程能否发生的控制性因素是降雨总量和降雨强度的大小，而初始条件相对来说次要一些。当然，初始条件也会对洪水的持续时间及洪水规模产生一定影响，但不会有决定性的影响。

而第二个关键问题，就是要明确流域洪水期开始、基本结束的具体条件。太湖水位仍然是判断流域洪水期开始或结束的指示性因素，但不能采用“最高水位”作为判断条件，而应当根据太湖起涨水位、消落水位和同期控制水位的关系来进行判断。

根据《中国水利大百科全书》（崔宗培，1991），洪水的开始时间对应着流域代表性水位明显上涨的时刻。这一时刻的流域代表性水位可能要低于同期的防洪控制水位，但只要明显的上涨过程开始，就意味着洪水期的开始。采取这一方式判断太湖流域洪水开始的合理性在于：太湖水位的明显上涨必然对应着流域主要次降雨过程的开始，而流域主要次降雨过程是洪水的成因。尽管降雨过程的开始时刻一般要早于水位明显上涨过程，对于太湖流域而言，由于流域面积不是特别大，因此主要降雨过程的开始时间和太湖水位的明显上涨时间比较同步。综合这些认识，可将某一次洪水过程相对应的降雨开始时间作为太湖流域洪水期开始时间（用符号 t_s 表示）。

而洪水期的基本结束时间必然发生在主要次降雨过程已基本结束，流域代表性水位消落的过程中。但是代表性水位具体消落到哪一个阈值，目前没有固定的判别标准。一般而言，可以提出两种标准：一种标准是流域代表性水位已经完全消落到起涨水位；另一种标准是流域代表性水位已经稳定消落到当前防洪控制水位以下。根据太湖的历史洪水过程来看，第二种判断标准更符合流域实际情况。因为由于人为调控因素的影响以及后期次降雨过程的重新开始，即使流域主要次降雨过程已明显结束，但本次洪水过程中太湖水位在很多情况下均不能消落至起涨水位。以 1969 年为例（图 4-7），该年洪水过程的起始时间为 6 月 30 日，与次洪对应的次降雨开始时间为 6 月 27 日，太湖起涨水位 h_s=2.77m，但在次降雨结束后的消落过程中，到 8 月上旬太湖水位稳定低于该阶段防洪控制水位后，长时间稳定在 3.2m 左右，一直未消落到 h_s。1957 年、1960 年、1970 年、1987 年和 1993 年也有类似现象。

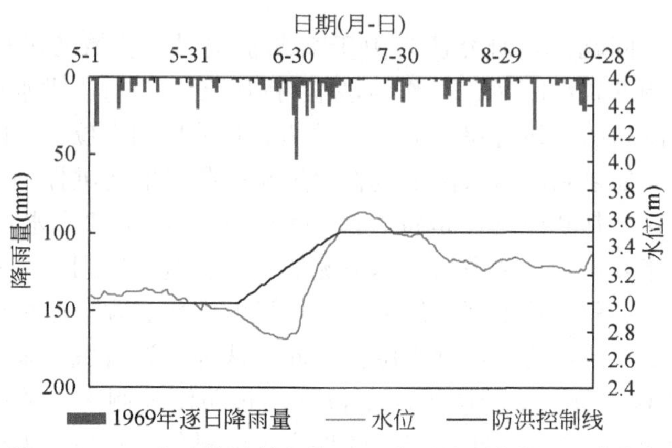

图 4-7　1969 年太湖流域汛期逐日降雨量和太湖逐日水位图

采用涨落过程中太湖水位稳定低于当前阶段太湖防洪控制水位的时间作为次洪过程结束的标志对于太湖流域是比较恰当的。仍以 1969 年为例，根据图 4-7，将该年太湖水位稳定低于防洪控制水位（该阶段 h_c=3.5m）的时间 8 月 9 日作为洪水期结束的时间，充分考虑了对应的主要次降雨过程的连续性和完整性。从该图可知，次洪过程中流域主要降雨过程发生在 6 月 27 日至 7 月 19 日，因此将 8 月 9 日作为洪水期结束日期，将流域主要降雨过程完全包括在内。同时，8 月 9 日太湖水位已稳定低于该阶段防洪控制水位，充分考虑了太湖防洪控制水位在流域洪水管理和调度中指示作用。当太湖水位消落至防洪控制水位，已经达到了防御后期标准内洪水的要求。所以，将太湖水位稳定降落到当前阶段防洪控制水位的时间作为流域次洪过程基本结束的标志是合理的。

根据上述讨论，对照流域汛期逐日降雨过程和太湖逐日水位过程，可对 1956～2009 年太湖流域洪水过程进行总结。具体情况如表 4-2 所示，相关的统计指标包括几类：①时间指标，即洪水期和主要次降雨的开始、结束时间，涨水历时，退水历时。涨水历时是指太湖水位由起始水位到达最高水位所经历的时间；退水历时是指太湖水位由最高水位消退到当前阶段防洪控制水位所经历的时间。②降雨指标，即洪水期和主要次降雨过程的降雨总量和降雨强度。③水位指标，即起涨水位、最高水位及涨水、退水速率。其中，涨水速率是指最高水位、起涨水位之差与涨水历时之比；退水速率是指最高水位、防洪控制水位之差与退水历时之比。

表 4-2　1956 ~ 2009 年太湖流域洪水基本情况总结

年份	t_s	t_e	t_p	t_m	d_f	d_p	d_a	d_r	sp_1	sp_2	h_s	h_m	h_e	Δh	I_1	I_2	I_a	I_r
1956	5-6	11-8	9-24	10-2	187	142	150	37	1 024	995	2.70	3.94	3.51	1.24	5.48	7.01	0.83	1.17
1957	4-17	9-8	7-8	7-13	145	83	88	57	890	676	2.82	4.20	3.49	1.39	6.14	8.15	1.58	1.25
1960	3-1	7-13	6-21	6-29	135	113	121	14	634	599	2.79	3.65	3.41	0.86	4.69	5.30	0.71	1.76
	7-24	10-16	9-13	9-17	85	52	56	29	423	397	3.26	3.76	3.50	0.50	4.98	7.64	0.89	0.83
1961	8-25	11-30	10-5	10-13	98	42	50	48	487	375	2.91	3.87	3.50	0.96	4.97	8.93	1.92	0.77
1962	8-6	12-5	9-12	9-24	122	38	50	72	632	469	3.25	4.24	3.50	0.99	5.18	12.34	1.98	1.03
1969	6-28	8-1	7-17	7-23	35	20	26	9	249	235	2.75	3.65	3.50	0.90	7.11	11.76	3.45	1.69
1970	6-18	8-7	7-17	7-21	51	30	34	17	347	307	2.99	3.80	3.51	0.81	6.81	10.24	2.37	1.72
1973	5-6	7-21	6-28	7-1	77	54	57	20	406	364	3.23	3.89	3.48	0.66	5.28	6.74	1.16	2.05
1975	6-16	8-17	7-15	7-16	63	30	31	32	477	346	2.94	3.99	3.52	1.05	7.57	11.52	3.39	1.49
1977	8-8	10-27	9-26	10-1	81	50	55	26	443	415	3.20	4.00	3.50	0.80	5.47	8.31	1.46	1.88
	4-23	7-26	5-13	5-16	95	21	24	71	556	251	2.92	3.78	3.49	0.86	5.85	11.93	3.58	0.41
1980	6-9	10-28	8-30	9-2	142	83	86	56	881	714	2.69	4.25	3.51	1.56	6.20	8.60	1.81	1.32
1983	4-6	8-13	7-17	7-18	130	103	104	26	736	718	2.66	4.41	3.51	1.75	5.66	6.97	1.68	3.48
	9-1	11-26	10-22	10-25	87	52	55	32	483	468	3.20	4.14	3.50	0.95	5.56	9.00	1.72	1.97
1984	5-30	7-31	6-14	6-23	63	16	25	38	418	221	3.03	3.96	3.47	0.92	6.63	13.83	3.70	1.28
1987	7-2	10-1	7-28	8-1	92	27	31	61	656	352	3.11	4.16	3.62	1.06	7.13	13.04	3.41	0.89
1989	7-1	10-25	9-16	9-13	117	78	75	42	616	579	3.27	4.11	3.50	0.84	5.27	7.42	1.12	1.45
1990	8-4	10-11	9-15	9-15	69	43	43	26	400	378	2.90	3.81	3.50	0.91	5.80	8.80	2.12	1.19
1991	5-19	9-1	7-14	7-16	106	57	59	47	803	653	3.29	4.79	3.53	1.50	7.58	11.46	2.54	2.68
1993	6-12	10-1	8-21	8-26	112	71	76	36	786	655	3.18	4.51	3.50	1.33	7.02	9.22	1.75	2.81
1995	6-18	8-4	7-6	7-10	48	19	23	25	357	324	3.21	4.32	3.49	1.11	7.45	17.05	4.83	3.32
1996	6-15	9-4	7-18	7-20	82	34	36	46	581	448	2.99	4.38	3.51	1.39	7.09	13.17	3.86	1.89
1999	6-7	10-1	6-30	7-9	117	24	33	84	1 070	619	3.08	5.07	3.50	1.99	9.15	25.79	6.03	1.87
2007	8-28	11-7	10-8	10-14	72	42	48	24	325	311	3.33	3.93	3.51	0.60	4.52	7.40	1.25	1.75
2008	5-27	7-28	6-27	6-28	63	32	33	30	419	332	3.13	3.96	3.53	0.83	6.66	10.38	2.52	1.43
2009	6-20	9-13	8-11	8-16	86	53	58	28	579	523	3.14	4.23	3.51	1.09	6.73	9.86	1.88	2.57

注：t_s—洪水期开始日期（月－日）；t_e—洪水期结束日期（月－日）；t_p—次降雨结束日期（月－日）；t_m—最高水位出现日期（月－日）；d_f—洪水期天数（天）；d_p—次降雨结束日期与洪水期起始日期之间的天数（天）；d_a—涨水期天数（天）；d_r—退水天数（天）；sp_1—洪水期降雨总量（mm）；sp_2—次降雨总量（mm）；h_s—太湖起涨水位（m）；h_m—洪水期太湖最高水位（m）；h_e—太湖消退水位（m）；Δh—涨水深（m）；I_1—洪水期降雨强度（mm/d）；I_2—主要次降雨强度（mm/d）；I_a—涨水速率（cm/d）；I_r—退水速率（mm/d）

通过这三类指标可对太湖流域历年“洪水”判别结果进行检验。根据表 4-2，1956 ~ 2009 年，有 30 个年份流域未发生明显洪水过程，而另外的 24 个年份中发生了或大或小的洪水。其中发生一次洪水的有 21 年，发生两次明显洪水的有 3 年（分别是 1960 年、1977 年和 1983 年）。在流域发生了明显洪水过程的 24 个年份中，除次洪过程中最高水位 h_m 明显高于当前阶段的防洪控制水位和多年平均最高水位外，其共同的特点如下。

1）多数年份，主要次降雨过程中降雨总量较大，是整个洪水期降雨总量的主要组成部分［图 4-8（a）］。据统计，次降雨过程降雨总量占洪水期降雨总量的比例平均为 82.8%。最高水位出现在主要次降雨过程基本结束后，两者的时间相隔较近［图 4-8（b）］，体现了太湖流域长历时、高强度降雨对洪水过程的决定性作用。

2）多数年份，主要次降雨过程日均降雨量远远高于汛期平均降雨强度，充分反映了导致流域洪水过程降雨的高强度特征。这一特征由图 4-8（c）得到了清晰的体现，在多个年份，主要次降雨过程日均降雨量要超过整个汛期降雨强度的数倍以上（如 1995 年、1999 年）。在次降雨过程一定的情况下，降雨强度较大更容易产生太湖高水位。如 1991 年和 1993 年两个年份次降雨总量比较接近，太湖起涨水位也较接近，但是 1991 年次降雨过程中降雨强度要高于 1993 年，因此该年份太湖最高水位要更高。

3）汛期降雨总量一般较多年平均情况偏丰［图 4-8（d）］。这一情况与人们对于流域丰水年发生洪水的可能性更大的惯常看法也是比较一致的。有若干年份，虽然汛期降雨总量较小，但是由于主要次降雨过程的降雨强度很大（如 1969 年、1971 年），因此同样形成了流域洪水过程。

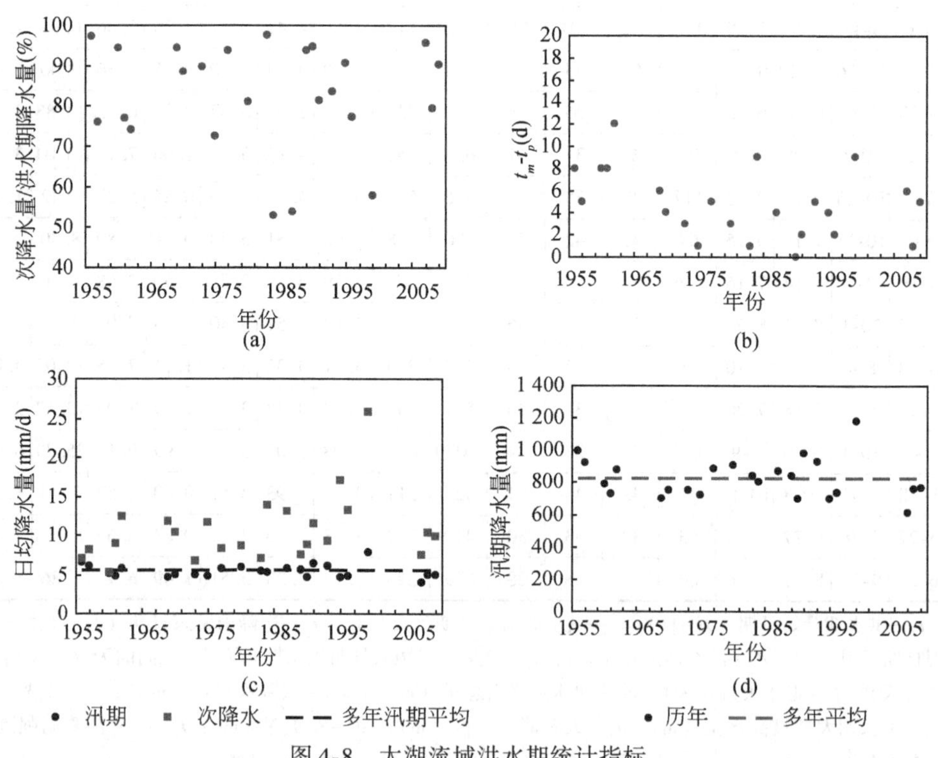

图 4-8　太湖流域洪水期统计指标

上述分析说明，本书所提出的关于太湖流域洪水的判别标准是符合流域实际情况的。另外，涨水深、涨水速率、退水速率等相关指标还刻画了太湖流域洪水特征、规模。如涨水速率超过退水速率的现象在一定程度上反映了太湖流域洪水外排能力不足，洪水易涨难消的特征。因此即使太湖水位开始下降，但仍将在较长时间内处于高水位状态。

需要注意的是，上述判断标准主要是针对全流域而言。太湖汛期最高水位虽然可以反映全流域的洪水情势，但是由于流域各个分区下垫面和降雨的不均匀性，因此局部地区的代表性水位过程可能与太湖洪水过程并不完全同步。因此，在分析局部地区洪水情况的时候，还应当根据地区降雨和代表性水位过程，对历年洪水过程进行判断。

4.2　太湖流域洪水资源的定义与构成

4.2.1　洪水资源的基本定义

流域洪水资源利用的基本目标就是要依托防洪工程体系，对洪水径流进行有效控制、调节和蓄集，使之能够转化为可供人类主动利用的水资源量。界定太湖流域“洪水资源”的基本概念就是要合理阐明流域洪水资源利用的对象。但长期以来，国内外主要从防洪的角度对洪水进行定义，而较少从资源利用的角度对洪水进行定义，近十年来有学者陆续提出了若干“洪水资源”的定义，但人们对“洪水资源”及“洪水资源利用”的认识仍相当混乱。

建立太湖流域“洪水资源”的基本定义必须考虑两个方面的因素。

1）必须遵循“地表水资源”的基本概念，阐明“洪水资源”与地表水资源之间的相互关系。我国河川径流的大部分以洪水径流的形式出现，洪水无疑是地表水资源的重要组成部分。在我国地表水资源评价体系中，已将洪水纳入地表水资源评价的范畴——“地表水资源指地表水中可以逐年更新的淡水量，通常以还原后的天然河川径流量表示其数量”（中国水利大百科全书，2003）。脱离地表水资源评价体系来定义洪水资源是不科学的。

2）必须充分考虑到太湖流域不是一个封闭流域，而是在强烈的人类活动影响下与外流域（特别是长江流域）之间存在大规模的水量转换关系，流域地表径流的构成除本流域产水外还包括一定的外流域过境水量，即使在洪水期也如此。因此，如果将太湖流域洪水资源量定义为“天然”，则实际上将太湖流域洪水资源的范畴定义得过于狭窄，同时也缩窄了长久以来太湖流域固有的洪水资源利用方式。

综合上述两个方面的原则和因素，同时结合前一节关于太湖流域“洪水”的判别标准，太湖流域洪水资源的基本定义可表述为“洪水期内由太湖流域内降水和过境水形成的地表河湖径流”。洪水资源是太湖流域地表水资源的重要组成部分。

4.2.2　洪水资源的构成

在太湖流域洪水资源基本定义的基础上，可根据太湖流域水量平衡关系（图 4-9），进一步对流域洪水资源的水量构成进行阐述。由于跨流域调水等人类活动的影响，太湖流域是一个开放系统，洪水期流域内部的水量平衡过程和各要素之间的关系比较复杂。但是对于整个流域系统而言，洪水期流域水量平衡过程包括以下几个基本环节和相应要素。

1）水量输入环节：主要指流域地表径流的产生和形成过程，涉及的水文要素包括

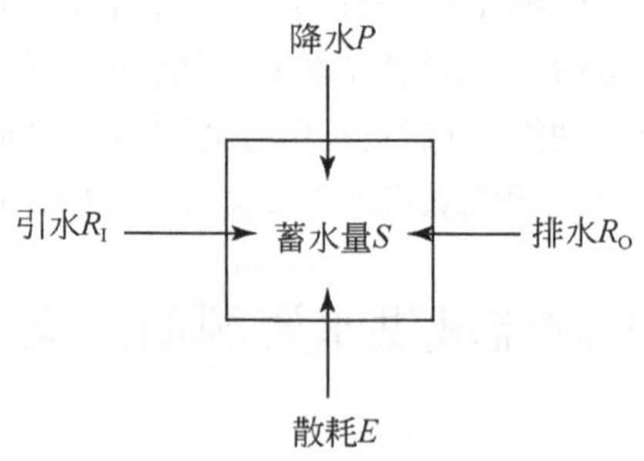

图 4-9　太湖流域洪水期水量平衡关系简图

洪水期降雨量和入境水量。降雨和潜在蒸散发经流域下垫面共同作用所形成的天然径流是太湖流域洪水资源的基本水量构成。入境水量是指沿江引水量和钱塘江水利工程引水量。在洪水期，虽然全流域水利工程以外排洪水为主，但是在局部地区或局部时段仍可能以引水方式产生入境水量。太湖流域洪水期水文情势是在太湖本地径流和外流域入境水量的共同作用下形成的，而且两者通常难以区分。同时，洪水期太湖流域入境水量是由流域及分区域既定的洪水调度方式决定的。尽管在洪水期，流域引水规模并不特别大，但在分析和计算洪水资源量的水量构成时，有必要对本地洪水径流和入境水量进行共同分析，这样可以更准确的计算流域的洪水调蓄量。

2）水量输出环节：是指流域水量向外界的输送过程，涉及的水文要素是洪水期流域出境水量和消耗量。出境水量包括洪水期望虞河、黄浦江以及其他河道的外排洪水量。消耗量是指由自然因素和人为因素导致的水量损失和消耗，其中流域蒸散发是水量消耗的主要形式和组成部分。根据有关资料，多年平均情况下，太湖流域汛期平均水面蒸发量约为533mm，在太湖达到最高水位前30天的平均水面蒸发能力为87mm。因此蒸散发在洪水期水量平衡中的作用不能忽视。在洪水期流域水量平衡分析中，一部分洪水消耗量在产汇流环节中直接考虑，另一部分消耗量在用水环节中予以考虑（如生活、工业用水消耗量）。

3）状态变化环节：是指流域水文状态的变化过程，其中涉及的水文要素是流域蓄水量①和水位。从水量平衡来看，采用流域蓄水量作为状态变量可以很方便与其他水文要素进行直接分析。另一方面，尽管理论上太湖水位和流域蓄水量虽然不是严格的一一对应关系，但两者基本上是同步变化的，特别是在大洪水情况下，太湖流域蓄水量可由太湖水位反映。因此，即可以直接用流域蓄水量来表征状态变化，也可以通过太湖水位来表征流域水量平衡中的状态变化。

太湖流域蓄水量主要由水库蓄水量、太湖蓄水量和流域圩外河网蓄水量三个部分构成。其中流域水库调蓄容量相对较小，因此太湖蓄水量和圩外河网蓄水量是流域蓄水量的最主要部分。

用符号 S 表示流域蓄水量，用 t_0 表示洪水期开始时刻，用 $S(t_0)$ 表示流域初始蓄水

① 流域蓄水量是指流域地表水体蓄水量或河网湖库蓄水量，下同。

量，则根据以上论述，可以建立洪水期任意时刻 t 、t_0 之间的水量平衡关系

$$\Delta S(t)=S(t)-S(t_0)=P(t)-E(t)+R_{\mathrm{I}}(t)-R_{\mathrm{O}}(t) \tag{4-1}$$

式中，$P(t)$ 、$E(t)$ 分别表示从 t_0 至 t 时刻的流域降雨量和消耗量；$R_{\mathrm{I}}(t)$ 、$R_{\mathrm{O}}(t)$ 分别表示从 t_0 至 t 时刻的全流域入境和出境径流量。洪水期耗水量 $E(t)$ 可分为两部分：一部分是在产流过程中的自然消耗量（主要是指天然植被的蒸散发），这一部分用 $E_1(t)$ 表示；另一部分是在生产生活用水过程中的人工消耗量（包括工农业和生活用水消耗量），这一部分用 $E_2(t)$ 表示。

$E(t)$ 不能直接观测，但 $P(t)-E_1(t)$ 近似等于产流量，可利用降雨径流关系进行计算，而 $E_2(t)$ 可根据流域水资源利用调查数据估计。因此，对于式（4-1）描述的水量平衡关系可进一步简化为

$$R(t)=f(S_0,\ P,\ E_0)=P(t)-E_1(t) \tag{4-2}$$

$$\Delta S(t)=R(t)+R_{\mathrm{I}}(t)-R_{\mathrm{O}}(t)-E_2(t) \tag{4-3}$$

式中，$f(S_0,\ P,\ E_0)$ 表示受流域前期蓄水量影响的降雨—产流关系；E_0 表示流域潜在蒸散发。从水资源评价的角度来看，式（4-3）右端前两项的物理意义即为流域本地和入境洪水径流量，两者之和为流域总的洪水径流量，这是表征太湖流域洪水资源数量的基本指标。而 $\Delta S(t)$ 表示对次洪径流的调蓄量，这是表示流域洪水资源利用情况的基本指标。

以上建立了洪水期各要素水量平衡关系的一般形式。下面从洪水调节过程三个不同时段对流域水量平衡关系作进一步分析，以便全面说明太湖流域洪水资源的水量构成及洪水资源利用的实质。

第一个时段是涨水期阶段：这是由洪水期开始到流域蓄水量达到最大值的阶段。随着洪水期太湖水位 $h(t)$ 逐渐达到最大值，流域蓄水量 $S(t)$ 也达到最大值。这一阶段的基本特征是：随着洪水期主要次降雨进程，太湖产流速率 $Q(t)$ 经历了一个快速增加而逐步衰减的过程［$Q(t)=\mathrm{d}R(t)/\mathrm{d}t$］。当 $Q(t)$ 超过流域外排流量 $Q_{\mathrm{O}}(t)$ 时［$Q_{\mathrm{O}}(t)=\mathrm{d}R_{\mathrm{O}}(t)/\mathrm{d}t$］，太湖及地区水位不断上涨，流域蓄水量 $S(t)$ 不断增加。随着降雨强度逐渐减少，产流速率 $Q(t)$ 随之下降，当其与流域外排流量 $Q_{\mathrm{O}}(t)$ 相等时，太湖流域蓄水量和太湖水位达到最大值。因此，在涨水阶段太湖流域水量平衡关系为

$$\begin{aligned}&\Delta S(t_{\mathrm{m}})=R(t_{\mathrm{m}})+R_{\mathrm{I}}(t_{\mathrm{m}})-R_{\mathrm{O}}(t_{\mathrm{m}})-E_2(t_{\mathrm{m}})\\&\Delta S(t_{\mathrm{m}})=\max_{t=t_0}^{t=t_{\mathrm{m}}}\Delta S(t)\\&S(t_{\mathrm{m}})=\max_{t=t_0}^{t=t_{\mathrm{m}}}S(t)\\&h(t_{\mathrm{m}})=\max_{t=t_0}^{t=t_{\mathrm{m}}}h(t)\end{aligned} \tag{4-4}$$

涨水期是流域洪水调节的主要阶段，这一阶段流域产流在流域水量构成中占主导位置。$S(t_{\mathrm{m}})$ 和 $h(t_{\mathrm{m}})$ 分别表示某次洪水过程中流域最大蓄水量和最高水位。$S(t_{\mathrm{m}})$ 和 $h(t_{\mathrm{m}})$ 是对流域洪涝情灾害情况的直接表征因子，若 $S(t_{\mathrm{m}})$ 或 $h(t_{\mathrm{m}})$ 超过某一安全阈值，则将会导致较大的洪涝灾害。因此，在分析流域洪水资源合理利用的防洪安全约束条件时必须对该指标进行分析。而 $\Delta S(t_{\mathrm{m}})$ 代表了某次洪水过程中流域对洪水径流的最大调蓄量，

表示在一定的流域初始蓄水状态下，太湖流域对次洪径流的最大调节量，可以用来分析流域在涨水过程中对次洪径流的调控力度。

第二个时段是退水阶段：这是从流域蓄水量达到最大值以后到洪水期结束的时间。这一阶段，虽然可能仍有地表径流形成，但产流速率 $Q(t)$ 已经稳定的小于外排流量 $Q_0(t)$，因此总体上流域蓄水量不断减少，太湖水位不断降低（这一过程中可能会出现局部性的蓄水量增加，水位上涨的情况，如1987年、1999年)，直到基本消落到该阶段的防洪控制水位。因此，退水阶段流域的水量平衡以径流输出为主。洪水期结束时，流域蓄水量用 $S(t_e)$ 表示。$S(t_e)$ 代表了整个洪水期结束时，太湖流域的蓄水量。写出 t_e 时刻与 t_m 时刻之间的水量平衡方程

$$
\begin{aligned}
&\Delta S(t_m \rightarrow t_e) = R(t_m \rightarrow t_e) + R_I(t_m \rightarrow t_e) - R_O(t_m \rightarrow t_e) - E_2(t_m \rightarrow t_e) \\
&S(t_e) = \min_{t=t_m}^{t=t_e} S(t) = S[H_c(t_e)] \\
&h(t_e) = \min_{t=t_m}^{t=t_e} h(t) = h_c(t_e)
\end{aligned}
\tag{4-5}
$$

式（4-5）中，$\Delta S(t_m \rightarrow t_e) = S(t_e) - S(t_m)$，其他变量的意义类似。根据该式可知，太湖流域洪水期退水阶段的实质就是流域蓄水量由最大值不断消落到洪水期末太湖防洪控制水位所对应的流域蓄水量的过程，也就是把超过 $S[h_c(t_e)]$ 的流域蓄水量排泄的过程，流域蓄水量的净减少 $\Delta S(t_m \rightarrow t_e)$。而状态变量 $S(t_e)$ 和 $h(t_e)$ 代表了后期平水或枯水时段太湖流域水资源利用的初始条件，这是对流域水资源利用具有实质性意义的两个要素。

第三个时间阶段是整个洪水期。可以写出洪水期始末两个时刻之间的流域蓄水量平衡方程

$$
\begin{aligned}
&\Delta S(t_e) = S(t_e) - S(t_0) = R(t_e) + R_I(t_e) - R_O(t_e) - E_2(t_e) \\
&S(t_e) = V[h_c(t_e)] \\
&H(t_e) = h_c(t_e)
\end{aligned}
\tag{4-6}
$$

式（4-6）反映了流域对次洪径流的最终的调控结果和状态。$\Delta S(t_e)$ 是太湖流域在洪水期末相对于洪水期开始时刻的增蓄量。$\Delta S(t_e)$ 表征了整个洪水期太湖流域对洪水资源的最终调控量，这是反映流域洪水利用规模和程度的基本指标。$\Delta S(t_e)$ 越大，则说明流域对次洪的最终调蓄量越大。这也说明，对于流域水资源利用而言，洪水期始末阶段太湖水位和蓄水量是具有实质性意义的表征因子。

总结上述分析，可得到以下结论。

1）太湖流域洪水期水文情势是由流域降雨径流和入境水量的共同作用而形成的，在水量构成上洪水资源包括本地自产洪水径流量和入境水量。

2）在涨水时段，本地径流量在水量平衡中占据主导地位，流域蓄水量不断增加，太湖水位不断上升，直至达到次洪过程的最大值，$S(t_m)$、$h(t_m)$ 是表征流域洪水规模的直接表征因子。

3）在洪水期退水阶段，流域水量平衡中径流输出为主导地位，流域蓄水量和太湖水位逐渐消退，$S(t_e)$ 和 $h(t_m)$ 下降到 $S[h_c(t_e)]$ 和 $h_c(t_e)$。$S[h_c(t_e)]$ 和 $h_c(t_e)$ 代表了后

期平水或枯水时段太湖流域水资源利用的初始条件，是反映洪水资源利用的实质性要素。

4）从整个洪水期来看，$\Delta S(t_e)$ 表征了整个洪水期太湖流域对洪水资源的最终调控量，是反映洪水利用规模和程度的基本指标。

4.3　太湖流域洪水资源利用方式

4.3.1　水利工程布局与调度现状

太湖流域河道纵横交错，是我国著名的水网地区。流域地势低洼，降雨比较丰沛、时空分布不均，洪涝灾害比较频繁。经过长期的水利建设，尤其是1991 年流域大水后开展的以望虞河、太浦河、杭嘉湖南排等十一项骨干工程为主体的一期治太工程建设，流域防洪除涝能力得到了较大提高，同时也较大程度改善了流域供水能力，初步形成了“流域引江、河湖调蓄、适时增供”的流域水利工程体系，流域初步具备防洪减灾、水资源优化配置、合理调度的基础条件。

流域引江：流域北部沿长江有湖西区引江、望虞河工程引江、武澄锡虞区引江、阳澄淀泖区引江和浦西区引江，对流域供水安全具有重要作用。另外南部沿杭州湾也可通过口门适当引水改善杭嘉湖地区供水条件。河湖调蓄：以太湖为中心，西有洮湖、滆湖等上游区湖泊，东有阳澄湖、淀山湖等下游区湖泊，其间以稠密的河道相连，形成平原地区河湖调蓄系统。适时增供：主要指太湖通过环湖溇港、太浦河等河道，向太湖上游、杭嘉湖地区、阳澄淀泖区、浦东浦西区等流域中下游地区供水。通过工程建设，也形成了山区水库供水系统和上游区河道入湖系统。上游区河道入湖系统主要包括苕溪水入太湖和杭嘉湖平原，南河水系入太湖。随着新一轮规划工程及太湖流域水环境综合治理相关工程的实施，太湖流域洪水调控格局将进一步完善。

太湖流域防洪工程体系现状调度方式是在流域长期的洪水管理实践中形成的。流域防洪工程体系调度主要涉及太湖水位控制，望虞河、太浦河的主要建筑物控制，以及太浦河两岸、望虞河两岸、太湖环湖大堤、沿江口门、沿杭州湾口门、武澄锡虞和东苕溪导流东大堤等主要控制线的调度运行。其基本特点是以太湖水位和区域代表性水位为基本控制指标，望虞河、太浦河、环太湖重要口门和沿江引排工程等根据太湖水位进行分级调度，以兼顾行洪、排涝的多重要求，从而初步形成了与太湖水位互动的调度原则和方案。

4.3.2　洪水资源利用方式分析

洪水资源利用方式是指依赖于流域湖泊河网和水利工程，主动将洪水转化为可利用的水资源量，实现洪水资源效应的各种工程措施以及与之相应的方案，它是流域洪水资源利用的具体实现途径。根据太湖流域防洪基本格局，流域洪水资源利用存在山区水库调蓄、太湖调蓄和平原河网调节三种基本方式，其特点各不相同，在流域洪水调节格局中的作用和地位亦各不相同。

山区水库主要位于湖西和浙西山区。由于山区水系分散，因此无法修建控制性水库工程。太湖流域山区水库虽然拦蓄所在河流洪水，尽可能减少湖西区和浙西区入湖水量。但由于控制面积普遍较小，防洪库容相对洪水期径流总量很小，因此对调节流域性洪水作用比较有限。但是由于山区水质相对较好，因此水库洪水资源利用对于流域部分地区的供水和综合利用比较重要。

太湖水面积 2 338km^2，正常水位下的蓄水容积 44.28 亿 m^3，分别占流域湖泊总面积和总蓄水量的 74.0% 和 76.8%。太湖在流域洪水蓄集和调配中居于中心地位，其水位或蓄量是环湖口门、两河枢纽和沿江引排工程进行分级控泄的基本依据。在涨水期，太湖的基本作用是蓄集承载湖西、浙西区洪水，为下游平原区行洪除涝创造条件，减轻洪涝灾害。洪水期基本结束时，太湖等湖泊蓄水量的多少在很大程度上决定了后期流域水利工程引排方式和水资源供需条件。

平原河网由流域平原圩外河道的中小湖泊组成。河网调节对太湖流域洪水起到了再分配的作用。平原河网的调节作用体现在两个方面：首先，平原河网最主要功能是及时排泄太湖和区域洪水、涝水；另一方面，在一定程度上与太湖一同起到了滞留洪水的作用。太湖流域平原区各水系中，望虞河、太浦河—黄浦江是两条最主要的洪水外排通道，其次是江苏沿长江水系和杭嘉湖水系。在洪水调蓄方面，湖西区（主要是洮滆水系）和阳澄淀泖区圩外水面面积最大，中小湖泊众多，这两个区域河网在洪水期的调蓄作用最为显著，其次为杭嘉湖区，而浦东、浦西区、武澄锡虞区对洪水的调蓄作用相对较小。

为了进一步说明上述三种基本洪水资源利用方式在太湖流域洪水调蓄中的作用与地位，对 1991 年、1999 年流域洪水调配情况进行再分析。

表 4-3 和表 4-4 是 1991 年、1999 年洪水期关键时段流域水量平衡分析表。两表中第一个时段基本相当于涨水期，第二个时段是从涨水开始至太湖水位已消落到一个比较“安全”值之间的时段。从涨水期流域产水量、调蓄量与排水量之间的关系来看，尽管太湖流域湖泊和河网的调蓄能力较大，但是相对大洪水条件下的流域产水量来说仍然比较有限，两个年份流域调蓄量占产水量的比例分别是 39.8% 和 42.1%。因此有效保证和提高流域河网的行洪能力对于防洪排涝安全是至关重要的，排泄洪水是太湖流域河网洪水资源利用功能的基本定位。遭遇大洪水时，流域洪水资源安全利用必须坚持以泄为主，在中小洪水条件下蓄泄兼筹。

表 4-3　1991 年洪水期太湖流域水量平衡分析表　　（单位：亿 m^3）

水量		6.11 ~ 7.15	5.1 ~ 7.31
流域产水量		124.50	139.54
流域调蓄量	太湖	31.72	15.86
	圩外河网	17.26	8.71
	水库	0.63	-0.37
	小计	49.60	24.19

续表

水量		6. 11 ~7. 15	5. 1 ~7. 31
流域产水量		124. 50	139. 54
流域外排水量	杭州湾	4. 76	8. 84
	黄浦江	26. 58	46. 79
	沿江	43. 56	59. 72
	全流域	74. 90	115. 34
淹涝水量			
太湖入湖		37. 36	49. 00
太湖出湖		16. 91	44. 51

表 4-4　1999 年洪水期太湖流域水量平衡分析表　（单位：亿 m^3）

水量		6. 7 ~7. 8	6. 7 ~7. 20
流域产水量		181. 24	192. 20
流域调蓄量	太湖	47. 44	40. 32
	圩外河网	26. 80	21. 39
	水库	2. 04	1. 49
	小计	76. 28	63. 20
流域外排水量	杭州湾	12. 04	16. 45
	黄浦江	44. 90	54. 33
	沿江	38. 64	57. 50
	全流域	95. 58	128. 28
淹涝水量		11. 91	
太湖入湖		61. 13	66. 23
太湖出湖		9. 74	23. 60

这两个年份流域洪水期两个时段洪水调蓄详细情况如表 4-5 和表 4-6 所示。根据典型洪水调蓄情况可知，在太湖流域洪水资源调蓄格局中，特别是在大洪水情况下，太湖和地区河网的调蓄占据绝对主导地位，而山区水库的调蓄能力极为有限。在两次大洪水调节的关键时段，太湖调蓄的水量约占全流域的 2/3 左右，平原圩外河河网调蓄洪水量约占全流域的 1/3 左右。涨水期，太湖对于入湖洪水的调节比例分别达 84. 9% 和 77. 6%。各区域圩外河网调蓄洪水量最大的是湖西区和阳澄淀泖区，其主要原因是这两个区域中小湖泊众多，圩外水面较大，因此相应的调节能力也较大。但同时应当注意到，尽管太湖流域平原圩外河网具有一定的调蓄能力，但往往容易形成淹涝，从而导致较大的灾害损失。如 1999 年大洪水太湖流域滞涝洪水量达 18. 8 亿 m^3。因此，在常遇洪水情况下，应当立足于太湖调蓄和平原河网及时行洪，实现对流域洪水资源的安全有效利用。

表 4-5　1991 年太湖流域洪水调蓄量

（单位：水量，亿 m^3；水位，m）

项目		湖西区	武澄锡虞区	阳澄淀泖区	杭嘉湖区	浙西区	大型水库	太湖区	全流域
圩外水面面积（km^2）		475.43	179.20	627.70	449.60	79.00		2 366.8	
6.11～7.31	初水位	3.80	3.46	3.15	3.47	3.50		3.50	
	末水位	5.46	4.37	3.87	4.11	4.79		4.79	
	水位差	1.66	0.91	0.72	0.64	1.29		1.29	
	调蓄量	7.79	1.63	3.95	2.86	1.02	0.63	31.72	49.60
5.1～7.31	初水位	3.71	3.33	2.97	3.17	3.46		3.50	
	末水位	4.36	3.99	3.41	3.51	3.94		4.17	
	水位差	0.65	0.66	0.44	0.34	0.48			
	调蓄量	3.06	1.18	2.57	1.49	0.40		15.86	

表 4-6　1999 年太湖洪水调蓄情况

（单位：水量，亿 m^3；水位，m）

项目		湖西区	武澄锡虞区	阳澄淀泖区	杭嘉湖区	浙西区	大型水库	太湖区	全流域
圩外水面面积（km^2）		426.21	182.36	610.17	445.63	144.9		2 371.82	
6.7～7.8	初水位	3.25	3.23	2.90	2.66	3.00		2.97	
	末水位	5.16	4.56	3.95	4.00	4.98		5.07	
	水位差	1.91	1.33	1.05	1.34	1.98		2.10	
	调蓄量	8.14	2.43	6.41	5.97	3.36	2.03	47.44	75.78
6.7～7.20	初水位	3.25	3.23	2.90	2.66	3.00		2.97	
	末水位	4.76	4.35	3.67	3.66	4.69		4.67	
	水位差	1.51	1.12	0.77	1.00	1.69		1.70	
	调蓄量	6.44	2.04	4.70	4.46	2.90	1.49	40.32	62.35

1991 年和 1999 年太湖流域洪水期水量平衡分析和洪水调蓄情况基本上反映了太湖流域水库调蓄、太湖调蓄和平原河网调节这三种基本洪水资源利用方式在流域洪水调控基本格局中的作用与地位，这是优化防洪工程体系调度方式的重要立足点。太湖流域洪水资源的利用具有多重目标，是在不同利用方式的共同作用下实现的。但是，在所有的利用方式和措施中，如何有效利用太湖的调蓄能力和充分发挥地区河网的行洪能力是根本所在。

4.4　太湖流域洪水资源利用的约束条件

洪水资源是太湖流域地表水资源的重要组成部分。太湖流域洪水资源利用方式优化的根本目的在于促进流域水资源合理开发、利用和保护，提高流域水资源综合管理水平。对于太湖流域而言，流域防洪排涝安全、水资源供需安全、水质环境改善是当前及今后流域水资源综合利用中需要考虑的基本问题。因此，需要明确这三个方面的实际需求对流域洪水资源调控利用的约束条件，从而合理定位今后流域洪水资源调度方案调整的目标和切入点。

4.4.1　防洪排涝安全保障的约束

由于流域固有的地形地貌特征和水文气象条件，太湖流域历史洪涝灾害比较频繁。1950 年以来，太湖最高水位超过 4.0m 的年份共 15 次，其中 20 世纪 80 年代至今发生了 10 次。除 1954 年、1991 年、1999 年 3 次特大洪涝灾害外，1962 年、1963 年、1977 年、1983 年、1987 年、1993 年和 1996 年的洪水也造成了较大的经济财产损失，农田受灾面积均过到 400 万亩以上。1991 年以后，随着治太工程的全面实施和地区防洪工程建设，流域防洪减灾能力得到较大提高。但目前流域防洪工程体系不够完备，流域防洪标准偏低，洪水蓄泄能力明显不足。因此，流域防洪安全保障仍是洪水资源利用调度中的头等大事。太湖及地区河网洪水资源利用方案的调整必须以“安全利用”为基本前提。

对于任何流域而言，洪水资源利用的实质都是依托水利工程对洪水径流进行有效拦蓄，尽可能多的将其转化为水资源可利用量，以作为洪水期过后的生产生活和生态环境用水，达到调节洪水期和枯水期水资源时程分配不均的目标。而对于防洪安全保障而言，最保险方式是在流域行洪能力的范围内将洪水径流尽快排泄出境。因此，流域洪水资源的合理利用应当是基本不造成洪涝灾害损失的前提下对流域洪水进行适度的调蓄，蓄泄兼筹（视洪水情况以蓄为主，或以泄为主）。因此，在制订或调整流域洪水调度方案时，要找到一个或若干个指示因子及相应的阈值条件。这个指示因子可以将流域洪水调蓄量和洪水灾害损失程度联系起来。当指示因子未超过相应的阈值时，流域洪涝灾害损失在可以接受的范围内，同时又尽可能多调蓄洪水资源。

在太湖流域洪水资源的水量构成分析中，已经指出太湖蓄水量与太湖水位之间基本上是一一对应关系，同时太湖水位和地区代表站水位之间也有很好的同步性，因此太湖水位是反映流域洪水期过程中流域蓄水量的基本因子。太湖最高水位与涨水过程中流域对洪水径流的最大调蓄量相对应，反映了流域对洪水径流的调蓄程度。

对于特定（自然地理条件和经济社会发展水平）的流域而言，洪涝灾害损失与众多洪水要素相关，比如洪量、水位、流速、洪水涨水速率、洪水历时等。但是对于太湖流域而言，洪涝灾害损失程度与太湖最高水位的关系极为密切。图 4-10 是历史上太湖流域农田成灾面积与太湖最高水位的经验关系图。尽管这一经验关系是根据历史洪水（主要是 1999 年及以前）的最高水位与农田成灾的面积作出，并不完全符合现有条件下流域的洪涝灾害特征。但是，从中仍然可以得到一个基本规律：太湖最高水位对流域洪涝灾害损失具有很好的表征作用。太湖洪水期最高水位越高，则流域相应的洪涝灾害损失也越大。所以，太湖洪水期最高水位同时也是流域洪涝灾害情况的关键表征因子。其中的物理意义不难理解：一方面，太湖最高水位越高，流域调蓄量越大，则对应的淹涝水量和受灾面积也将越大；另一方面，太湖最高水位越高，显然流域洪水期历时越长，淹涝时间也越长。因此，总的来说，当洪水期太湖水位超过某一个“安全阈值”越大，则流域洪涝灾害损失也愈大。

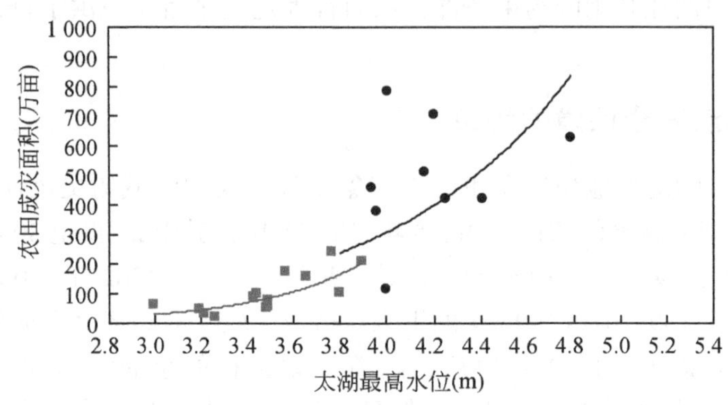

图 4-10　太湖最高水位与流域农田成灾面积

根据上述分析已经明确了太湖洪水期最高水位是流域调蓄水量和洪涝灾害损失的关键指示因子。因此，流域洪水资源合理利用的防洪安全保障约束条件之一就是：在流域涨水阶段，太湖流域最高水位 $h(t_m)$ [或最大调蓄量 $S(t_m)$] 不超过某一“安全阈值”，即 $h(t_m) \leqslant h_A$ 或 $S(t_m) \leqslant S_A$，其中 h_A 太湖安全水位，S_A 表示流域安全蓄水量。

从图 4-10 来看，当太湖洪水期最高水位为 4.00 ~ 4.20m 时，流域农田成灾面积有较大变幅，但当太湖水位不超过 4.00m 时，流域农田成灾面积较小。因此，可以认为当洪水期太湖最高水位不超过该值时，流域在洪涝灾害损失方面是比较轻微的。但是，上述灾害数据大多是基于 1991 年以前的数据进行统计的。应当认识到 1991 年以后流域防洪工程体系逐步完善，圩区不断建设，同时区域防洪标准也有了较大的提高，同时流域洪水调度的管理水平也有一定提高。2009 年洪水调度情况是最接近当前流域实际工程情况的，该年太湖流域洪水期最高水位达到了 4.23m，但是流域并未因此而发生明显的洪涝灾害。因此，若取 4.23m 作为洪水期最高水位的安全阈值，会低估流域洪水调蓄能力。

目前，太湖流域设计水位值为 4.65m。但是，考虑到近几年未有流域性大洪水调度的实际过程，直接将设计水位值作为安全阈值，可能偏高。因此，判断洪水期太湖最高水位所对应的安全阈值介于 4.23 ~ 4.65m，但无法确定具体数值及大小。考虑到国家防总组织实施的太湖流域洪水定义研究中流域大洪水对应的太湖最高水位量化标准为 4.50m，本研究取太湖水位的安全阈值 h_A = 4.50m。

太湖水位对应的安全阈值可以转化为流域蓄水量对应的安全阈值。根据 1991 年、

1999 年两次大洪水分析资料和 2000 年汛情水情分析报告（水利部太湖流域管理局水文局，2001）提供的流域蓄水量和水位统计资料，可以得到太湖水位与太湖流域蓄水量和太湖蓄水量之间的经验关系，具体情况如图 4-11 所示。

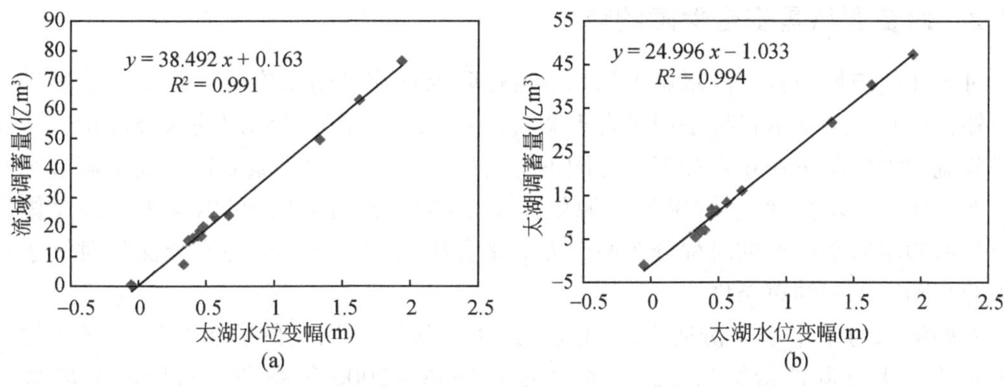

图 4-11　太湖水位变化与流域及太湖蓄变量关系

又根据 2006 年太湖流域水情分析报告（水利部太湖流域管理局水文局，2007），该年太湖水位为 3.29m 时，太湖流域及太湖蓄水量分别为 114.33 亿 m^3 和 51.42 亿 m^3，因此据此可以推断流域洪水期任一高太湖水位所对应的流域蓄水量和太湖蓄水量，如下所示

$$\begin{aligned} S_{流域}(h) &= 38.492(h-3.29)+114.33 \\ S_{太湖}(h) &= 24.996(h-3.29)+51.42 \end{aligned} \tag{4-7}$$

根据式（4-7），可以估计太湖水位安全阈值 h_A 所对应的流域的安全蓄水量 S_A，其估计值为 159.90 亿 m^3，相应的太湖蓄水量为 81.665 亿 m^3。根据洪水期涨水阶段太湖流域水量平衡关系有

$$S(t_0)+R(t_m)+R_I(t_m)-S_A \leqslant R_O(t_m)+E_2(t_m) \tag{4-8}$$

太湖水位安全阈值和流域安全蓄水量的实质表明，洪水资源利用规模和程度不是无限制的，而是受到流域水利工程调控能力约束。在涨水期流域的最大蓄水量不宜超过 159.90 亿 m^3，超出流域调控能力的洪水必须以河道排泄或用水消耗的形式及时出境。

除最高水位外，还有一个必须考虑的防洪安全约束条件是洪水期结束阶段的太湖防洪控制水位。这个防洪控制水位 $h_c(t_e)$ 必须保持一个适当的值，才能够保证能够防御后续阶段可能发生的另一次洪水。因此，$h_c(t_e)$ 的大小是保障流域防洪安全的另一个重要约束条件和指标。因此，对于太湖流域次洪过程的退水阶段，主要的防洪任务是必须在一定的时间内将太湖水位及各区域代表性水位及时降低到防洪控制水位。根据洪水期退水阶段太湖流域水量平衡关系，超过后期防洪控制水位的流域蓄水量应当以河网排泄或人工消耗的形式及时出境，即

$$S(t_m)+R(t_m\to t_e)+R_I(t_m\to t_e)-S(h_c(t_e)) \leqslant R_O(t_m\to t_e)-E_2(t_m\to t_e) \tag{4-9}$$

以上两个方面的太湖流域防洪安全保障约束缺一不可。在流域洪水资源利用的过程

中，只有同时满足涨水阶段太湖最高水位低于安全阈值，退水阶段太湖水位及时消退到后期防洪控制水位，才能充分保障流域防洪安全。其共同的本质是流域洪水资源的利用必须以适度调蓄为前提。

4.4.2 水资源供需安全保障约束

对于任何流域而言，洪水调控的基本目标除保证流域防洪安全，防止造成洪涝灾害损失外，还有一个基本目标是通过合理调蓄洪水径流，增加可利用的水资源量，从而达到调节流域水资源量在年际和年内分配不均衡性（对于太湖流域而言主要是调节水文年意义上的年内不均衡性），保障水资源供需安全的目标。因此，可以从水资源总体供需平衡关系和流域水资源的时程分布两个方面来分析太湖流域水资源安全保障对洪水资源利用的实际需求和约束条件。

太湖流域对于丰水年份适当增加流域洪水资源可利用量的需求是客观存在的。根据太湖流域水资源评价结果，20%水平年（1956～2000年系列）对应的流域水资源总量为202.9亿m^3，而相应降雨频率下2010年、2020年、2030年太湖流域需水量为300.2亿m^3、325.0亿m^3、334.8亿m^3。因此，即使在中小洪水年份，太湖流域需水量也远远超过了流域本地天然水资源量。目前太湖流域实际上需要利用引排工程抽调外流域（长江、钱塘江）水资源量以及水资源重复利用才能满足生活、生产、生态需水要求的。但是望虞河、杭嘉湖等引水工程的能力总体上有限，受到长江、钱塘江水文情势的制约。因此，尽管太湖流域这一基本的水资源供需格局将持续，但是合理利用外流域调水的同时，也完全有必要进一步提高中小洪水年份流域的本地洪水资源的利用水平。

根据相关统计资料，平均意义上太湖流域洪水期和非洪水期降雨强度（mm/d）之比（用r_{fl}表示）为2.72，而1999年、2008年、2009年等多个年份甚至达到3.50以上（图4-12）。因此，太湖流域洪水期和非洪水期（枯水期和平水期）的水资源时程分布严重不均。在梅雨期阶段的洪水期过后，太湖流域一般会进入一个相对的高温干旱期，这一时期往往处于流域生活和工农业用水的高峰时段，但由于天然降雨量较少，因此杭嘉湖等区域往往面临着供水不足的问题。而在汛期的台风雨洪水期过后（10月后）至次年春季，太湖流域处于枯水期，流域降雨量较少，太湖水位较低，因此同样也有可能面临着供水不足或供水条件较差的问题。因此，若在洪水期结束阶段，适度减少洪水径流出境量，使流域和太湖保持一个适当的蓄水量范围，则对于解决枯水阶段流域缺水问题，改善供水条件，提高工农业用水的保证率是比较有利的。

通过上述分析可知，太湖流域水资源供需安全保障对于加强洪水资源利用的实际需求是存在的，同时也明确了流域洪水资源利用对于改善流域供水条件和合理配置水资源的作用，关键在于能够增加洪水期结束阶段流域的蓄水量。而洪水期结束阶段流域的蓄水量主要取决于结束阶段保持的水位，也就是该阶段的太湖防洪控制水位$h_c(t_e)$。显然，若越高，相对于洪水期起调水位提高越高，则流域所调蓄的洪水资源量越多，后期太湖将能够在较长时间内维持一个适当水位，可供后续枯水阶段利用的本地水资源量也越大，越能够改善后期的供水状况。所以，洪水期结束阶段的防洪控制水位$h_c(t_e)$是太湖

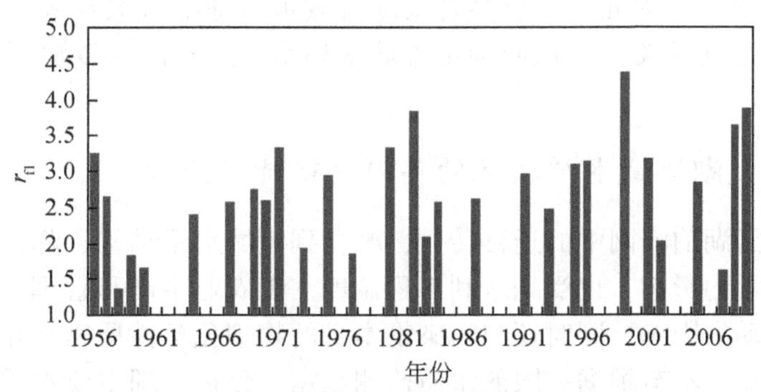

图 4-12　太湖流域洪水期与非洪水期降水强度之比

流域水资源供需安全保障对于洪水资源利用的基本约束条件。因此，调整太湖防洪控制水位是优化流域洪水资源利用的可能途径之一。洪水期结束阶段的太湖防洪控制水位 $h_c(t_e)$ 必须兼顾面临阶段流域水资源供需安全保障和流域防洪安全的需求，取一个恰当的值域。在目前条件，$h_c(t_e)$ 在汛前期的取值为 3.00m，在汛后期和非汛期的取值为 3.50m，在主汛期的取值在 3.00～3.50m 浮动变化。$h_c(t_e)$ 的这一取值需要根据流域水资源利用情势的变化进行调整，但其合理范围必须进行定量论证。

同时，应该认识到洪水期初始水位 $h(t_s)$ 对于洪水资源利用的作用。理论上，$h(t_s)$ 越低，则对流域洪水的调蓄作用就会越强，不仅有利于保障流域防洪安全，同时有利于提高全流域洪水资源调蓄量。但是，洪水期初始水位往往受到流域水资源利用和生态环境保护、预报调度水平等一系列因素的制约，因此洪水期初始水位并不能任意降低。根据《太湖流域水资源综合规划》相关成果，为保证流域正常农业、工业、生活和航运用水要求，洪水期开始阶段的太湖水位 $h(t_s)$ 不能低于 2.65m。但是考虑到近年来，太湖汛期水位一般在 2.80m 以上的实际情况，因此认为洪水期开始阶段的太湖水位 $h(t_s)$ 应高于 2.80m。

根据防洪安全要求，洪水期开始阶段 $h(t_s)$ 的上限值为不宜超过面临阶段防洪控制水位 $h_c(t_s)$。

因此，总结上述对洪水期始末阶段太湖水位 $h(t_s)$、$h_c(t_e)$ 的分析可知，流域水资源供需安全保障对于洪水资源利用的约束条件是：一方面，洪水期结束阶段所面临的防洪控制水位保持在一个合理范围，涨水期过后太湖水位及时回落至 $h_c(t_e)$；另一方面洪水期开始阶段太湖水位处于 $2.80\text{m}<h(t_s)$。

4.4.3　水环境安全保障约束

太湖流域水质恶化的根本原因在于流域排污量（包括点源和面源）超过了水环境承载力的范围，太湖流域水环境的改善，节水是关键，治污是根本。但是，作为地表水资源利用的重要措施，太湖流域洪水资源利用方式和太湖、地区河网的调度规则对于河湖水质存在一定影响关系。在流域水资源利用格局和水环境状况既定的情况下，如何按照“以动治静、以清释污、以丰补枯、改善水质”调水方针，通过洪水资源利用方式的调整来改善太湖和地区河网水质状况（特别是太湖），是流域水资源综合利用所关注的问题之一。因此，需要结合太湖流域水质基本状况及来分析流域洪水资源利用与水质状况之间的关系，从而确定流域水环境改善对洪水资源利用的需求和约束条件。

4.4.3.1 太湖流域水质状况的年内变化特征分析

污染物在太湖湖泊河网中的迁移转化，既受到流域水系结构、降雨径流时空变异特征等自然地理因素的影响，也受到水利工程调度、工农业生产和管理、污染物控制及排放方式等人类活动的影响，同时还与污染物本身的物理化学性质密切相关，因此具有非常复杂的变化规律。本节根据有限的水质监测数据，分析太湖主要水质指标变化与流域洪水资源利用的关系。

太湖流域 2005～2008 年逐月高锰酸盐指数（COD）、氨氮（NH_3-N）、总磷（TP）、总氮（TN）四种污染物指标的变化规律均与同期流域降雨量及太湖水位表现出一定的相关性，一般在汛期太湖水位较高时段，污染物浓度相对较低，而在枯水时段，特别是上半年枯水时段（1～4 月），太湖水质状况相对较差。其可能原因是汛期流域蓄水量较多，河湖水质交换较快，因而对污染物形成稀释和冲刷作用，同时输送到流域外部。

洪水期开始阶段太湖往往会出现污染物浓度的上升。其原因主要是，在洪水期开始阶段，随着初期径流入湖，高锰酸盐、流域前期积累的氮、磷等污染物随径流大量进入太湖，必然导致污染物浓度的急剧上升。而随着降雨的继续，太湖流域外排水量逐渐加大，自净能力增强，加上蓄水量上升，环境容量增大，因此水质状况逐渐好转。以 2006 年为例，该年 8 月底至 9 月上旬，太湖流域发生一次小规模的降雨，太湖水位由 3.11m 上升到 3.27m，而 9 月太湖污染物浓度也出现了一个上升的过程，特别是 COD 和 TP 浓度达到了年内最大值。对于 2007 年，也有类似情况。崔广柏等（2009）的试验性研究也证明，初期径流中的液态氮磷污染物的浓度很高，径流中总磷和总氮的浓度随初期径流的出现有一个突变性的增长。因此，总的来说，虽然汛期大洪水对于流域水环境的改善总体上可以起到一定的积极作用，但是要特别注意洪水开始阶段流域大量污染物随初期径流进入太湖。这是流域水环境改善对于洪水利用的一个现实要求，是洪水资源利用方案调整时需要重视的一个方面。

4.4.3.2 1999 年大洪水对太湖流域水质影响再分析

为了更全面地分析和理解洪水资源利用对太湖流域水环境的影响，对 1999 年太湖大洪水水质过程作了分析。根据所设置的 83 个监测断面（点），对太湖和河网水质进行了评价。水质指标包括 TN、TP、叶绿素等 15 项，评价的时段为 1999 年全年期、汛期及非汛期三部分。同时将 1999 年水质情况与平水年 1998 年的同期情况进行对比，以便全面说明大洪水对流域水环境的影响。表 4-7 和图 4-13 是太湖流域不同时期水质类别情况。

表 4-7　太湖流域不同时期水质类别所占比例表　（单位：%）

时期	Ⅰ类	Ⅱ类	Ⅲ类	Ⅳ类	Ⅴ类	劣Ⅴ类	超标比例
1999 年汛期	0	7.2	20.5	47	10.8	14.5	72.3
1999 年非汛期	0	7.2	13.3	60.2	4.8	14.5	79.5
1998 年汛期	0	0	9.6	38.5	2.8	48.1	89.4

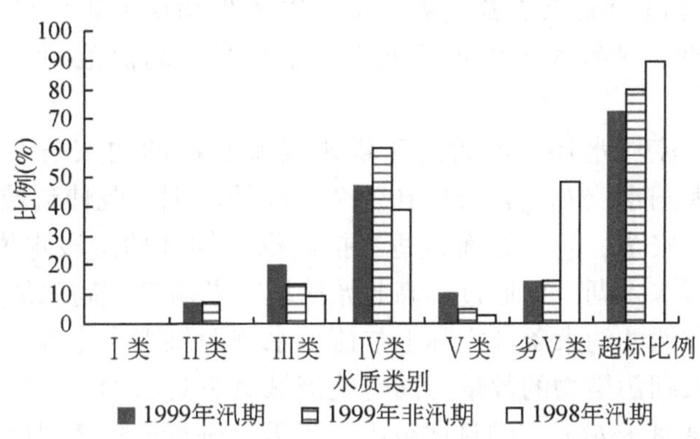

图 4-13　1998 年和 1999 年不同时段太湖水质类别情况

根据表 4-7 和图 4-14，1999 年大洪水在一定程度上使太湖流域整体的水质情况有所好转。入汛后，河湖水量得到补充，在增加水体的稀释扩散作用和自净能力的同时，加快了水量交换，使超标水体所占比例分别下降了 9.2% 和 10%。从 1999 年太湖水质超标比例的逐月分布情况来看，汛前水质明显差于汛期及汛后水质。汛前 2 ~ 4 月水质超标比例最高，其中 4 月的水质超标比例达到了 81.7%。入汛后水质最差的是 6 月（对应着涨水期初段，首次暴雨将大量污染物直接冲入河道，并进入太湖），9 月太湖外泄洪水采取适当控制，水位维持在 3.80m 左右，水质明显好转。直至 11 月水质达到最好值。

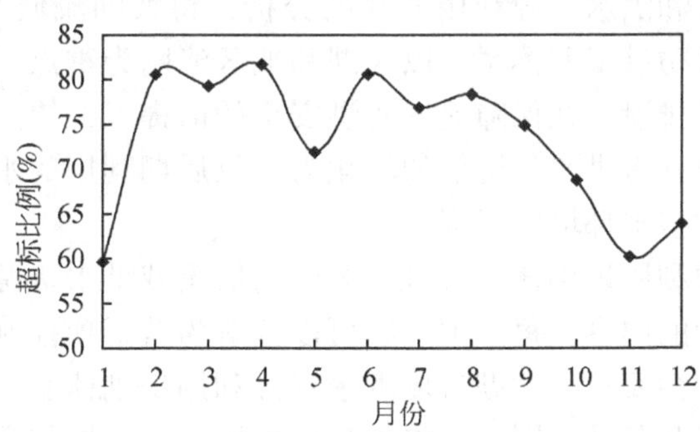

图 4-14　1999 年太湖水质主要指标浓度变化图

总体来说，洪水使河湖水量增加，水量交换加快，水体的自净能力加强，水环境容量加大，同时河湖的污染物随泄洪迁移、稀释，从而整体上改善了太湖流域的水质。但是在洪水期刚开始阶段，太湖流域一般处于枯水期，流域污染物积累值较大，随着第一次暴雨的发生，大量污染物往往随初期径流进入河网和太湖，从而会导致这一阶段水质下降。因此，应当注意到在洪水期的不同阶段流域洪水调度对于水环境质量的影响，在不同的阶段采取适合的调度方式，尽量发挥洪水调度对于太湖水环境的改善作用。太湖流域的防汛工程在调度洪水、减轻灾害的同时，能兼顾水环境的影响，参考各个不同区域的水质情况，发挥洪水对污染物的稀释扩散作用，减轻区域水质污染，改善水环境。由于太湖流域洪水期入湖径流量主要来自于湖西区和浙西区，其中湖西区入湖河流的污染最为严重。因此，在洪水资源利用方式调整时，可以考虑如何将初期径流进行适当截流或者直接外排，以减少初期大量污染物进入河网湖泊的危害。同时，在初期，能够使太湖水位处于一个适当的高值范围，这样也有利于减少湖西区污水入湖。

根据上述分析，流域水环境改善对于洪水资源利用的约束条件可以表述为：一方面，洪水期结束时太湖水位 $h(t_e)$ 维持在一个较高的范围，既使流域具有较大的水环境容量，又不影响防洪安全；另一方面，适当抬高洪水期开始阶段水位 $h(t_s)$，在该阶段能适当减少湖西区污水入湖，可通过抬高起始阶段太湖防洪控制水位实现。

因此，这两个方面的约束条件实际上与流域水资源供需安全保障的约束条件是一致的。其目标是减少入湖污染物的数量，同时使流域具有足够的水环境容量以供枯水期水质调度的需要。但是对于 $h(t_s)$ 的具体范围，仍需要进行定量模拟后才能提出。

4.5 太湖流域洪水资源利用识别体系

前文分析了太湖流域洪水特性、太湖流域洪水的判别标准、洪水资源的基本定义、洪水资源的水量构成，同时对流域水利工程布局及调度现状、洪水资源利用方式进行了分析，并从防洪安全保障、水资源供需安全保障、水环境安全保障三个方面综合分析了流域水资源综合利用对洪水资源利用的约束条件。根据这些认识，总结提出太湖流域洪水资源利用的定义，初步构建流域洪水资源利用识别体系。

根据洪水基本特征和洪水资源利用方式的分析，将太湖流域洪水资源利用总结为：依托流域山区、平原区防洪工程体系，以太湖和地区河网为重点，对洪水期地表河湖径流进行适度调蓄和及时排泄，在保障流域防洪安全的前提下，使太湖水位和流域蓄水量保持在安全合理范围内，将洪水尽可能的转化为可供后期利用的水资源量，实现提高流域水资源利用水平，改善水环境的目标。

太湖流域洪水资源利用识别体系（表 4-8）包括流域洪水资源利用的对象、基本方式、约束条件三个方面的内容，每一项内容可以分解为若干项控制要素，每一个控制要素具有相应的定量或定性要求。太湖流域洪水资源利用识别体系，概括和阐明了流域洪水资源利用的基本要素和条件。同时，将太湖控制性水位指标与洪水资源利用的基本对象和约束条件联系起来，为流域洪水资源利用评价奠定了基础。

表 4-8　太湖流域洪水资源利用识别体系

内容		控制要素	定量或定性要求
利用对象	太湖流域洪水	洪水期最高水位 h（t_m）	h（t_m）明显高于面临阶段的防洪控制水位
		洪水期起始时刻 t_s	次洪过程中太湖水位 h（t）明显上涨的时刻，与次降雨过程开始相对应
		洪水期结束时刻 t_e	次洪过程中太湖水位 h（t）稳定低于面临时段太湖防洪控制水位的时刻
		洪水资源的水量构成	洪水期流域天然地表径流量与洪水期外流域调水量之和
利用方式	流域防洪工程体系调控	山丘区水库调蓄	充分调蓄控制流域洪水
		平原区、圩区河网调节	以行洪为主，适量调蓄洪水
		太湖调蓄	充分调蓄流域上游洪水
约束条件	防洪安全保障约束条件	洪水期最高水位或最大蓄水量	h（t_m）$<h_A$ 或 $S_m<S_A$
		洪水期起始水位 h（t_s）	h（t_s）$<h_c$（t_s）
		洪水期结束时刻防洪控制水位 h_c（t_e）	h_c（t_e）低于某一上限值
	水资源供需安全保障约束条件	洪水期起始水位 h（t_s）	2.80m$<h$（t_s）
		洪水期结束时刻防洪控制水位 h_c（t_e）	h_c（t_e）高于现行防洪控制水位，3.80～4.00m，尽可能增加洪水期末流域蓄水量
	河湖水质改善约束条件	洪水期起止水位 h（t_s）	2.80m$<h$（t_s）
		洪水期结束时刻防洪控制水位	h_c（t_e）高于现行防洪控制水位，3.80～4.00m，尽可能增加洪水期末流域水环境容量

4.6　小　　结

利用 50 余年的太湖逐日水位资料和流域逐日降雨数据（见附图），对太湖流域洪水的基本特点进行了全面分析，提出了太湖流域洪水的基本判断标准和洪水期划分的基本方法，总结提出了太湖流域“洪水资源”的基本定义。研究中根据流域洪水的一般性定义与太湖流域洪水特性，从最高水位、起始水位和结束水位三个指标出发，对流域历史洪水过程进行了判别，从而阐明了流域洪水资源利用的基本对象是什么这一基本问题。

从流域防洪工程体系的现状出发，对洪水资源利用的基本方式及流域洪水资源总体利用格局进行了分析。结合流域水资源利用和水环境保护实际需求，利用太湖水位这一控制性指标将洪水资源利用的对象、利用方式和约束条件联系起来，形成了太湖流域洪水资源利用识别的基本体系，提出了太湖流域洪水资源利用的定义，从而为太湖流域洪水资源利用评价奠定了基础。

从历史洪涝灾害与太湖水位之间的关系出发总结了流域防洪安全保障对太湖水位和流域蓄水量的要求。明确了流域防洪安全保障对洪水资源利用的约束条件就是在涨水期过程中太湖流域蓄水量不超过流域安全水量（估计值为159.90亿m^3），太湖水位不超过安全水位（估计值为4.50m），而在退水阶段太湖水位及时消退至防洪控制水位。在确保流域防洪安全前提下，有效增加流域洪水资源和水环境容量，太湖水位控制在3.80～4.00m是较适合的。

第 5 章
Chapter 5

太湖流域洪水资源利用评价

第4章初步建立了太湖流域洪水资源利用的识别体系。在太湖流域洪水资源利用识别体系的基础上，可进一步分析流域洪水资源利用状况，建立太湖流域洪水资源利用评价的基本指标及方法，回答流域洪水资源利用中的两个关键问题：①太湖流域洪水资源利用的规模和强度如何，洪水资源利用的合理阈值如何。②在一定的水文和工程条件下，流域洪水资源进一步开发利用的空间如何。回答这两个问题是太湖流域洪水资源利用评价的主要任务，也是优化太湖流域洪水资源利用方案的基础。

太湖流域洪水资源利用评价是建立在一系列基本概念的基础上的。本章将首先阐述太湖流域洪水资源量、洪水资源利用量等相关概念；再引入流域洪水资源利用潜力的概念，形成流域洪水资源利用评价的指标体系；然后，建立起相应的计算方法和流程；最后，提出全流域洪水资源利用评价的结果。

5.1　太湖流域洪水资源利用评价的基本概念

根据太湖流域洪水资源利用评价需要解决的基本问题，本章提出了洪水资源利用评价所涉及的基本概念，包括洪水资源量、洪水资源利用量、流域安全蓄水量、流域泄洪能力和洪水资源利用潜力。以下对这些基本概念的内涵分别加以阐述。

5.1.1　洪水资源量

由于洪水径流是地表水资源的重要组成部分和表现形式，本书认为可以在“地表水资源量”和“洪水”定义的基础上，根据洪水期流域地表径流的水量构成，提出太湖流域洪水资源量的具体定义。对于某一流域而言，洪水期内的地表径流量由两部分构成。一部分是流域范围内的降雨所产生的本地径流量，另一部分是由外流域产生的过境地表径流量。显然两者对洪水期内流域水文情势（包括蓄泄过程、淹涝分布等）均会产生相应的影响，区别仅在于两者的影响程度不同而已。因此，评价洪水资源量时，仅针对本地径流量是不尽合理的。

在大洪水情况下，本地集中性降雨所产生的地表径流是形成太湖流域洪水的主导性因素，但同期外流域过境水量（长江、钱塘江）也会对流域或局部区域水情产生一定的影响。对于太湖流域内分区而言，由于各分区之间存在着大规模的边界水量交换，因此过境水量对当地洪水的影响更为显著。表5-1是1999年大洪水过程中阳澄淀泖区来水组成，充分说明了过境水量对于该区域洪水情势的影响。从该表可知，在涨水期（6月6日至7月8日），区域总来水中大致有40%为太湖和其他区域的过境水量。

表5-1　1999年洪水期阳澄淀泖区来水组成

时段（月-日）		6-6～7-8	6-6～7-20	6-1～8-31
面雨量（mm）		616.3	656.7	987.6
总来水量（亿 m^3）		37.01	46.42	76.29
其中	本地产水量（亿 m^3）	22.43	23.11	28.27
	太湖来水（亿 m^3）	4.92	13.71	33.35
	武澄锡虞来水（亿 m^3）	2.31	3.22	6.77
	杭嘉湖来水（亿 m^3）	7.35	6.38	7.90

因此，应将洪水期外流域入境水量纳入太湖流域洪水资源的范畴。基于上述分析，本书将“太湖流域洪水资源量”定义为“洪水期内太湖流域降雨形成的本地天然径流量与同期外流域入境水量之和”。洪水资源量是指太湖流域洪水利用的资源禀赋条件。根据这一定义，根据洪水期流域天然产水过程与入境水量过程确定洪水资源量，相应的数学公式为

$$R_{\mathrm{F}} = \int_{t_s}^{t_e} Q(t)\,\mathrm{d}t + \int_{t_s}^{t_e} Q_{\mathrm{I}}(t)\,\mathrm{d}t \tag{5-1}$$

$$R(t_e) = \int_{t_s}^{t_e} Q(t)\,\mathrm{d}t \tag{5-2}$$

$$R_{\mathrm{I}}(t_e) = \int_{t_s}^{t_e} Q_{\mathrm{I}}(t)\,\mathrm{d}t \tag{5-3}$$

式（5-1）中，R_{F} 为太湖流域洪水资源量；$Q(t)$ 为洪水期内 t 时刻本地天然产水流量；$Q_{\mathrm{I}}(t)$ 流入境流量；t_s、t_e分别为流域年内洪水期起止时刻。洪水期起止时刻的确定方法在本书第 4 章已经详述。而 $R(t_e)$ 和 $R_{\mathrm{I}}(t_e)$ 则分别表示洪水期内流域降雨产生的本地洪水资源量和入境洪水资源量，两者的具体计算方法将在下文详述。

5.1.2　洪水资源利用量与利用率

洪水资源利用量这一概念提出的目的是表征太湖流域洪水资源开发利用规模，而洪水资源利用率这一概念则用来表征洪水资源开发利用的相对强度。

在现行太湖流域水资源评价体系中，地表水资源开发利用量是指地表水（包括本地地表水资源和引江水量）提供的河道外供水量。流域地表水资源开发利用率是指地表水河道外供水量占当地表水资源量和引江水量之和的比例。根据这两个概念，太湖流域洪水资源利用量可以定义为“太湖流域洪水资源利用量是指在一定的工程条件和洪水调控方案下，通过对洪水的控制调节，整个洪水期内流域蓄变量与同期流域生产、生活和河道外生态直接用水量之和”，洪水资源利用率则可定义为“洪水资源利用量与洪水资源量之比”。

尽管上述洪水资源利用量和洪水资源利用率的定义比较符合现有地表水资源评价体系，但是可操作性较差，因为“洪水资源的调节控制所提供的河道外供水量”是一个难以定量的对象。一方面，从流域洪水资源利用的时间过程来看，洪水资源既可在洪水期直接利用，也可通过水利工程控制调蓄后在洪水期结束后利用。另一方面，洪水资源“供水量”与非洪水期地表水资源供水量难以截然分开。因此，难以直接采用上述定义计算太湖流域洪水资源利用量和利用率。为解决这一问题，本书重新定义太湖流域洪水资源利用量，将其定义为“在一定的流域工程条件和洪水调控方案下，整个洪水期内流域蓄变量与同期流域生活、生产和河道外生态直接用水量之和”。根据这一定义，太湖流域洪水资源利用量 $R_{\mathrm{F}}^{\mathrm{U}}$ 的计算公式为

$$R_{\mathrm{F}}^{\mathrm{U}} = \Delta S(t_e) + R_{\mathrm{F}}^{\mathrm{D}}(t_e) \tag{5-4}$$

太湖流域洪水资源利用率的计算公式为

$$\rho_F = R_F^U / R_F \tag{5-5}$$

式（5-4）、式（5-5）中，ΔS 为太湖流域洪水期蓄变量，即为洪水期结束时刻与洪水期开始时刻流域蓄水量之差；R_F^D 为洪水期直接用水量（包括工业、生活用水量、农业灌溉耗水量和河道外生态环境用水量）；ρ_F 为流域洪水资源利用率。

上述定义下的洪水资源利用量和洪水资源利用率可以用来作为太湖流域洪水资源利用规模和利用强度表征因子的理由可以从以下四方面加以阐述。

1）有效增加洪水期流域蓄变量 ΔS，是太湖流域洪水资源利用的重要目标之一，直接体现了对地表径流时程分配不均的调节力度和洪水期之后可利用的水量。流域洪水资源利用最为关注的是洪水期结束时较洪水期开始时流域蓄水量增加了多少（即洪水期流域蓄变量），可为后续枯水阶段提供多少可供安全利用的水资源量。显然 ΔS 越大，流域洪水资源调控的力度也越大，弃水越少，洪水期结束后可供流域利用的水量也越多，洪水资源利用量也越大。太湖流域洪水资源利用量的定义将 ΔS 包括在内，体现流域水资源利用这一实质性目标和要求。

2）在太湖流域现状和今后水资源供需情景下，洪水期的直接供水 R_F^D 是流域洪水资源利用的另一个重要方面。根据太湖流域水资源公报，2005 年太湖流域总用水量为 354.5 亿 m^3，其中工业、农业、生活和生态环境用水量分别为 204.9 亿 m^3、103.3 亿 m^3、36.4 亿 m^3、9.90 亿 m^3。在太湖流域总用水量中，工业用水和生活用水在年内的分配可以认为基本是均匀的，农业灌溉用水量尽管在洪水期的用水强度要小于其他时段。但总的来说，由于太湖流域用水规模和强度很大，同时流域洪水期持续时间一般较长，因此流域洪水期的直接用水量也较大。以 2005 年的水资源供需情景为例，若流域洪水期持续的时间为 30 天，即使不计洪水期的农业灌溉用水量，该阶段太湖流域的工业和生活的直接用水量之和也超过 20.0 亿 m^3。因此，洪水期直接用水量 R_F^D 体现了在洪水期对地表水资源的开发利用规模。

3）总的来说，洪水资源利用量和洪水资源利用率，体现了流域洪水期对地表水资源量的调控规模与强度。根据洪水期水量平衡方程，有如下关系存在

$$R_O(t_e) = R_F - \Delta S(t_e) - E_2(t_e) \tag{5-6}$$

$$E_2(t_e) = K_E R_F^D(t_e) \tag{5-7}$$

式（5-7）中，K_E 是指流域平均耗水率。根据上述两式，显然在流域洪水资源量 R_F 一定的情况下，ΔS 与 R_F^D 之和越大，则在整个洪水期流域出境水量 R_O 越少，表明相应的流域洪水资源利用的规模也越大，利用强度也越高。

4）采用 ΔS 和 R_F^D 来表征和计算太湖洪水资源利用量和利用率，克服了“洪水资源供水量”计算的困难。在新的定义下，洪水资源利用量 R_F^U 所涉及的各项变量均是可以直接或间接估算的变量。其中，ΔS 可以直接根据洪水期始末阶段太湖水位与流域蓄变量的经验关系进行估算。R_F^D 可根据流域用水统计数据直接计算。在流域用水统计数据不完备的情况下，可以根据洪水期流域出入境水量数据进行反推，或者通过流域水量模型进行计算。

因此，综合上述分析，在新的定义下所建立太湖流域洪水资源量和利用率概念是反映太湖流域洪水资源利用规模和利用程度的可行指标。洪水资源利用量越大，说明太湖

流域洪水资源利用的规模越大；洪水资源利用率越高，相应的，太湖流域洪水资源开发利用的程度也越高。流域洪水资源利用的目的就是要在保障流域防洪安全和生态环境安全的范围内，尽可能提高洪水资源利用量和洪水资源利用率。

5.1.3　洪水资源利用潜力

流域洪水资源利用潜力这一概念提出的目的在于为分析新的洪水调度方案情景下，相对于现有或原有洪水调度方案，流域洪水资源可以进一步开发利用的空间，也就是评估流域洪水资源可能增加的利用量。洪水资源利用潜力能够表征洪水资源利用方案进行调整所能够产生的潜在水量效益。

太湖流域洪水资源利用潜力是指“在一定的水文条件和工程条件下，相对于现有或原有洪水资源利用量，通过流域防洪工程体系调度方案的优化，能够进一步调蓄的洪水资源量”，其表达式是

$$R_F^P = R_F^U - R_F^{U_0} \tag{5-8}$$

式（5-8）中，R_F^P 为洪水资源利用潜力；$R_F^{U_0}$ 是指与现有或原有的流域洪水资源调度方案所对应的流域洪水资源利用量；R_F^U 是指某种新的洪水资源调度方案下对应的洪水资源利用量。

从式（5-8）可知，在历史或现状洪水资源利用量一定的情况下，太湖流域洪水资源利用潜力的大小取决于新的调度方案下洪水资源利用量的大小。如果在新的调度方案下，太湖流域洪水资源利用量越大，则流域洪水资源利用潜力越大。

根据太湖流域洪水资源利用量的定义，要增加洪水资源利用量，就是要在保障防洪安全的范围内，增加洪水期流域蓄变量 ΔS 和直接用水量 R_F^D 。其中流域蓄变量的大小主要取决于洪水期始末阶段的太湖水位差。在流域水资源供需条件一定的情况下，如果能够合理抬高洪水期结束阶段的水位（即太湖防洪控制水位），增加洪水期流域蓄变量，则在新的调度方式下太湖流域洪水资源利用量也越大，对应的洪水资源利用潜力也越大。因此，流域洪水资源利用潜力这一指标表征了通过洪水资源利用方案的调整后能够增加的地表水资源利用量。

需要指出的是：洪水资源利用潜力并不是实际增加的洪水资源利用量，而只是一个潜在值。在实际中所能够增加的洪水资源利用量还受到水文预报、实时调度情况等多种因素的影响。同时，洪水资源利用量总是相对于一定的参照条件而言，如果所选择的参照条件不同，那么所得到的流域洪水资源利用潜力是不同的。此外，洪水期直接用水量的增加潜力也是不容忽视的。

5.2　太湖流域洪水资源利用评价方法与计算流程

5.1 节提出了太湖流域洪水资源利用相关概念的定义，同时讨论了相关指标的影响因素，指出了太湖在洪水期开始和结束时刻的防洪控制水位对于洪水资源利用的重要影响。本节进一步在相关概念定义和表达式的基础上，提出太湖流域洪水资源利用评价相关指标的计算方法，建立起太湖流域洪水资源利用评价的流程。

5.2.1　洪水资源量的评价方法

洪水资源量的计算是太湖流域洪水资源利用评价的前提和基础。对于太湖流域而言，在构成流域洪水资源量的两部分水量，即洪水期流域自产天然地表水资源量和外流域引水量，后者根据流域引水数据进行统计即可。而且根据近年来的流域引水资料来看，洪水期流域入境水量较少，因此在流域洪水资源量的构成中居于相对次要地位，所以，本书仅对洪水期太湖流域自产天然地表水资源量的计算方法进行阐述。

由于太湖流域下垫面特别复杂，同时受到剧烈人类活动的影响，因此无法采用常规的水资源评价方法（即根据实测资料进行还原的途径）对太湖流域洪水资源量进行直接计算。但是可以根据流域下垫面的分布情况，利用水文模型对洪水资源量进行计算。具体计算方法与流域水资源评价相同。

根据太湖流域水资源分区（图5-1）和下垫面资料（表5-2），针对流域不同分区的产水特点，按平原区、湖西丘陵区和浙西山区等分别设计产汇流模型，推算洪水期分区产水量，在分区洪水资源量的基础上即可得到全流域洪水资源量。

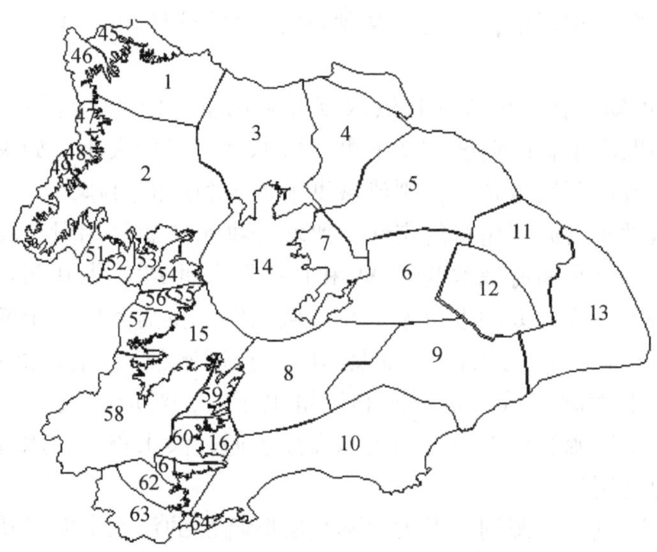

图5-1　太湖流域水资源评价计算分区

表5-2　2000年太湖流域下垫面情况表　　（单位：km^2）

水资源分区	总面积	水域	水田	旱地及其他	建设用地
浙西区	5 931.00	196.03	477.89	4 843.09	414.03
湖西区	7 548.94	586.35	2 675.88	3 172.55	1 114.16
太湖区	3 192.06	2 378.40	94.10	560.45	159.11
武澄锡虞区	3 928.00	252.40	1 758.79	986.76	930.05
阳澄淀泖区	4 393.00	820.73	1 896.78	688.24	987.25
杭嘉湖区	7 436.00	864.79	2 957.78	2 220.34	1 393.09

续表

水资源分区	总面积	水域	水田	旱地及其他	建设用地
浦东区	2 301. 30	224. 73	855. 39	548. 68	672. 50
浦西区	2 165. 20	228. 17	841. 57	162. 60	932. 86
太湖流域合计	36 895. 50	5 551. 62	11 558. 18	13 182. 69	6 603. 05

太湖流域平原区根据雨洪特征基本相似的原则分为 16 个产流区，其产流分成水田、旱地（包括非耕地）、水面、城镇建成区等四种情况进行计算。水田考虑水稻不同生长期的灌溉水深、需水系数、水田下渗及灌排方式；旱地应用一水源一层蒸发的新安江模型；水面由降雨扣除蒸发得到；城镇及其他不透水面则采用净雨乘以径流系数处理。平原区汇流计算分圩内和圩外两种情况分别模拟，圩内汇流考虑排涝模数，圩外使用平原区汇流单位线。各分区的总日净雨深为各类下垫面日净雨深乘以其相应的面积权重后相加，即

$$Q_S(t) = A_W Q_W(t) + A_C Q_C(t) + A_{L_1} Q_{L_1}(t) + A_{L_2} Q_{L_2}(t) \tag{5-9}$$

式（5-9）中，A_W、A_C、A_{L_1}、A_{L_2} 分别为水面、城镇建成区、水田及旱地面积占各分区总面积的权重；$Q_S(t)$ 为各分区的第 t 日净雨深；$Q_W(t)$ 等变量的含义类同。

湖西山丘区分为 10 个产流区，产流计算方法与平原区基本一致。浙西山区属典型的湿润地区，采用新安江三水源日模型来进行产流计算。首先利用诸道岗、禹步街、横塘村、埭溪、桥东村等水文站的实测资料来定新安江模型的参数，然后依据各分区与上述 5 个水文站的地理位置关系，采取就近原则，移用上述 5 个站的模型参数进行各分区的日径流过程计算。

上述产汇流模型已在《太湖流域水资源综合规划》中得到了应用。通过产汇流模型得到浙西区等 8 个水资源分区的逐日净雨深后，根据面积转换成天然径流量后，将洪水期内的逐日天然径流量相加即得到整个太湖流域在洪水期内的逐日天然径流量，再进行累加得到全流域洪水资源量，用公式表示如下

$$R_F(t_e) = \int_{t=t_0}^{t=t_e} \sum_{k=1}^{k=8} Q_S^k(t)\,dt \tag{5-10}$$

式（5-10）中，$Q_S^k(t)$ 是第 k 个水资源分区在第 t 日的天然径流量。

5.2.2　洪水资源利用量评价方法

根据式（5-4）、式（5-5），可以计算流域洪水资源利用量和洪水资源利用率。由于洪水资源利用量由洪水期流域蓄变量 $\Delta S(t_e)$ 和直接用水量 $R_F^D(t_e)$ 两项构成，因此可分别计算两者，然后叠加，即可得到流域洪水资源利用量。

5.2.2.1　洪水期流域蓄变量计算

对于洪水期流域蓄变量，利用第 4 章所建立的太湖流域蓄水量与太湖水位的关系式（4-7），确定流域洪水期后，根据洪水期始末太湖水位差，即可估算得到 $\Delta S(t_e)$ 的大小

$$\Delta S(t_e) = 38.492(h(t_e) - h(t_0)) \tag{5-11}$$

5.2.2.2　洪水期流域直接用水量计算

对于洪水期流域直接用水量 $R_F^D(t_e)$，根据目前太湖流域的用水格局，可分为生活、工业和农业用水量三项进行评估（洪水期的河道外生态环境需水量较小）。其中生活和工业用水可认为在年内的时程分布是相对均匀的，因此其计算方法比较简单，可根据相应的年内总用水量和洪水期占年内总天数的比例计算即可

$$R_F^{D工} = \frac{df}{dy}R_{年}^{工} \tag{5-12}$$

$$R_F^{D生} = \frac{df}{dy}R_{年}^{生} \tag{5-13}$$

式（5-12）、式（5-13）中，df 为洪水期的天数；dy 为年天数；$R_{年}^{工}$表示太湖流域工业用水量；$R_F^{D工}$ 表示洪水期流域工业用水量；$R_{年}^{生}$表示太湖流域生活用水量；$R_F^{D生}$ 洪水期流域生活用水量。根据《太湖流域水资源综合规划》有关调查成果，太湖流域工业用水量 $R_{年}^{工}$ 包括一般工业用水量和火（核）电工业用水量。其中火（核）电工业用水量中有一部分（2000 年为 56.6%）自长江直接提水，因此在后续的洪水资源利用量计算中，该部分火（核）电工业用水量不纳入洪水期直接用水量计算。

太湖流域农业用水量包括农田灌溉用水量和林牧渔用水量，其中农田灌溉用水量占据绝大部分（农田灌溉用水量又以水田灌溉用水量为主）。以 2000 年为例，该年太湖流域农业用水量为 115.4 亿 m^3，其中农田灌溉用水量为 103.2 亿 m^3，林牧渔用水量为 12.2 亿 m^3。农业灌溉用水量在年内的分布受作物种植类型、灌溉制度和降雨分布有关，因此需要根据作物生长期需水过程进行估算。

根据太湖流域主要耗水农业作物（水稻）的灌溉制度，利用水稻田各生长期需水系数及适宜水深、耐淹水深及蒸发能力、降雨分布，在水田逐日产水模型中直接计算农业灌溉用水量，从而估算流域洪水期农业直接用水量的大小。具体计算步骤如下。

1）确定作物需水系数 α 和水面蒸发量 E_{pan} 和水稻耐淹水深 H_{max} 、适宜水深上限 H_U 和适宜水深下限 H_D 。作物需水系数和水稻有关水深可参阅表 5-3。

表 5-3　太湖流域水稻田作物生长期需水系数及特征水深

生长期	起讫时间（月-日）	耐淹水深（mm）	适宜上限（mm）	适宜下限（mm）	需水系数
泡田期	6-14 ~ 6-23	200	10	5	1.00
返青	6-24 ~ 6-30	60	40	20	1.10
分蘖	7-1 ~ 8-4	50	30	20	1.30
孕穗	8-5 ~ 9-3	60	40	20	1.50
抽穗	9-4 ~ 9-16	60	40	20	1.40
乳熟	9-17 ~ 10-15	20	10	0	1.30
黄熟	10-16 ~ 10-20	0	0	0	1.05

2）以日为时段，计算水田灌溉用水量。设 H_1、H_2分别为每日初末用水量。首先令

$$H_2 = H_1 + P - \alpha E_{pan} \tag{5-14}$$

式（5-14）中，P、E_{pan}分别为当日降雨量和水面蒸发量。

当 $H_2 \geqslant H_{max}$ 时，说明无需进行人工灌溉，当天农田灌溉需水量 $Q_F^{D农}$ 为零，并且通过排水使农田水深保持在水稻耐淹水深，这样灌溉用水量和当日末的农田水深分别为

$$Q_F^{D农} = 0,\ H_2 = H_{max} \tag{5-15}$$

当 $H_2 < H_D$ 时，说明该天需进行人工灌溉，以使农田水深达到适宜水深的上限，这样当日灌溉用水量和当日末农田水深分别为

$$Q_F^{D农} = H_U,\ H_2 = H_U \tag{5-16}$$

当 $H_D < H_2 < H_{max}$ 时，说明同样无需进行人工灌溉，这样当日农业灌溉用水量为零，而当日末水深为

$$H_2 = H_1 + P - \alpha E_{pan} \tag{5-17}$$

3）将逐日灌溉用水量累加，即得到整个洪水期的灌溉用水量 $R_F^{D农}$。

5.2.3　洪水资源利用潜力评价方法

洪水资源利用潜力评价的两个关键：一方面，确定洪水资源利用潜力计算的参照条件，即现有或原有的洪水资源利用量 $R_F^{U_0}$；另一方面，要提出流域洪水资源利用方式的调整方案和途径，并估算新的调度方案下的洪水资源利用量 R_F^U，最后才能得到两者相对应的洪水资源利用潜力 R_F^P。

太湖流域水利工程众多，运行方式复杂。流域重要引排工程调度方式的调整都会对太湖流域洪水资源利用情况产生影响。但是在所有的工程运行方式中，太湖防洪控制水位以及望虞河和太浦河的调度方式，对于流域洪水蓄泄关系影响最大。因此，在分析新的洪水资源利用调度方式时，主要针对太湖防洪控制水位和望虞河望亭水利枢纽、常熟水利枢纽和太浦河太浦闸的分级调度方式调整后的洪水资源利用潜力进行估算。望虞河和太浦河分级控泄方式调整对于流域洪水资源利用的影响是不能直接估计的。但是，由于流域水利工程的调度运行基本上都与太湖防洪控制水位的运行方式密切相关，而且太湖流域蓄水量与太湖水位之间存在着紧密的关系，后者可用来表征前者的大小。因此，在一定的用水条件下，可以根据太湖水位（洪水期起调水位、洪水期末太湖防洪控制水位）和流域用水量情景估算新的调度方案下太湖流域洪水资源利用潜力。

太湖洪水资源利用潜力评价的具体方法如下。

1）根据太湖流域历史洪水的实际水位过程，同时利用洪水资源利用量的计算方法，通过计算洪水期流域蓄变量和直接用水量，评价历史或现状条件下流域洪水资源利用量 $W_F^{U_0}$。

2）确定太湖流域洪水资源调度的可能调整方式和途径。

根据洪水资源利用量的定义，影响洪水资源利用量的因素包括洪水期起调水位、结束水位和洪水期直接用水量。洪水期起调水位和结束水位主要由相应阶段的太湖防洪控制水位决定。因此，对于太湖流域洪水资源调度的可能调整方式，在不改变目前的分阶段浮动防洪控制水位调度特征的前提下，有以下三种调整方式。

调整方式 1：太湖汛前期（4 月 1 日至 6 月 15 日）防洪控制水位不变，汛后期（7 月 21 日至 9 月 30 日）和非汛期防洪控制水位进行调整；主汛期（6 月 16 日至 7 月 20

日）防洪控制水位在汛前期和非汛期之间线性变化。

调整方式2：太湖汛前期防洪控制水位抬高，汛后期和非汛期防洪控制水位不变；主汛期防洪控制水位在汛前期和非汛期之间线性变化。

调整方式3：太湖汛前期、汛后期和非汛期防洪控制水位同时进行调整；主汛期防洪控制水位在汛前期和非汛期之间线性变化。

3）根据第4章所建立的太湖流域洪水资源利用识别体系，确定新洪水调度方案下，太湖洪水期起始水位和结束阶段水位的变化范围，即 $h(t_s)$ 和 $h_c(t_e)$ 上下限。

对于洪水期起调水位 $h(t_s)$，其变化范围为 $2.80\text{m} < h(t_s) \leqslant h_c(t_e)$；

对于洪水期结束阶段水位，其变化范围为 $h(t_e) = h_c(t_e) \geqslant h_c^0(t_e)$。

$h_c^0(t_e)$ 表示现状或原有条件下的防洪控制水位。因此，$h(t_s)$ 和 $h_c(t_e)$ 的上下限基本上取决于太湖防洪控制水位调整的方式与幅度。

4）假定在新的洪水调度方案下，遭遇相同的暴雨过程，太湖流域洪水期起始时间与历史洪水相同，在3）的基础上计算新的调度方式下太湖流域洪水期蓄变量和洪水资源利用量。

5）根据历史洪水资源利用量和新的洪水调度方案下的洪水资源利用量，计算太湖流域洪水资源利用潜力

$$R_F^P = (\Delta S - \Delta S^0) + (R_F^D - R_F^{D_0}) \tag{5-18}$$

式中，ΔS^0 和 $R_F^{D_0}$ 分别表示历史或现状条件下的流域蓄变量和洪水期直接用水量。

在不考虑洪水期直接用水量变化的情况下，洪水资源利用潜力实际上是新方案下洪水期蓄变量相对于历史洪水蓄变量的增值，从而归结为历史情况和新调度方式下太湖洪水期起始水位和结束水位的变化。

5.2.4 太湖流域洪水资源利用评价基本流程

在太湖流域洪水资源利用评价相关概念及其计算方法的基础上，提出了流域洪水资源利用评价的基本流程，如图5-2所示。

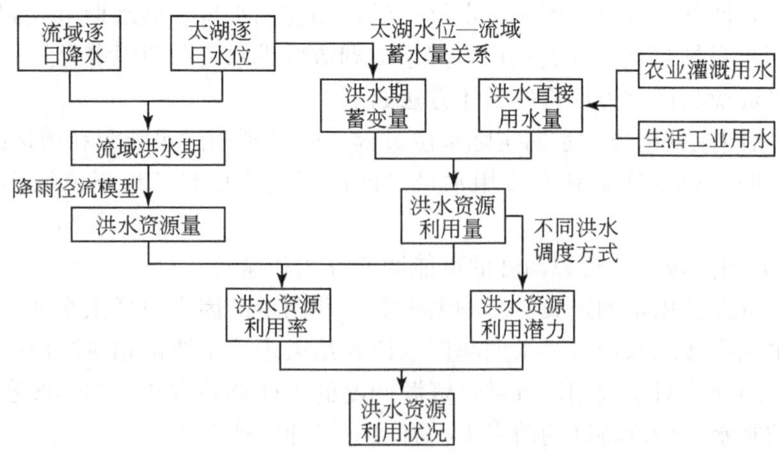

图5-2 太湖流域洪水资源利用评价流程

通过太湖流域逐日降雨和太湖逐日水位确定流域洪水期是洪水资源利用评价的前提。确定洪水期后，利用流域降雨径流模型，即可得到流域洪水资源量。同时根据洪水期始末阶段的水位，利用太湖水位—流域蓄水量关系，可以得到洪水期流域蓄变量，再叠加相应的洪水期直接用水量，即可得到不同调度方案下的流域洪水资源利用量。在洪水资源利用量的基础上，可计算流域洪水资源利用率和利用潜力。

根据图 5-2，可对表征太湖流域洪水资源利用状况的各个要素进行评价，从而全面认识流域洪水资源利用的合理性。首先，洪水资源量这一指标回答了流域洪水资源利用的禀赋是多少这一个基本问题，这是太湖流域洪水资源利用中的第一层阈值条件。其次，通过洪水资源利用量的评价，回答了太湖流域洪水资源利用的规模和强度如何的基本问题。再次，洪水资源利用潜力的评价则回答了在新的洪水调度方式下，流域水资源利用潜在水资源利用效益如何的问题。

上述评价流程中所涉及的数据资料（降雨、水位、用水量）和中间变量（洪水期始末时间、流域蓄变量），均可以直接观测或进行间接计算，因而使得这一评级方法具有可操作性。因此，在分析太湖流域洪水资源利用的历史和现实情况，以及对于初步评估流域洪水资源调度方式是适用的。

5.3　太湖流域洪水资源利用评价结果

5.3.1　洪水资源量评价结果

根据第 4 章中所提出的“洪水”判别标准，1956 ~ 2009 年太湖流域共有 24 个年份发生明显洪水过程。根据洪水期起止时间，利用太湖流域降雨径流模型，计算了这些年份全流域洪水资源量。由于没有历史洪水过程中入境水量的统计数据，因此所计算的洪水资源量不包括洪水期内的外流域引水量。但由于对于全流域而言，洪水期的入境水量较少，因此总的来说对太湖流域洪水资源量评价精度的影响较小。表 5-4 是 1956 ~ 2009 年之间 24 个年份太湖流域洪水资源量的具体评价结果，其他 30 个未列出的年份太湖流域洪水资源量为零。1960 年、1977 年和 1983 年均发生了两次洪水过程（表 5-5），这 3 个年份的流域洪水资源量是前后两次洪水过程对应的洪水资源量之和。

表 5-4　1956 ~ 2009 年太湖流域洪水资源量评价结果　（单位：亿 m^3）

年份	洪水资源量	洪水期降雨量	汛期天然径流量	年天然径流量
1956	187.7	377.8	186.2	220.8
1957	184.0	328.4	195.8	257.7
1960	171.1	389.8	120.6	187.9
1961	87.0	180.1	100.0	171.8
1962	118.3	233.7	151.3	184.8
1969	58.0	91.9	92.8	145.8
1970	66.3	128.2	106.9	145.2

续表

年份	洪水资源量	洪水期降雨量	汛期天然径流量	年天然径流量
1973	71.6	149.9	123.4	187.5
1975	100.3	175.9	118.5	189.4
1977	189.9	368.5	172.0	233.5
1980	173.1	325.1	170.2	213.6
1983	238.7	450.0	160.5	244.6
1984	75.5	154.2	129.9	169.5
1987	140.3	242.0	159.6	228.7
1989	114.7	227.3	147.0	219.4
1990	71.6	147.6	97.4	169.8
1991	192.8	296.3	207.0	287.4
1993	172.8	289.9	191.5	280.6
1995	101.0	131.9	139.1	181.5
1996	134.3	214.4	142.2	211.6
1999	269.2	394.8	278.1	327.1
2007	67.6	120.0	78.8	155.4
2008	86.0	154.7	125.1	173.0
2009	117.2	213.6	125.8	174.0
平均	132.9	241.1	146.7	206.7

表 5-5　1960 年等年份前后两次洪水过程对应的洪水资源量（单位：亿 m^3）

年份	第一次洪水过程		第二次洪水过程	
	洪水资源量	洪水期降雨量	洪水资源量	洪水期降水量
1960	101.5	233.8	69.5	156.1
1977	84.6	163.5	105.3	205.0
1983	139.5	271.7	99.2	178.3

根据表 5-4，24 个“洪水年”太湖流域洪水资源量的均值为 132.9 亿 m^3（折算到 1956～2009 年为 59.1 亿 m^3），最大值为 269.2 亿 m^3（1999 年），最小值为 58.0 亿 m^3（1969 年）。这 24 个“洪水年”的平均洪水资源量相当于同期汛期地表水资源量的 90.6%，相当于同期太湖流域天然地表水资源量的 63.8%。若以 1956～2000 年太湖流域地表水资源量（161.45 亿 m^3，《太湖流域水资源综合规划》）作为标准，则 24 个年份的洪水资源量的均值与平均地表水资源量的比例为 82.3%。这充分说明洪水资源量在太湖地表水资源量构成中的重要性。

图 5-3 进一步列出了 1956～2009 年太湖流域洪水资源量的年际变化图及与年地表水资源量的对比。从图 5-3（a）可知，洪水资源量的年际变化与地表水资源量年际变化具有一定的同步性。从图 5-3（b）可知，在各个洪水年，流域洪水资源量的年际变化也较

大。24 个年份中，洪水资源量超过 1956 ~ 2000 年太湖流域平均地表水资源量的年份有 9 个，介于 100 亿 ~ 161.4 亿 m^3 的年份有 7 个。从洪水年的分布可知，20 世纪 80 ~ 90 年代是太湖流域洪水年分布最为集中的时期，洪水资源量也较大。

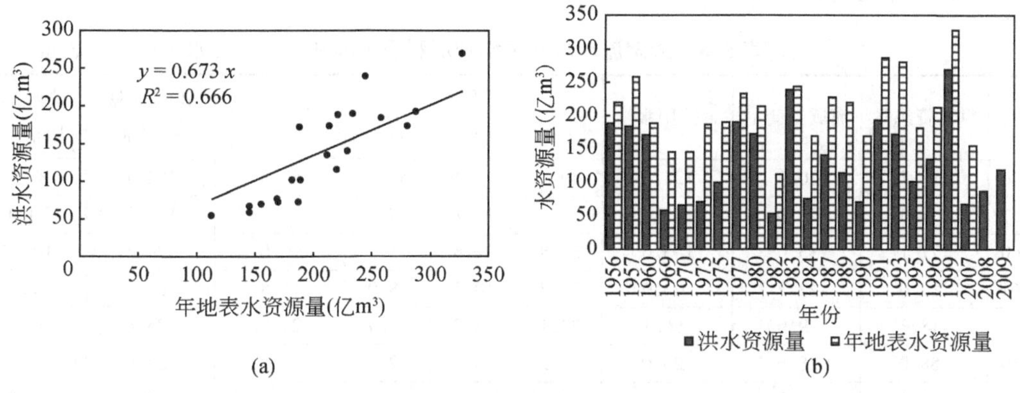

图 5-3　太湖流域洪水资源量与地表水资源量对比图

5.3.2　洪水资源利用量与利用率评价结果

根据太湖流域洪水资源利用量的定义，洪水资源利用量包括两个部分，一部分是洪水期流域蓄变量，一部分是洪水期流域直接用水量。洪水期流域蓄变量，可直接根据 24 个洪水年的太湖逐日水位数据，利用太湖水位—流域蓄水量的关系进行计算。

洪水期直接用水量受水资源供需条件决定，随流域水资源供需条件的不同而不同。洪水期直接用水量包括两种意义：一种意义是，历史上实际发生的直接用水量（如对 1999 年而言，就是当年实际的洪水期直接用水量）；另一种意义是，在某一固定的水资源供需条件下（如某一设计或规划的供需水平），洪水期可能的直接用水量。由于很难得到 20 世纪 50 年代至今的流域系统的用水量数据，同时流域洪水资源量本身受下垫面状况影响，因此，计算的洪水期流域直接用水量是第二种意义上的直接用水量。这样研究中所得到的太湖流域洪水资源利用量和利用率并非历史上的利用量的实际值，但这样进行计算完全可以衡量在某一用水和降雨条件下流域洪水资源量可能达到的利用量及利用程度。同洪水资源量评价相同，这里采用水资源供需水平年是 2000 年。

根据 24 个洪水年的太湖逐日降雨量，逐日水面蒸发量，各分区水田面积，由流域作物灌溉制度，计算了全流域洪水期农业灌溉用水量。同时，计算了在 2000 年水资源供需情景下 24 个洪水年份的工业和生活用水量。

在流域蓄变量和洪水期直接用水量计算的基础上，最后得到了 24 个年份太湖流域洪水资源利用量，并计算了相应的利用率。表 5-6 是太湖流域洪水资源利用量具体计算结果（对 1960 年、1977 年、1983 年的两次洪水过程的利用量进行了合并）。根据这一洪水资源利用量计算成果，可以对现状太湖流域洪水资源利用的规模及洪水资源利用的程度进行分析和评价。

由表 5-6，1956 ~ 2009 年的 24 个洪水年份，多年平均洪水资源利用量为 93.26 亿 m^3，其中流域蓄变量为 20.28 亿 m^3，洪水期直接用水量为 72.98 亿 m^3。由表 5-6 和图 5-4（b）

可知，在太湖流域洪水资源利用量的构成中，洪水期直接用水量占主导地位。洪水期直接用水量占洪水资源利用量的比例的年均值为77.4%，蓄变量占洪水资源利用量的比例为22.6%。这一方面说明，在洪水期太湖流域用水量较大，但另一方面也说明洪水期始末太湖流域蓄变量相对不足。

表5-6　太湖流域现状洪水资源利用量和利用率　（水量单位：亿 m^3）

年份	洪水资源量	流域蓄变量	直接用水量	其中：工业	其中：生活	其中：农业	流域耗水量	洪水资源利用量	洪水资源利用率（%）
1956	187.7	30.9	121.4	49.1	19.4	52.9	49.3	152.4	81.2
1957	184.0	26.0	111.0	38.1	15.1	57.8	50.2	137.0	74.4
1960	171.1	33.6	145.6	57.8	22.8	65.0	60.0	179.3	104.8
1961	87.0	22.7	43.9	25.7	10.2	8.0	11.8	66.7	76.6
1962	118.3	9.6	66.1	32.1	12.7	21.4	22.8	75.8	64.1
1969	58.0	28.6	25.0	9.2	3.6	12.1	10.8	53.6	92.4
1970	66.3	19.8	40.5	13.4	5.3	21.8	18.7	60.2	90.9
1973	71.6	9.6	50.5	20.2	8.0	22.3	20.7	60.1	83.9
1975	100.3	22.0	51.0	16.6	6.5	27.9	23.8	73.0	72.8
1977	189.9	33.9	104.9	46.2	18.3	40.4	39.7	138.9	73.1
1980	173.1	31.5	98.3	37.3	14.7	46.3	41.8	129.8	75.0
1983	238.7	44.8	123.6	57.0	22.5	44.1	44.9	168.4	70.6
1984	75.5	16.9	45.4	16.6	6.5	22.3	19.8	62.2	82.4
1987	140.3	19.9	74.4	24.2	9.6	40.6	34.7	94.3	67.2
1989	114.7	8.9	88.9	30.7	12.2	46.0	40.1	97.7	85.2
1990	71.6	23.1	60.3	18.1	7.2	35.0	29.3	83.4	116.6
1991	192.8	9.2	82.8	27.9	11.0	43.9	37.9	92.0	47.7
1993	172.8	12.3	84.3	29.4	11.6	43.3	37.8	96.6	55.9
1995	101.0	10.8	33.9	12.6	5.0	16.3	14.6	44.7	44.2
1996	134.3	20.0	62.9	21.5	8.5	32.8	28.5	82.9	61.7
1999	269.2	16.2	81.2	30.7	12.2	38.3	34.6	97.4	36.2
2007	67.6	6.9	42.0	18.9	7.5	15.6	15.6	48.9	72.4
2008	86.0	15.4	43.9	16.6	6.5	20.8	18.8	59.3	69.0
2009	117.2	14.2	69.5	22.6	8.9	38.0	32.4	83.7	71.4
平均	132.9	20.3	73.0	28.0	11.1	33.9	30.8	93.3	73.7

太湖流域洪水资源利用量的年际分布极不均匀。1956～2009年期间，流域洪水资源利用量最大的年份是1960年，该年洪水资源利用量为179.3亿 m^3（其中第一次洪水过程利用量为94.3亿 m^3，第二次为85.0亿 m^3），洪水资源利用量最小的年份是1995年，该年洪水资源利用量仅44.7亿 m^3。

由于洪水期直接用水量是太湖流域洪水资源利用量的主要构成部分，因此洪水资源利用量与洪水期起始日期和持续时间密切相关，如图5-5（a）所示。洪水期越长，则工业用水和生活用水量越大。洪水期与作物（主要是水稻）生长期主要耗水时段的重叠程度越大，则农业用水量越大。同时，洪水资源利用量与洪水资源量（由洪水期降雨量及

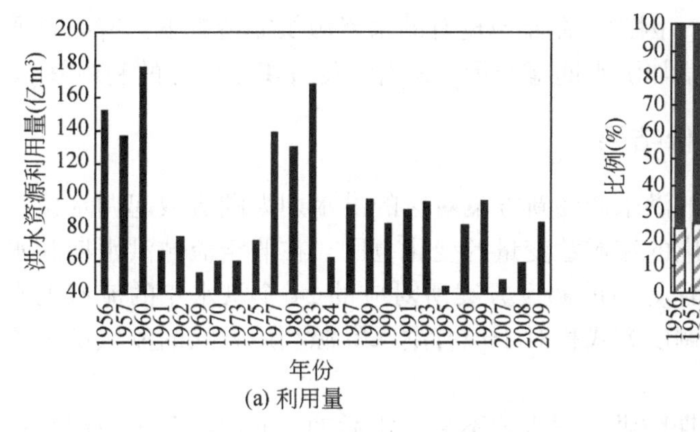

(a) 利用量

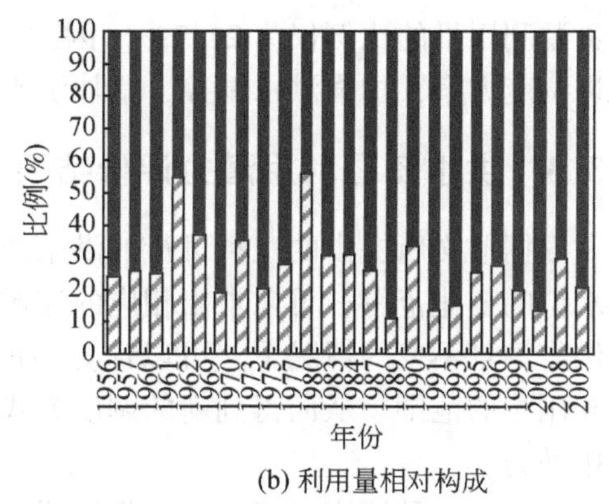

(b) 利用量相对构成
■直接用水量 ▨流域蓄变量

图 5-4　太湖洪水资源利用量及相对构成

降雨时程分布决定）也有一定关系。但两者不是简单的线性关系。当洪水资源量逐步增加时，洪水资源利用量与洪水资源量的关系比较散乱，洪水资源利用量不随洪水资源量的增加而简单增加。当流域洪水资源量较小时，两者总体上呈正相关关系。当流域洪水资源量超过 150 亿 m^3时不同年份洪水资源利用量相差很大，说明洪水资源利用量受到流域前期蓄水量（影响蓄变量）和洪水期用水量的影响很大。

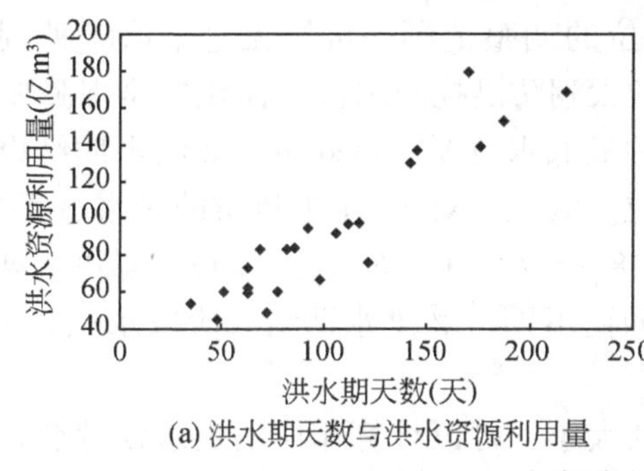

(a) 洪水期天数与洪水资源利用量

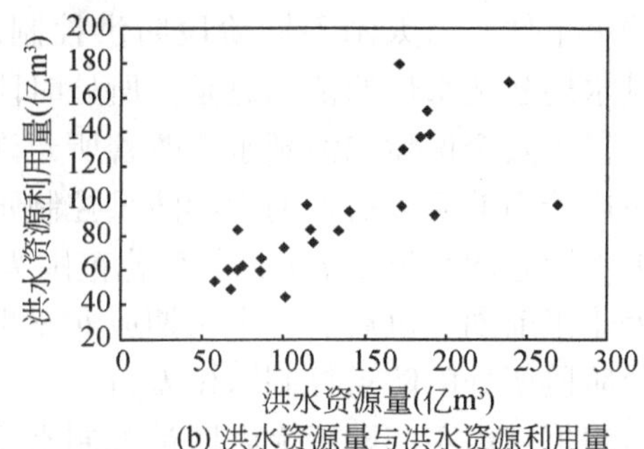

(b) 洪水资源量与洪水资源利用量

图 5-5　太湖洪水资源利用量关系图

从流域洪水资源利用率来看，1956 ~ 2009 年的 24 个洪水年份，多年平均洪水资源利用率为 73.7%。洪水资源利用率最高的年份为 1990 年，该年利用率为 116.6%，说明在这一水文条件下，流域本地洪水资源量已不能满足洪水期流域水资源利用的要求（类似的是 1960 年）。洪水资源利用率最低的年份是 1999 年，利用率仅为 36.2%，其原因主要在于当年洪水期降雨量很大，且高度集中，流域洪水资源量很大，因此大量洪水直接出境，未能转化为可利用的地表水资源量。此外，1991 年、1995 年、1962 年、1996 年太湖流域洪水资源利用率也较低。其他年份，太湖流域洪水资源利用率大致在 70% 左右。

根据《太湖流域水资源综合规划》，1994 ~ 2000 年太湖流域平均水资源开发利用率为 91.0%，因此相对于地表水资源利用率，太湖流域洪水资源利用率明显偏低。各年洪水期均存在较大出境水量，因此太湖流域洪水资源利用存在进一步调控利用的空间。从图 5-4（b）来看，太湖流域洪水资源利用率较低的原因主要是流域蓄变量较小。在平均情况下，流域蓄变量（20.28 亿 m^3）相对平均洪水资源量的比例仅为 15.3%，占平均洪水资源利用量的比例仅为21.7%。因此，在流域现有的水资源供需情景下，有必要通过改进调度方案，加强洪水调控，增加洪水期蓄变量，来有效提高洪水资源的利用率。

5.3.3 洪水资源利用潜力评价结果

根据前文所提出的三种可行的洪水调度新方案对应的洪水期太湖流域起调水位和结束水位的变化范围，可以求出相应的流域蓄变量的变化范围。在假定流域洪水期和水资源供需情景不变的情况下，可以计算新的调度方案所对应的24个洪水年的流域洪水资源利用量的范围。从而得到新的调度方式相对于现有洪水资源利用方式的流域洪水资源利用潜力。

对于第一种调度方式（汛前期防洪控制水位不变，汛后期、非汛期防洪控制水位抬高），本研究认为汛后期防洪控制水位抬高的最大幅度为0.50m，即抬高到4.00m。对于第二种调度方式（汛前期防洪控制水位抬高，汛后期、非汛期防洪控制水位不变），本研究认为汛前期防洪控制水位抬高的最大幅度为0.30m，即允许抬高到3.30m。而对于第三种调度方式（汛前期防洪控制水位，汛后期、非汛期防洪控制水位均抬高），本研究认为汛后期防洪控制水位抬高的最大幅度为0.50m，即抬高到4.00m。汛前期防洪控制水位的抬高的最大幅度为0.30m，即允许抬高至3.30m。

根据第4章建立的太湖流域洪水资源利用识别体系中太湖洪水期起调水位与结束水位的约束条件，由太湖不同阶段防洪控制水位的调整范围，可知无论采取哪种调度方式，洪水期起调水位的范围总是由所处时段的太湖防洪控制水位（防洪安全保障要求）、水资源供需安全保障和河湖水质改善所允许的最低水位要求所确定，而洪水期结束水位总是对应着当前阶段所处的太湖防洪控制水位。因此，对于24个年份的洪水过程均有：①对洪水期起调水位$h(t_s)$，其变化范围为$2.8\text{m} \leqslant h(t_s) \leqslant h_c(t_s)$，$h_c(t_s)$随洪水期起始时刻处于汛前期、汛后期、主汛期或非汛期的而不同。②洪水期结束阶段水位$h(t_e)$等于当前阶段所处的防洪控制水位$h_c(t_e)$。

再根据年内不同阶段太湖防洪控制水位的大小，可以计算相应的洪水期蓄变量的变化范围，从而得到相应于现状洪水资源利用量的潜力范围。

表5-7～表5-9是调度方式1情况下，太湖汛后期防洪控制水位在3.50～4.00m变化时所对应的流域洪水资源利用潜力的上下限。表5-10～表5-12是调度方式2情况下，太湖汛前期防洪控制水位抬高至3.10～3.30m，太湖汛后期防洪控制水位保持在现有的3.50m时所对应的流域洪水资源利用潜力的上下限。表5-13～表5-15是在调度方式3情况下，太湖汛前期防洪控制水位抬高至3.20m，汛后期防洪控制水位在3.60～4.00m变化时所对应的洪水资源利用潜力的上下限。

表5-7 洪水资源利用潜力（调度方式1，太湖汛后期防洪控制水位3.50m）

年份	洪水期起调水位上限（m）	洪水期起调水位下限（m）	洪水期结束水位（m）	洪水期蓄变量上限（亿m³）	洪水期蓄变量下限（亿m³）	利用潜力上限（亿m³）	利用潜力下限（亿m³）
1956	3.00	2.80	3.50	26.94	19.25	0.0	0.0
1957	3.00	2.80	3.50	26.94	19.25	0.9	0.0

续表

年份	洪水期起调水位上限（m）	洪水期起调水位下限（m）	洪水期结束水位（m）	洪水期蓄变量上限（亿 m^3）	洪水期蓄变量下限（亿 m^3）	利用潜力上限（亿 m^3）	利用潜力下限（亿 m^3）
1960	3.50	2.80	3.40	22.98	0.00	17.0	0.0
	3.50	2.80	3.50	26.94	0.00		
1961	3.50	2.80	3.50	26.94	0.00	4.2	0.0
1962	3.50	2.80	3.50	26.94	0.00	17.3	0.0
1969	3.17	2.80	3.50	26.94	12.65	0.0	0.0
1970	3.03	2.80	3.50	26.94	18.15	7.2	0.0
1973	3.00	2.80	3.50	26.94	19.25	17.3	9.6
1975	3.00	2.80	3.50	26.94	19.25	4.9	0.0
1977	3.50	2.80	3.50	26.94	0.00	19.9	0.0
	3.00	2.80	3.50	26.94	19.25		
1980	3.00	2.80	3.50	26.94	19.25	0.0	0.0
1983	3.00	2.80	3.50	26.94	19.25	14.8	0.0
	3.50	2.80	3.50	26.94	0.00		
1984	3.00	2.80	3.50	26.94	19.25	10.1	2.4
1987	3.23	2.80	3.50	26.94	10.45	7.0	0.0
1989	3.21	2.80	3.50	26.94	11.00	18.1	2.1
1990	3.50	2.80	3.50	26.94	0.00	3.8	0.0
1991	3.00	2.80	3.50	26.94	19.25	17.7	10.0
1993	3.00	2.80	3.50	26.94	19.25	14.6	6.9
1995	3.03	2.80	3.50	26.94	18.15	16.2	7.4
1996	3.00	2.80	3.50	26.94	19.25	6.9	0.0
1999	3.00	2.80	3.50	26.94	19.25	10.8	3.1
2007	3.50	2.80	3.50	26.94	0.00	20.0	0.0
2008	3.00	2.80	3.50	26.94	19.25	11.5	3.8
2009	3.06	2.80	3.50	26.94	17.05	12.7	2.8
平均						10.5	2.0

表 5-8　洪水资源利用潜力（调度方式 1，汛后期防洪控制水位 3.80m）

年份	洪水期起调水位上限（m）	洪水期起调水位下限（m）	洪水期结束水位（m）	洪水期蓄变量上限（亿 m^3）	洪水期蓄变量下限（亿 m^3）	利用潜力上限（亿 m^3）	利用潜力下限（亿 m^3）
1956	3.00	2.80	3.80	38.5	30.8	7.5	0.0
1957	3.00	2.80	3.80	38.5	30.8	12.5	4.8
1960	3.80	2.80	3.64	32.2	0.0	37.0	0.0
	3.80	2.80	3.80	38.5	0.0		

续表

年份	洪水期起调水位上限（m）	洪水期起调水位下限（m）	洪水期结束水位（m）	洪水期蓄变量上限（亿 m^3）	洪水期蓄变量下限（亿 m^3）	利用潜力上限（亿 m^3）	利用潜力下限（亿 m^3）
1961	3.80	2.80	3.80	38.5	0.0	15.8	0.0
1962	3.80	2.80	3.80	38.5	0.0	28.9	0.0
1969	3.27	2.80	3.80	38.5	20.2	9.9	0.0
1970	3.05	2.80	3.80	38.5	29.0	18.7	9.2
1973	3.00	2.80	3.80	38.5	30.8	28.9	21.2
1975	3.00	2.80	3.80	38.5	30.8	16.5	8.8
1977	3.80	2.80	3.80	38.5	0.0	43.0	8.9
	3.00	2.80	3.80	38.5	30.8		
1980	3.00	2.80	3.80	38.5	30.8	7.0	0.0
1983	3.00	2.80	3.80	38.5	30.8	32.2	0.0
	3.80	2.80	3.80	38.5	0.0		
1984	3.00	2.80	3.80	38.5	30.8	21.6	13.9
1987	3.37	2.80	3.80	38.5	16.7	18.6	0.0
1989	3.34	2.80	3.80	38.5	17.6	29.6	8.7
1990	3.80	2.80	3.80	38.5	0.0	15.4	0.0
1991	3.00	2.80	3.80	38.5	30.8	29.3	21.6
1993	3.00	2.80	3.80	38.5	30.8	26.2	18.5
1995	3.05	2.80	3.80	38.5	29.0	27.7	18.3
1996	3.00	2.80	3.80	38.5	30.8	18.5	10.8
1999	3.00	2.80	3.80	38.5	30.8	22.3	14.6
2007	3.80	2.80	3.80	38.5	0.0	31.6	0.0
2008	3.00	2.80	3.80	38.5	30.8	23.1	15.4
2009	3.09	2.80	3.80	38.5	27.3	24.2	13.0
平均						22.8	7.8

表 5-9　洪水资源利用潜力（调度方式 1，汛后期防洪控制水位 4.00m）

年份	洪水期起调水位上限（m）	洪水期起调水位下限（m）	洪水期结束水位（m）	洪水期蓄变量上限（亿 m^3）	洪水期蓄变量下限（亿 m^3）	利用潜力上限（亿 m^3）	利用潜力下限（亿 m^3）
1956	3.00	2.80	4.00	46.2	38.5	15.2	7.5
1957	3.00	2.80	4.00	46.2	38.5	20.2	12.5
1960	4.00	2.80	3.79	38.3	0.0	50.8	0.0
	4.00	2.80	4.00	46.2	0.0		
1961	4.00	2.80	4.00	46.2	0.0	23.5	0.0
1962	4.00	2.80	4.00	46.2	0.0	36.6	0.0

续表

年份	洪水期起调水位上限（m）	洪水期起调水位下限（m）	洪水期结束水位（m）	洪水期蓄变量上限（亿 m^3）	洪水期蓄变量下限（亿 m^3）	利用潜力上限（亿 m^3）	利用潜力下限（亿 m^3）
1969	3.34	2.80	4.00	46.2	25.3	17.6	0.0
1970	3.06	2.80	4.00	46.2	36.3	26.4	16.5
1973	3.00	2.80	4.00	46.2	38.5	36.6	28.9
1975	3.00	2.80	4.00	46.2	38.5	24.2	16.5
1977	4.00	2.80	4.00	46.2	0.0	58.4	16.6
	3.00	2.80	4.00	46.2	38.5		
1980	3.00	2.80	4.00	46.2	38.5	14.7	7.0
1983	3.00	2.80	4.00	46.2	38.5	47.6	5.9
	4.00	2.80	4.00	46.2	0.0		
1984	3.00	2.80	4.00	46.2	38.5	29.3	21.6
1987	3.46	2.80	4.00	46.2	20.9	26.3	1.0
1989	3.43	2.80	4.00	46.2	22.0	37.3	13.1
1990	4.00	2.80	4.00	46.2	0.0	23.1	0.0
1991	3.00	2.80	4.00	46.2	38.5	37.0	29.3
1993	3.00	2.80	4.00	46.2	38.5	33.9	26.2
1995	3.06	2.80	4.00	46.2	36.3	35.4	25.5
1996	3.00	2.80	4.00	46.2	38.5	26.2	18.5
1999	3.00	2.80	4.00	46.2	38.5	30.0	22.3
2007	4.00	2.80	4.00	46.2	0.0	39.3	0.0
2008	3.00	2.80	4.00	46.2	38.5	30.8	23.1
2009	3.11	2.80	4.00	46.2	34.1	31.9	19.9
平均						31.3	13.0

表 5-10　洪水资源利用潜力（调度方式 2，太湖汛后期防洪控制水位 3.50m，汛前期 3.10m）

年份	洪水期起调水位上限（m）	洪水期起调水位下限（m）	洪水期结束水位（m）	洪水期蓄变量上限（亿 m^3）	洪水期蓄变量下限（亿 m^3）	利用潜力上限（亿 m^3）	利用潜力下限（亿 m^3）
1956	3.10	2.80	3.50	26.9	15.4	0.0	0.0
1957	3.10	2.80	3.50	26.9	15.4	0.9	0.0
1960	3.50	2.80	3.32	19.9	0.0	17.0	0.0
	3.50	2.80	3.50	26.9	0.0		
1961	3.50	2.80	3.50	26.9	0.0	4.2	0.0
1962	3.50	2.80	3.50	26.9	0.0	17.3	0.0
1969	3.24	2.80	3.50	26.9	10.1	0.0	0.0
1970	3.12	2.80	3.50	26.9	14.5	7.2	0.0

续表

年份	洪水期起调水位上限（m）	洪水期起调水位下限（m）	洪水期结束水位（m）	洪水期蓄变量上限（亿 m^3）	洪水期蓄变量下限（亿 m^3）	利用潜力上限（亿 m^3）	利用潜力下限（亿 m^3）
1973	3.10	2.80	3.50	26.9	15.4	17.3	5.8
1975	3.10	2.80	3.50	26.9	15.4	4.9	0.0
1977	3.50	2.80	3.50	26.9	0.0	19.9	0.0
	3.10	2.80	3.50	26.9	15.4		
1980	3.10	2.80	3.50	26.9	15.4	0.0	0.0
1983	3.10	2.80	3.50	26.9	15.4	14.8	0.0
	3.50	2.80	3.50	26.9	0.0		
1984	3.10	2.80	3.50	26.9	15.4	10.1	0.0
1987	3.28	2.80	3.50	26.9	8.4	7.0	0.0
1989	3.27	2.80	3.50	26.9	8.8	18.1	0.0
1990	3.50	2.80	3.50	26.9	0.0	3.8	0.0
1991	3.10	2.80	3.50	26.9	15.4	17.7	6.2
1993	3.10	2.80	3.50	26.9	15.4	14.6	3.1
1995	3.12	2.80	3.50	26.9	14.5	16.2	3.7
1996	3.10	2.80	3.50	26.9	15.4	6.9	0.0
1999	3.10	2.80	3.50	26.9	15.4	10.8	0.0
2007	3.50	2.80	3.50	26.9	0.0	20.0	0.0
2008	3.10	2.80	3.50	26.9	15.4	11.5	0.0
2009	3.15	2.80	3.50	26.9	13.6	12.7	0.0
平均						10.5	0.8

表 5-11 洪水资源利用潜力（调度方式 2，太湖汛后期防洪控制水位 3.50m，汛前期 3.20m）

年份	洪水期起调水位上限（m）	洪水期起调水位下限（m）	洪水期结束水位（m）	洪水期蓄变量上限（亿 m^3）	洪水期蓄变量下限（亿 m^3）	利用潜力上限（亿 m^3）	利用潜力下限（亿 m^3）
1956	3.20	2.80	3.50	26.9	11.5	0.0	0.0
1957	3.20	2.80	3.50	26.9	11.5	0.9	0.0
1960	3.50	2.80	3.24	16.9	0.0	17.0	0.0
	3.50	2.80	3.50	26.9	0.0		
1961	3.50	2.80	3.50	26.9	0.0	4.2	0.0
1962	3.50	2.80	3.50	26.9	0.0	17.3	0.0
1969	3.30	2.80	3.50	26.9	7.6	0.0	0.0
1970	3.22	2.80	3.50	26.9	10.9	7.2	0.0
1973	3.20	2.80	3.50	26.9	11.5	17.3	1.9
1975	3.20	2.80	3.50	26.9	11.5	4.9	0.0

续表

年份	洪水期起调水位上限（m）	洪水期起调水位下限（m）	洪水期结束水位（m）	洪水期蓄变量上限（亿 m^3）	洪水期蓄变量下限（亿 m^3）	利用潜力上限（亿 m^3）	利用潜力下限（亿 m^3）
1977	3.50	2.80	3.50	26.9	0.0	19.9	0.0
	3.20	2.80	3.50	26.9	11.5		
1980	3.20	2.80	3.50	26.9	11.5	0.0	0.0
1983	3.20	2.80	3.50	26.9	11.5	14.8	0.0
	3.50	2.80	3.50	26.9	0.0		
1984	3.20	2.80	3.50	26.9	11.5	10.1	0.0
1987	3.34	2.80	3.50	26.9	6.3	7.0	0.0
1989	3.33	2.80	3.50	26.9	6.6	18.1	0.0
1990	3.50	2.80	3.50	26.9	0.0	3.8	0.0
1991	3.20	2.80	3.50	26.9	11.5	17.7	2.3
1993	3.20	2.80	3.50	26.9	11.5	14.6	0.0
1995	3.22	2.80	3.50	26.9	10.9	16.2	0.1
1996	3.20	2.80	3.50	26.9	11.5	6.9	0.0
1999	3.20	2.80	3.50	26.9	11.5	10.8	0.0
2007	3.50	2.80	3.50	26.9	0.0	20.0	0.0
2008	3.20	2.80	3.50	26.9	11.5	11.5	0.0
2009	3.23	2.80	3.50	26.9	10.2	12.7	0.0
平均						10.5	0.2

表5-12　洪水资源利用潜力（调度方式2，太湖汛后期防洪控制水位3.50m，汛前期3.30m）

年份	洪水期起调水位上限（m）	洪水期起调水位下限（m）	洪水期结束水位（m）	洪水期蓄变量上限（亿 m^3）	洪水期蓄变量下限（亿 m^3）	利用潜力上限（亿 m^3）	利用潜力下限（亿 m^3）
1956	3.30	2.80	3.50	26.9	7.7	0.0	0.0
1957	3.30	2.80	3.50	26.9	7.7	0.9	0.0
1960	3.50	2.80	3.16	13.8	0.0	17.0	0.0
	3.50	2.80	3.50	26.9	0.0		
1961	3.50	2.80	3.50	26.9	0.0	4.2	0.0
1962	3.50	2.80	3.50	26.9	0.0	17.3	0.0
1969	3.37	2.80	3.50	26.9	5.1	0.0	0.0
1970	3.31	2.80	3.50	26.9	7.3	7.2	0.0
1973	3.30	2.80	3.50	26.9	7.7	17.3	0.0
1975	3.30	2.80	3.50	26.9	7.7	4.9	0.0
1977	3.50	2.80	3.50	26.9	0.0	19.9	0.0
	3.30	2.80	3.50	26.9	7.7		

续表

年份	洪水期起调水位上限（m）	洪水期起调水位下限（m）	洪水期结束水位（m）	洪水期蓄变量上限（亿 m³）	洪水期蓄变量下限（亿 m³）	利用潜力上限（亿 m³）	利用潜力下限（亿 m³）
1980	3.30	2.80	3.50	26.9	7.7	0.0	0.0
1983	3.30	2.80	3.50	26.9	7.7	14.8	0.0
	3.50	2.80	3.50	26.9	0.0		
1984	3.30	2.80	3.50	26.9	7.7	10.1	0.0
1987	3.39	2.80	3.50	26.9	4.2	7.0	0.0
1989	3.39	2.80	3.50	26.9	4.4	18.1	0.0
1990	3.50	2.80	3.50	26.9	0.0	3.8	0.0
1991	3.30	2.80	3.50	26.9	7.7	17.7	0.0
1993	3.30	2.80	3.50	26.9	7.7	14.6	0.0
1995	3.31	2.80	3.50	26.9	7.3	16.2	0.0
1996	3.30	2.80	3.50	26.9	7.7	6.9	0.0
1999	3.30	2.80	3.50	26.9	7.7	10.8	0.0
2007	3.50	2.80	3.50	26.9	0.0	20.0	0.0
2008	3.30	2.80	3.50	26.9	7.7	11.5	0.0
2009	3.32	2.80	3.50	26.9	6.8	12.7	0.0
平均						10.5	0.0

表 5-13　洪水资源利用潜力（调度方式 3，太湖汛后期防洪控制水位 3.60m，汛前期 3.20m）

年份	洪水期起调水位上限（m）	洪水期起调水位下限（m）	洪水期结束水位（m）	洪水期蓄变量上限（亿 m³）	洪水期蓄变量下限（亿 m³）	利用潜力上限（亿 m³）	利用潜力下限（亿 m³）
1956	3.20	2.80	3.60	30.8	15.4	0.0	0.0
1957	3.20	2.80	3.60	30.8	15.4	4.8	0.0
1960	3.60	2.80	3.32	19.9	0.0	20.9	0.0
	3.60	2.80	3.60	30.8	0.0		
1961	3.60	2.80	3.60	30.8	0.0	8.1	0.0
1962	3.60	2.80	3.60	30.8	0.0	21.2	0.0
1969	3.34	2.80	3.60	30.8	10.1	2.2	0.0
1970	3.22	2.80	3.60	30.8	14.5	11.0	0.0
1973	3.20	2.80	3.60	30.8	15.4	21.2	5.8
1975	3.20	2.80	3.60	30.8	15.4	8.8	0.0
1977	3.60	2.80	3.60	30.8	0.0	27.6	0.0
	3.20	2.80	3.60	30.8	15.4		
1980	3.20	2.80	3.60	30.8	15.4	0.0	0.0

续表

年份	洪水期起调水位上限（m）	洪水期起调水位下限（m）	洪水期结束水位（m）	洪水期蓄变量上限（亿 m^3）	洪水期蓄变量下限（亿 m^3）	利用潜力上限（亿 m^3）	利用潜力下限（亿 m^3）
1983	3.20	2.80	3.60	30.8	15.4	18.6	0.0
	3.60	2.80	3.60	30.8	0.0		
1984	3.20	2.80	3.60	30.8	15.4	13.9	0.0
1987	3.38	2.80	3.60	30.8	8.4	10.9	0.0
1989	3.37	2.80	3.60	30.8	8.8	21.9	0.0
1990	3.60	2.80	3.60	30.8	0.0	7.7	0.0
1991	3.20	2.80	3.60	30.8	15.4	21.6	6.2
1993	3.20	2.80	3.60	30.8	15.4	18.5	3.1
1995	3.22	2.80	3.60	30.8	14.5	20.0	3.7
1996	3.20	2.80	3.60	30.8	15.4	10.8	0.0
1999	3.20	2.80	3.60	30.8	15.4	14.6	0.0
2007	3.60	2.80	3.60	30.8	0.0	23.9	0.0
2008	3.20	2.80	3.60	30.8	15.4	15.4	0.0
2009	3.25	2.80	3.60	30.8	13.6	16.6	0.0
平均						14.2	0.8

表5-14　洪水资源利用潜力（调度方式3，太湖汛后期防洪控制水位3.80m，汛前期3.20m）

年份	洪水期起调水位上限（m）	洪水期起调水位下限（m）	洪水期结束水位（m）	洪水期蓄变量上限（亿 m^3）	洪水期蓄变量下限（亿 m^3）	利用潜力上限（亿 m^3）	利用潜力下限（亿 m^3）
1956	3.20	2.80	3.80	38.5	23.1	7.5	0.0
1957	3.20	2.80	3.80	38.5	23.1	12.5	0.0
1960	3.80	2.80	3.48	26.0	0.0	30.9	0.0
	3.80	2.80	3.80	38.5	0.0		
1961	3.80	2.80	3.80	38.5	0.0	15.8	0.0
1962	3.80	2.80	3.80	38.5	0.0	28.9	0.0
1969	3.41	2.80	3.80	38.5	15.2	9.9	0.0
1970	3.23	2.80	3.80	38.5	21.8	18.7	2.0
1973	3.20	2.80	3.80	38.5	23.1	28.9	13.5
1975	3.20	2.80	3.80	38.5	23.1	16.5	1.1
1977	3.80	2.80	3.80	38.5	0.0	43.0	1.2
	3.20	2.80	3.80	38.5	23.1		
1980	3.20	2.80	3.80	38.5	23.1	7.0	0.0
1983	3.20	2.80	3.80	38.5	23.1	32.2	0.0
	3.80	2.80	3.80	38.5	0.0		

续表

年份	洪水期起调水位上限（m）	洪水期起调水位下限（m）	洪水期结束水位（m）	洪水期蓄变量上限（亿 m^3）	洪水期蓄变量下限（亿 m^3）	利用潜力上限（亿 m^3）	利用潜力下限（亿 m^3）
1984	3.20	2.80	3.80	38.5	23.1	21.6	6.2
1987	3.47	2.80	3.80	38.5	12.5	18.6	0.0
1989	3.46	2.80	3.80	38.5	13.2	29.6	4.3
1990	3.80	2.80	3.80	38.5	0.0	15.4	0.0
1991	3.20	2.80	3.80	38.5	23.1	29.3	13.9
1993	3.20	2.80	3.80	38.5	23.1	26.2	10.8
1995	3.23	2.80	3.80	38.5	21.8	27.7	11.0
1996	3.20	2.80	3.80	38.5	23.1	18.5	3.1
1999	3.20	2.80	3.80	38.5	23.1	22.3	6.9
2007	3.80	2.80	3.80	38.5	0.0	31.6	0.0
2008	3.20	2.80	3.80	38.5	23.1	23.1	7.7
2009	3.27	2.80	3.80	38.5	20.5	24.2	6.2
平均						22.5	3.7

表 5-15　洪水资源利用潜力（调度方式 3，太湖汛后期防洪控制水位 4.00m，汛前期 3.20m）

<table>
<tr><th>年份</th><th>洪水期起调水位上限（m）</th><th>洪水期起调水位下限（m）</th><th>洪水期结束水位（m）</th><th>洪水期蓄变量上限（亿 m^3）</th><th>洪水期蓄变量下限（亿 m^3）</th><th>利用潜力上限（亿 m^3）</th><th>利用潜力下限（亿 m^3）</th></tr>
<tr><td>1956</td><td>3.20</td><td>2.80</td><td>4.00</td><td>46.2</td><td>30.8</td><td>15.2</td><td>0.0</td></tr>
<tr><td>1957</td><td>3.20</td><td>2.80</td><td>4.00</td><td>46.2</td><td>30.8</td><td>20.2</td><td>4.8</td></tr>
<tr><td rowspan="2">1960</td><td>4.00</td><td>2.80</td><td>3.64</td><td>32.2</td><td>0.0</td><td rowspan="2">44.7</td><td rowspan="2">0.0</td></tr>
<tr><td>4.00</td><td>2.80</td><td>4.00</td><td>46.2</td><td>0.0</td></tr>
<tr><td>1961</td><td>4.00</td><td>2.80</td><td>4.00</td><td>46.2</td><td>0.0</td><td>23.5</td><td>0.0</td></tr>
<tr><td>1962</td><td>4.00</td><td>2.80</td><td>4.00</td><td>46.2</td><td>0.0</td><td>36.6</td><td>0.0</td></tr>
<tr><td>1969</td><td>3.47</td><td>2.80</td><td>4.00</td><td>46.2</td><td>20.2</td><td>17.6</td><td>0.0</td></tr>
<tr><td>1970</td><td>3.25</td><td>2.80</td><td>4.00</td><td>46.2</td><td>29.0</td><td>26.4</td><td>9.2</td></tr>
<tr><td>1973</td><td>3.20</td><td>2.80</td><td>4.00</td><td>46.2</td><td>30.8</td><td>36.6</td><td>21.2</td></tr>
<tr><td>1975</td><td>3.20</td><td>2.80</td><td>4.00</td><td>46.2</td><td>30.8</td><td>24.2</td><td>8.8</td></tr>
<tr><td rowspan="2">1977</td><td>4.00</td><td>2.80</td><td>4.00</td><td>46.2</td><td>0.0</td><td rowspan="2">58.4</td><td rowspan="2">8.9</td></tr>
<tr><td>3.20</td><td>2.80</td><td>4.00</td><td>46.2</td><td>30.8</td></tr>
<tr><td>1980</td><td>3.20</td><td>2.80</td><td>4.00</td><td>46.2</td><td>30.8</td><td>14.7</td><td>0.0</td></tr>
<tr><td rowspan="2">1983</td><td>3.20</td><td>2.80</td><td>4.00</td><td>46.2</td><td>30.8</td><td rowspan="2">47.6</td><td rowspan="2">0.0</td></tr>
<tr><td>4.00</td><td>2.80</td><td>4.00</td><td>46.2</td><td>0.0</td></tr>
<tr><td>1984</td><td>3.20</td><td>2.80</td><td>4.00</td><td>46.2</td><td>30.8</td><td>29.3</td><td>13.9</td></tr>
<tr><td>1987</td><td>3.57</td><td>2.80</td><td>4.00</td><td>46.2</td><td>16.7</td><td>26.3</td><td>0.0</td></tr>
</table>

续表

年份	洪水期起调水位上限（m）	洪水期起调水位下限（m）	洪水期结束水位（m）	洪水期蓄变量上限（亿 m^3）	洪水期蓄变量下限（亿 m^3）	利用潜力上限（亿 m^3）	利用潜力下限（亿 m^3）
1989	3.54	2.80	4.00	46.2	17.6	37.3	8.7
1990	4.00	2.80	4.00	46.2	0.0	23.1	0.0
1991	3.20	2.80	4.00	46.2	30.8	37.0	21.6
1993	3.20	2.80	4.00	46.2	30.8	33.9	18.5
1995	3.25	2.80	4.00	46.2	29.0	35.4	18.3
1996	3.20	2.80	4.00	46.2	30.8	26.2	10.8
1999	3.20	2.80	4.00	46.2	30.8	30.0	14.6
2007	4.00	2.80	4.00	46.2	0.0	39.3	0.0
2008	3.20	2.80	4.00	46.2	30.8	30.8	15.4
2009	3.29	2.80	4.00	46.2	27.3	31.9	13.0
平均						31.1	7.8

根据表5-7～表5-9得到调度方式1情景下，太湖流域洪水资源利用潜力的上限和下限。图5-6（a）给出了当汛后期防洪控制水位为3.50m（也就是与现行的太湖防洪调度方式相对应）时，流域洪水资源利用潜力的下限值和上限值变化。从中可知，在现行太湖防洪控制水位调度方式下，太湖流域洪水资源利用潜力的上限和下限均较小。特别是洪水资源利用潜力下限值大于零的情况仅分布在少数年份，而在多数年份为零。据统计，仅有9个年份洪水资源利用潜力下限值大于零。同时，流域洪水资源利用潜力的上限值也不大（最大值为20.0亿 m^3，最小值为零）。这说明，在现行的（1999年批复的太湖流域洪水调度方案）太湖防洪控制水位运行方式下，由于受到太湖综合利用水位的制约，通过降低洪水期起调水位增加流域蓄变量，所能够提高的洪水资源利用量是相对有限的。

从图5-6（b）和图5-6（c）可知，随着太湖汛后期防洪控制水位的抬高，洪水期流域蓄变量增加，因此太湖流域洪水资源利用潜力的上限值和下限值均有明显上升。其中，流域洪水资源利用潜力下限值在大部分年份均大于零。当汛后期防洪控制水位分别为3.80m和4.00m时，洪水资源利用潜力下限值超过5.00亿 m^3 的年份分别有10个和14个。汛后期防洪控制水位抬高后，流域洪水资源利用潜力上限值的增加也很明显。当汛后期防洪控制水位分别为3.80m和4.00m时，在所有的24个年份太湖流域洪水资源利用潜力的上限值分别在7.00亿 m^3 和14.7亿 m^3 以上。这一计算结果说明，随着汛后期太湖防洪控制水位抬高，太湖流域洪水资源进一步利用的空间相当可观，洪水资源利用量增加的潜在效益是比较显著的。

图5-7是调度方式2情景下，太湖流域洪水资源利用潜力的上限和下限变化图。从图中可知，该情景下，随着汛前期防洪控制水位的抬高，太湖流域洪水资源利用潜力的下限值变小。当汛前期防洪控制水位抬高至3.30m时，在所有24个年份，洪水资源利用潜力的下限值均为零。由于洪水资源利用潜力的上限值主要由汛后期防洪控制水位及

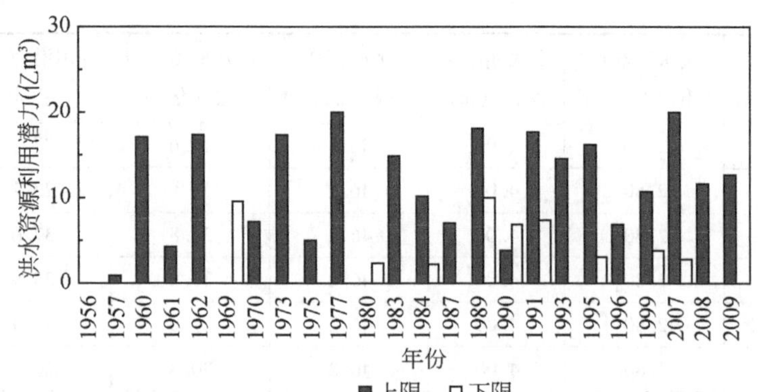

(a) 汛后期防洪控制水位3.50m

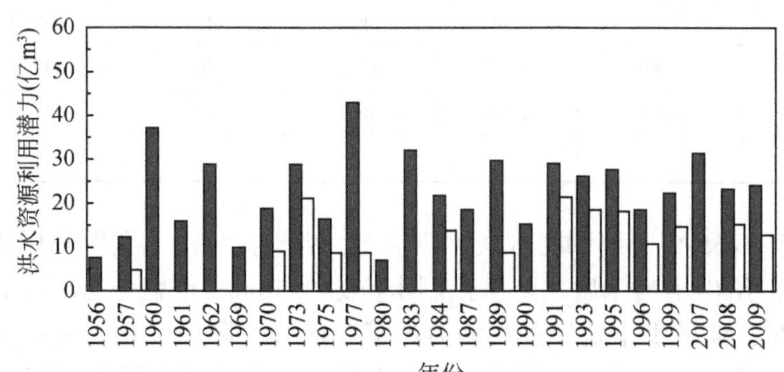

(b) 汛后期防洪控制水位3.80m

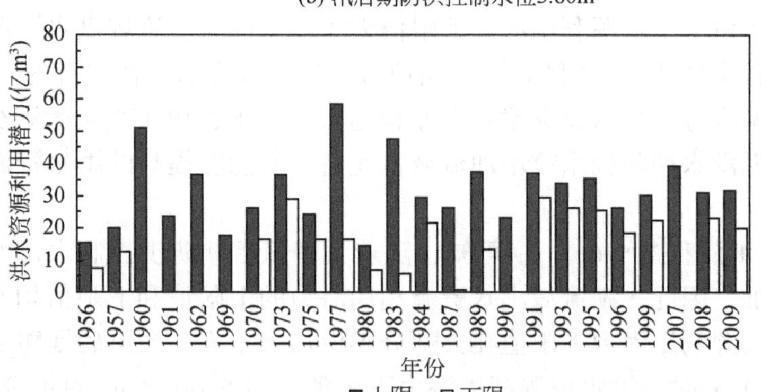

(c) 汛后期防洪控制水位4.00m

图 5-6　调度方式 1 太湖洪水资源利用潜力上下限

洪水期起调水位决定，因为在调度方式 2 情景下，两者均未发生变化（分别为 3. 50m 和 2. 80m），因此当汛前期防洪控制水位逐步抬高时，洪水资源利用潜力上限值不变。

对比图 5-6 和图 5-7 可知，相对于现行调度方式，在调度方式 2 情景下，随着太湖汛前期防洪控制水位的抬高，太湖流域洪水资源利用潜力的下限值降低，而上限值不变。相对于调度方式 1，调度方式 2 对应的利用潜力上限值和下限值均降低。这说明，在太湖流域汛后期防洪控制水位不变的情况下，提高汛前期防洪控制水位，从洪水资源利用本身的角度来看是不利的。但从水资源综合利用的要求来看，提高汛前期防洪控制水位是有实际需要的。然而，无论是从流域防洪安全保障的要求，还是从增加流域洪水资源利用量的角度来看，太湖汛前期防洪控制水位抬高的幅度不能过大。

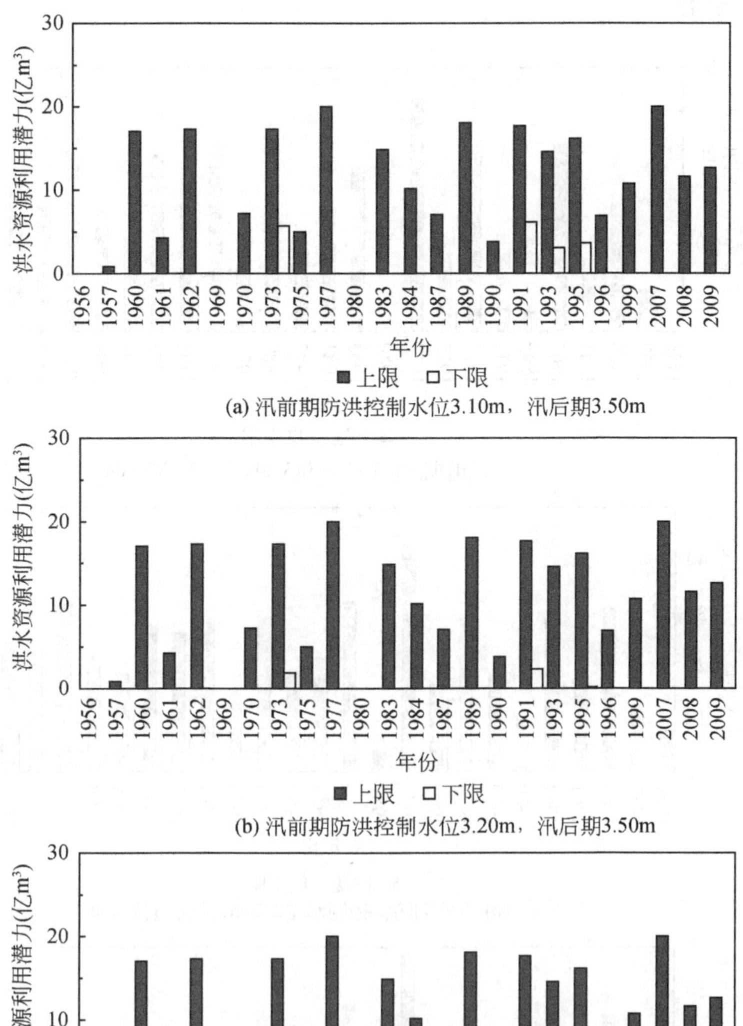

(a) 汛前期防洪控制水位3.10m，汛后期3.50m

(b) 汛前期防洪控制水位3.20m，汛后期3.50m

(c) 汛前期防洪控制水位3.30m，汛后期3.50m

图 5-7　调度方式 2 太湖洪水资源利用潜力上下限

图 5-8 是调度方式 3 情景下，当太湖汛前期防洪控制水位抬高至 3. 20m 时，汛后期防洪控制水位在 3. 60 ~4. 00m 变化时，洪水资源利用潜力上限和下限变化。对比图 5-8 和图 5-6 可知，调度方式 3 与调度方式 1 相比，在太湖汛后期防洪控制水位相同的情况

下，洪水资源利用潜力上限值基本不变，但洪水资源利用潜力的下限值有较大降低。对比图 5-8 和图 5-7 可知，调度方式 3 与调度方式 2 相比，在汛前期防洪控制水位相当的情效况下，由于汛后期防洪控制水位的抬高，因此无论是洪水资源利用潜力的上限值还是下限值均明显增加。

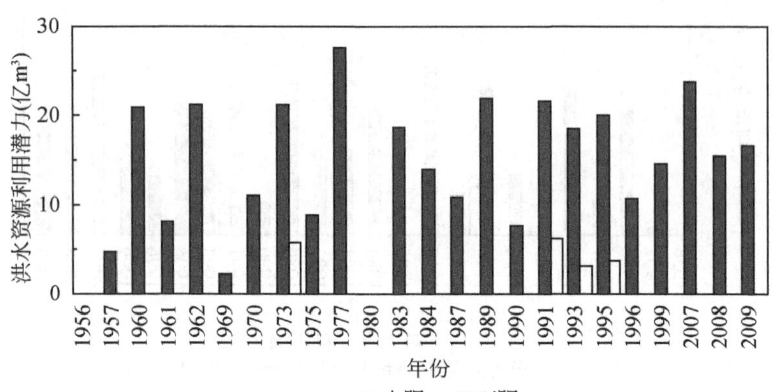

(a) 汛前期防洪控制水位3.20m，汛后期3.60m

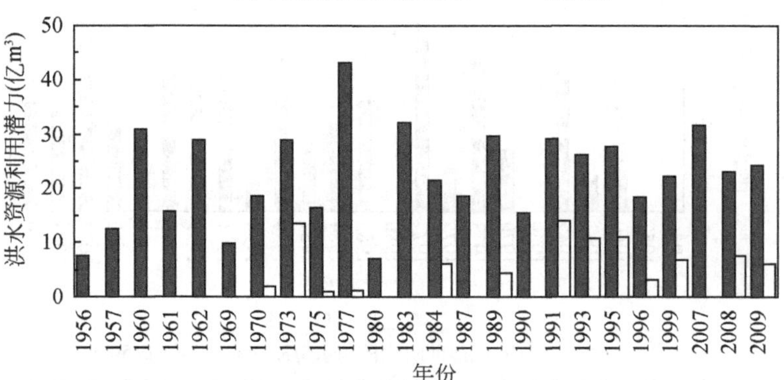

(b) 汛前期防洪控制水位3.20m，汛后期3.80m

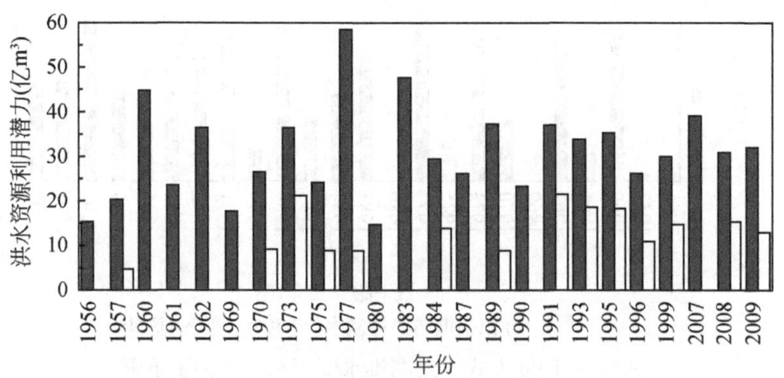

(c) 汛前期防洪控制水位3.20m，汛后期4.00m

图 5-8　调度方式 3 太湖洪水资源利用潜力上下限

为进一步说明洪水调度方式调整后增加洪水资源利用量的潜在效益，根据 24 个洪水年流域洪水资源利用潜力的上下限，计算了 24 年和 54 年平均意义上（即将利用潜力平均折算到 1956 ~ 2009 年）洪水资源利用潜力上下限的均值，分别如表 5-16 和表 5-17 所示。

表 5-16　太湖流域洪水资源利用潜力均值（调度方式 1，汛前期防洪控制水位 3.00m）

汛后期防洪控制水位（m）	洪水资源利用潜力（亿 m^3）			
	24 年平均		54 年平均	
	上限	下限	上限	下限
3.50	10.55	2.01	4.69	0.89
3.80	22.74	7.82	10.11	3.48
4.00	31.34	12.99	13.93	5.77

表 5-17　太湖流域洪水资源利用潜力均值（调度方式 3，汛前期防洪控制水位 3.20m）

汛后期防洪控制水位（m）	洪水资源利用潜力（亿 m^3）			
	24 年平均		54 年平均	
	上限	下限	上限	下限
3.60	14.17	0.78	6.30	0.35
3.80	22.49	3.66	10.00	1.63
4.00	31.08	7.82	13.82	3.48

根据表 5-16 和表 5-17，在调度方式 1 情景下，当太湖汛后期防洪控制水位抬高至 3.80m 时，太湖流域洪水资源利用潜力在 54 年平均意义上的上限值达 10.11 亿 m^3，下限值达 3.48 亿 m^3。在调度方式 3 情景下，相应值分别为 10.0 亿 m^3 和 1.63 亿 m^3。因此，采用调度方式 1 和调度方式 3，随着流域汛后期防洪控制水位的抬高，太湖流域洪水资源利用潜力上下限的均值将达到一个较大数值，可以挖掘的潜在水资源利用效益是显著的。

5.4　小　　结

本章提出了流域洪水资源量、洪水资源利用量、洪水资源利用潜力等相关指标的定义，阐述了这些指标的内涵，形成了太湖流域洪水资源利用评价指标体系，并建立了相应的计算方法，形成了操作性较强的太湖流域洪水资源利用评价技术流程。最后，根据太湖流域洪水年逐日降水和太湖逐日水位序列数据，进行了全流域洪水资源利用评价，提出了 1956 ~ 2009 年中 24 个洪水年年份的流域洪水资源量、利用量计算结果。同时，根据流域洪水资源利用潜力与太湖防洪控制水位之间的关系，得到了三种不同洪水调度方式对应的洪水资源利用潜力上下限。

1）24 个“洪水年”太湖流域洪水资源量的均值为 132.9 亿 m^3。以 1956 ~ 2000 年太湖流域地表水资源量（161.4 亿 m^3）作为标准，则 24 个年份的洪水资源量的均值与平均地表水资源量的比例为82.3%，洪水资源量在地表水资源量的构成中占有重要地位。

1956～2009年的24个洪水年年份，多年平均洪水资源利用量为93.26亿m^3，其中流域蓄变量为20.28亿m^3，洪水期直接用水量为72.98亿m^3。流域洪水资源利用量受到流域前期蓄水量和洪水期直接用水量的影响较大，大洪水条件下流域调控利用能力不足。因此，有必要加强洪水调控，改进调度方案，强化洪水资源利用。

2）在综合分析的基础上，拟定了太湖防洪控制水位的三种调整调度方式，计算了其对应的洪水资源利用潜力上下限，结果表明即使在54年平均意义上，随着流域汛后期防洪控制水位抬高，太湖流域洪水资源利用潜力上下限的均值将达到一个较大数量，因此可以挖掘的潜在水资源利用效益是显著的。

太湖流域洪水资源利用潜力主要是针对不同洪水资源调度方案（太湖年内不同时段防洪控制水位运用方式）情景下，通过分析洪水期太湖起调水位的可变范围和洪水期结束阶段的防洪控制水位进行估计的，因此，本章所给出的太湖流域洪水资源利用潜力是一个由上限值和下限值所组成的可变范围，但能够较好的给出的流域洪水资源利用方式调整所带来的潜在水量效益。因此，对于流域洪水资源利用方式的调整仍然具有一定的指导作用。

第 6 章
Chapter 6

太湖流域洪水资源利用调度研究

第5章对太湖流域洪水资源利用现状和利用潜力进行了估计，解决了流域洪水资源利用的合理性与利用潜力如何评价问题，得到了流域洪水资源利用潜力的可能范围，但侧重于对流域洪水资源利用宏观状况的评估，而对于挖掘洪水资源利用潜力的现实可行性到底有多大，以及利用过程中具有什么样的潜在风险等问题仍缺乏深刻认识。

因此，本章基于定量化的太湖流域水量水质模型（林荷娟和杨洪林，1999；程文辉等，2006），针对太湖流域洪水资源利用调度方式进行研究。太湖流域洪水资源利用调度方式研究的基本目的是通过研究流域现有洪水调度方式的改进和优化途径，分析在新的洪水调控方式和典型来水条件下，太湖流域洪水资源利用潜力的可达性，从而提出在保障防洪安全的前提下，增加洪水资源利用量的技术途径和方案。

当前的太湖流域洪水利用模式是在长期的流域治水实践中形成的，并随着流域水资源利用格局的变化及洪水调度技术的进步而不断调整，但流域防洪调度与排涝、供水要求并不是完全适应的，所以对现有调度方式进行适当调整是提高流域水资源综合利用水平的必然要求。由于太湖防洪控制水位运用方式和望虞河、太浦河分级控制方式的调整对太湖流域洪水期蓄泄关系有重要影响，因此，流域洪水资源利用模式研究的重点是对“一湖两河”洪水调度方案进行研究。

本章要重点研究并解决的重点问题是：①太湖流域现有防洪调度方案的再分析。②流域洪水资源利用方式调整的可能途径分析。③流域洪水资源调度方案的提出及定量模拟。④流域洪水资源调度方案结果分析评价。

6.1　太湖流域现有防洪调度方式分析

太湖流域经过长期的水利建设，尤其是1991年流域大水后开展的以望虞河、太浦河、环湖大堤、杭嘉湖南排等十一项骨干工程为主体的一期治太工程建设后，流域防洪除涝能力和供水能力得到了较大提高，初步具备防洪减灾、水资源优化配置、合理调控的基本条件。2011年之前，太湖流域洪水调度主要依据1999年国家防总批复的《太湖流域洪水调度方案》。它主要是遵照《国务院关于进一步治理淮河和太湖的决定》要求，根据1987年国家计划委员会批复的《太湖流域综合治理规划方案》和太湖流域综合治理骨干防洪工程建设进展，在系统总结防御1991年、1993年、1995年、1996年和1997年等流域性大洪水实践经验的基础上制订的，并经过了1999年太湖流域特大洪水考验。以下先对流域骨干水利工程防洪调度方式进行介绍，然后通过历史大洪水的复核情况对现有防洪调度方案的特点进行分析。

6.1.1　“一湖两河”洪水调度运用

太湖流域骨干水利工程的运用调度主要包括太湖水位控制线、望虞河和太浦河的主要控制建筑物调度运用、北向长江引排工程调度运用、杭嘉湖南排工程调度运用、环太湖口门的调度运用和东苕溪导流东岸口门调度运用。太湖流域以太湖设计洪水位4.65m为分界点，分为“标准内”和“超标准”两种情形进行洪水调度。以下主要叙述标准内的运行调度方式。

6.1.1.1　太湖防洪控制水位（汛限水位）运用

太湖水位综合反映流域汛情及水资源状况，是流域工程控制运行的重要指标。其中太湖防洪控制线是流域防洪和引水调度的关键。当太湖水位高于防洪控制线，流域实施防洪调度，通过望亭水利枢纽、太浦闸等环湖枢纽排泄洪水；当太湖水位低于防洪控制线，视情况通过常熟水利枢纽等沿江枢纽从长江引水。太湖防洪调度的控制水位见图 6-1 所示。具体情况如下。

1）4 月 1 日至 6 月 15 日（汛前期），控制水位为 3.00m。

2）6 月 16 日至 7 月 20 日（主汛期），控制水位按 3.00 ~ 3.50m 直线递增。

3）7 月 21 日至 9 月 30 日（汛后期），控制水位 3.50m。

4）10 月 1 日至次年 3 月 31 日（非汛期），控制水位 3.50m。

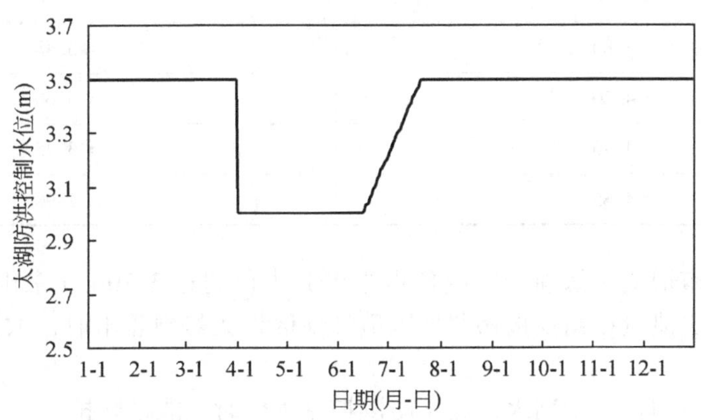

图 6-1　太湖防洪控制水位年内变化

6.1.1.2　望虞河工程调度运用

望虞河是流域性骨干引排水河道，其调度需综合考虑流域防洪、水资源和水环境要求，同时兼顾地区防洪、水资源和水环境要求。望虞河工程调度涉及常熟水利枢纽、望亭水利枢纽及两岸口门的调度。

常熟水利枢纽：当太湖水位高于防洪控制水位时，常熟水利枢纽泄水；当太湖水位超过 3.80m 时，常熟水利枢纽开泵排水。

望亭水利枢纽：当太湖水位高于防洪控制水位时，望亭水利枢纽的调度运用见表 6-1。

表 6-1　望亭水利枢纽分级防洪调度运用　（单位：m）

太湖水位	控制琳桥水位
≤4.20	≤4.15
≤4.40	≤4.30
≤4.65	≤4.35

望虞河东岸口门：望亭枢纽泄水期间，当湘城水位不超过 3. 70m 时，望虞河东岸口门保持行水通畅；当湘城水位不超过 3. 70m 可以控制运用。

6. 1. 1. 3　太浦河工程调度运用

太浦河是流域性骨干工程，承担流域防洪、供水、航运等综合功能。太浦河的控制性水利工程主要指太浦闸、太浦河泵站和两岸口门。

太浦闸：根据不同时期太湖水位，太浦闸兼顾下游及太浦河两岸地区要求实施分级调度。其防洪调度运用如表 6-2 所示。

表 6-2　太浦闸防洪调度运用　　　　（单位：m）

太湖水位	控制平望水位
≤3. 50	≤3. 30
≤3. 80	≤3. 45
≤4. 20	≤3. 60
≤4. 40	≤3. 75
≤4. 65	≤3. 90

当预报上海市遭受风暴潮袭击或预报米市渡水位超过 3. 70m（佘山吴淞基面）时，太浦闸可提前减少泄量；当预报嘉北地区遭受地区性大暴雨袭击时，太浦闸可提前减少泄量。

太浦河两岸口门：当太湖水位高于防洪控制水位时，能排则排。

6. 1. 2　其他重要工程洪水调度运用

6. 1. 2. 1　环太湖口门控制建筑物运用

环太湖口门实施流域统一调度。当太湖水位超过防洪控制水位时，环湖口门根据地区状况，适当分洪；在地区发生大洪水，且地区水位高于太湖水位时，可以允许地区适时排涝入湖，但应尽量减少污水入湖，以保护太湖水资源。

当太湖水位不超过 4. 10m 时，东太湖沿岸各闸及胥口节制闸开闸泄水；超过 4. 10m 后，可以控制运用。当太湖水位不超过 4. 20m 时，犊山口节制闸开闸泄水；超过 4. 20m 后，可以控制运用。

6. 1. 2. 2　北向长江引排工程调度运用

当流域实行防洪调度时，北向长江引排工程根据流域及地区水情泄水，降低河网水位；在望亭水利枢纽和太浦闸泄水期间全力泄水，并服从流域性防洪调度。水资源调度根据流域水资源综合规划相关成果确定。

6.1.2.3　杭嘉湖南排口门控制建筑物

洪水期结合地区水雨情尽量多排水，为流域排洪创造条件；平枯水期水资源调度根据流域水资源综合规划有关成果确定。

6.1.2.4　东苕溪导流东岸口门

流域防洪调度时，根据杭嘉湖东部平原地区水位和导流沿线水情实行分级、分时段调度。流域水资源调度时，视地区需水和水环境状况适时开闸供水。

当太湖发生超标准洪水时，加强防洪工程泄洪调度，尽量利用沿长江和沿杭州湾外排工程超泄洪水。流域内望虞河、太浦河等主要排洪河道加大泄洪力度。望虞河东岸张桥以下段视东部地区水情开闸分泄洪水；为配合东太湖行洪需要，蕴藻浜、淀浦河视上下游区域水情开闸排泄洪水；逢天文高潮时，太浦河和黄浦江两岸原纳潮河道可开闸纳潮削峰。杭嘉湖南排工程、湖西引排工程、武澄锡引排等河道、水闸、泵站以及沿江其他各水闸、泵站全力泄洪。环湖大堤临湖一侧围湖区破口蓄洪，并视水情发展采取一切可能的分滞洪措施。无锡、苏州、嘉兴等市可临时封堵城区周边的支流河道口门。

6.1.3　现有洪水调度方案的复核分析

利用太湖流域水量水质模型，根据现有洪水调度方案，对1999年实况洪水和50年一遇设计降雨条件下流域洪水调度过程进行了模拟①。根据水利计算成果，对太湖水位过程、蓄泄关系和望虞河、太浦河调度特点进行了总结。1999年大水是流域经历的典型洪涝灾害，对这一典型大水年进行现行洪水调度方案的复核分析是非常必要的。

现状工况，遇1999年实况洪水，太湖最高水位达5.08m，出现日期为7月8日，水位超过4.00m的时间达到60天，超过太湖设计水位的时间达到14天。涨水期（6月7日至7月8日），历时31天，水位涨幅达2.00m，平均每天上涨达6.45cm。因此，在遭遇1999年实况洪水的条件下，在涨水期，太湖流域外排河道的泄流能力严重不足，流域防洪形势严峻。地区代表性水位超警戒水位的幅度普遍很大，持续时间很长，但达到最高值的时间要稍早于太湖3～7天，体现了太湖对于改善区域特别是平原区排洪的重要作用。表6-3是1999年实况洪水情况下，流域水量平衡分析结果。

现状工况遇“1999年南部”50年一遇设计洪水，太湖最高水位达4.66m，最高水位出现时间为7月9日，水位超过4.0m的时间达到45天。涨水期（6月7日至7月9日），历时32天，水位涨幅1.68m，平均每天上涨5.3cm。总的特点是水位上涨历时短，速度快，流域洪水防御难度大，对流域骨干工程的调控要求比较高。表6-4是“1999年南部”50年一遇设计洪水情况下，流域水量平衡分析结果。

---

① 部分模拟结果和数据来自于《太湖流域洪水调度应急完善研究报告》，太湖流域管理局水利发展研究中心，2008年8月。

表 6-3　1999 年实况洪水流域水量平衡分析结果　（水量单位：亿 m^3）

主要控制线		涨水期（6 月 7 日～7 月 7 日）	60 天（6 月 7 日～8 月 5 日）	90 天（6 月 7 日～9 月 4 日）
流域外排	北排长江	25.1	50.2	65.4
	浦东浦西入江入海	11.6	20.6	28.0
	南排杭州湾	11.9	23.4	33.4
环太湖	总入湖	34.2	52.7	65.7
	总出湖	7.0	34.9	58.3
	太浦河出湖	3.1	17.0	28.4
	望虞河出湖	3.3	13.1	21.5
	两河小计	6.4	30.1	49.9
	两河出湖比例（%）	91	86	85
太湖调蓄量		27.2	17.8	7.4

根据表 6-3 和表 6-4，太湖流域大洪水情况下，现有洪水调度方式具有以下显著特点。

表 6-4　“1999 年南部”50 年一遇设计洪水流域水量平衡分析结果

（水量单位：亿 m^3）

主要控制线		主要控制线	涨水期（6 月 7 日～7 月 7 日）	60 天（6 月 7 日～8 月 5 日）
流域外排	北排长江	26.5	48.5	69.9
	浦东浦西入江入海	16.2	25.0	35.6
	南排杭州湾	15.3	27.4	37.4
环太湖	总入湖	41.9	50.3	70.7
	总出湖	9.2	39.6	60.0
	太浦河出湖	3.3	16.4	26.0
	望虞河出湖	5.0	15.4	22.4
	两河小计	8.3	31.8	48.3
	两河出湖比例（%）	90	80	81
太湖调蓄量		32.7	10.7	10.7

1）通过适当抬高太湖汛后期防洪控制水位，进一步改善退水期洪水调度方式，使得流域防洪安全保障和水资源供需安全保障能够更好地结合起来。在退水期，太湖防洪控制水位为 3.50m。在太湖最高水位过后，由于望虞河和太浦河两岸平原区水位已经基本消退，因此望虞河和太浦河的泄水受到的限制较小，两河的泄洪能力能够得到比较充分的发挥。介于太湖安全水位与 3.50m 之间的太湖蓄水量，在较短的时间内通过望虞河和太浦河排泄入江入海，以满足汛后期防洪安全保障的要求，但这样显然未能考虑到流域水资源调度的需求。在汛后期过后，太湖又面临着需要开启常熟水利枢纽和望亭水利枢纽引水进行太湖补水的需要。特别是在后期若来水较少的条件下，这一情况将更为明显。所以，有必要研究汛后期太湖防洪控制水位的控制方式，探讨抬高汛后期太湖防洪控制水位的可能方式，在保障流域防洪安全，甚至承担适当防洪风险的前提下，尽可能

拦蓄和利用主汛期后期洪水，增加流域可供水量。

2）太湖汛前期防洪控制水位也需要进一步在防洪安全保障与水资源综合利用之间权衡。太湖主汛期的防洪控制水位在很大程度上决定了洪水期的起调水位。按照现行太湖流域洪水调度方案，汛前期太湖防洪控制水位为 3.00m。为降低防洪风险，将预泄超过 3.00m 以上的水量。从流域防洪安全保障的角度来讲，若后期遇到较大洪水，显然是比较有利的。但是，若汛前期和主汛期并未发生洪水，则这样对于 4～6 月流域供水和水质改善不利。因此，太湖汛前期防洪控制水位能否进行调整需要研究。如果该阶段太湖防洪控制水位抬高，那么是否会对流域防洪安全造成影响（特别是影响到后期发生的标准内或超标准洪水的最高水位的大小）？抬高后，对流域供水和太湖水质保护的改善效果如何？总之，太湖汛前期防洪控制水位的运用方式需要在流域水资源综合利用的各个目标之间进行权衡。

3）太湖行洪与地区行洪、排涝之间尚有进一步协调的余地，应当进一步优化望虞河和太浦河运用方式，适当增加涨水期两河行洪的机会，提高流域行洪合理性。作为太湖洪水最主要的外排通道，在涨水期通过两河的出湖水量较少，其行洪作用主要体现在流域退水阶段。在此期间太湖调蓄了大量湖西区和浙西区来水，为下游地区行洪排涝赢得比较充分的时间。对于流域防洪格局而言，这一安排是基本合理的。但是从涨水期太湖入湖和出湖水量的对比来看，两河行洪能力并没有得到充分的发挥。1999 年实况洪水和“1999 年南部”50 年一遇设计洪水情况，涨水期太湖的蓄泄比分别接近 4.0∶1 和 4.3∶1，因此太湖防洪压力极大。其原因主要在于，为了保证太湖流域平原区（望虞河两岸和太浦河两岸）排涝畅通，望虞河和太浦河在太湖水位起涨的过程中，必须保证下游的琳桥和平望水位低于一定范围，这样使得在涨水期望虞河和太浦河排泄太湖洪水的机会很少。从图 6-2 可知，在太湖达到最高水位前的涨水过程中以及后续的第二次涨水过程中，望亭水利枢纽和太浦闸大部分时间处于关闭状态。可见，两河的行洪能力在大洪水期间未得到充分发挥。随着流域内城市防洪工程、圩区达标加固工相继完成，区域防洪除涝能力得到了较大的改善，完全可以进一步统筹流域与区域防洪关系，适当增加洪水期望虞河和太浦河排洪机会，减轻流域防洪压力。

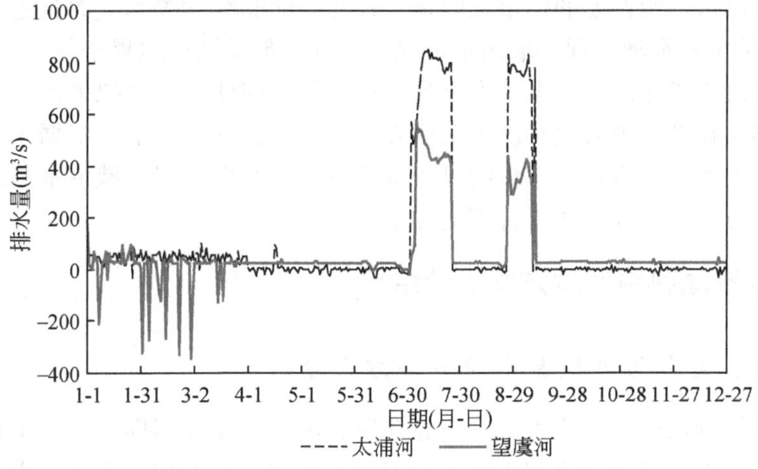

图 6-2　1999 年实况洪水两河排水量过程

总之，根据太湖流域典型大洪水和设计洪水调度复核结果来看，现行洪水调度方案无论在太湖涨水期流域行洪与地区防洪除涝的协调性上，还是在流域水资源利用、水质改善与防洪安全保障的统筹程度上，都有必要进行优化和调整，而太湖防洪控制水位和望亭水利枢纽、太浦闸的调度方式是其中的重点。

6.2 太湖流域洪水资源利用调度方案设计

6.2.1 方案设计思路与原则

太湖流域控制性水利工程众多，而且流域和区域洪水调度方式之间相互影响。因此，流域洪水调度方式的调整是一个非常复杂的系统性工作。但在所有工程中，太湖是流域水量合理蓄泄和水资源利用的中心所在。太湖防洪控制水位的运行方式对于流域防洪及供水调度具有关键性作用。目前，太湖流域防洪控制水位无论是在汛前期还是在汛后期都有进一步优化和调整的余地。1999 年大洪水后，流域骨干性工程体系调控能力、城市及圩区防洪标准和水资源综合调度水平的提高为太湖流域防洪控制水位的优化调整创造了条件。望虞河和太浦河作为太湖的主要引排通道，其分级调度方式对于协调流域防洪和区域排洪有着根本性的影响。随着太湖洪水防洪控制水位的运行方式的变化，望亭水利枢纽和太浦闸分级控制方式必须要相应调整。

因此，太湖流域洪水资源利用调度方式调整的重点在于太湖防洪控制水位，以及太湖引排的望虞河（望亭水利枢纽和常熟水利枢纽）、太浦河（太浦闸）分级调度方式的调整。太湖流域洪水调度方式调整的基本目的就是要通过汛前期、汛后期防洪控制水位和望虞河、太浦河分级控泄水位的不同调整方式，在各种可能的调整方式中筛选出能够在防洪风险较小的前提下，尽可能增加汛后期流域洪水调蓄量，改善流域水资源供给条件和太湖水质状况的调度方案。

理论上，无论是太湖汛前期、汛后期防洪控制水位，望亭水利枢纽、太浦闸分级控泄水位都有无数种可能组合方式。由于太湖防洪水位控制方式、望虞河、太浦河分级控泄方式与太湖洪水资源调度的结果之间是一种复杂的非线性关系，而且还涉及许多内部（如流域内其他重要水利工程、取用水情况等）和外部参数或边界条件（如外江潮位等）的影响，直接决定优化调度方案基本上是不可能的。因此，本书拟采取一种模拟与优选相结合的思路，在维持现有太湖洪水调度方式基本特征的前提下，根据太湖防洪控制水位、望虞河、太浦河分级控泄水位的可能调整方式，产生太湖流域洪水资源调度备选方案，再从备选方案中论证出相对合理的方案。

6.2.2 洪水资源利用调度方案设计结果

6.2.2.1 太湖防洪控制水位调整方式分析

太湖防洪控制水位是影响太湖水资源开发利用的重要控制性指标，不仅对洪水调控具有重要意义，而且对于非汛期水资源利用也具有重要的影响。因此防洪控制水位优化在流域洪水调度中处于核心位置。

在流域防洪调度实践中，太湖防洪控制水位经历了一个不断调整的过程。在不同阶段，由于流域水资源需求和防洪保障要求不同，太湖防洪控制水位也有所不同。1992 年，按照国务院作出的《关于进一步治理淮河太湖的决定》要求，基本确定了太湖流域洪水调度方案的基本指导思想、编制原则和太浦河、望虞河及其他工程的调度方案，对防御流域洪水的非常措施及调度权限也作了明确要求。1994 年，明确了太湖汛初水位控制，将太湖起调水位由汛期的 3. 50m 降低到 3. 30m 控制。1995 年提出汛后期太湖水位抬高至 3. 50m，体现了太湖调度从单一的洪水调度向防洪和供水相结合多目标调度方向发展。1996 年首次提出太湖洪水分期调度，将太湖汛前期水位修改为 4 月 15 日至 6 月 15 日按 3. 10m 控制，太湖主汛期 6 月 16 日至 7 月 20 日按 3. 10 ~ 3. 45m 直线递增控制，明确提出 7 月 21 日以后当太湖水位低于 3. 45m 时，望亭水利枢纽一般可不泄水，太浦闸按照下游供水要求适当放水。1997 年，进一步将 4 月 15 日至 6 月 15 日防洪控制水位降低至 3. 00m，而将 7 月 20 日后调整为按 3. 50m 控制。1998 年为更好地发挥已建治太工程的综合作用，进一步突出主汛期太湖水位分级控制，并将太浦河、望虞河的代表站水位直线递增控制改为分段控制，以增加两河泄水机会。1999 年的太湖洪水调度方案修订侧重在超标准洪水的应对，为防御 1999 年超标准洪水做了前期预案准备。

综上，太湖防洪控制水位的调整和变化实际上反映了流域骨干水利工程建设进展、流域经济社会发展的需求，更体现了流域防洪安全保障和流域水资源需求保障两者进行综合协调和兼顾的一个过程。太湖流域防洪控制水位调整的主要方式就是确定合理的汛前期防洪控制水位和汛后期防洪控制水位。

6. 2. 2. 2　太湖汛前期防洪控制水位

一个较低的太湖汛前期防洪控制水位有利于降低汛初水位，增加安全调洪库容，减少洪涝灾害损失，但防洪控制水位过低不利于 4 月 1 日至 6 月 15 日这一时期流域水资源供给，也不利于流域水质改善。在现状工况和流域水资源需求条件下，由于流域及区域防洪标准已有一定提高，防洪能力增强，而水资源需求不断增加，适当提高太湖汛前期防洪控制水位对于流域水资源综合利用具有较强的实际意义。根据太湖流域管理局等单位的研究，太湖汛前期防洪控制水位由 3. 00m 抬高至 3. 20 ~ 3. 30m，对太湖防洪安全的不利影响较小，对周边地区排涝的影响也甚微（太湖流域管理局水利发展研究中心，2008）。

为进一步明确太湖汛前期防洪控制水位抬升的可行性抬升范围，对汛前期防洪控制水位分别调整到 3. 20m 和 3. 30m 两种方式进行了分析（汛后期和非汛期防洪控制水位保持为原来的 3. 50m）。两者分别用 sq1 和 sq2 表示，现有防洪控制水位方式用 s0 表示，具体情况如图 6-3 所示。图 6-4 是 sq1 和 sq2 两种汛前期防洪控制水位调度方式，在“1999 年南部”和“1991 年北部”两种 50 年一遇设计降雨情景下，太湖逐日水位与现状调度方式 s0 的对比。

根据图 6-4 可知，在两种 50 年一遇设计降雨情景下，太湖汛前期防洪控制水位抬高至 3. 20m 和 3. 30m 后，太湖逐日水位过程线与现状调度方案的区别主要体现在汛前期（4 月 15 日至 6 月 15 日），而在其他时段差别极小。

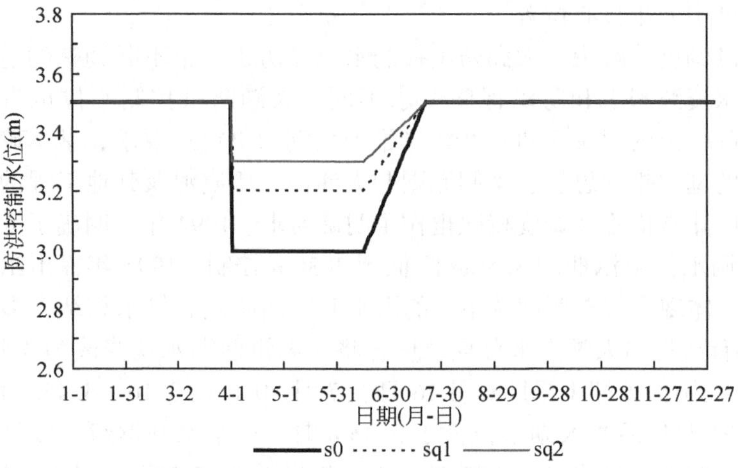

图 6-3　太湖汛前期防洪控制水位的调度方式

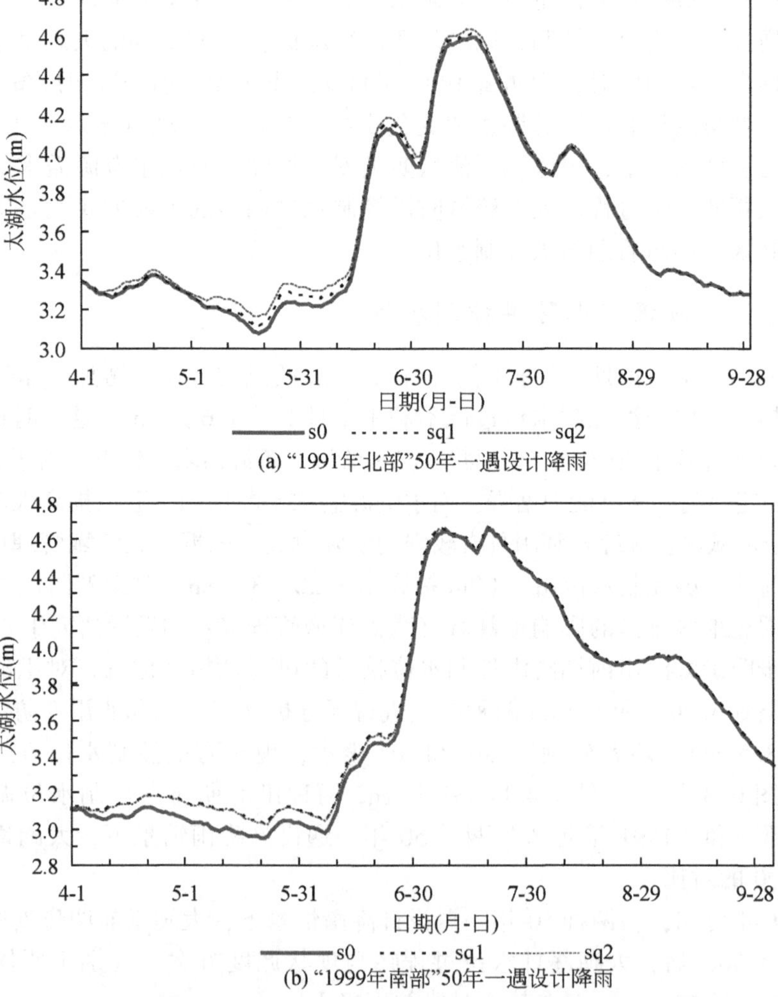

图 6-4　汛前期防洪控制水位调整后太湖水位模拟结果

对于 sq1 方案，在 50 年一遇设计洪水条件下，涨洪过程中太湖水位过程线与现状调度方案基本一致。对于“1991 年北部”50 年一遇设计降雨，s0 和 sq1 对应的太湖最高水位为分别 4.59m 和 4.61m；对于“1999 年南部”50 年一遇设计降雨，s0 和 sq1 对应的太湖最高水位为 4.66m 和 4.67m，最高水位出现的日期也非常一致。但是在汛前期，sq1 对应的太湖水位较 s0 有明显抬高。“1991 年北部”和“1999 年南部”50 年一遇设计降雨时，sq1 对应的汛前期（4 月 1 日至 6 月 15 日）太湖水位 s0 平均要抬高 1.5cm 和 7.2cm，最大提升幅度达 4.6cm 和 10.7cm，因此对这一时期区域水资源利用条件的改善是比较明显的。

对于 sq2 方案，在两种设计降雨情况下，太湖水位的变化规律与 sq1 类似。但根据图 6-4 可知，在汛前期，太湖水位抬升幅度更明显一些。在“1991 年北部”50 年设计降雨情景下，太湖最高水位较现状调度方案 s0 抬高 5cm。同时，较之 sq1，汛前期太湖水位的抬升程度幅度更大，其平均抬高幅度在两种设计降雨条件下分别为 5.0cm 和 7.1cm，最大抬升幅度分别为 9.8cm 和 10.7cm。

综合上述计算结果，可知：在现状工况下，太湖汛前期防洪控制水位抬高至 3.20 ~ 3.30m 后，对汛前期流域水资源利用具有一定的改善作用。同时，防洪控制水位抬高后，汛前期太湖水位过程线虽然稍有抬高，但最大抬升幅度较小，故相对于现状调度方案其附加防洪风险不明显，所以抬高太湖汛前期防洪控制水位是可行的。

而在两种调度方案中，因方案 sq1 较 sq2 一方面汛前期防洪控制水位抬高的幅度较小，另一方面洪水过程中最高水位抬高的幅度也很小，所以从防洪安全保障的角度来看更为稳妥。但需要指出的是，由于抬高汛前期防洪控制水位，抬高了洪水过程中的起调水位，因此并不能提高流域洪水资源利用量，相反由于流域蓄变量的减少，而导致洪水资源利用量降低。方案 sq2 和 sq1 相对于现状方案，洪水期的起调水位分别抬高 2.6cm 和 7.6cm，在太湖水位稳定消落至防洪控制水位的日期一致的情况下，流域蓄变量分别减少 1.00 亿 m^3 和 2.92 亿 m^3。因此汛前期防洪控制水位抬高的幅度不能太大。所以综合流域汛前期水资源利用、防洪安全保障和提高洪水资源利用三者来看，对于汛前期太湖防洪控制水位的抬高应推荐 sq1 方案，该问题将在方案结果比较中进行更详细的论述。

6.2.2.3　太湖汛后期防洪控制水位

前文论述了太湖汛前期防洪控制水位抬高的必要性和可行性，并指出尽管在设计降雨条件下，汛前期防洪控制水位的抬高对于改善太湖流域汛前期水资源利用条件有一定作用，同时防洪安全的不利影响也不明显，但对于提高流域洪水资源利用量来说是不利的。因此，对于太湖流域洪水调度方式的调整，仅仅抬高汛前期防洪控制水位是不完善的，而必须对汛后期防洪控制水位进行合理调整。抬高汛后期防洪控制水位可以提高汛后期太湖水位，在洪峰过后有效拦蓄洪水现有防洪控制水位以上对应的流域洪水，改变目前洪水资源利用率偏低的现状。同时，根据太湖流域暴雨洪水的时程变化规律来看，太湖流域年内一般只有一次由梅雨形成的主要洪水过程，而汛后期由台风雨形成的洪水规模较小，持续时间较短。所以，抬升汛后期防洪控制水位是可行的。

总之，只有同时对汛前期和汛后期防洪控制水位进行合理调整，才能实现既改善汛前期流域水资源利用条件，又提高流域洪水资源利用量和利用效率的目标。由于前文已经分析了将太湖汛前期防洪控制水位抬高至3.20m较合适，所以主要在汛前期防洪控制水位保持在3.20m的基础上，对汛后期防洪控制水位的抬高范围进行分析。为确定汛后期太湖防洪控制水位的合理范围，设置了3种汛后期防洪控制水位的调整方案，这3种方案是在汛前期太湖防洪控制水位抬高至3.20m的基础上，将汛后期防洪控制水位分别抬高至3.60m、3.80m和4.00m（分别用sh1、sh2、sh3表示，如图6-5所示）。为了确定汛后期太湖防洪控制水位的合理范围，同样对比两种50年一遇设计降雨情景下的太湖逐日水位，如图6-6所示。

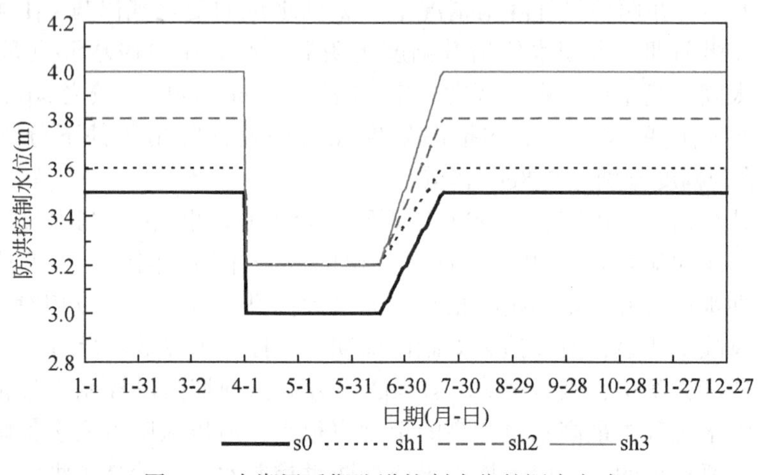

图6-5 太湖汛后期防洪控制水位的调度方式

对于方案sh1而言，50年一遇设计洪水条件下，太湖逐日水位过程线与现状调度方案的差别主要是在汛后期阶段，而在涨洪过程中太湖水位过程线与现状调度方案基本一致。对于“1991年北部”50年一遇设计降雨，s0和sh1方案对应的太湖最高水位为4.59m和4.61m；对于“1999年南部”50年一遇设计降雨，s0和sh1方案对应的太湖最高水位为4.66m和4.67m，同时最高水位出现的日期也非常一致。所以，在汛前期防洪控制水位抬高至3.20m的基础上，再进一步将汛后期防洪控制水位抬高至3.60m，对设计降雨条件下汛情的影响是微乎其微的。在退水阶段，s0和sh1方案对应的太湖水位过程线也基本重合，这说明将汛后期太湖控制水位抬高至3.60m，对后期太湖流域退水过程无实质性影响，对增加流域洪水调蓄量、减少无效弃水的效果并不明显。在汛前期，sq1对应的太湖水位较现状方案s0要有比较明显的抬高。“1991年北部”和“1999年南部”50年一遇设计降雨时，sq1对应的汛前期（4月1日至6月15日）太湖水位较方案s0平均要抬高1.5cm和7.2cm，最大提升幅度达4.6cm和10.7cm，因此对改善区域水资源利用条件有一定效果。

对于方案sh2而言，随着汛后期防洪控制水位抬高至3.80m，除汛前期太湖水位较现状调度方案有一定变化外，在洪水消退阶段太湖水位过程线也有一定差别，但在涨水阶段两个方案对应的太湖水位过程线非常一致，同时最高水位的差别也较小。“1991年北部”50年一遇设计降雨情景下，s0和sh2方案对应的太湖最高水位分别为为4.59m和

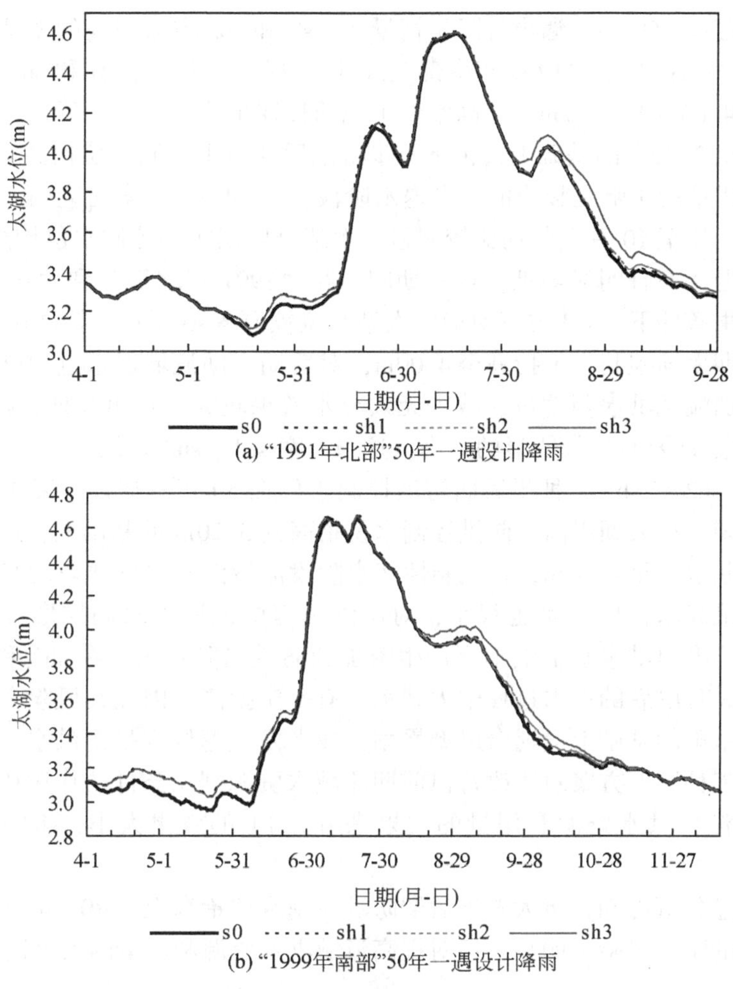

(a) “1991年北部”50年一遇设计降雨

(b) “1999年南部”50年一遇设计降雨

图 6-6　汛前期防洪控制水位调整后太湖水位模拟结果

4. 61m；对于“1999 年南部”50 年一遇设计降雨，s0 和 sh1 方案对应的太湖最高水位为 4. 66m 和 4. 67m，最高水位出现的日期也非常一致。所以，在汛前期防洪控制水位抬高至 3. 20m 的基础上，再进一步将汛后期防洪控制水位抬高至 3. 80m，对次洪过程中流域汛情的影响是较小的。在退水阶段，s0 和 sh2 方案对应的太湖水位过程线的差别主要体现在 8 月下旬至 10 月上旬，太湖汛后期防洪控制水位抬高至 3. 80m 后，对降低太湖水位的消退速率有一定作用。这一期间在“1991 年北部”和“1999 年南部”50 年一遇设计降雨条件下，sh2 方案对应的太湖水位较方案 s0 平均要抬高 2. 1cm 和 2. 4cm。这说明将汛后期太湖控制水位抬高至 3. 80m，对后期太湖流域退水过程已产生一定影响，对增加流域洪水调蓄量、减少无效弃水有一定效果。在汛前期，sh1 对应的太湖水位较现状方案 s0 要有比较明显的抬高，这与方案 sq1 相似。

对于方案 sh3 而言，随着汛后期防洪控制水位抬高至 4. 00m，除汛前期太湖水位较现状调度方案有一定变化外，在洪水消退阶段太湖水位过程线与现状调度方案的差别也很明显，但在涨水阶段两个方案对应的太湖水位过程线非常一致，最高水位的差别也较小。“1991 年北部” 50 年一遇设计降雨情景下，s0 和 sh3 方案对应的太湖最高水位分别为4. 59m 和4. 61m；对于“1999 年南部” 50 年一遇设计降雨，s0 和 sh3 方案对应的太湖最高水位为4. 66m 和4. 67m，最高水位出现的日期也非常一致。所以，在汛前期防洪控制水位抬高至3. 20m 的基础上，再进一步将汛后期防洪控制水位抬高至4. 00m，对次洪过程中流域汛情的影响是较小的。在退水阶段，s0 和 sh3 方案对应的太湖水位过程线的差别在 8 月上旬至 10 月上旬均比较明显，太湖汛后期防洪控制水位抬高至4. 00m 后，太湖水位的消退速率有明显降低。这一期间，在“1991 年北部”和“1999 年南部” 50 年一遇设计降雨条件下，sh3 方案对应的太湖水位较方案 s0 平均要抬高6. 6cm 和7. 9cm。这说明将汛后期太湖控制水位抬高至4. 00m，对后期太湖流域退水过程已产生比较显著的影响，对增加流域洪水调蓄量、减少无效弃水效果较大。在汛前期，sq1 对应的太湖水位较现状方案 s0 要有比较明显的抬高，这与方案 sh1 、sh2 相似。

根据 sh1 、sh2 和 sh3 三种汛后期防洪控制水位在 50 年一遇设计降雨情况下的太湖水位过程线可知，在太湖汛前期防洪控制水位抬高到3. 20m 的基础上，进一步提高太湖汛后期防洪控制水位至4. 00m，在控制性涨水阶段流域洪水过程线较现状调度方案的差别很小，太湖最高水位的差别也很小，对次洪过程中流域洪水调控形势的影响是较小的，因此对于标准内洪水基本上不会产生附加的防洪风险损失。在 sh2 和 sh3 两种调度方案下，由于8 月以后的退水过程中太湖水位有一定抬高，因此其风险主要来自于退水阶段在梅雨期暴雨的基础上遭遇台风型暴雨，或者发生超标准暴雨洪水。从水资源利用的效益来看，三种调度方案对于改善汛前期流域水资源利用条件的作用比较接近，但对于提高汛后期流域洪水资源利用量的效果来看，sh1 的效果太小，sh3 比较明显，sh2 居中。

总之，通过分析可知，将太湖汛后期防洪控制水位抬高至3. 80 ~ 4. 00m 的可行性是存在的，附加的防洪风险不明显，但对提高流域洪水资源利用量的效果比较明显。

6. 2. 2. 4　太浦河、望虞河洪水调度方式分析

望虞河和太浦河是流域骨干性的引排、供水通道。因此，调整两河的洪水调度规则对于完善流域洪水调度方式具有重要意义。适当抬高望亭水利枢纽和太浦闸的行洪水位，可以减轻涨洪过程中太湖环湖大堤压力，减少对上游滨湖地区回水影响。

太湖流域管理局在对太浦闸和望亭水利枢纽分级洪水控泄方式调整进行了研究（太湖流域管理局水利发展研究中心，2008），基本结论是：在 50 年一遇设计降雨条件下，将望虞河琳桥和太浦河平望控制水位分别抬高 10cm 后，对太湖水位过程线的影响很小，同时对太湖及流域主要控制线水量平衡关系的影响也较小，但对两河下游地区防洪排涝有一定的不利影响。

本书对太湖水位过程线与两河控制水位的关系作了进一步研究。对于琳桥，将现行洪水调度方案中太湖三级水位对应的控制水位分别提高 5cm、10cm 和 10cm；对于太浦闸，将现行洪水调度方案中 5 级太湖水位对应的平望控制水位均提高 15cm。具体情况分别如表 6-5、表 6-6 所示。

表 6-5　望虞河望亭水利枢纽分级洪水控泄方案调整

太湖水位（m）	琳桥控制水位（m）	
	新方案	现行方案
$h_{太湖} \leqslant 4.20$	$h_{琳桥} \leqslant 4.20$	$h_{琳桥} \leqslant 4.15$
$h_{太湖} \leqslant 4.40$	$h_{琳桥} \leqslant 4.40$	$h_{琳桥} \leqslant 4.30$
$h_{太湖} \leqslant 4.65$	$h_{琳桥} \leqslant 4.45$	$h_{琳桥} \leqslant 4.35$

表 6-6　太浦闸分级洪水控泄方案调整

太湖水位（m）	平望控制水位（m）	
	新方案	现行方案
$h_{太湖} \leqslant 3.50$	$h_{平望} \leqslant 3.45$	$h_{平望} \leqslant 3.30$
$h_{太湖} \leqslant 3.80$	$h_{平望} \leqslant 3.60$	$h_{平望} \leqslant 3.45$
$h_{太湖} \leqslant 4.20$	$h_{平望} \leqslant 3.75$	$h_{平望} \leqslant 3.60$
$h_{太湖} \leqslant 4.40$	$h_{平望} \leqslant 3.90$	$h_{平望} \leqslant 3.75$
$h_{太湖} \leqslant 4.65$	$h_{平望} \leqslant 4.05$	$h_{平望} \leqslant 3.90$

图 6-7 是望亭水利枢纽和太浦闸控制水位分别按表 6-5 和表 6-6 抬高后，在 1999 年实况洪水下，太湖水位过程线与现状调度方式的对比。其中方案 1 指太湖汛后期防洪控制水位抬高至 3. 80m，望亭水利枢纽、太浦闸防洪控制水位分别按表 6-5 和表 6-6 抬高；方案 2 指太湖汛后期防洪控制水位抬高至 3. 80m，但望亭水利枢纽、太浦闸防洪控制水位不变；方案 3 是指太湖汛后期防洪控制水位抬高至 4. 00m，望亭水利枢纽、太浦闸防洪控制水位分别按表 6-5 和表 6-6 抬高；方案 4 是指太湖汛后期防洪控制水位抬高至 4. 00m，但望亭水利枢纽、太浦闸防洪控制水位不变。

从图 6-7 可知：在 1999 年实况洪水条件下，方案 1 和方案 2 所对应的太湖最高位、水位变化过程非常接近，方案 3 和方案 4 之间也存在相同的情况。因此，在太湖防洪控制水位相同的情况下，抬高两河防洪控制水位对太湖水位过程线的影响较小。这一情况充分说明了环太湖口门洪水调度方案调整的复杂性。尽管在现状工况下，望虞河和太浦河是太湖重要的行洪通道，但是在环太湖众多口门中，如果只考虑望亭水利枢纽和太浦闸防洪控制水位的调整，那么对太湖水位的影响较小。

6. 2. 2. 5　太湖流域洪水资源调度调整的备选方案

通过对太湖流域汛前期、汛后期防洪控制水位以及望虞河、太浦河防洪控制水位的逐一分析，明确了太湖汛前期防洪控制水位以提高至 3. 20m 比较合适，而汛后期防洪控制水位抬高的适宜范围是不超过 4. 00m，太湖水位过程线对两河防洪控制水位的调整不甚敏感。故对太湖流域洪水调控方式的调整以太湖防洪控制水位为主，对望虞河、太浦河洪水调度方式的调整暂时不涉及。

基于这一思路，提出太湖流域洪水资源调度方式的备选方案集。备选方案集由六个方案组成，包括现状调度方案以及不同情景的太湖防洪控制水位方案。其中方案 0 是现

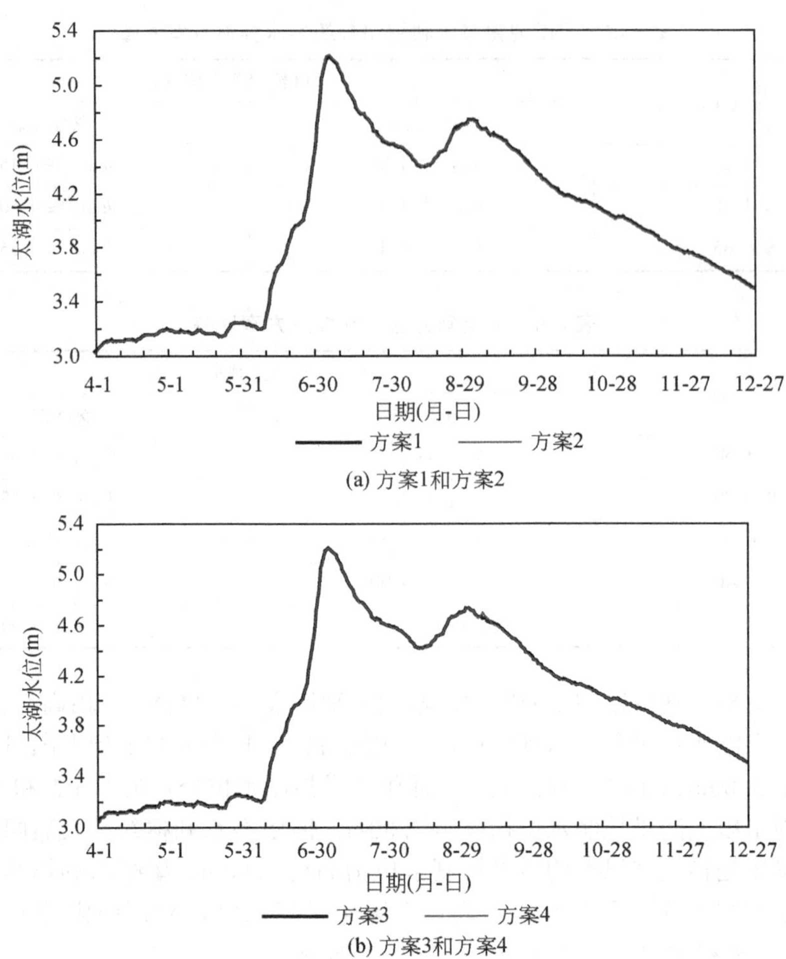

(a) 方案1和方案2

(b) 方案3和方案4

图 6-7　望亭水利枢纽和太浦闸防洪控制水位抬高后的太湖逐日水位

状调度方案，方案 1 和方案 2 是太湖汛后期防洪控制水位不变，而分别将汛前期防洪控制水位分别抬高至 3. 20m 和 3. 30m；方案 3、方案 4、方案 5 指太湖汛前期防洪控制水位抬高至 3. 20m，分别将汛后期防洪控制水位分别抬高至 3. 60m、3. 80m 和 4. 00m。各备选方案的具体情况如表 6-7 所示。

表 6-7　洪水资源调度方案对应的太湖防洪控制水位　　（单位：m）

时段（月-日）	方案 0	方案 1	方案 2	方案 3	方案 4	方案 5
1-1 ~ 3-31	3. 50	3. 50	3. 50	3. 60	3. 80	4. 00
4-1 ~ 6-15	3. 00	3. 20	3. 30	3. 20	3. 20	3. 20
6-16 ~ 7-20	3. 00 ~ 3. 50	3. 20 ~ 3. 50	3. 30 ~ 3. 50	3. 20 ~ 3. 60	3. 20 ~ 3. 80	3. 20 ~ 4. 00
7-21 ~ 10-31	3. 50	3. 50	3. 50	3. 60	3. 80	4. 00
11-1 ~ 12-31	3. 50	3. 50	3. 50	3. 60	3. 80	4. 00

6.3 太湖流域洪水资源调度模拟模型与情景分析

利用太湖流域水量水质模型（程文辉等，2006），基于流域供水、用水和排污等相关的水资源利用情景设计，对方案进行模拟，得到相应调度方案下太湖水位、水量、水质的响应结果，从而为比较不同方案对防洪安全、水资源供需和水质保护的影响奠定基础。

6.3.1 流域水量水质模型

太湖流域河网水量水质模型的主要任务是根据降雨径流模型提供的成果及污染负荷模型所提供的点和面的废水排放量，以及流域内引、排水工程的作用，模拟流域平原区河网中的水流运动，计算各断面水位、流量和水质指标。

6.3.1.1 水量模型及求解方法

根据太湖流域平原河网的特点，将流域内影响水流运动的因素分别概化为零维模型（湖、荡、圩等零维调蓄节点）、一维模型（一维河道）、太湖二维（准三维）模型和联系要素（堰、闸、泵控制建筑物等）四类模型要素，分别采用相应的水动力学方法进行模拟。将模型模拟范围内所有模型要素的水动力学方程组离散后，经处理形成全流域统一的节点水位线性方程组，采用矩阵标识法进行求解，实现了整个流域平原河网的水流演进过程模拟。

6.3.1.2 水质模型及求解方法

太湖流域水质模型主要包括两大部分：一部分是污染物负荷模型，另一部分是河网湖泊污染物输移模型。模型中模拟的污染物包括 COD、BOD_5（五日生化需氧量）、NH_3-N、TN、TP 和 DO（溶氧量），根据污染源又可分为点源污染和面源污染两大类。

污染物负荷模型主要用来模拟和估计进入流域河网的点源和面源污染物负荷量。将污染物分为与降雨有关和与降雨无关两大类，利用 PROD 模型（Laplante and Rilstone，1996）进行模拟。河网湖泊污染物输移模型用于描述各类进入水体中的污染物组分之间的相互的物理、化学和生物作用以及随河网水体的输送过程。水体中各类水质组分的相互作用及降解过程，在水质基本方程中作为源汇项处理，采用美国 EPA 推出的 QUAL2E 方法（Brown and Barnwell ，1987；Jucui et al. ，2011）进行计算和模拟。河道水质输移采用一维水质模型、太湖水质模型采用准三维水质模型，其他中小湖泊采用零维模型。水质基本方程采用有限差分法进行求解。

6.3.1.3 平原河网概化

河网水量模型模拟范围为扣除湖西山丘区、浙西山区以及滨江、江阴、沙洲、上塘四个自排区的流域平原区，面积为 28 539.5km^2。流域河网水量模型的概化河网在太湖流域新一轮防洪规划概化河网的基础上，通过收集更详细的河网资料细化而来。流域平原河网地区的主要河道概化为1 482条河道，1 132个节点（其中，调蓄节点165个，不含太湖），控制建筑物169个；有边界条件的河道63条，其中外江、海潮位边界43条（沿长江28条，镇江—浏河；长江口4条，新川沙—吴淞口；东海7条，川杨河—金汇港；杭州湾4条，乍浦—盐官），山区入流流量边界20条（湖西山丘区10条，浙西山区9条，杭嘉湖山丘区1条）。

6.3.1.4 供排水概化模拟

在河网水量模型中，对流域平原区各类供水、用水、耗水和排水进行概化模拟。在供、用、耗、排水中，与河网水量模型直接相关的是供水（毛供水量，下同）和排水，而用水和耗水隐含其中，无需专门进行概化处理。

1）工业和城镇生活供水的概化。工业和城镇生活用水主要由自来水厂及自备水源提供。对于模拟范围内有明确地理位置的自来水厂和自备水源作为点取水处理，没有明确地理位置的自来水厂和自备水源作为面上取水均化处理；工业和城镇生活的用水量与自来水厂和自备水源的取水量的差值，以地市级行政区为控制单元，采取面上取水均化的方式进行处理。

2）农业供水及农村生活供水的概化。农业供水包括水田灌溉、旱地灌溉、鱼塘供水。水田灌溉用水在降雨径流模型中考虑（同时考虑其回归水），河网水量模型直接应用其成果，在河网中取水满足水田灌溉用水。旱地灌溉仅考虑其耗水量，以水资源分区的旱地灌溉耗水量为控制数，采取面上平均取水的方法近似模拟，分摊到相应区域的旱地下垫面上。鱼塘供水包括鱼塘水面蒸发补水和鱼塘换水，鱼塘在降雨径流模型中作为水面下垫面，已经考虑了其水面蒸发补水；鱼塘换水是将鱼塘的水放到河网中，再从河网中提水补充鱼塘，相对河网而言，对水量没有影响，因此在水量模型中不模拟鱼塘供水。

农村生活供水模拟仅考虑其耗水量，与旱地灌溉一样，以水资源分区的农村生活耗水量为控制数，按面上平均取水近似模拟。

3）一般工业和城镇生活排水的概化。农业排水和农村生活排水模拟已隐含在供水模拟中。一般工业和城镇生活排水的概化模拟具体在污染负荷模型中考虑，污染负荷模型的废污水排放量作为水量模型的输入条件参与水量计算。对于模拟范围内有明确地理位置的点污染源作为点排水处理，没有明确地理位置的点污染源作为面上排水均化处理；一般工业和城镇生活的理论排放量与点污染源实际调查的排放量差值，以地市级行政区为控制单元，采用面上排水均化的方式进行处理。

4）火（核）电供排水的概化。自备水源中的火（核）电厂，按照取水地点与排水地点的相对位置关系，分两种情况模拟：对于原地取、原地排的电厂，从水量上来看，相当于取走的仅仅是火（核）电厂耗水量，只需在模型中设置相应的引水节点，节点的引水量为其耗水量；对于取水地点与排水地点不一致的电厂，要在取水处与排水处分别设置引水节点和排水节点，引水节点的引水流量按取水量计算，排水节点的出流流量按排水量计算。现状条件下，在流域内取水的火（核）电厂取排水地点不一致的仅为苏州望亭电厂，取水自太湖、排水到河网（望虞河），在模型中分别设置了引水节点和排水节点；流域外，沿长江和杭州湾的火（核）电厂，引长江水或海水后退水入平原河网内的仅镇江谏壁电厂，从长江取水，排水入流域内河网，在模型中只需设置排水节点；其余流域外沿长江和杭州湾的火（核）电厂，取排水均在流域外，不影响平原河网的水量，因此不作考虑。

以上取、排水过程在模型中，除水田灌溉用水外，其他均按全年均化处理。

6.3.2　模型采用的边界、下垫面与水资源利用情景

6.3.2.1　边界条件

沿江、沿杭州湾潮位是太湖流域平原河网水利计算重要边界条件。根据收集到的沿江以及沿杭州湾潮位站的实测特征潮位资料，利用潮位站的单位潮位过程线，推求其整点潮位过程。再以镇江站为起点，沿流域边界按同样的坐标系统量算各潮位站及沿长江、杭州湾各概化河道河口距离，用拉格朗日 3 点插值（朱来义，1993）求得各河口潮位边界条件。

6.3.2.2　下垫面情景

采用的下垫面情景是《太湖流域水资源综合规划》调查的 2000 年下垫面资料。太湖流域城镇、行政分区等电子图层采用由水利部水利水电规划设计总院提供的太湖流域 25 万分之一电子地图；圩区分布图采用太湖流域管理局提供的太湖流域圩区分布电子图层（2002 年版）；概化河道及湖泊地形资料是在太湖流域防洪规划的基础上，作了少量补充和修正；水面、水田、旱地、城镇等下垫面资料来源于本次水资源综合规划开发利用调查成果。

6.3.2.3　水资源利用情景

太湖流域水资源综合规划开发利用调查评价对流域 2000 年现状供、用、耗、排水进行了大量调查，提供了详细的基础数据，经概化处理后可直接应用于流域基准年模型计算中。

根据水资源综合规划开发利用调查评价成果，模型共概化了全流域 2000 年规模以上自来水厂 223 座、自备水源 118 座，其中有明确地理位置的自来水厂 133 座、自备水厂有 102 座，计算范围内有明确地理位置的自来水厂 105 座、自备水源 87 座。

根据水资源综合规划开发利用调查的 2000 年流域点污染源情况，模型中共概化了 1 980 个废污水排放点（工业排放点 1 394 个，生活排放点 586 个），其中，有明确地理位置的 1 937 个（工业排放点 1 373 个，生活排放点 564 个），模拟范围内有明确地理位置的 1 878 个（工业排放点 1 333 个，生活排放点 545 个）。

太湖作为流域调蓄中心和主要供水水源地，在太湖取水的自来水厂、自备水源对流域河网水利计算影响较大。根据 2000 年流域水资源开发利用现状调查评价成果，对在太湖取水的自来水厂、自备水源进行概化。模型中概化的 2000 年现状在太湖取水的自来水厂共 12 个，现状供水能力 162.5 万 t/d，年取水量 4.45 亿 m^3。在太湖取水的自备水源主要是苏州望亭发电厂，其直流冷却用水在太湖取水，年取水量 8.36 亿 m^3，使用后退

水入望虞河，年退水量 8.0 亿 m^3。

现状概化入模型的在太浦河—黄浦江取水的自来水厂共 10 个，现状取水规模为 508.2 万 t/d，年取水量约 14.0 亿 m^3。现状在太浦河取水的自来水厂较少，规模也较小，其中吴江平望等水厂是对几个在太浦河取水的小水厂进行了合并；在黄浦江取水的概化水厂共 8 个，其中有 5 个取水自黄浦江上游的松浦原水厂，年取水量 12.5 亿 m^3。

现状没有在太浦河取水的大型自备水源，在黄浦江取水的自备水源在模型中共概化了 17 个，现状供水能力 883.6 万 t/d，年取水量 31.6 亿 m^3。由于在黄浦江取水的自备水源中有 7 个为火电厂取用冷却用水，均为原地取、原地排，在模型中仅需概化其耗水量，因此，在黄浦江取水的自备水源年取水量概化为 3.4 亿 m^3。

6.3.3 水文设计情景分析

根据太湖流域洪水调度方案模拟所需要的基础资料的可获取性，采用典型年与设计降雨相结合的方法对流域洪水调度方案进行模拟，全面分析太湖流域洪水调度方式调整后对流域水资源利用、水环境保护和洪水管理的影响。在每一种水文情景下，对所提出的 6 个太湖流域洪水资源利用备选方案进行模拟，以全面反映洪水资源调度方式的调整对于流域水资源利用、流域防洪安全保障和太湖水质保护的影响。选择的水文情景主要是丰水年。在典型年上，针对 1989 年水文情景对各洪水资源调度方案进行模拟。在设计水文年，针对“1991 年北部”和“1999 年南部”50 年一遇两种设计降雨情景对各洪水资源调度方案进行模拟。

6.3.3.1 1989 年水情基本状况

1989 年为流域 20% 降雨典型年（相当于 5 年一遇），该年降雨量 1 376.3mm，降雨频率约 15%；4 ~ 10 月降雨量 1 007.9mm，降雨频率 22%；汛期 5 ~ 9 月降雨量 834.0mm，频率 23%；7 ~ 8 月降雨量 413.7mm，频率 16%。

1989 年 1 ~ 3 季度流域多次出现大降雨过程（图 6-8），月降雨量 72.8 ~ 229.8mm，约占全年降雨量的 90.5%。在空间分布上，浙西区降雨量最大（1 637.1mm），太湖区和杭嘉湖区次之（分别为 1 428.9mm、1 418.2mm）。1989 年流域地表径流量 225.1 亿 m^3，其中平原区 164.5 亿 m^3，流域地表径流系数 0.45。浙西区径流量 51.1 亿 m^3，占流域总地表径流量的 22.7%，湖西区、杭嘉湖区径流量分别占流域径流量的 20.5%、20.3%，其他水资源分区地表径流量占全流域的 4.3% ~ 10.5%。

6.3.3.2 50 年一遇设计降雨分析

现状工程条件下，太湖流域防洪标准大致为 50 年一遇。因此，对 50 年一遇设计降雨情况进行水文模拟，一方面可以较好地分析洪水调度方案调整后对应的流域洪涝风险，另一方面能够反映大洪水情况下各方案对于改善汛期流域洪水调控的效果。

1954 年、1991 年和 1999 年的暴雨导致了严重的流域性洪涝灾害，暴雨时空分布各具特点，基本反映了流域暴雨时空分布特征，资料和分析研究工作均较充分，因此，这三种年型降雨过程是流域设计暴雨典型。太湖流域 50 年一遇设计降雨在降雨时空组合

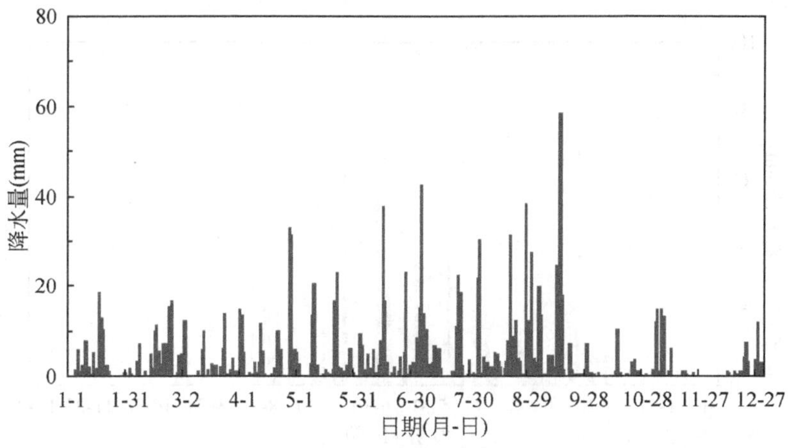

图 6-8　1989 年降雨过程

方面包括 1954 年实况、1991 年上游、1991 年北部、1999 年南部四种典型情况。

“1991 年北部”雨型以湖西区、武澄锡虞区与流域同频率，按 1991 年雨型缩放推求设计暴雨过程，基本保持 1991 年实况雨型的降雨特性。“1999 年南部”雨型的暴雨过程基本保持了 1999 年实况降雨特性，即降雨中心位于杭嘉湖区、太湖区、浙西区、阳澄淀泖区、浦东浦西区。因此在本次研究中，针对 1991 年北部、1999 年南部两种雨型对应的 50 年一遇设计降雨进行方案模拟。

1991 年流域降雨过程分三个阶段：第一阶段 5 月 18 日至 6 月 19 日，连续降雨 398. 4mm；第二阶段 6 月 30 日至 7 月 14 日，降雨 280. 5mm；第三阶段 7 月 31 日至 8 月 7 日，降雨 126. 1mm。第一阶段降雨主要造成流域河湖水位抬高；第二阶段降雨造成太湖高水位；第三阶段雨量较小，仅使太湖退水速度减缓。

1999 年流域主雨期发生在 6 月 7 日至 7 月 1 日，其中又以 6 月 23 日至 6 月 30 日降雨最为集中，是造成太湖最高水位的直接因素。太湖上下游及各分区最大 7 天和 30 天降雨强度为最大。与造成太湖流域特大洪涝灾害的其他年份相比，1999 年暴雨全流域最大 7 天、15 天、30 天、45 天、60 天和 90 天雨量均超过历史实测最大值（图 6-9）。

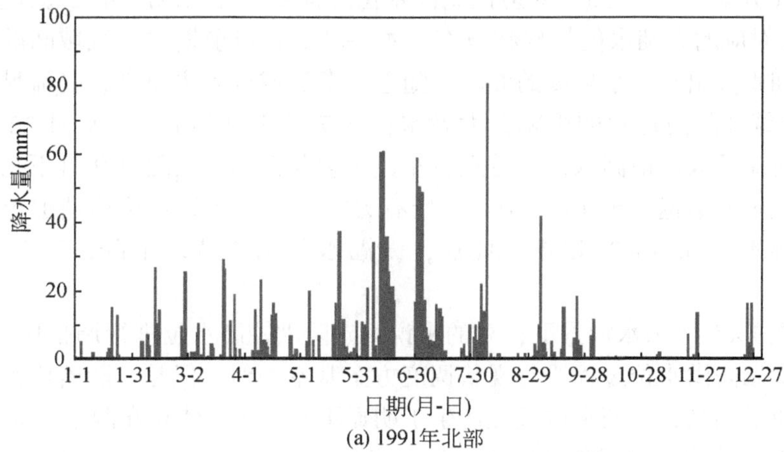

(a) 1991年北部

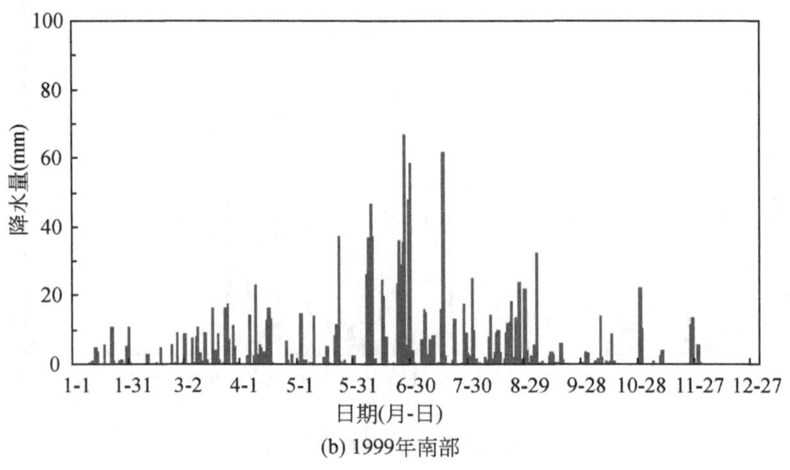

(b) 1999年南部

图 6-9 50 年一遇流域设计降雨过程

6.4 太湖流域洪水资源调度方案模拟结果分析

对太湖流域洪水资源调度备选方案对应的太湖水位过程线的变化以及对流域水量和洪水调度的影响进行了分析。为了更全面的说明太湖流域洪水资源调度方式的调整对流域洪水资源利用和防洪安全保障的影响，进一步在三种降雨输入情景下，对方案 0 ~ 方案 5 模拟的年内太湖逐日平均水位和各分区代表站逐日平均水位过程及以重要断面出入境物质过程进行分析，明确洪水资源利用新方式对应的风险因子和效益因子。

6.4.1 1989 年型洪水资源调度模拟结果分析

6.4.1.1 太湖水位分析

图 6-10 是 1989 年各方案得到的太湖逐日平均水位过程线。根据该图，新的洪水资源调度方案（方案 1 ~ 方案 5）对应的太湖水位过程线与现状调度方案总体上一致。1 ~ 3 月，各方案对应的太湖水位与现状方案基本一致。在汛前期，受流域间歇性降雨过程的影响，太湖水位出现了小幅度的波动。随着太湖流域进入主汛期，受流域 7 月上旬至 9 月中旬的持续性降雨过程的影响，太湖水位从 7 月 3 日起涨，至 9 月 22 日达到最高值。各方案对应的太湖最高水位的差别较小，至多相差 5cm。随着 9 月下旬次降雨的结束，太湖水位迅速消退，至 10 月中旬，所有方案对应的太湖水位均消退至现行的汛后期防洪控制水位（3.50m）以下。此后，太湖水位仍然持续下降，直至年底消退至 3.00m 附近。

因此，在 1989 年来水情景下，总的来说太湖防洪控制水位进行调整后，方案 1 ~ 方案 5 对应的太湖防洪水位过程线与现状调度方案基本相似。但是，随着汛前期或汛后期防洪控制水位的抬高，太湖水位过程产生了明显不同，主要体现在两个方面。

首先，由于汛前期太湖防洪控制水位抬高至 3.20m 或 3.30m，方案 1 ~ 方案 5 对应

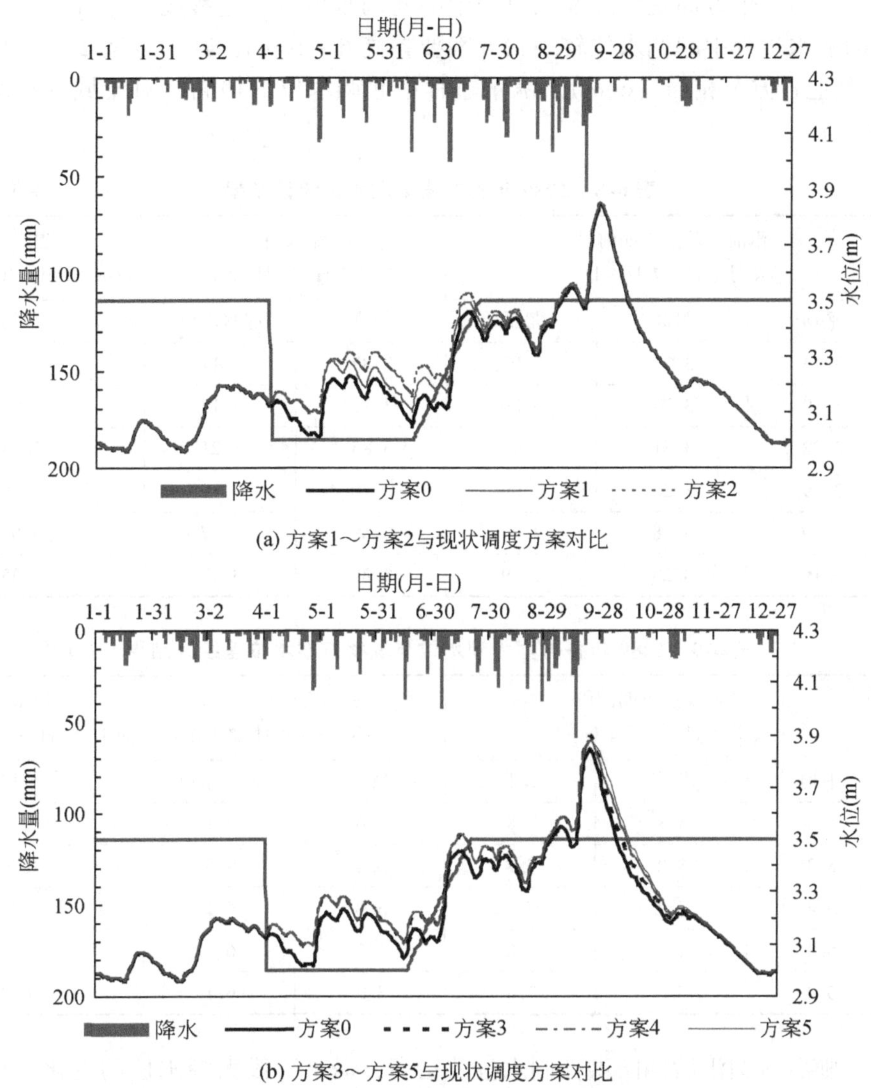

图 6-10　1989 年各调度方案对应的太湖逐日平均水位对比

的汛前期和主汛期前段太湖水位较现状调度方案普遍抬高。对于现状调度方案而言，4 月 1 日进入汛前期后，由于受到防洪控制水位 3.00m 和流域用水量增加影响，太湖水位出现了明显下降，从 3.15m 约降至 3.00m。整个汛前期和主汛期前段（4 月 1 日至 7 月 4 日），太湖水位保持在一个较低的水平，其均值为 3.13m。汛前期太湖防洪控制水位抬高以后，该时段太湖最低水位、最高水位和平均水位均有一定程度抬高。方案 1 ~ 方案 5 对应的太湖最低水位较现状方案抬高 6 ~ 8cm，最高水位抬高 8cm，平均水位抬高 5 ~ 8cm。5 个方案中，方案 2（汛前期防洪控制水位 3.30m）对应的汛前期及主汛期前段太湖水位抬高幅度是最大的。具体情况见表 6-8、表 6-9。太湖汛前期防洪控制水位抬高的影响表现在两个方面。一个方面是由于该时段太湖平均水位和最低水位均明显抬高，环太湖供水设施的取水条件因此有一定程度的改善，同时太湖水位的抬高对于水质保护也有正面影响。另一个方面是太湖涨水过程中的起调水位有一定程度的抬高。方案 1 和方案 5 对应的涨水过程中起调水位较现状方案要抬高 6 ~ 10cm，其中方案 2 抬高幅度最大（10cm），其他各方案相当（6cm）。涨水过程中起调水位的抬高，对流域洪水调控来说是不利的。

表 6-8　1989 年各方案太湖水位统计结果　（单位：m）

方案	汛前期及主汛期前段（4 月 1 日 ~7 月 4 日）			涨水期（7 月 5 日 ~9 月 22 日）		退水期（9 月 23 日 ~10 月 20 日）
	平均	最高	最低	最高	起涨水位	平均
0	3.13	3.23	3.01	3.85	3.11	3.54
1	3.19	3.28	3.09	3.85	3.17	3.54
2	3.22	3.31	3.09	3.85	3.21	3.54
3	3.19	3.28	3.09	3.90	3.17	3.58
4	3.19	3.28	3.09	3.88	3.17	3.61
5	3.19	3.28	3.09	3.88	3.17	3.65

表 6-9　1989 年各方案太湖水位与现状方案水位差统计结果　（单位：cm）

方案	汛前期及主汛期前段（4 月 1 日 ~7 月 4 日）			涨水期（7 月 5 日 ~9 月 22 日）		退水期（9 月 23 日 ~10 月 20 日）
	平均	最高	最低	最高	起涨水位	平均
1	5.4	5.3	7.8	0.6	6.1	0.3
2	8.3	8.2	7.8	0.4	9.5	0.2
3	5.4	5.3	7.8	5.0	6.1	4.5
4	5.4	5.3	7.8	3.3	6.1	7.2
5	5.4	5.3	7.8	3.3	6.1	10.9

同时，随着太湖汛后期防洪控制水位的抬高，退水阶段太湖水位的变化过程与现状调度方案有一定的变化，洪水消退速率要降低。根据图 6-10（a），仅抬高太湖汛前期防洪控制水位，方案 1、方案 2 在退水阶段的太湖水位变化过程与现状调度方案无明显差异。而方案 3 ~ 方案 5 对应的退水阶段太湖水位变化过程与现状调度方案具有比较明显的差异。由于汛后期防洪控制水位的抬高，直接影响了望虞河、太浦河以及其他重要环湖口门的引排方式，因此太湖退水速率有所降低，所以在退水阶段方案 3 ~ 方案 5 与现状调度方案和方案 1、方案 2 相比，能够维持在更高水位。在 1989 年水文情景下，由于太湖最高水位并未超过安全水位，因此维持高水位的时间越长，延后了太湖水位消退至 3.50m 的时间，太湖无效弃水越少，则流域洪水资源利用越充分，对于汛后期流域水资源利用越有利。根据表 6-8 的统计结果，9 月 23 日至 10 月 20 日，方案 3 ~ 方案 5 对应的太湖逐日水位较现状调度方案分别要抬高 4cm、7cm、11cm，而方案 1 和方案 2 与现状调度方案基本相当。10 月 6 日，现状调度方案和方案 1、方案 2 太湖水位消退至 3.50m，而同期方案 3 ~ 方案 5 对应的太湖水位分别为 3.56m、3.61m 和 3.65m。因此，

与现状调度方案相比，抬高汛后期防洪控制水位能够增加太湖流域洪水调蓄量。其中，方案4和方案5最为明显。

6.4.1.2　地区代表站水位分析

由太湖流域水量水质模型，得到了1989年来水情况下，各调度方案的各区域代表站逐日水位过程。附图2列出了王母观等8个代表站逐日水位过程线。从8个代表站逐日水位过程线来看，由于受到降雨、取用水等众多复杂情况的影响，地区代表站逐日水位过程与流域降雨的关系不如太湖水位过程与降雨的关系密切，在年内和汛期都表现出更为复杂多变化的特征，但从最高水位以涨退过程来看，地区水位与太湖水位仍具有一定的同步性。4～6月是多数代表站水位偏低的时段，而7～9月是水位上涨和高水位持续阶段，至9月以后水位逐步消退。在1989年降雨条件下，流域洪水资源调度方式调整后，各区域代表站的响应各不相同。8个区域代表站的水位响应情况可以总结为两种类型。

一种类型是洪水资源调度方式调整后，逐日水位过程与现状调度方案对应的水位过程基本一致，差别较小，这一类型的代表站包括王母观、嘉兴、湘城、平望。以王母观、湘城水位过程线（附图2-1、附图2-5）为例，在年内各个阶段，各方案对应的水位过程线均比较一致，无论是水位的涨落过程还是消退过程均无明显差异。因此，太湖防洪控制水位的抬高对于湖西区、杭嘉湖区代表性水位的影响较小。

另一种类型是洪水资源调度方式调整后，汛前期至主汛期前段逐日水位有明显抬高，同时汛后期退水阶段水位过程线也有一定差异。这一类型的站点包括无锡、枫桥、杭长桥和琳桥。随着太湖汛前期防洪控制水位抬高至3.20m或3.30m，4～6月水位明显抬高，显著改善了地区水资源利用条件。同时在9月下旬至11月中旬，各方案对应的水位过程线与现状方案相比也有或多或少的差异。以无锡站为例，随着太湖汛前期防洪控制水位抬高至3.20m或3.30m，方案1～方案5对应的4～6月水位较现状方案平均要抬高14.6cm、19.4cm、14.6cm、14.6cm、14.6cm。对于琳桥站而言，该时段水位抬幅度更大，方案1～方案5较现状方案平均抬高24.5cm、32.8cm、24.5cm、24.5cm、24.5cm。杭长桥、枫桥4～6月水位较现状方案平均也有一定抬高，抬高值为5～8cm。因此，总的来说太湖汛前期防洪控制水位的抬高，对于改善4～6月的阳澄淀淀区地区河网水资源利用条件的效果是比较明显的。在汛后期退水阶段，方案1～方案5对应的无锡、枫桥、杭长桥和琳桥站对应的水位也现状调度方案也有一定差异，但不同站点的变化情况比较复杂。杭长桥、无锡、枫桥站3个站点的平均水位有所抬高，而琳桥则随调度方案的不同而抬高或降低，但只有方案5的变化幅度比较明显。

1989年降雨条件下，各洪水资源调度方案对应的地区代表站最高水位、时段平均水位分别如表6-10～表6-12所示，反映了各区域代表站随太湖汛前期、汛后期防洪水位的水位变化的响应。总的来说，随着太湖防洪控制水位的抬高，地区水位抬升的幅度有所增加。在1989年降雨条件下，地区水位的变化起到了改善地区取水条件、加强洪水资源调控的作用。

表 6-10 1989 年各方案区域代表站最高水位 （单位：m）

方案	王母观	杭长桥	嘉兴	无锡	湘城	枫桥	琳桥	平望
0	4.86	4.26	3.70	4.08	3.65	3.79	3.95	3.72
1	4.87	4.25	3.68	4.08	3.66	3.78	3.88	3.68
2	4.89	4.25	3.68	4.08	3.66	3.78	3.88	3.68
3	4.87	4.29	3.71	4.09	3.70	3.84	3.88	3.72
4	4.87	4.28	3.73	4.13	3.66	3.84	3.91	3.78
5	4.87	4.28	3.73	4.13	3.64	3.84	3.91	3.78

表 6-11 1989 年各方案地区代表站 4～6 月平均水位 （单位：m）

方案	王母观	杭长桥	嘉兴	无锡	湘城	枫桥	琳桥	平望
0	3.69	3.15	2.87	3.22	3.05	3.10	3.12	3.00
1	3.72	3.20	2.88	3.37	3.05	3.15	3.36	2.98
2	3.73	3.23	2.88	3.42	3.05	3.17	3.44	2.97
3	3.72	3.20	2.88	3.37	3.05	3.15	3.36	2.98
4	3.72	3.20	2.88	3.37	3.05	3.15	3.36	2.98
5	3.72	3.20	2.88	3.37	3.05	3.15	3.36	2.98

表 6-12 1989 年各方案地区代表站退水期（9 月 21 日～10 月 20 日）平均水位 （单位：m）

方案	王母观	杭长桥	嘉兴	无锡	湘城	枫桥	琳桥	平望
0	4.10	3.57	3.00	3.51	3.27	3.41	3.50	3.24
1	4.10	3.57	2.99	3.51	3.26	3.41	3.50	3.23
2	4.10	3.57	3.00	3.51	3.27	3.41	3.50	3.23
3	4.11	3.61	3.00	3.55	3.27	3.43	3.54	3.23
4	4.11	3.64	3.00	3.58	3.23	3.45	3.51	3.21
5	4.12	3.67	2.99	3.59	3.22	3.47	3.39	3.19

6.4.2 “1991 年北部”50 年一遇设计降雨洪水资源调度模拟结果分析

6.4.2.1 太湖水位

图 6-11 是“1991 年北部”50 年一遇设计降雨条件下年各方案得到的太湖逐日平均水位线。根据该图可知，总体上现行调度方案（方案 0）和方案 1～方案 5 所模拟的太湖逐日水位过程线比较一致，说明新的洪水调度方案并未从根本上影响太湖水情发展过程。5 月以后，太湖水位经历了一个下降过程，到 5 月 20 日左右达到最低值（约为 3.10m 左右）。5 月下旬后，随着梅雨型降雨过程的持续，太湖水位经历了一个不断上涨的过程，在 6 月 20 日左右出现了一个峰值（4.14～4.18m）；之后，太湖水位经历了一个短暂的下降过程，在 6 月 30 日由于大暴雨过程的产生又重新上涨，在 7 月 17 日达到

了最高值（4.59～4.63m）。7 月 17 日后，太湖水位虽有反复，但由于主要降雨过程的结束，总体上持续消退，至 9 月初基本消退至 3.50m 以下。

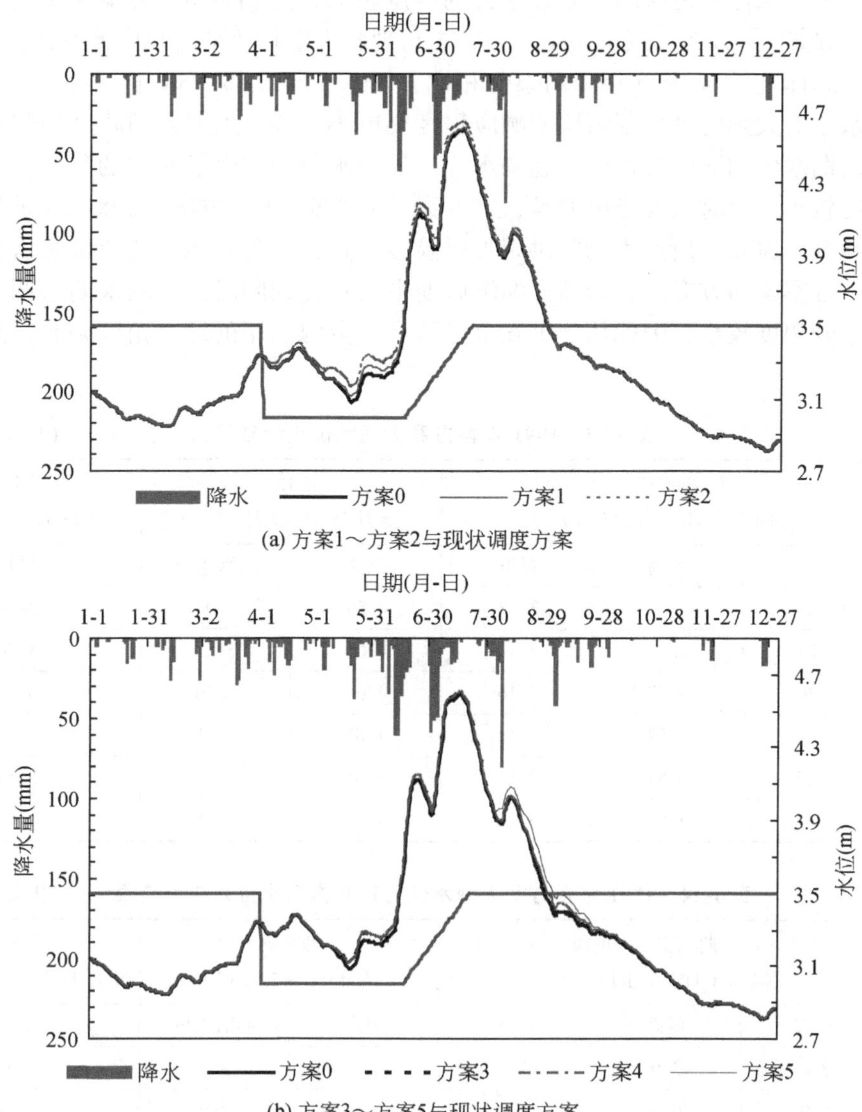

图 6-11　“1991 年北部”50 年一遇设计降雨各调度方案对应的太湖逐日平均水位

表 6-13 和表 6-14 对“1991 年北部”50 年一遇设计降雨条件下各调度方案模拟的太湖水位进行了统计。根据图 6-11 和表 6-13、表 6-14，太湖防洪控制水位的抬高，对汛前期平均水位、最高水位和最低水位均有一定幅度的抬高，其中方案 2 的抬高幅度最大。但总体上，抬升幅度是较小的，远不及 1989 年降雨条件下的抬升幅度。在涨水期，同样是方案 2 对最高水位和起调水位的抬升较大，分别较现状方案抬高 5cm 和 8cm，而其余方案分别为 2cm 和 3cm。因此，从防洪安全角度来讲，方案 2 的直接洪涝损失和附加风险程度更大，而其余 4 个方案较小。这进一步说明太湖汛前期防洪控制水位不宜超

过3.30m。

在退水期（7月18日至10月31日），各方案之间平均水位的差异也较小。各方案中，方案5平均水位较现状调度方案抬升的幅度较大，达5cm/d，方案4次之，抬升值为2cm/d，方案2～方案3仅1cm/d，方案5与现状方案相比平均水位无变化。

因此，总体上，与1989年降雨条件相比，“1991年北部”50年一遇设计降雨条件下，太湖水位对太湖防洪控制水位的响应程度要更小一些。虽然太湖防洪控制水位的抬升，对汛前期水位和涨洪过程中的起调水位、最高水位均产生了一定的影响，但总的来说影响幅度较小。同时需要指出的是，在方案1～方案5中，方案2（太湖汛前期防洪控制水位抬高至3.30m）所产生的防洪附加风险较明显，同时对汛后期流域洪水利用无明显影响。而方案4和方案5在抬高太湖汛后期平均水位的同时，对涨水期起调水位和最高水位的抬升幅度较小，因此从防洪安全保障和水资源利用的综合角度来看，是相对适宜的。

表6-13 1991年各方案太湖水位统计结果 （单位：m）

方案	汛前期（4月1日~6月15日）			涨水期（5月18日~7月17日）		退水期（7月18日~10月31日）
	平均	最高	最低	最高	起涨水位	平均
0	3.25	3.51	3.08	4.59	3.08	3.56
1	3.27	3.54	3.11	4.61	3.11	3.56
2	3.30	3.57	3.16	4.64	3.16	3.57
3	3.27	3.54	3.11	4.61	3.11	3.57
4	3.27	3.54	3.11	4.61	3.11	3.58
5	3.27	3.54	3.11	4.61	3.11	3.61

表6-14 1991年各方案太湖水位与现状方案水位差统计结果 （单位：cm）

方案	汛前期及主汛期前段（4月1日~6月15日）			涨水期（5月18日~7月17日）		退水期（7月18日~10月31日）
	平均	最高	最低	最高	起涨水位	平均
1	2.0	3.0	3.0	2.0	3.0	0.0
2	5.0	6.0	8.0	5.0	8.0	1.0
3	2.0	3.0	3.0	2.0	3.0	1.0
4	2.0	3.0	3.0	2.0	3.0	2.0
5	2.0	3.0	3.0	2.0	3.0	5.0

6.4.2.2 地区代表站水位

附图3列出了王母观等8个代表站的逐日水位过程线。各代表站年内水位发展过程与太湖有一定的相似性，最高水位出现的日期稍有提前。总的来说，对于地区水位而言，在“1991年北部”50年一遇设计降雨条件下，太湖防洪控制水位抬高前后，除无锡和琳桥水位过程变化稍大外，各站水位变化情况较小。具体情况如表 6-15 和表 6-16 所示。

表 6-15　“1991 年北部” 50 年一遇设计降雨下各方案区域代表站最高水位

（单位：m）

方案	王母观	杭长桥	嘉兴	无锡	湘城	陈墓	琳桥	平望
0	5.80	4.93	3.76	4.82	4.42	3.99	4.49	3.91
1	5.81	4.93	3.77	4.83	4.43	4.00	4.49	3.92
2	5.82	4.94	3.78	4.84	4.44	4.01	4.50	3.94
3	5.81	4.93	3.77	4.83	4.43	4.00	4.49	3.92
4	5.81	4.93	3.77	4.83	4.43	4.00	4.49	3.92
5	5.81	4.93	3.77	4.83	4.43	4.00	4.49	3.92

无锡站汛前期平均水位抬高幅度最大达 10cm，琳桥站最大抬升幅度达 17cm。5 个方案中，只有方案 2 对应的水位的抬升幅度是最大的，其他方案对汛前期水位的抬升幅度很小。在汛后期，相对于现状调度方案，新方案对应的各站水位的变化均较小。

表 6-16　“1991 年北部” 50 年一遇设计降雨下各方案地区代表站汛前期平均水位

（单位：m）

方案	王母观	杭长桥	嘉兴	无锡	湘城	陈墓	琳桥	平望
0	3.70	3.28	2.93	3.37	3.13	3.01	3.21	3.08
1	3.71	3.29	2.93	3.41	3.13	3.02	3.27	3.08
2	3.73	3.33	2.93	3.47	3.12	3.01	3.38	3.07
3	3.71	3.29	2.93	3.41	3.13	3.02	3.27	3.08
4	3.71	3.29	2.93	3.41	3.13	3.02	3.27	3.08
5	3.71	3.29	2.93	3.41	3.13	3.02	3.27	3.08

6.4.3　“1999 年南部” 50 年一遇设计降雨洪水资源调度模拟结果分析

6.4.3.1　太湖水位

图 6-12 是“1999 年南部” 50 年一遇设计降雨条件下各方案太湖逐日平均水位过程线。根据该图可知，总体上现行调度方案（方案 0）和方案 1 ~ 方案 5 所模拟的太湖逐日水位过程线比较一致，说明各新的洪水调度方案并未从根本上影响到太湖水情发展过程，水位发展过程与降雨发展过程具有很强的一致性。由于设计降雨过程不同，因此“1999 年南部” 50 年一遇设计降雨条件下太湖水位过程线与 1991 年型相比汛前期水位和涨水过程中起调水位要低，但水位峰值更高，高水位持续时间也越长。两种年型下，太湖水位起涨时间基本相同，最高水位的日期也大致相同，但 1999 年型情况下，由于后期持续性降雨过程，因此水位消退时间更长，直至 9 月下旬才消退至 3.50m 以下。

根据图6-12，5月以后，随着梅雨型降雨过程的持续，太湖水位经历了一个不断上涨的过程（起涨时间为5月18日），在6月30日由于大暴雨过程的产生又重新上涨，在7月21日前后达到了最高值（4.66～4.67m）。7月21日后，但由于主要降雨过程的结束，总体上持续消退，至9月底基本消退至3.50m以下。

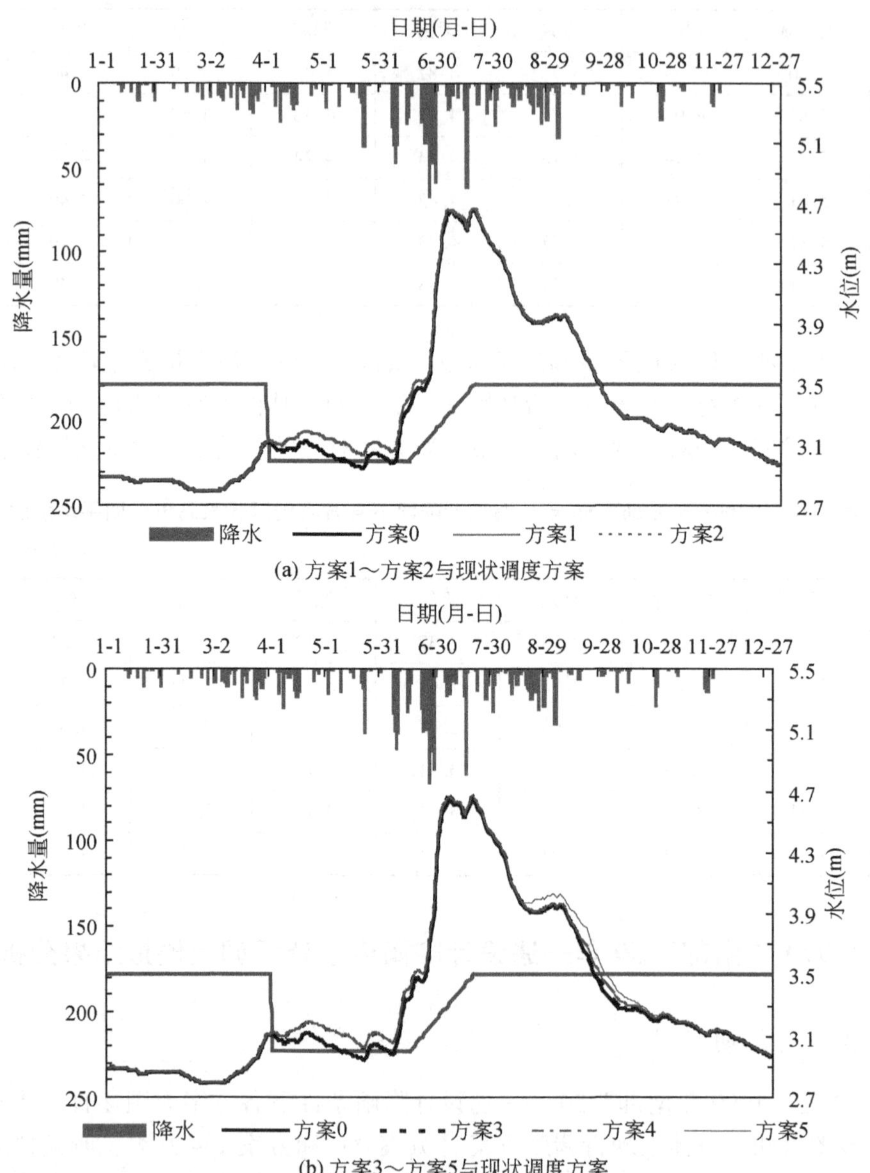

图6-12 “1999年南部”50年一遇设计降雨各调度方案对应的太湖逐日平均水位

“1999年南部”50年一遇设计降雨条件下，太湖水位对太湖防洪控制水位的响应主要体现在汛前期。由表6-17可知，在汛前期，方案1～方案5对应的汛前期太湖平均水位较现状调度方案普遍要抬高7cm，而最低水位普遍要抬高8cm，达到3.00m以上，因此太湖防洪控制水位的抬高对于改善该阶段流域水资源利用是有利的。由于汛前期太湖防洪控制水位的抬高，所以在涨洪过程中，太湖起调水位较现状调度方案也有抬高。方案 1 ~ 方案 5 对应的起涨水位较现状方案要高出 9cm（表 6-18）。

表 6-17　“1999 年南部”50 年一遇各方案太湖水位统计结果　（单位：m）

方案	汛前期（4 月 1 日 ~6 月 15 日）			涨水期（5 月 18 日 ~7 月 20 日）		退水期（7 月 21 日 ~10 月 31 日）
	平均	最高	最低	最高	起涨水位	平均
0	3.06	3.34	2.95	4.66	2.96	3.78
1	3.13	3.40	3.03	4.67	3.05	3.78
2	3.13	3.40	3.03	4.66	3.05	3.78
3	3.13	3.40	3.03	4.67	3.05	3.79
4	3.13	3.40	3.03	4.67	3.05	3.80
5	3.13	3.40	3.03	4.67	3.05	3.85

表 6-18　“1999 年南部”50 年一遇各方案太湖水位与现状方案水位差统计结果

（单位：cm）

方案	汛前期及主汛期前段（4 月 1 日 ~6 月 15 日）			涨水期（5 月 18 日 ~7 月 17 日）		退水期（7 月 18 日 ~10 月 31 日）
	平均	最高	最低	最高	起涨水位	平均
1	7.0	6.0	8.0	1.0	9.0	0.0
2	7.0	6.0	8.0	0.0	9.0	0.0
3	7.0	6.0	8.0	1.0	9.0	1.0
4	7.0	6.0	8.0	1.0	9.0	2.0
5	7.0	6.0	8.0	1.0	9.0	7.0

方案 1 ~ 方案 5 之间的差异主要体现在退水阶段。对于方案 5，由于汛后期防洪控制水位抬高至 4.00m，7 月 21 日以后太湖水位消退速率有所降低，其平均水位较方案 0 要高出 7cm。而方案 1 ~ 方案 4 在退水阶段的平均水位较现状方案的差异都较小。因此，从汛后期流域水资源利用条件来看，方案 4 的效益是最显著的。

6.4.3.2　地区水位

附图 4 列出了王母观等 8 个代表站的逐日水位过程线。各代表站年内水位发展过程与太湖有一定的相似性，最高水位出现的日期稍有提前。总的来说，对于地区水位而言，太湖防洪控制水位抬高前后，在“1999 年南部”50 年一遇设计降雨条件下，除无锡和琳桥稍大外，各站水位变化较小。因此，在该设计降雨条件下，太湖防洪控制水位的抬高对地区汛情影响较小。根据表 6-19，方案 1 ~ 方案 5 与现状调度方案相比，最高水位没有明显变化。根据表 6-20，太湖防洪控制水位的抬高对于地区代表站汛前期水位影响相对较大，以抬高为主，但各代表站的响应情况各异。琳桥、无锡站时段平均水位抬高幅度较大，在 10cm 以上，琳桥站尤其较大。对于其他代表站，虽有抬升但幅度较小，还有的站点（陈墓）基本保持不变。

表 6-19　“1999 年南部”50 年一遇设计降雨下各方案区域代表站最高水位

（单位：m）

方案	王母观	杭长桥	嘉兴	无锡	湘城	陈墓	琳桥	平望
0	5.64	5.00	4.38	4.57	4.21	4.12	4.41	4.24
1	5.64	5.00	4.39	4.57	4.23	4.14	4.43	4.25
2	5.65	5.00	4.39	4.57	4.22	4.13	4.43	4.25
3	5.65	5.00	4.39	4.57	4.23	4.14	4.43	4.25
4	5.65	5.00	4.39	4.57	4.23	4.14	4.43	4.25
5	5.65	5.00	4.39	4.57	4.23	4.14	4.43	4.25

表 6-20　“1999 年南部”50 年一遇设计降雨下各方案地区代表站汛前期平均水位

（单位：m）

方案	王母观	杭长桥	嘉兴	无锡	湘城	陈墓	琳桥	平望
0	4.11	3.46	3.18	4.00	3.50	3.32	3.52	3.29
1	4.11	3.51	3.22	4.10	3.50	3.33	3.74	3.32
2	4.17	3.51	3.23	4.14	3.46	3.34	3.83	3.33
3	4.17	3.51	3.22	4.10	3.50	3.33	3.74	3.32
4	4.17	3.51	3.22	4.10	3.50	3.33	3.74	3.32
5	4.17	3.51	3.22	4.10	3.50	3.33	3.74	3.32

在汛后期退水阶段，随着太湖防洪控制水位抬高至 3.60～4.00m，方案 3～方案 5 对应的汛后期水平较现状调度方案、方案 1 和方案 2 产生一定差异，但杭长桥、王母观、无锡水位抬高，但湘城、琳桥有所下降。表 6-21 是汛后期退水阶段（7 月 18 日至 10 月 31 日）方案 1～方案 5 对应的各站平均水位与现状方案之差。

表 6-21　汛后期退水阶段（7 月 18 日至 10 月 31 日）各方案对应各站平均水位与现状方案之差

（单位：cm）

方案	王母观	杭长桥	嘉兴	无锡	湘城	陈墓	琳桥	平望
1	0.0	0.3	0.2	0.1	0.0	0.2	0.3	0.1
2	-0.2	0.2	0.1	0.0	0.0	0.0	0.1	0.1
3	0.1	0.6	0.3	0.7	0.0	0.5	1.1	0.4
4	0.6	1.7	0.2	1.3	-0.7	0.7	-0.3	-0.1
5	3.0	6.2	-0.3	4.4	-2.2	1.0	-5.1	-1.6

总结上述结果，在“1999 年南部”50 年一遇设计降雨条件下，随着太湖防洪控制水位的抬高，对地区水情能够产生局部性的影响，但总的影响是较小的，且主要体现在汛前期，而对涨水过程和退水过程的影响较小，且代表站的响应情况各不相同。

6.4.4　洪水资源利用效果分析与比较

为了更全面地分析不同洪水调度方案对于加强流域洪水调控，提高流域洪水资源利用效率的作用，进一步计算了 1989 年实际降雨和 1991 年、1999 年型 50 年一遇设计降雨条件下，调度方案 1～方案 5 相对于现状洪水调度方案的洪水资源利用潜力。洪水资源利用潜力越大，则流域蓄变量越大，则对洪水资源量的调控程度越大，可供后期利用的水资源量越多。因此，洪水期始末太湖水位差和洪水资源利用潜力是反映流域洪水资源利用规模和强度的基本指标。若某一洪水资源调度方案与现状调度相比，洪水资源利用潜力大于零，则说明该方案相对于现状调度方案，提高了太湖流域洪水资源利用的效率。在洪水期流域用水量得到满足的情况下，洪水期始末阶段水位差越大，蓄变量越大，则洪水资源利用量和利用潜力越大。表 6-22～表 6-24 是不同降雨条件下方案 1～方案 5 相对于现状方案的洪水资源利用潜力。

表 6-22　1989 年各调度方案洪水资源利用潜力

调度方案	防洪控制水位（m）		洪水期起始水位（m）	洪水期结束水位（m）	洪水期始末水位差（m）	流域蓄变量（亿 m^3）	利用潜力（亿 m^3）
	汛前期	汛后期					
0	3.00	3.50	3.11	3.52	0.41	15.59	—
1	3.20	3.50	3.17	3.52	0.35	13.32	0.0
2	3.30	3.50	3.21	3.52	0.31	11.97	0.0
3	3.20	3.60	3.17	3.56	0.39	15.01	0.0
4	3.20	3.80	3.17	3.61	0.44	16.94	1.35
5	3.20	4.00	3.17	3.65	0.48	15.59	2.96

表 6-23　“1991 年北部” 50 年一遇设计降雨各调度方案洪水资源利用潜力

调度方案	防洪控制水位（m）		洪水期起始水位（m）	洪水期结束水位（m）	洪水期始末水位差（m）	流域蓄变量（亿 m^3）	利用潜力（亿 m^3）
	汛前期	汛后期					
0	3.00	3.50	3.11	3.55	0.44	17.01	—
1	3.20	3.50	3.13	3.55	0.42	16.32	0.00
2	3.30	3.50	3.18	3.56	0.38	14.70	0.00
3	3.20	3.60	3.13	3.55	0.43	16.36	0.00
4	3.20	3.80	3.13	3.58	0.45	17.36	0.35
5	3.20	4.00	3.13	3.67	0.54	20.79	3.77

表 6-24　“1999 年南部” 50 年一遇设计降雨各调度方案洪水资源利用潜力

调度方案	防洪控制水位（m）		洪水期起始水位（m）	洪水期结束水位（m）	洪水期始末水位差（m）	流域蓄变量（亿 m^3）	利用潜力（亿 m^3）
	汛前期	汛后期					
0	3.00	3.50	2.96	3.52	0.56	21.48	—
1	3.20	3.50	3.05	3.52	0.47	18.09	0.00
2	3.30	3.50	3.05	3.52	0.47	18.05	0.00
3	3.20	3.60	3.05	3.53	0.48	18.48	0.00
4	3.20	3.80	3.05	3.58	0.53	20.25	0.00
5	3.20	4.00	3.05	3.68	0.63	24.06	2.58

根据表6-22，在5年一遇降雨条件下，相对于现状方案，仅有方案4和方案5的洪水资源利用潜力大于零，分别为1.35亿m^3、2.96亿m^3，而方案1~方案3对应的洪水资源利用潜力均为零。太湖汛前期防洪控制水位抬高后，太湖起调水位普遍抬高，因此太湖流域洪水资源利用潜力产生的主要原因在于汛后期防洪控制水位的抬高使洪水期结束时刻水位相应抬高。如果某方案洪水期结束水位抬高值不足以抵消洪水期起调水位的抬高值，那么则相应的洪水资源利用潜力为零，反之为正。由于方案4和方案5对应的洪水期结束水位较现状调度方案抬升较多，因此这两个方面对应的流域蓄变量超过现状方案，洪水资源利用潜力大于零。

根据表6-23，在“1991年北部”50年一遇设计降雨情况下，同样仅有方案4和方案5的洪水资源利用潜力大于零，分别为0.35亿m^3和3.77亿m^3，而方案1~方案3对应洪水资源利用潜力均为零。而在“1999年南部”50年一遇设计降雨情况下，仅有方案5的洪水资源利用潜力大于零，为2.58亿m^3，而方案1~方案4对应洪水资源利用潜力均为零（表6-24）。

从1989年和50年一遇设计降雨条件下各方案洪水资源利用的潜力来看，在所有的方案中，方案5的洪水资源利用潜力最大，其次为方案4，而其他3个方案相对于现状调度方案并没有明显增加流域洪水资源调控利用水平。其主要原因在于，方案1~方案3对太湖流域洪水资源调度方式的调整主要在于提高了汛前期防洪控制水位，而汛后期防洪控制水位的未抬高或者抬高幅度较小，因此在洪水期结束时刻对应的水位没有足够的抬升。相比之下，方案4和方案5在抬升汛前期太湖防洪控制水位的基础上，通过抬高汛后期防洪控制水位，使洪水期结束水位较现状调度方案抬高较多，因此提高了流域蓄变量和洪水资源利用量，一方面提高了洪水资源利用效率，另一方面改善了后期流域水资源利用条件。

6.5 小　结

太湖流域洪水资源利用方案研究的目的是通过优化流域现有洪水调度方案，确定增加流域洪水资源利用量、改善水资源利用条件的技术方案。也就是说，通过太湖流域洪水资源利用模式的调整来回答流域洪水资源如何利用的问题。

本章基于太湖流域水量水质模型，针对5个洪水资源调度方案开展了研究。结果表明这5个方案相对于现状方案，总体上对太湖及地区河网水情不会产生根本性影响，在主汛期的防洪风险较小，但有效抬高了汛前期平均水位，改善了该时段流域水资源利用效果，同时还在一定程度上抬高了汛后期太湖及地区水位。其中，方案2（汛前期防洪控制水位抬高至3.30m，汛后期3.50m），对汛前期太湖及地区水位抬高幅度最大，但汛后期无明显抬升。而方案4和方案5（汛前期防洪控制水位抬高至3.20m，汛后期分别为3.80m和4.00m），在汛前期和汛后期均有一定幅度抬高。同时，在所有的方案中，方案4和方案5的洪水资源利用潜力也比较显著。综合所有的洪水资源利用备选方案，方案4和方案5是相对可行的。

第 7 章

Chapter 7

太湖流域洪水资源利用风险与效益分析

第 6 章的研究认识到太湖防洪限制水位优化调整是太湖流域洪水资源利用方式核心措施，同时提出了太湖防洪限制水位调整的一组方案集，并采用太湖流域水量水质模型，模拟了不同方案下若干降雨情景的洪水资源利用效果，初步分析了洪水资源利用方案的效果，但尚未对太湖流域洪水资源利用的风险效益进行定量分析。

太湖流域洪水资源利用的效益与风险并存，对洪水资源调度方案进行风险效益定量评价是科学决策的基础。本章对洪水资源利用的方案进行综合评价，通过权衡洪水资源利用的风险及产生的效益，优选出合理方案。其基本思路为：首先对太湖流域洪水资源利用效益和风险因子进行识别，然后基于流域水量水质模型计算结果和实测数据，采用基于模糊模式识别的多目标评价模型，对太湖流域洪水资源利用方案的效益和风险进行定量计算与综合权衡，优选理想的洪水资源调度方案。

7.1 洪水资源调度方案深化设计

在第 6 章的洪水资源调度方案的基础上，围绕太湖防洪控制水位的调整和两河防洪控制水位的抬高，进一步完善调度方案设计，基本思路如下。

1）在不同程度上抬高现有太湖汛后期防洪控制水位，而不改变汛前期太湖防洪控制水位；或者，在抬高现有汛后期防洪控制水位的基础上，再适当改变汛前期防洪控制水位。

确定了 8 种太湖防洪控制水位调度方式，分别用数字“0” ~ “8”表示。其中，“0”是指维持太湖现有防洪控制水位不变；“1” ~ “4”是指将现有汛后期防洪控制水位分别提高到 3.70m、3.80m、3.90m 和 4.00m，保持汛前期控制水位不变；“5” ~ “8”是使汛后期防洪控制水位分别提高到 3.70m、3.80m、3.90m 和 4.00m，同时汛前期防洪控制水位抬高至 3.10m。

2）确定琳桥和平望控制水位的调整方式。经过反复权衡，深化研究中将现行洪水调度方案中 3 级太湖水位对应的琳桥控制水位分别提高 5cm、10cm 和 10cm，5 级太湖水位对应的平望控制水位均提高 15cm。

在确定太湖防洪控制水位调度方式和望虞河、太浦河分级水位控泄方式的基础上，产生了 16 种洪水调度方案，如表 7-1 所示。新的调度方案集基本涵盖了太湖防洪控制水位和两河分级控制水位的可能调整。

表 7-1 太湖流域洪水资源利用调度调整方案

方案编号	汛前期太湖控制水位（m）	汛后期太湖控制水位（m）	太湖防洪控制水位调度方式	太浦河调度方式	望虞河调度方式
0	维持现状	维持现状	0	—	—
1	3.00	3.70	1	+	+
2	3.00	3.70	1	—	—
3	3.00	3.80	2	+	+
4	3.00	3.80	2	—	—

续表

方案编号	汛前期太湖控制水位（m）	汛后期太湖控制水位（m）	太湖防洪控制水位调度方式	太浦河调度方式	望虞河调度方式
5	3.00	3.90	3	+	+
6	3.00	3.90	3	—	—
7	3.00	4.00	4	+	+
8	3.00	4.00	4	—	—
9	3.10	3.70	5	+	+
10	3.10	3.70	5	—	—
11	3.10	3.80	6	+	+
12	3.10	3.80	6	—	—
13	3.10	3.90	7	+	+
14	3.10	3.90	7	—	—
15	3.10	4.00	8	+	+
16	3.10	4.00	8	—	—

注：“—”表示太浦河或望虞河调度方式不进行调整，“+”表示进行调整

7.2　太湖流域洪水资源利用风险分析

通过适当抬高太湖防洪控制水位，可减少汛期弃水，挖掘洪水资源量，提高枯水期供水保证率，同时改善太湖水质，同时还可增加非汛期河网生态供水，改善周边地区的水生态环境。但抬高太湖防洪控制水位，但也会在一定程度增加防洪除涝风险和水质污染转移的风险。

7.2.1　防洪风险分析

根据太湖流域水量水质模型的计算成果，分别从太湖及河网的最高水位、超警戒水位的天数、太湖超大洪水标准水位（4.50m）的天数以及太湖流域洪涝灾害损失，来分析太湖流域洪水调度方案的防洪风险。

7.2.1.1　水文情景

重点分析防洪调度方案调整对于平水和丰水年份流域洪水调度和水情的影响。根据相关资料情况，选择了两个典型年——平水年 1990 年和大水年 1999 年对洪水资源调度方案进行模拟，以研究洪水资源调度方案的风险效益。

（1）1990 年基本水情

1990 年该年降雨量 1 263.2mm，降雨频率约 30%。汛期 5 ~ 9 月降雨量 699.2mm，频率48.9%。洪水期历时69 天（4 月 11 日至8 月 4 日），降雨量为400mm，其中主要次降雨过程降雨量为 378mm。在空间分布上，浙西区降雨量最大，年降雨量 1 608.1mm，其次为杭嘉湖区，年降雨量 1 295.6mm，其他分区降雨介于 1 123.2 ~ 1 242.7mm。

（2）1999 年基本水情

1999 年是继 1954、1991 年之后流域的又一次流域性大洪水发生年。该年太湖流域降雨量为 1 605mm，其中汛期 1 247mm。洪水期历时 117 天（6 月 7 日至 10 月 1 日），洪水期降雨量 1 070mm，其中主要次降雨过程降雨量 670mm。流域暴雨主要分布在流域南部，暴雨中心在流域上游长兴平原一带，南部雨量远大于北部雨量。1999 年流域地表径流量约 327.0 亿 m^3，汛期约 282.6 亿 m^3。

7.2.1.2 太湖及地区河网最高水位及超警天数分析

为分析洪水资源利用对太湖及河网最高水位和超警天数的影响，分别选择阳澄淀泖区的枫桥站、武澄锡虞区的无锡站、浙西区的杭长桥站、杭嘉湖区的嘉兴站、湖西区的宜兴站以及浦东浦西区的嘉定站，作为各地区河网水位代表站，太湖水位选用多站平均来计算。根据逐日水位模拟结果，统计了各方案下各站最高水位和超警天数，如表 7-2、表 7-3 所示。

表 7-2 不同调度方案下最高水位及超警天数统计表（1990 年降雨计算条件）

方案	太湖/3.50m		枫桥/3.50 m		无锡/3.59 m		杭长桥/4.50 m		嘉兴/3.50m		宜兴	嘉定
	最高水位（m）	超警天数（天）	最高水位（m）	超警天数（天）	最高水位（m）	超警天数（天）	最高水位（m）	超警天数（天）	最高水位（m）	超警天数（天）	最高水位（m）	最高水位（m）
方案 0	3.98	90	4.16	14	4.21	16	4.26	0	3.46	0	4.00	3.47
方案 1	3.99	94	4.15	15	4.20	38	4.28	0	3.43	0	3.59	3.47
方案 2	3.99	94	4.16	14	4.20	27	4.26	0	3.48	0	4.00	3.48
方案 3	3.97	93	4.15	14	4.20	26	4.28	0	3.44	0	3.99	3.30
方案 4	3.99	96	4.15	14	4.20	26	4.30	0	3.44	0	4.01	3.30
方案 5	4.00	98	4.15	15	4.20	27	4.30	0	3.44	0	4.02	3.30
方案 6	4.00	98	4.15	15	4.20	27	4.30	0	3.45	0	4.02	3.30
方案 7	4.01	100	4.15	15	4.20	30	4.30	0	3.44	0	4.02	3.30
方案 8	4.01	100	4.15	15	4.20	30	4.30	0	3.44	0	4.02	3.30
方案 9	3.99	95	4.14	14	4.19	26	4.30	0	3.44	0	4.00	3.30
方案 10	3.99	95	4.14	14	4.19	25	4.30	0	3.44	0	4.00	3.30
方案 11	4.00	96	4.20	15	4.22	28	4.30	0	3.47	0	4.01	3.48
方案 12	3.98	95	4.19	15	4.22	28	4.28	0	3.46	0	4.00	3.48
方案 13	3.99	97	4.19	15	4.22	31	4.28	0	3.46	0	4.01	3.48
方案 14	4.00	97	4.21	15	4.21	30	4.30	0	3.47	0	4.02	3.48
方案 15	4.00	100	4.19	15	4.22	33	4.28	0	3.46	0	4.01	3.48
方案 16	4.00	100	4.19	15	4.22	34	4.28	0	3.46	0	4.02	3.48

注：“太湖/3.50m”中，3.50m 为太湖的警戒水位，其他亦同

表 7-3　不同调度方案下最高水位及超警天数统计表（1999 年降雨计算条件）

方案	太湖/3.50m		枫桥/3.50 m		无锡/3.59 m		杭长桥/4.50 m		嘉兴/3.50m		宜兴	嘉定
	最高水位（m）	超警天数（天）	最高水位（m）	超警天数（天）	最高水位（m）	超警天数（天）	最高水位（m）	超警天数（天）	最高水位（m）	超警天数（天）	最高水位（m）	最高水位（m）
方案 0	5.22	193	5.03	65	5.10	104	5.63	72	4.77	30	5.57	3.04
方案 1	5.22	195	5.03	65	5.10	104	5.63	73	4.77	30	5.57	3.06
方案 2	5.22	195	5.03	65	5.11	104	5.63	75	4.77	30	5.57	3.04
方案 3	5.21	197	5.03	64	5.11	104	5.64	74	4.77	30	5.57	3.04
方案 4	5.22	196	5.03	65	5.11	104	5.64	72	4.77	30	5.57	3.04
方案 5	5.20	198	5.02	63	5.10	104	5.62	75	4.76	30	5.56	3.04
方案 6	5.21	197	5.03	63	5.11	104	5.63	72	4.77	30	5.57	3.11
方案 7	5.21	198	5.03	63	5.11	104	5.63	72	4.77	30	5.57	3.09
方案 8	5.21	198	5.03	64	5.10	104	5.63	72	4.76	30	5.57	3.04
方案 9	5.22	190	5.02	63	5.09	111	5.64	69	4.78	32	5.57	3.04
方案 10	5.21	195	5.03	64	5.11	104	5.63	74	4.77	30	5.57	3.04
方案 11	5.21	196	5.04	64	5.11	104	5.63	74	4.77	30	5.57	3.04
方案 12	5.21	196	5.03	64	5.11	104	5.63	74	4.77	30	5.57	3.09
方案 13	5.21	197	5.03	64	5.11	104	5.63	72	4.77	30	5.57	3.10
方案 14	5.21	196	5.02	64	5.10	104	5.58	72	4.76	31	5.57	3.10
方案 15	5.21	198	5.03	63	5.11	104	5.63	72	4.77	30	5.57	3.04
方案 16	5.21	198	5.03	63	5.11	104	5.63	72	4.77	30	5.57	3.14

注：“太湖/3.50m”中，3.50m 为太湖的警戒水位，其他亦同

从表 7-2、表 7-3 可知，相对现状调度方案（方案 0），新方案对太湖最高水位的影响较小。在 1990 年降水条件下，各新方案的最高水位相比现状方案浮动-6 ~ 3cm，1999 年条件下浮动-2 ~ 0cm。从最高水位来看，洪水资源利用调度方案对太湖防洪风险影响较小。

从太湖水位超警戒水位（3.50m）的天数来看，新的调度方案比现状方案的超警天数稍有所增加。在 1990 年降雨计算条件下，最多增加 10 天；在 1999 年条件下最多增加 5 天。可见，从超警天数来看，洪水调度方案的调整对太湖防洪风险的影响程度大于最高水位。因此可以总结出，洪水调度新方案对太湖最高水位影响不明显，而对太湖水位过程有整体抬高作用，表现为高水位出现天数增加。

在地区河网水位方面，在 1990 年和 1999 年的来水条件下，洪水调度新方案相对现有方案，各分区代表站最高水位变化极小。从超警天数统计结果来看，1990 年来水条件下的无锡站，洪水资源调度新方案计算的超警天数均比现有方案有较大幅度增加（最大增幅为 22 天），表明洪水资源利用可能会加大武澄锡虞区的防洪风险，但其他各分区的变化很小。

7.2.1.3 太湖水位超过大洪水标准（4.50m）天数分析

由于1990年降雨偏少，在1990年降雨条件下太湖水位没有超过4.50m，因此只分析1999年降雨条件下太湖水位超过大洪水标准天数。从图7-1可知，在1999年降雨条件下，洪水调度新方案相比现状方案，基本不会增加太湖超4.50m的天数，一些方案如方案9、方案14，反而减少了超标天数，这对流域防洪是有利的。

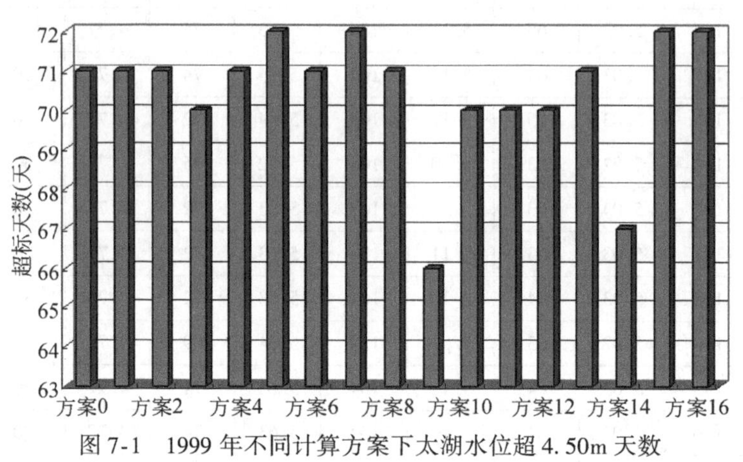

图7-1 1999年不同计算方案下太湖水位超4.50m天数

7.2.1.4 洪涝经济损失评估模型

洪涝灾害经济损失评估是一项复杂的工作，首先需要确定受灾面积、淹没水深和淹没历时，然后统计受灾区域的财产类型、数量和价值，针对不同的财产类型，确定不同淹没水深和淹没历时下的损失率，将其乘以财产值即为洪涝灾害直接经济损失。

在洪涝灾害损失评估计算过程中，对受灾面积的估算，通常的做法是借助于历史资料，建立起各种气象、水文要素与受灾面积的关系曲线。另外一种做法就是确定致灾的洪量，再根据水文学、水力学方法进行洪水演进计算，计算出洪水水面。由于太湖流域内平原区面积占到80%以上，且平原区起伏不大，因此本文采用前种方法，根据历史统计资料，建立太湖流域受灾面积与太湖最高水位的相关关系，以进行洪涝经济损失评估。太湖流域历年受灾面积和太湖最高水位见表7-4。

表7-4 太湖流域历年受灾面积和太湖最高水位

年份	受灾面积（万亩）	太湖最高水位（m）	年份	受灾面积（万亩）	太湖最高水位（m）
1956	457	3.93	1965	33	3.21
1957	705	4.20	1969	158	3.65
1958	20	3.26	1970	107	3.80
1959	78	3.49	1972	61	3.00
1960	243	3.76	1973	210	3.89
1964	51	3.48	1975	116	3.99

续表

年份	受灾面积（万亩）	太湖最高水位（m）	年份	受灾面积（万亩）	太湖最高水位（m）
1976	92	3.43	1984	380	3.96
1977	783	4.00	1985	100	3.44
1979	48	3.19	1986	59	3.49
1980	419	4.25	1987	508	4.16
1982	173	3.56	1991	627	4.79
1983	419	4.41			

资料来源：中国水利水电科学研究院．2007．太湖流域洪灾直接经济损失应急快速评估模型研究报告．北京：中国水利水电科学研究院

根据表 7-4 和图 7-2，建立太湖流域受灾面积与太湖最高水位的分段指数关系式如下

$$\begin{cases} A_d = 0.0451 \cdot e^{2.1592 Z_{\max}} & Z_{\max} \leqslant 3.8m \\ A_d = 1.9609 \cdot e^{1.2644 Z_{\max}} & Z_{\max} > 3.8m \end{cases} \tag{7-1}$$

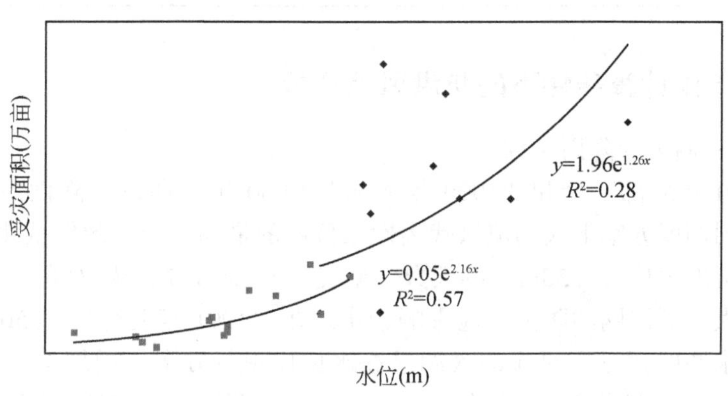

图 7-2　太湖流域受灾面积与太湖最高水位相关曲线

采用式（7-1）可推求不同方案下对应的受灾面积，再根据受灾面积计算直接经济损失。另据调查资料，太湖流域单位受灾面积经济损失为 0.182 亿元/万亩（水利部太湖流域管理局防汛抗旱办公室，2000）。由表 7-5 可知，在 1990 年降雨条件下，洪水调度新方案相比现状方案，新增的直接经济损失较小。

表 7-5　不同计算方案下太湖流域直接经济损失（1990 年计算条件）　（单位：亿元）

方案	洪灾经济损失				
	农业	工业	水利工程	居民财产	合计
0	20.8	22.5	4.4	7.0	54.7
1	20.8	22.6	4.4	7.0	54.8
2	21.1	22.8	4.5	7.1	55.4
3	20.5	22.3	4.3	6.9	54.0
4	21.1	22.8	4.5	7.1	55.4
5	21.3	23.1	4.5	7.1	56.1

续表

方案	洪灾经济损失				
	农业	工业	水利工程	居民财产	合计
6	21.3	23.1	4.5	7.1	56.1
7	21.6	23.4	4.6	7.2	56.8
8	21.6	23.4	4.6	7.2	56.8
9	21.1	22.8	4.5	7.1	55.4
10	21.1	22.8	4.5	7.1	55.4
11	21.3	23.1	4.5	7.1	56.1
12	20.8	22.5	4.4	7.0	54.7
13	21.1	22.8	4.5	7.1	55.4
14	21.3	23.1	4.5	7.1	56.1
15	21.3	23.1	4.5	7.1	56.1
16	21.3	23.1	4.5	7.1	56.1

7.2.2 设计降雨计算条件下的防洪风险分析

(1) 50年一遇设计降雨条件

根据“1991年北部”型和“1999年南部”型50年一遇设计降雨条件下的模拟结果，统计了不同调度方案下太湖流域代表性水位站的最高水位、超警戒水位天数以及太湖超过大洪水标准水位（4.50m）的天数，见表7-6、表7-7。从中可知，采用新的洪水调度方案，对太湖及河网的防洪风险影响较小。在“1991年北部”型50年一遇设计降雨条件下，洪水调度新方案对应的太湖最高水位比现行方案仅增加1~4cm，而“1999年南部”型条件下太湖最高水位增加不足1cm。新的调度方案对地区河网的最高水位的影响也非常小，与现行方案对比，最高水位最大增加不超过3cm。因此，洪水调度新方案对太湖及河网的最高水位不敏感。

表7-6 不同方案下各测站最高水位及其超标天数统计表（“1991年北部”型）

测站	统计量	方案0 3.00~3.50m	方案1 3.20~3.50m	方案2 3.30~3.50m	方案3 3.20~3.60m	方案4 3.20~3.80m	方案5 3.20~4.00m
太湖	最高水位（m）	4.593	4.605	4.635	4.605	4.605	4.605
	超警戒水位天数（天）	76	76	76	76	77	80
	超4.5m天数（天）	12	13	14	13	13	13
无锡	最高水位（m）	4.820	4.825	4.835	4.825	4.825	4.825
	超警戒水位天数（天）	87	86	88	87	86	87
湘城	最高水位（m）	4.419	4.426	4.438	4.426	4.426	4.426
	超警戒水位天数（天）	57	57	59	57	57	52
陈墓	最高水位（m）	3.991	3.996	4.006	3.996	3.996	3.996
	超警戒水位天数（天）	29	29	29	29	29	26

续表

测站	统计量	方案 0 3.00～3.50m	方案 1 3.20～3.50m	方案 2 3.30～3.50m	方案 3 3.20～3.60m	方案 4 3.20～3.80m	方案 5 3.20～4.00m
嘉兴	最高水位（m）	3.760	3.766	3.777	3.766	3.766	3.766
	超警戒水位天数（天）	11	11	12	11	11	11
平望	最高水位（m）	3.910	3.919	3.937	3.919	3.919	3.919
	超警戒水位天数（天）	47	46	48	46	46	45
琳桥	最高水位（m）	4.486	4.493	4.499	4.493	4.493	4.493
	超警戒水位天数（天）	106	107	122	107	101	92
杭长桥	最高水位（m）	4.929	4.933	4.943	4.933	4.933	4.933
	超警戒水位天数（天）	15	15	16	15	15	15
王母观	最高水位（m）	5.798	5.805	5.816	5.805	5.805	5.805
	超警戒水位天数（天）	75	75	75	75	75	76

表 7-7　不同方案下各测站最高水位及其超标天数统计表（“1999 年南部”型）

测站	统计量	方案 0 3.00～3.10m	方案 1 3.20～3.50m	方案 2 3.30～3.50m	方案 3 3.20～3.60m	方案 4 3.20～3.80m	方案 5 3.20～4.00m
太湖	最高水位（m）	4.657	4.667	4.664	4.667	4.667	4.667
	超警戒水位天数（天）	92	99	99	100	102	106
	超 4.5m 天数（天）	23	24	23	24	24	24
无锡	最高水位（m）	4.570	4.574	4.573	4.574	4.574	4.574
	超警戒水位天数（天）	93	96	96	96	99	101
湘城	最高水位（m）	4.210	4.225	4.223	4.225	4.225	4.225
	超警戒水位天数（天）	78	80	78	80	80	68
陈墓	最高水位（m）	4.122	4.135	4.133	4.135	4.135	4.135
	超警戒水位天数（天）	43	43	43	43	43	44
嘉兴	最高水位（m）	4.376	4.390	4.386	4.390	4.390	4.390
	超警戒水位天数（天）	20	24	24	24	24	24
平望	最高水位（m）	4.237	4.253	4.250	4.253	4.253	4.253
	超警戒水位天数（天）	72	72	71	72	72	61
琳桥	最高水位（m）	4.405	4.432	4.430	4.432	4.432	4.432
	超警戒水位天数（天）	108	132	132	135	131	120
杭长桥	最高水位（m）	4.999	5.003	5.001	5.003	5.003	5.003
	超警戒水位天数（天）	29	30	30	30	30	30
王母观	最高水位（m）	5.637	5.637	5.648	5.653	5.653	5.653
	超警戒水位天数（天）	96	96	97	97	97	100

从超警戒水位天数和太湖超过大洪水标准水位（4.50m）天数来分析洪水调度方案调整对高水位的影响程度。根据表7-6和表7-7，在“1991年北部”型50年一遇设计暴雨条件下，各新方案相比现行方案，太湖超警戒水位天数最大增加4天，而在“1999年南部”计算条件下，这一数值增加到14天，可见洪水资源调度新方案对太湖高水位过程还是具有一定影响的，需要控制因高水位历时过长而导致的洪涝灾害的发生。太湖超过大洪水标准水位（4.50m）的天数并未有较大变化，新方案比现行方案仅增加1～2天。洪水调度新方案除武澄锡虞区地区河网高水位历时影响较大外，对其他各区影响均较小。

采用式（7-1），由太湖最高水位推算了各方案对应洪涝灾害损失，结果见表7-8。从中可知，洪水资源调度新方案并大规模增加太湖流域的洪涝灾害损失。在“1991年北部”型50年一遇设计降雨条件下，新方案较现行方案增加直接经济损失1.8亿～6.4亿元，在“1999年南部”型50年一遇设计降雨条件下，水资源利用方案比新方案较现行方案增加直接经济损失1.1亿～1.6亿元。

表7-8　不同计算方案下太湖流域直接经济损失　　（单位：亿元）

方案	“1991年北部”设计降雨条件下直接经济损失					“1999年南部”设计降雨条件下直接经济损失				
	农业	工业	水利工程	居民财产	合计	农业	工业	水利工程	居民财产	合计
方案0	45.1	48.9	9.6	15.1	118.8	49.0	53.1	10.4	16.4	128.8
方案1	45.8	49.7	9.7	15.4	120.6	49.6	53.7	10.5	16.6	130.4
方案2	47.6	51.6	10.1	15.9	125.2	49.4	53.5	10.5	16.5	129.9
方案3	45.8	49.7	9.7	15.4	120.6	49.6	53.7	10.5	16.6	130.4
方案4	45.8	49.7	9.7	15.4	120.6	49.6	53.7	10.5	16.6	130.4
方案5	45.8	49.7	9.7	15.4	120.6	49.6	53.7	10.5	16.6	130.4

（2）1989年降雨条件（5年一遇）

太湖流域1989年属于中小洪水年，洪水重现期约为5年一遇，而中小洪水一直是洪水资源利用的重要对象，因此有必要对1989年典型年进行模拟，分析洪水资源调度方案在遇到中小洪水时产生的效益以及面临的风险。根据1989年典型年的模拟计算结果，统计不同调度方案下太湖流域代表性水位站的最高水位和超警戒水位天数，如表7-9所示。从中可知，实施洪水资源利用调度方案之后，遭遇5年一遇中小洪水，太湖及河网最高水位变化不大，太湖最高水位比现行方案最大抬升5cm，地区河网最高水位比现行方案最大抬升也均不超过6cm。从超警戒水位的天数统计来看，对太湖及河网均有不同程度的影响，太湖最大增加17天，武澄锡虞区琳桥站最大增加32天，其他各地区代表站均在9天以下，影响较小。由于5年一遇远远小于太湖流域的防洪标准，因此即便超警戒天数增加较多，对太湖防洪风险不会产生较多影响。

表 7-9　不同方案下各测站最高水位及其超标天数统计表（1989 年典型降雨条件）

测站	统计量	方案 0 3. 00 ~ 3. 50m	方案 1 3. 10 ~ 3. 50m	方案 2 3. 20 ~ 3. 50m	方案 3 3. 20 ~ 3. 60m	方案 4 3. 20 ~ 3. 80m	方案 5 3. 20 ~ 4. 00m
太湖	最高水位（m）	3. 845	3. 851	3. 849	3. 895	3. 878	3. 878
	超警戒水位天数（天）	31	32	40	44	46	48
无锡	最高水位（m）	4. 076	4. 083	4. 084	4. 089	4. 127	4. 127
	超警戒水位天数（天）	42	41	48	47	50	51
湘城	最高水位（m）	3. 648	3. 658	3. 664	3. 704	3. 655	3. 641
	超警戒水位天数（天）	7	7	7	8	7	7
枫桥	最高水位（m）	3. 792	3. 782	3. 779	3. 836	3. 843	3. 843
	超警戒水位天数（天）	15	16	16	18	19	21
嘉兴	最高水位（m）	3. 700	3. 676	3. 680	3. 713	3. 731	3. 731
	超警戒水位天数（天）	4	4	4	4	4	5
平望	最高水位（m）	3. 721	3. 684	3. 682	3. 721	3. 778	3. 778
	超警戒水位天数（天）	8	7	7	8	8	7
琳桥	最高水位（m）	3. 946	3. 883	3. 878	3. 883	3. 913	3. 913
	超警戒水位天数（天）	62	74	86	92	94	88
杭长桥	最高水位（m）	4. 263	4. 249	4. 252	4. 289	4. 282	4. 282
	超警戒水位天数（天）	0	0	0	0	0	0
王母观	最高水位（m）	4. 855	4. 870	4. 889	4. 870	4. 870	4. 870
	超警戒水位天数（天）	64	71	73	73	73	73

（3）汛后期遭遇台风雨计算条件

汛后期抬高防洪控制水位对洪水资源利用的效益显著，但同时由于汛后期也是台风雨多发的时期，短历时高强度的台风暴雨会对太湖流域防洪排涝带来较大压力，因此有必要分析汛后期抬高控制水位之后遭遇台风暴雨的防洪风险。在 50 年一遇设计暴雨条件下，分别拟定汛后期控制水位 3. 50m、3. 60m、3. 80m 和 4. 00m，假定汛后期遭遇 2007 年实际发生的台风暴雨（“罗莎”，10 月 6 ~ 8 日），分析对太湖水位过程的影响。

2007 年太湖受“罗莎”台风暴雨的影响，水位从 10 月 6 日的 3. 60m 逐步抬升，在 10 月 14 日达到最高水位 3. 91m，水位增幅 31cm。将这场台风暴雨的水位涨幅过程与 50 年一遇太湖水位过程线中的汛后期高水位过程进行叠加，得到不同汛后期抬高水位方案下的太湖水位过程，如图 7-3 所示。在“1991 年北部”50 年一遇设计降雨条件下，当汛后期控制水位从 3. 50m 抬高至 3. 60m、3. 80m 时，若遭遇台风暴雨，汛后期最高水位基本不变，均为 4. 28m，但从 3. 50m 抬高至 4. 00m 时，汛后期最高水位从 4. 28m 抬高至 4. 33m，上浮了 5cm，对汛后期的防洪产生了一定影响。在“1999 年南部”50 年一遇设计降雨条件下，当汛后期控制水位从 3. 50m 抬高至 3. 60m 时，太湖最高水位不变，从 3. 50m 抬高至 3. 60m 和 4. 00m 时，汛后期太湖最高水位从 4. 29m 抬高至 4. 36m，上浮 7cm。

7. 2. 3　水质风险分析

由于水污染浓度是一个动态变化的过程，因此存在着由于方案调整，水体运动方式

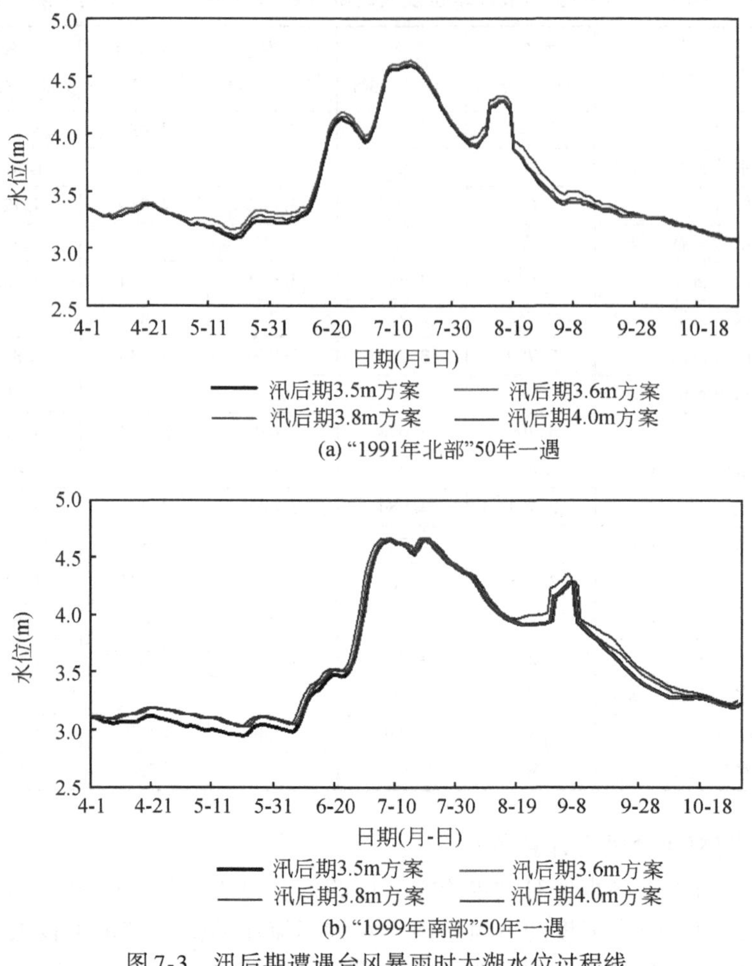

(a) "1991年北部"50年一遇

(b) "1999年南部"50年一遇

图 7-3 汛后期遭遇台风暴雨时太湖水位过程线

变化，浓度超过其控制标准的风险性，而水质超标风险分析正是为描述这一风险事件而进行的。由于水质超标风险的损失评价极其复杂，且受资料等条件的制约，这里仅对水质超标风险概率进行分析。首先从统计途径计算了水质超标风险率，然后探讨了水质超标风险率的 CSPPC 模型在太湖流域水质风险分析中的应用。

7.2.3.1 统计途径计算水质超标风险率

计算水质超标风险，首先需要结合不同水功能区的水质保护目标来确定水质控制标准。根据《太湖流域水功能区划报告》，太浦河、望虞河是流域水资源调度和水资源保护最重要的流域性供水河道，为确保引江济太调水清水走廊目标的实现，将两河全部划为保护区，共长 118.4km。大浦河水质保护目标为Ⅱ～Ⅲ类，望虞河水质保护目标为Ⅲ类（图 7-4）。太湖是改善流域水环境的最为重要的水体，在进行水功能一级区划时，除苏浙边界水域划出一部分缓冲区，胥湖、梅梁湖和五里湖由于开发利用程度较高，划为开发利用区以外，其他湖区均划为保护区。其中保护区和缓冲区水质目标是Ⅱ～Ⅲ类，开发利用区为Ⅲ类。

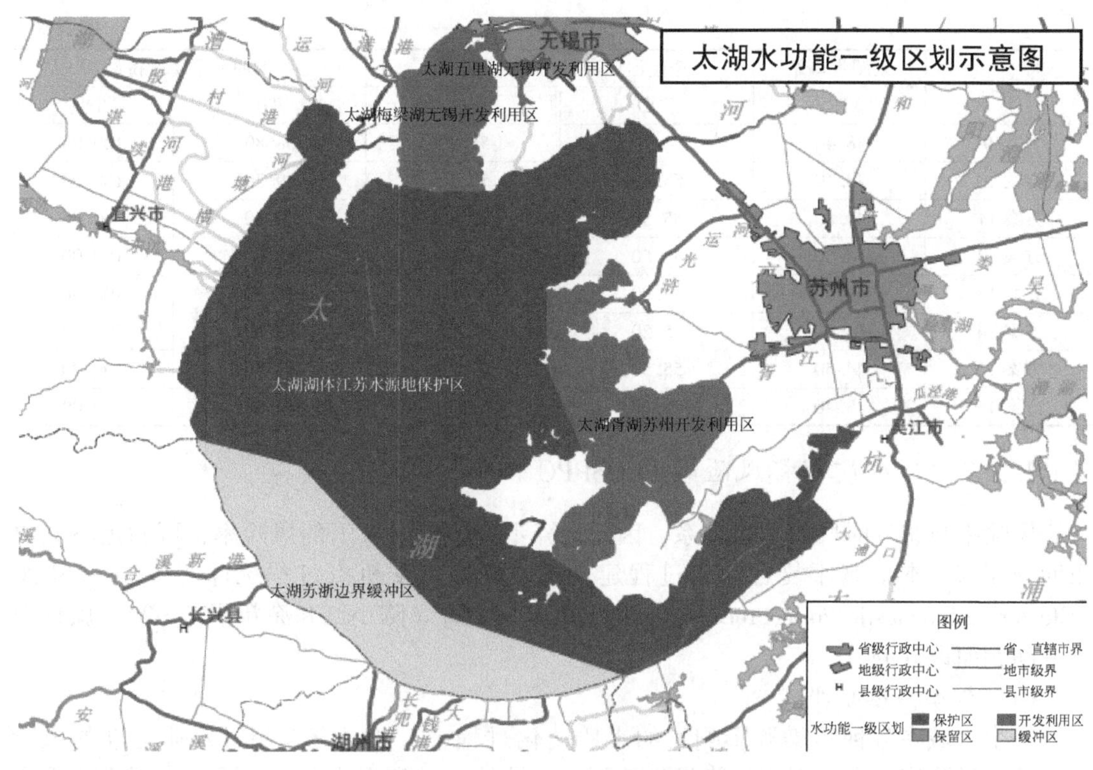

图 7-4　太湖水功能一级区划示意图

本书对太湖和望虞河、太浦河的水质超标风险分析均采用Ⅲ类标准，其中 COD 以 20 mg/L 控制，BOD_5以 4.0 mg/L 控制，TP 以 0.2 mg/L（太湖 0.05 mg/L）控制，TN 以 1.0 mg/L 控制，NH_3-N 以 1.0 mg/L 控制。从表 7-10 计算结果来看，在 1990 年降雨计算条件下，太湖 TP 超标严重，望虞河的 COD、BOD_5 和 TN 超标严重，太浦河的 TP、TN 超标严重。洪水调度新方案对太湖的水质超标风险影响较小，但部分方案对望虞河和太浦河的水质超标风险产生较大影响。具体而言：采用新方案后，太湖 TP 超标风险率最大增加 4.6%；方案 1、方案 2 和方案 4 明显加大了望虞河水质风险；方案 1 明显加大了太浦河 TP 超标风险。

表 7-10　“一湖两河”部分测站的水质超标风险率（1990 年降雨计算条件）　（单位:%）

方案名	太湖胥口站	望虞河望亭水利枢纽闸下站		太浦河平望大桥站	
	TP	COD	BOD_5	TP	TN
方案 0	44.00	57.70	56.00	58.20	99.70
方案 1	47.30	72.00	64.60	70.10	99.70
方案 2	44.20	87.90	84.30	54.90	100.00
方案 3	48.60	56.00	52.50	60.70	100.00
方案 4	48.40	85.40	83.50	58.80	99.50
方案 5	48.40	53.80	51.40	58.50	100.00
方案 6	48.60	53.80	51.10	58.80	100.00
方案 7	48.10	55.80	52.70	63.20	100.00
方案 8	48.40	54.10	50.80	63.50	99.50

续表

方案名	太湖胥口站	望虞河望亭水利枢纽闸下站		太浦河平望大桥站	
	TP	COD	BOD_5	TP	TN
方案 9	48.40	54.10	51.40	58.80	100.00
方案 10	48.10	53.60	50.50	59.30	100.00
方案 11	44.80	55.50	51.40	58.50	100.00
方案 12	44.50	55.50	52.20	58.80	100.00
方案 13	44.50	54.90	51.60	58.20	100.00
方案 14	44.00	55.20	52.20	58.20	100.00
方案 15	44.50	55.50	52.20	64.80	100.00
方案 16	43.40	55.80	52.50	64.60	100.00

7.2.3.2 水质超标风险率的 CSPPC 模型

风险率与统计时段有很大关系，因此计算不同统计时长下的风险率，可满足不同决策问题需求。本书基于复合泊松过程建立的超标浓度随机点过程统计模型——CSPPC (Clustering Stochastic Point Process Compound, CSPPC)（陈小红和涂新军，1999）就针对这一问题而设计的。

（1）模型基本原理

一个水域在各种污染源影响下的水质变化过程中，总是存在超过水质标准的风险性，这种风险实际上是对水污染发生的不确定性的一种客观描述，它通过水污染后果之间的差异性体现出来。水质超标风险具有如下特征：①客观性，随着人口的增长和工业化进程的加快，水污染现象是客观存在的。②不确定性，因为自然地理、水环境要素存在不确定性，社会经济系统存在不确定性，人类自身存在不确定性。③可测算性，水质超标的概率是可测算的，风险经济成本的大小是可测算的。④动态性，由于②中所列各因素同时具有动态性，所以水质超标风险的发生具有动态性。

水污染的后果不是固定不变的，对某一风险水环境系统，若人们及早防范，如控制污水排放，加强水质管理，改善污水处理设施等，则可避免形成灾害，否则可能造成污染损失。

如果取一定时刻，在某一水域的某个监测断面，记录某种污染因子的实测浓度，并将其按先后顺序点绘于时间轴上，就可以得到一断面污染物浓度的随机点过程。

由于工业生产和居民生活都存在用水和污水排放的高峰期，以水质标准值作为阀值对监测断面污染物浓度的长序列资料进行研究时，超标浓度发生过程往往表现出一定的成丛或簇生特性。为此，需要探讨能够反映成丛或簇生特点的随机点过程模型，CSPPC 便是其中之一。其最显著特点是可以将超标浓度阀值取得很小，并允许样本之间存在相关性。样本采集中，只要超过阀值的污染物浓度就入选，这样不仅可有效地利用现有信息，而且较客观地再现了实际污染物浓度变化的分布特征。

实际上，复合泊松过程可以认为是泊松过程的推广，在 Δt 时段内允许有一个以上事件发生，基本假定可以概括如下，设 N_t 表示在 $(t_0, t_0+t]$ 时段内的超标浓度丛数，它服从参数为 λ 的泊松过程

$$P\{N_t = k\} = \frac{(\lambda t)^k}{k!}e^{-\lambda t} \tag{7-2}$$

设 n_k 表示第 k 丛中的超标浓度值个数，则 n_k 是独立同分布的随机变量，且 $P\{n_k=l\}=q(l)$，它服从参数为 Λ 的泊松分布

$$P\{N_k=l\}=\frac{\Lambda^l}{l!}\mathrm{e}^{-\Lambda} \tag{7-3}$$

根据概率母函数的定义可知，丛中心与丛大小的概率母函数可以分别表示为

$$\begin{aligned} G(z)&=\exp[\lambda t(z-1)] \\ H(z)&=\exp[\Lambda(z-1)] \end{aligned} \tag{7-4}$$

设成丛过程的概率母函数为 $F(z)$，根据复合随机点过程的性质有

$$F(z)=G[H(z)] \tag{7-5}$$

则可得超标浓度计数点过程的概率母函数

$$F(z)=\exp\{\lambda t[\mathrm{e}^{\Lambda(z-1)}-1]\} \tag{7-6}$$

令

$$\begin{aligned} E(z)&=\exp[\lambda t\mathrm{e}^{\Lambda(z-1)}] \\ f_l(z)&=\exp(l\Lambda z) \end{aligned} \tag{7-7}$$

对式（7-6）和式（7-7）作泰勒展开后代入式（7-5），可得

$$F(z)=\mathrm{e}^{-\lambda t}\left[1+\lambda t\mathrm{e}^{-\Lambda}\sum_{k=0}^{\infty}\frac{(\Lambda z)^k}{k!}+\frac{(\lambda t\mathrm{e}^{-\Lambda})^2}{2!}\sum_{k=0}^{\infty}\frac{(2\Lambda z)^k}{k!}+\cdots\right] \tag{7-8}$$

根据概率母函数的定义，$F(z)$ 又可以表示为

$$F(z)=\sum_{i=0}^{\infty}p_i z^i \tag{7-9}$$

比较式（7-8）和式（7-9），得

$$p_i=\mathrm{e}^{-\lambda t}\frac{\Lambda^i}{i!}\sum\frac{(\lambda t\mathrm{e}^{-\Lambda})^l}{l!}l^i \tag{7-10}$$

记 $\overline{N}(t_0,\ t_0+t)$ 为时段 $(t_0,\ t_0+t]$ 内出现 i 个超标浓度点事件的次数，则相应概率为

$$p_i=p\{\overline{N}(t_0,\ t_0+t)=i\} \tag{7-11}$$

未来任意时段 $(0,\ t]$ 内遭遇超标浓度的风险率 $R(t)$ 为

$$R(t)=p\{\overline{N}\geqslant 1\}=\sum_{i=1}^{\infty}p_i=1-\exp[\lambda t(\mathrm{e}^{-\Lambda}-1)] \tag{7-12}$$

借助概率母函数，求模型的一、二阶矩，即对式（7-8）求 z 的一、二阶导数

$$\begin{aligned} F'(z)&=\lambda t\Lambda\exp\{\lambda t[\mathrm{e}^{\Lambda(z-1)}-1]+\Lambda(z-1)\} \\ F''(z)&=\lambda t\Lambda\exp\{\lambda t[\mathrm{e}^{\Lambda(z-1)}-1]+\Lambda(z-1)\}\cdot[\lambda t\Lambda\mathrm{e}^{\Lambda(z-1)}+\Lambda] \end{aligned} \tag{7-13}$$

则可求得相应的均值 EX 和方差 DX 分别为

$$\begin{aligned} \mathrm{EX}&=\lambda t\Lambda \\ \mathrm{DX}&=\lambda t\Lambda(1+\Lambda) \end{aligned} \tag{7-14}$$

（2）分析计算

根据 CSPPC 模型的基本原理和方法，以各方案 BOD_5 多站平均逐日过程为计算系列，取定丛长为 1 个月，丛数为 12，计算 BOD_5 过程超越Ⅱ类标准的风险率。CSPPC 模型参数计算成果见表 7-11，风险率计算成果见表 7-12。计算结果显示，现行调度方案在

表 7-11　BOD_5 的 CSPPC 模型参数计算成果

计算条件	参数	方案 0	方案 1	方案 2	方案 3	方案 4	方案 5	方案 6	方案 7	方案 8	方案 9	方案 10	方案 11	方案 12	方案 13	方案 14	方案 15	方案 16
1990 年降雨条件	均值	17. 17	17. 08	15. 92	16. 67	16. 25	16. 33	16. 17	15. 92	15. 92	16. 17	16. 17	15. 50	15. 50	15. 50	15. 33	15. 25	15. 25
	方差	198. 33	202. 08	214. 63	205. 33	215. 30	205. 15	210. 33	210. 27	210. 27	214. 88	213. 61	210. 45	210. 45	202. 82	208. 06	207. 11	207. 11
	Λ	10. 55	10. 83	12. 48	11. 32	12. 25	11. 56	12. 01	12. 21	12. 21	12. 29	12. 21	12. 58	12. 58	12. 09	12. 57	12. 58	12. 58
	λ	1. 63	1. 58	1. 27	1. 47	1. 33	1. 41	1. 35	1. 30	1. 30	1. 32	1. 32	1. 23	1. 23	1. 28	1. 22	1. 21	1. 21
1999 年降雨条件	均值	17. 83	17. 92	17. 58	16. 75	16. 92	17. 33	17. 50	15. 58	15. 50	17. 50	17. 50	17. 08	17. 08	17. 50	17. 25	15. 50	15. 50
	方差	203. 06	201. 90	207. 54	198. 39	194. 81	186. 24	185. 73	210. 08	210. 45	196. 27	206. 64	200. 08	197. 36	185. 73	184. 20	210. 45	210. 45
	Λ	10. 39	10. 27	10. 80	10. 84	10. 52	9. 74	9. 61	12. 48	12. 58	10. 22	10. 81	10. 71	10. 55	9. 61	9. 68	12. 58	12. 58
	λ	1. 72	1. 74	1. 63	1. 54	1. 61	1. 78	1. 82	1. 25	1. 23	1. 71	1. 62	1. 59	1. 62	1. 82	1. 78	1. 23	1. 23

表 7-12　BOD_5 的 CSPPC 模型超Ⅱ类标准风险率计算成果　（风险率单位:%）

计算条件	月期（个）	方案 0	方案 1	方案 2	方案 3	方案 4	方案 5	方案 6	方案 7	方案 8	方案 9	方案 10	方案 11	方案 12	方案 13	方案 14	方案 15	方案 16
1990 年降雨条件	1	80. 3	79. 4	72. 1	77. 1	73. 5	75. 7	74. 0	72. 8	72. 8	73. 2	73. 4	70. 8	70. 8	72. 3	70. 5	70. 2	70. 2
	2	96. 1	95. 7	92. 2	94. 7	93. 0	94. 1	93. 2	92. 6	92. 6	92. 8	92. 9	91. 5	91. 5	92. 3	91. 3	91. 1	91. 1
	3	99. 2	99. 1	97. 8	98. 8	98. 1	98. 6	98. 2	98. 0	98. 0	98. 1	98. 1	97. 5	97. 5	97. 9	97. 4	97. 4	97. 4
	4	99. 9	99. 8	99. 4	99. 7	99. 5	99. 6	99. 5	99. 5	99. 5	99. 5	99. 5	99. 3	99. 3	99. 4	99. 2	99. 2	99. 2
	5	100. 0	100. 0	99. 8	99. 9	99. 9	99. 9	99. 9	99. 9	99. 9	99. 9	99. 9	99. 8	99. 8	99. 8	99. 8	99. 8	99. 8
	6	100. 0	100. 0	100. 0	100. 0	100. 0	100. 0	100. 0	100. 0	100. 0	100. 0	100. 0	99. 9	99. 9	100. 0	99. 9	99. 9	99. 9
1999 年降雨条件	1	82. 0	82. 5	80. 4	78. 7	80. 0	83. 1	83. 8	71. 3	70. 8	82. 0	80. 2	79. 7	80. 2	83. 8	83. 2	70. 8	70. 8
	2	96. 8	96. 9	96. 1	95. 4	96. 0	97. 1	97. 4	91. 8	91. 5	96. 7	96. 1	95. 9	96. 1	97. 4	97. 2	91. 5	91. 5
	3	99. 4	99. 5	99. 2	99. 0	99. 2	99. 5	99. 6	97. 6	97. 5	99. 4	99. 2	99. 2	99. 2	99. 6	99. 5	97. 5	97. 5
	4	99. 9	99. 9	99. 9	99. 8	99. 8	99. 9	99. 9	99. 3	99. 3	99. 9	99. 8	99. 8	99. 8	99. 9	99. 9	99. 3	99. 3
	5	100. 0	100. 0	100. 0	100. 0	100. 0	100. 0	100. 0	99. 8	99. 8	100. 0	100. 0	100. 0	100. 0	100. 0	100. 0	99. 8	99. 8
	6	100. 0	100. 0	100. 0	100. 0	100. 0	100. 0	100. 0	99. 9	99. 9	100. 0	100. 0	100. 0	100. 0	100. 0	100. 0	99. 9	99. 9

一个月内的，太湖流域 BOD_5 超Ⅱ类标准的风险率为 80% ~93%。随着统计时间的加长，超标风险率加大，3 个月的超标风险率均达到 99% 以上。采用洪水调度方案不会加大 BOD_5 的超标准风险率。

7.3　洪水资源利用的效益评价

7.3.1　洪水资源利用的供水效益评价

7.3.1.1　太湖流域水资源供需现状

水资源总量是指当地降雨形成的地表和地下产水量，即地表径流量与降雨入渗补给地下水量之和。水资源总量由地表水资源量及地下水资源量中的与地表水资源量计算之间的不重复量组成。根据《太湖流域综合规划报告》，流域多年平均水资源总量 176 亿 m^3，其中地表水资源量 160 亿 m^3，流域多年平均本地地表水可利用量为 64.1 亿 m^3，占多年平均地表水资源量的 40%，见表 7-13。

表 7-13　太湖流域 1956 ~2000 年系列频率计算成果

分区		面积（km^2）	统计参数			不同频率天然年径流量（亿 m^3）			
			年均值（亿 m^3）	C_v	C_s/C_v	20%	50%	75%	95%
水资源三级区	湖西及湖区	16 672	80.9	0.39	2.0	106.4	77.4	58.5	37.1
	武阳区	8 321	34.2	0.43	2.0	46.2	32.6	23.8	14.3
	杭嘉湖区	7 436	41.5	0.34	2.0	53.1	40.2	31.6	21.5
	黄浦江区	4 466	19.3	0.41	2.0	25.5	18.3	13.6	8.4
太湖流域		36 895	176.0	0.37	2.0	228.9	169.3	129.9	84.8

太湖流域是我国经济社会高度发达的地区之一，生产生活用水需求量大。2000 年太湖流域总用水量 316.1 亿 m^3，而 2000 年太湖流域地表水资源量仅为 121.56 亿 m^3，水资源量远远满足不了用水需求，而只能依赖从长江、钱塘江引水予以补充。不仅如此，随着经济社会的快速发展，太湖流域的用水量还在不断增加，从 1980 年至 2000 年，用水总量净增 82.0 亿 m^3，年增长率 1.5%，太湖流域水资源供需矛盾会愈加突出，见表 7-14。

表 7-14　2000 年太湖流域用水量汇总表　（单位：亿 m^3）

分区		用水量					
		生活	农业	工业		小计	
				用水量	扣火电用水量	用水量	扣火电用水量
水资源分区	湖西及湖区	4.50	30.39	29.62	6.00	64.51	40.89
	武阳区	8.59	36.06	41.06	15.08	85.71	59.73
	杭嘉湖区	7.87	34.67	14.23	10.26	56.77	52.80
	黄浦江区	16.95	14.30	77.85	13.27	109.10	44.52
太湖流域		37.91	115.41	162.76	44.61	316.08	197.93

7.3.1.2　洪水资源利用供水效益识别

太湖流域洪水资源利用是将洪水转化为可利用的水资源，对太湖流域区域经济的发展具有一定提升作用，水量增加产生的综合效益主要体现在以下几个方面。

1）增加灌区面积，减少农业旱灾损失。农业干旱是农业的主要自然灾害，严重的旱情会导致粮食减产、缺苗断垄或是因缺墒、缺水而无法播种、栽插等严重后果。长江中下游地区主要是伏旱和伏秋连旱，有的年份虽在梅雨季节，还会因梅雨期缩短或少雨而形成干旱。1978 年的大旱全国受旱范围广、持续时间长，旱情十分严重。一些省份 1～10 月的降雨量比常年少 30%～70%，长江中下游地区的伏旱最为严重，全国受旱面积6 亿亩，成灾面积2.7 亿亩，是有统计资料以来的最高值。洪水资源利用增加了流域旱季河网中的供水量，减轻了旱情，降低了减产风险。

2）提高工业用水保证率，减少停产损失。太湖流域是水质型缺水的地区，洪水资源利用可以增加对太湖流域地区工业的有效供水量，提高工业供水的水质，可以降低工业因缺水带来的停产损失，减少因水质问题对工业生产设备的破坏，从而增加工业产值。

3）提高养殖容量，增加养殖业产值。水量增加对渔业的影响主要在于环境容纳量的增加，同时提高了养殖容量。养殖容量必须是在污染物总量控制目标下，为了实现规划所制定的环境目标，分配给养殖活动所允许的排污份额（水产养殖的环境容量）的约束下，现有的养殖活动所能够获得的最大养殖产量。也就是说，养殖容量必须建立在水产养殖的环境容量的基础上，考核的指标不是具体的养殖面积和产量，而是养殖活动持续期间投入的氮、磷等营养物质的总量。那么，洪水资源利用可以增加太湖流域的总体养殖容量，而养殖容量的增加就意味着水产品总产量的增长，也就可以用水产品增长的经济价值表示环境价值的增加。

4）为发展旅游业提供条件。旅游业被称为“朝阳产业”，是许多国家和地区带动经济发展的重要支柱产业。在中国，旅游业的迅猛发展，已经成为经济发展的新增长点。而旅游业的吸引力与经济效益与地方的地表水和地下水环境品质关系密切。供水量的增加可为旅游资源的进一步开发提供条件。可扩展旅游业的经营范围，开发水上或是亲水的娱乐休闲项目提高营业收入，同时旅游人数的增长可以带动与旅游相关的餐饮、住宿与小商品等一系列其他的经营收入。目前，定量价值估算尚有困难，但可定性看出相关营业收入的增加可能随旅游及景观水体供水量的增加而增加。

5）提高房地产价格。随着城市居住密度的加大，临水开发的房地产项目常常成为销售的亮点，在很大程度上能提升房地产的价格。洪水资源利用的实施，增加了区域的水体容量，由于城市中水面率提高和水体水量的增加，为新增更多的水景观提供了条件，在其他因素相同的条件下，依水而开发的房地产会比不依水的房地产价格高。

6）改善通航条件，增加航运效益。洪水资源利用增加了部分河道的水量，可能使部分航道提升等级，增加航运能力和航运效益。

通过太湖流域洪水资源利用增加供水量，能产生显著的综合效益，本文重点对农业、工业、第三产业和居民生活增供水产生的直接经济效益进行定量评估。评估太湖流域洪水资源利用的增供水效益，需要考虑以下几个问题：①通过洪水资源利用措施，能增加多少水量。②增加的水量有多少比例成为实际供水量，即有效性问题。③效益计算应采用什么样的方法，才能真正反映客观实际，即计算方法合理性问题。

对于第一个问题，当采用典型年分析时，应将采用洪水资源利用方案和不采用洪水资源利用方案（即采用现状调度方案）进行对比，以汛末的太湖蓄水量之差作为洪水资源利用增加的水量。这里隐含了汛期供水的问题，由于汛期供水保证率较高，可忽略洪水资源利用对汛期增加供水的效益。具体来讲，汛期主要以防洪排涝为主，洪水资源利用的思路是拦蓄汛末的洪水，以增加非汛期的供水量。

对于第二个问题，由于采用的是典型年分析，无法像长系列分析那样考虑多年的水量调配，而增加的水量全部产生供水效益只是一个理想状态，因此，在这里给定一个参数——水量利用率 k——来表示增加的水量实际产生供水效益的比例。

对于第三个问题，即效益计算方法选择的问题，对于增供水效益，较常采用的方法有分摊系数法（吴浩云等，2008）、影子水价法（吴恒安，1997；秦长海等，2012）等。各种方法适宜的对象不同，当评价地区缺水较严重，每年因缺水导致的农业、工业减产较严重时，增供水效益宜采用缺水损失法，即以减少的缺水损失作为增供水的效益。当评价地区工农业缺水减产状况较轻时，宜采用分摊系数法或影子水价法。太湖流域虽然当地水资源量不足，但目前依靠大量过境水量，工农业供水保证率较高，从而缺水导致的损失较轻，因此本文选择较常使用的分摊系数法计算增供水效益。

7.3.1.3　洪水资源利用供水效益计算方法

采用分摊系数法计算增供水效益，分摊系数法的基本思想是认为产业的产值增加来源于对资金、劳动力、水、科技等方面的投入，而供水分摊其增加产值的一部分，分摊的比例用分摊系数来体现。分摊系数法的关键问题就是合理确定分摊系数。

（1）分摊系数法计算公式

1）对于农业、工业和第三产业，增供水效益计算公式为

$$B = \frac{I}{W} fqk \tag{7-15}$$

式中，B 为增供水效益；I 为当年的产业值；W 为当年的供水量；f 为供水效益分摊系数；q 为洪水资源利用的增供水量；k 为水量利用率。

2）对于居民生活，增供水效益计算公式为

$$B = \frac{r \cdot e}{p} fqk \tag{7-16}$$

式中，r 为居民可支配收入；e 为恩格尔系数；p 为人均年用水量。

（2）各种参数值的确定

1）增供水量 q。洪水资源利用的增供水量可采用第 6 章评价的潜力值，增供水量乘以各行业的分配比例可得到各行业的增供水量。杭嘉湖地区是太湖流域洪水资源利用增加供水的主要受益区之一，因此增供水量在各行业的分配方案可根据杭嘉湖地区的实际用水比例为基准。根据 2000 年杭嘉湖地区用水量调查数据，太湖流域洪水资源利用增供水量的行业分配比例：农业占 59.86%，工业占 28.09%，第三产业占 3.53%，居民生活占 8.52%。

2）水量利用率 k。水量利用率 k 代表实际产生效益的水量占总增供水量的比例，k

值的大小主要由当地的水资源匮乏程度以及水资源开发利用能力决定。根据《浙江省水资源保护和开发利用总体规划》，浙江省近几年水资源实际利用量约占可开发利用量的60%，因此水量利用率可取0.6。

3）分摊系数f。太湖流域洪水资源利用增加的水量主要向农业、工业、第三产业和居民生活提供供水，根据文献“引江济太调水经济效益分析——以湖州市为例”，各部门的效益分摊系数分别如下：①农业分摊系数。农作物增产是水、肥、种、土壤改良及其他农业技术措施综合作用的结果。因此应科学合理地分摊总增产值。根据江苏省、浙江省和上海市多年以来灌溉效益计算成果，太湖流域多年平均灌溉效益分摊系数在平水年为0.4，枯水年为0.53。由于枯水年洪水资源较少，洪水资源利用主要针对平水年和丰水年，因此取定农业灌溉效益分摊系数0.4。②工业分摊系数。根据1989～2005年湖州市统计年鉴数据，通过对主要工业总产值、固定资产、劳动力人数、工业总用水量进行回归分析，并综合湖州市近几年平均工业增加值率，取定工业分摊系数0.05。③第三产业和居民生活分摊系数。水对劳动力恢复的贡献率即为第三产业和居民生活供水效益分摊系数，取定0.1。

从各种分摊系数的取定的数值来看，农业分摊系数最大，第三产业和居民生活次之，工业分摊系数最小，分摊系数体现了行业对水的依赖程度，农业对水的依赖程度较大，而工业相对较小，分摊系数体现了水对产业产值的贡献率。

4）各行业产值I和用水量W。根据2005年杭嘉湖地区统计数据，农业、工业和第三产业的产值分别为247.17亿元、8 927.35亿元、7 786.00亿元。农业、工业和第三产业的用水量为74.22亿m^3、156.75亿m^3、13.384亿m^3。

5）居民可支配收入r、恩格尔系数e、人均生活用水量p。根据2005年杭嘉湖地区统计数据，居民可支配收入为12 490元，恩格尔系数为0.360 8，人均生活用水量为51.28 m^3。

7.3.1.4 洪水资源利用供水效益成果及评价

根据分摊系数法的计算公式和各种参数取值，计算了太湖流域洪水资源利用各方案的增供水效益。由于1971年和2003年为枯水年，洪水资源较少，因此只计算了1990年和1999年降雨条件下的增供水效益。从表7-15可知，在1999年计算条件下，太湖流域洪水资源利用各方案比现状方案增加供水量0～1.89亿m^3，增加供水效益0～4.96亿元。其中，第三产业增供水效益最大，农业、工业和居民生活的增供水效益相对较小，增供水效益的大小取决于行业增产值和供水分摊系数，将第三产业与工业进行对比，两者产值相当，但第三产业的供水分摊系数明显大于工业，因此第三产业的增供水效益大于工业。

表7-15 太湖流域洪水资源利用各方案的增供水量和增供水效益（1999年计算条件）

方案	增供水量（亿m^3）					增供水效益（亿元）				
	农业	工业	第三产业	居民生活	合计	农业	工业	第三产业	居民生活	合计
方案1	0.37	0.10	0.00	0.15	0.62	0.30	0.30	0.75	0.28	1.62
方案2	0.28	0.08	0.00	0.10	0.46	0.22	0.22	0.57	0.21	1.21

续表

方案	增供水量（亿 m³）					增供水效益（亿元）				
	农业	工业	第三产业	居民生活	合计	农业	工业	第三产业	居民生活	合计
方案 3	0.65	0.18	0.01	0.24	1.08	0.52	0.52	1.32	0.48	2.83
方案 4	0.58	0.16	0.01	0.21	0.96	0.46	0.46	1.18	0.43	2.53
方案 5	1.13	0.32	0.01	0.43	1.89	0.90	0.90	2.31	0.84	4.96
方案 6	0.69	0.19	0.01	0.26	1.15	0.55	0.55	1.41	0.52	3.04
方案 7	0.97	0.27	0.01	0.37	1.62	0.77	0.78	1.98	0.72	4.25
方案 8	1.04	0.29	0.01	0.39	1.73	0.83	0.83	2.12	0.78	4.56
方案 9	0.00	0.00	0.00	0.00	0.00	0.00	0.00	0.00	0.00	0.00
方案 10	0.30	0.08	0.00	0.12	0.50	0.24	0.24	0.61	0.22	1.32
方案 11	0.51	0.14	0.01	0.19	0.85	0.41	0.41	1.04	0.38	2.23
方案 12	0.48	0.14	0.00	0.19	0.81	0.39	0.39	0.99	0.36	2.13
方案 13	0.67	0.19	0.01	0.25	1.12	0.53	0.54	1.37	0.50	2.94
方案 14	0.60	0.17	0.01	0.22	1.00	0.48	0.48	1.22	0.45	2.63
方案 15	0.94	0.27	0.01	0.36	1.58	0.76	0.76	1.93	0.71	4.15
方案 16	0.92	0.26	0.01	0.35	1.54	0.74	0.74	1.88	0.69	4.05

7.3.2　洪水资源利用的水环境效益评价

7.3.2.1　太湖流域水环境现状

近 20 年来，随着太湖流域经济社会快速发展，人口快速增长，污水治理速度远跟不上排污量的增加，大量废污水未经处理直接排入河网湖泊，流域水污染十分严重。太湖流域因水污染造成的水质型缺水问题已十分突出，根据《太湖流域水资源及其开发利用调查评价简要报告》，2000 年太湖流域河湖及地下水水源合格供水量为 145.9 亿 m³，加上由长江、钱塘江直接供水 80.6 亿 m³，两项合计 226.5 亿 m³，与实际供水量 316.1 亿 m³ 相比，仍缺合格供水量 89.6 亿 m³，供水不合格率高达 28.3%（合格的定义：生活原水供水水质达到Ⅲ类为合格，工业原水供水水质达到Ⅳ类为合格，农业供水水质达到Ⅴ类为合格）。

太湖流域工业、农业和生活污染物排放量大，表 7-16 列出了 2000 年太湖流域点、面污染源入河量。从中可知，太湖流域重点工业的点源污染是水污染的主要原因，COD 和 NH_3-N 的入河量是面污染源的 2～3 倍，而面污染源的 TP 和 TN 入河量均远远超过了点污染源，成为太湖流域水域富营养化的主导因素。

表 7-16　太湖流域点、面污染源入河量统计表（2000 年）　（单位：万 t）

污染物	COD	NH_3-N	TN	TP
点污染源入河量	66.94	5.45	1.99	0.25
面污染源入河量	23.07	2.20	6.39	1.74

表7-17和图7-5给出了2002～2006年太湖流域全年期水质评价结果，从中可知，就2002～2006年全年水质而言，Ⅴ类和劣Ⅴ类河长每年比例都高于80%，Ⅰ类和Ⅱ类水几乎不存在，2005年和2006年相比前三年，Ⅴ类水比例下降，而劣Ⅴ类水比例增加，说明该期间流域水质实质上变差了。

表7-17　2002～2006年太湖流域水质评价结果　（单位：km）

项目	2002年	2003年	2004年	2005年	2006年
评价河长	660	1 049	1 635	1 617	1 584
Ⅰ类	0	0	0	0	0
Ⅱ类	0	10	0	5.5	15.2
Ⅲ类	22	14	64.5	39.2	68
Ⅳ类	81	162	235	142	199
Ⅴ类	154	198	291	192	181
劣Ⅴ类	403	665	1 044	1 239	1 119

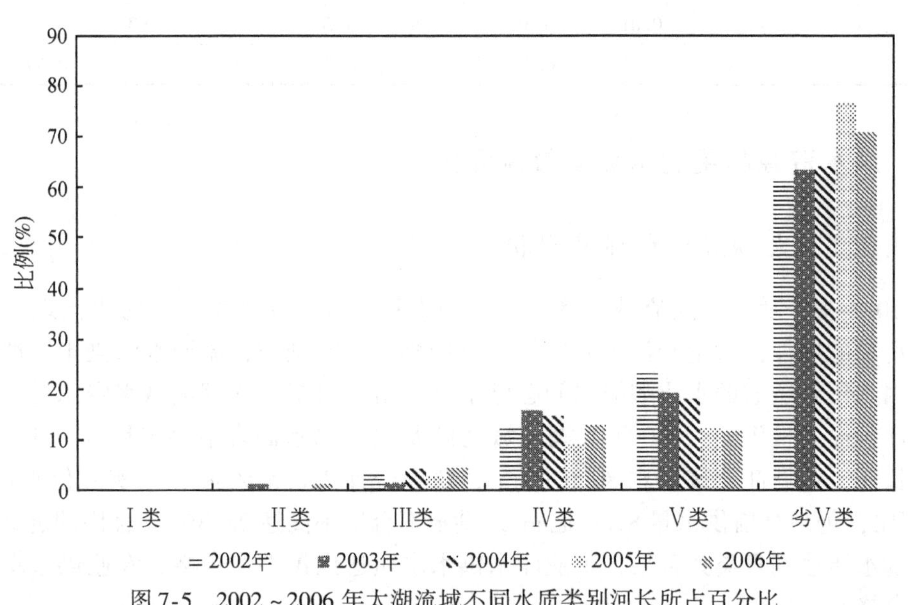

图7-5　2002～2006年太湖流域不同水质类别河长所占百分比

太湖流域的富营养化状况不容乐观，从1998年至2005年，太湖已由轻度富营养化水平升至中度富营养化水平。在各湖区中，轻度富营养化水域面积由1998年的1 995km^2缩小至2005年的424.7km^2，中度富营养化所占比例不断上升。富营养化程度不断加剧，导致太湖藻类生物量增加，多次出现蓝藻暴发的现象，且蓝藻发生时间和范围都在扩大。近年贡湖、梅梁湖和西部沿岸带等湖区5月起出现明显的蓝藻区，直至10月尚有蓝藻发生，发生范围已蔓延至湖心区平台山一带。特别是2007年5月初，太湖北部湖湾梅梁湖等出现蓝藻大规模爆发，到5月中旬，梅梁湖等湖湾蓝藻进一步聚积，随后大规模集中死亡腐烂，先后导致小湾里水厂、贡湖水厂水源地水质严重恶化。

7.3.2.2　洪水资源利用水环境改善效益识别

太湖流域洪水资源利用通过改善太湖水体和周边河网的水质，对区域生产生活供水产生直接经济效益，具体体现在农业从太湖及河网中取水，降低了水污染损失，工业、第三产业、居民生活用水主要依赖自来水水厂，而水质改善能降低水厂的水处理成本。本文对这两种直接经济效益进行定量计算，其他效益做定性分析。

太湖流域洪水资源利用改善水质产生的其他效益包括以下几个方面。

1）提高农产品的品质。水质改善有利于提升农产品的品质，不但可以增加农产品的价值，还可以提升农产品的品牌竞争力，从而进一步增加农产品的附加值。根据对北京和上海有机食品市场的调查，有机食品比普通食品的价格一般高出30%～80%，有些品种，例如有机蔬菜的价格为普通蔬菜的2～3倍。由此可见，有机产品的市场价值相当巨大。而水质的优劣，是有机农业评价的重要指标之一，对有机农产品的生产有着重大的影响。因此，在流域的工业、生活和农业面源得到控制与治理后，洪水资源利用措施将显著提升太湖流域农业的价值增量。

2）减低渔业损失，提高水产品品质。农业部和国家环境保护总局联合发布的《中国渔业生态环境状况公报》显示，环境污染造成的可测算天然渔业资源年经济损失达36.36亿元。其中，内陆水域天然渔业资源经济损失为8.96亿元，洪水资源利用可以改善太湖流域水体的水质，提高渔业产量，降低鱼类发病率。此外，优质的水环境还可以提高水产品的品质和类别。水质级别的提高可以为水产养殖业的绿色化和有机化生产创造条件。

3）促进旅游业发展。旅游景区的风景固然重要，但是，水、空气和林木植被等环境质量有时显得更重要，因为久居城市的人们，外出旅游的一个重要目的是回归自然，生活在一个环境质量优良的环境之中。洪水资源利用改善太湖流域水环境的因素对旅游业的影响从长远来看是至关重要的，其价值有可能通过人们对旅游景区支付意愿进行估算。

4）提高房地产价值。城市居住水环境的改善，会使周边土地资源增值，从而拉动和促进当地的房地产开发利用，增加房地产开发效益。太湖流域内水污染严重的小区的房地产价值明显偏低。洪水资源利用实施以后，太湖流域水质的改善对房地产价值提升有潜在作用。

在评估洪水资源利用改善水质效益之前，需要了解太湖流域水质现状，进而评价通过洪水资源利用措施改善水质的效果，这是水质改善效益分析的前提和基础。

7.3.2.3　洪水资源利用方案的水质评价

根据太湖流域的水质现状，选择COD、BOD_5、TP、TN、NH_3-N五个指标进行水质评价。

（1）水质评价方法

1）单因子评价方法。《地表水环境质量标准》（GB3838—2002）（下称《标准》）是我国地表水环境质量评价中的基本标准。《标准》中依据地表水水域环境功能和保护目标，按功能高低依次划分为五类。对应各水域功能，地表水环境质量标准基标准值也分为五类，不同功能类别执行相应类别的标准值。部分标准值如表7-18所示。

表 7-18 地表水环境质量标准基本项目标准限值

项目	Ⅰ类	Ⅱ类	Ⅲ类	Ⅳ类	Ⅴ类
COD	15	15	20	30	40
BOD_5	3	3	4	6	10
TP	0.02（湖、库0.01）	0.1（湖、库0.025）	0.2（湖、库0.05）	0.3（湖、库0.1）	0.4（湖、库0.2）
TN	0.2	0.5	1.0	1.5	2.0
NH_3-N	0.15	0.50	1.00	1.50	2.00

《标准》规定，地表水环境质量评价根据应实现的水域功能类别，选取相应类别标准，进行单因子指数评价，评价结果应说明水质达标情况，超标的应说明超标项目和超标倍数。但是，单因子指数评价法的缺点是以污染因子污染的最高级别作为水质级别，无法给出水体质量的综合状况。

2）综合水质指数评价法。综合水质指数法可以对整体水环境质量做出定量描述，目前多采用这类方法进行水质评价。采用改进的综合水质指数法，这种方法根据水质评价的特点提出，具有明确的功能分类及各污染指标的标准限值。原则上适用于各类水环境水质综合评价（如河流、湖泊、水库及地下水质）。本方法具有以下优点：①对断面的水质指数采取类别与指数相结合的办法，提高了水质类别判定的分辨率。②权重的选取基于不同污染指标超标对水质类别贡献大小不同的思想，实际上反映了各因子对水质的客观分贡献率。改进的综合水质指数法计算公式如下

$$I_j = q_j + \rho \times \sum_{i=1}^{m} \frac{W_i}{\sum W_i} \frac{C_i}{C_{si}} \tag{7-17}$$

式中，I_j 为 j 断面综合水质指数；q_j 为 j 断面综合水质类别的影响，当水质类别为Ⅰ、Ⅱ、Ⅲ、Ⅳ、Ⅴ、劣Ⅴ类时分别对应1、2、3、4、5、6；ρ 为经验系数。另需满足

$$\rho \times \sum_{i=1}^{m} \frac{W_i}{\sum W_i} \frac{C_i}{C_{si}} < 1 \tag{7-18}$$

当水质类别为Ⅰ类时，$\rho=1$；Ⅱ类时，$\rho=0.47$；Ⅲ类时，$\rho=0.45$；Ⅳ类时，$\rho=0.41$；Ⅴ类时，$\rho=0.18$；劣Ⅴ类时，$\rho=0.17$。当水质类别为劣Ⅴ类时，可能出现指数过大，$\rho=0.17$ 仍不能使小数部分小于1，则规定小数部分为0.999。W_i 为第 i 项污染指标的权重，计算方法如下

$$W_i = \frac{C_{si1}}{C_{si5}} \tag{7-19}$$

式中，C_{si1} 为第 i 项污染指标Ⅰ类水质标准值；C_{si5} 为第 i 项污染指标Ⅴ类水质标准值。

采用综合水质指数法计算不同水质类别的水污染综合指数值如表7-19所示。

表 7-19 不同水质类别的综合指数值

评价方法	水质类别					
	Ⅰ类	Ⅱ类	Ⅲ类	Ⅳ类	Ⅴ类	劣Ⅴ类
综合水质指数法	<2	<3	<4	<5	<6	>6

（2）洪水资源利用方案的水质评价

在“一湖两河”及武澄锡虞区、阳澄淀泖区、杭嘉湖区、浦东浦西区选择了 29 个水质测量站点（图 7-6），来分析洪水资源利用对改善太湖流域水质的效果。采用上述的水质评价方法，根据各方案下的水质模拟结果，对各测站的 COD、BOD_5、TP、TN、NH_3-N 进行单指标评价，在此基础上进行综合指数评价，评价结果见表 7-20 和表 7-21。

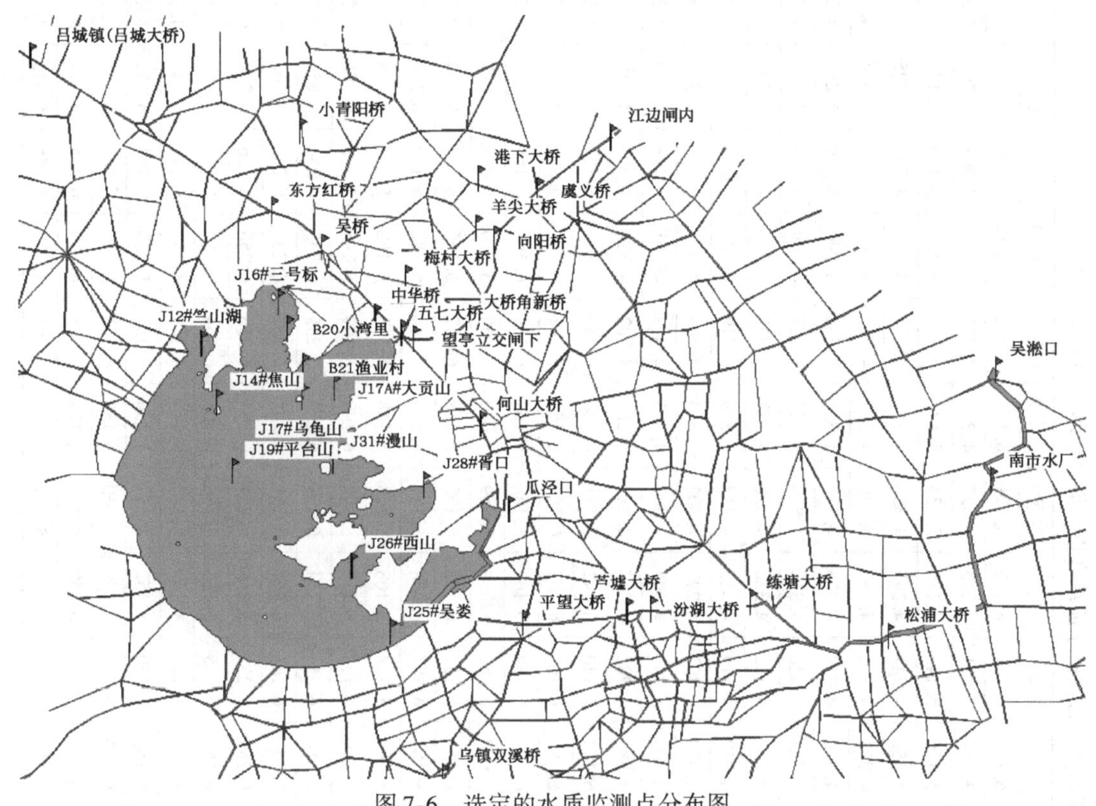

图 7-6　选定的水质监测点分布图

根据评价结果，在 1990 年和 1999 年降雨计算条件下，太湖流域水质为Ⅳ～劣Ⅴ类，平均为Ⅴ类（综合指数值的整数部分所代表），主要污染物为 TP。水质在空间上的分布情况为，太湖湖区的胥口、漫山和西山等站污染较轻，而阳澄淀泖区和武澄锡虞区的何山大桥、瓜泾桥和五七大桥等站点污染相对较重。根据方案 1～方案 16 的评价结果来看，通过实施洪水资源利用，太湖流域局部区域水质有所改善。相对而言，由于太湖湖区水位抬高以及在非汛期向下游增加供水，因此太湖湖区和浦东浦西区水质有所改善。在各方案中，方案 2、方案 6 和方案 9 改善水质效果相对较好。

7.3.2.4　洪水资源利用水环境效益计算方法与结果评价

太湖流域水质改善的效益主要体现在，水厂降低水处理成本的效益和农业减少水污染经济损失的效益。《水利建设项目经济评价规范规范》（SL 72–94）对于水利建设项目改善水质的效益提出了三种计算方法：①最优等效替代法，以兴办最优等效替代工程设施所需的年费用计算。②影子水价法，按提供稀释污水的水量乘以该地区的影子水价计算。

表 7-20　太湖流域各方案的水质综合指标值（1990 年降雨计算条件）

水质测站	方案 0	方案 1	方案 2	方案 3	方案 4	方案 5	方案 6	方案 7	方案 8	方案 9	方案 10	方案 11	方案 12	方案 13	方案 14	方案 15	方案 16
竺山湖	6.167	6.175	6.171	6.174	6.172	6.171	6.171	6.172	6.171	6.172	6.172	6.169	6.170	6.169	6.170	6.169	6.171
三号标	4.325	4.318	4.308	4.325	4.327	4.334	4.331	4.335	4.327	4.334	4.333	4.304	4.308	4.305	4.312	4.304	4.354
焦山	5.159	5.139	5.128	6.141	5.137	5.136	5.143	5.138	5.135	5.137	5.137	5.151	5.129	5.127	5.128	5.151	5.140
渔业村	4.330	4.318	4.305	4.341	4.356	4.352	4.347	4.345	4.356	4.352	4.351	4.310	4.297	4.305	4.297	4.305	4.329
小湾里	4.333	4.317	4.304	4.326	4.340	4.331	4.331	4.330	4.339	4.331	4.330	4.304	4.308	4.304	4.309	4.303	4.350
乌龟山	4.309	4.297	4.281	4.330	4.339	4.336	4.333	4.325	4.339	4.336	4.336	4.290	4.279	4.285	4.276	4.284	4.314
大贡山	4.307	4.327	4.310	4.323	4.329	4.327	4.326	4.318	4.329	4.327	4.327	4.319	4.309	4.313	4.307	4.312	4.297
平台山	4.283	4.322	4.289	4.323	4.326	4.327	4.322	4.326	4.326	4.327	4.327	4.290	4.290	4.290	4.290	4.289	4.283
吴娄	4.327	4.296	4.321	4.320	4.318	4.319	4.319	4.313	4.317	4.319	4.319	4.326	4.323	4.324	4.320	4.323	4.316
西山	4.307	4.284	4.309	4.303	4.301	4.302	4.303	4.297	4.302	4.303	4.303	4.314	4.311	4.312	4.308	4.312	4.303
胥口	4.302	4.309	4.295	4.303	4.302	4.303	4.303	4.296	4.302	4.303	4.303	4.301	4.298	4.299	4.294	4.298	4.287
漫山	4.310	4.324	4.305	4.283	4.282	4.283	4.282	4.275	4.282	4.283	4.282	4.313	4.308	4.310	4.303	4.309	4.294
平望大桥	6.152	6.140	6.152	6.142	6.140	6.140	6.140	6.142	6.141	6.140	6.140	6.154	6.154	6.154	6.155	6.155	6.149
汾湖桥	6.158	6.172	6.160	6.164	6.161	6.161	6.161	6.163	6.162	6.161	6.161	6.161	6.161	6.161	6.161	6.162	6.164
练塘大桥	6.167	6.178	6.168	6.172	6.168	6.169	6.169	6.168	6.168	6.169	6.169	6.168	6.168	6.168	6.168	6.169	6.172
吴淞口	5.063	4.145	5.068	5.060	5.060	5.060	5.060	5.059	5.059	5.060	5.060	5.060	5.059	5.059	5.059	5.059	5.059
南市水厂	6.158	6.156	6.153	6.160	6.155	6.157	6.157	6.153	6.155	6.158	6.157	6.156	6.154	6.154	6.154	6.154	6.154
松浦大桥	6.185	6.186	6.177	6.186	6.181	6.184	6.183	6.178	6.181	6.184	6.184	6.182	6.179	6.180	6.178	6.180	6.180
吕城大桥	5.171	5.166	5.168	5.168	5.168	5.168	5.168	5.168	5.168	5.168	5.168	5.168	5.168	5.168	5.168	5.168	5.168
东方红桥	6.180	6.182	6.199	6.199	6.197	6.198	6.198	6.199	6.198	6.199	6.199	6.195	6.198	6.196	6.201	6.198	6.203
五七大桥	6.252	6.268	6.254	6.255	6.254	6.254	6.254	6.254	6.254	6.255	6.255	6.255	6.256	6.256	6.256	6.256	6.258
何山大桥	6.263	6.269	6.262	6.262	6.261	6.261	6.261	6.261	6.261	6.262	6.262	6.262	6.262	6.262	6.262	6.261	6.262
瓜泾桥	6.258	6.261	6.257	6.256	6.255	6.255	6.255	6.255	6.254	6.255	6.256	6.256	6.256	6.256	6.256	6.255	6.256
乌镇双溪桥	6.168	6.197	6.162	6.166	6.163	6.165	6.165	6.166	6.166	6.165	6.164	6.162	6.178	6.162	6.162	6.162	6.164
望亭立交闸下	4.336	5.143	4.291	4.332	4.294	5.143	5.143	5.143	5.143	5.143	5.143	4.335	5.143	5.143	4.334	5.143	5.143
大桥角新桥	6.153	6.149	5.152	5.153	5.151	5.150	5.150	5.152	5.152	5.150	5.150	5.155	5.154	5.152	5.153	5.156	5.155
向阳桥	6.176	6.144	6.156	6.166	6.154	6.153	6.153	6.159	6.160	6.152	6.152	6.150	6.149	6.161	6.161	6.149	6.148
虞义桥	6.181	6.144	6.162	6.171	6.178	6.176	6.176	6.168	6.168	6.175	6.175	6.175	6.176	6.171	6.171	6.160	6.160
平均值	5.367	5.362	5.325	5.368	5.332	5.361	5.361	5.359	5.361	5.361	5.361	5.329	5.355	5.355	5.327	5.355	5.359

表 7-21　太湖流域各方案的水质综合指标值（1999 年降雨计算条件）

水质测站	方案 0	方案 1	方案 2	方案 3	方案 4	方案 5	方案 6	方案 7	方案 8	方案 9	方案 10	方案 11	方案 12	方案 13	方案 14	方案 15	方案 16
竺山湖	6. 149	6. 149	6. 148	6. 148	6. 148	6. 148	6. 148	6. 148	6. 148	6. 148	6. 148	6. 148	6. 148	6. 148	6. 148	6. 148	6. 148
三号标	4. 333	4. 333	4. 333	4. 333	4. 332	4. 331	4. 334	4. 334	4. 333	4. 337	4. 333	4. 334	4. 334	4. 334	4. 334	4. 334	4. 335
焦山	4. 353	4. 352	4. 351	4. 349	4. 350	4. 352	4. 348	4. 348	4. 349	4. 333	4. 350	4. 349	4. 348	4. 348	4. 348	4. 348	4. 348
渔业村	4. 309	4. 309	4. 308	4. 308	4. 308	4. 307	4. 309	4. 309	4. 308	4. 311	4. 308	4. 308	4. 309	4. 309	4. 309	4. 309	4. 309
小湾里	4. 310	4. 310	4. 309	4. 310	4. 309	4. 308	4. 311	4. 311	4. 310	4. 332	4. 310	4. 310	4. 311	4. 311	4. 311	4. 311	4. 311
乌龟山	4. 312	4. 312	4. 311	4. 311	4. 311	4. 311	4. 311	4. 311	4. 311	4. 314	4. 310	4. 310	4. 311	4. 311	4. 311	4. 311	4. 311
大贡山	4. 302	4. 303	4. 302	4. 302	4. 302	4. 301	4. 303	4. 303	4. 302	4. 304	4. 302	4. 302	4. 303	4. 303	4. 303	4. 302	4. 303
平台山	4. 311	4. 310	4. 309	4. 308	4. 309	4. 311	4. 308	4. 308	4. 309	4. 309	4. 308	4. 308	4. 308	4. 308	4. 308	4. 308	4. 308
吴娄	4. 297	4. 297	4. 299	4. 298	4. 299	4. 299	4. 297	4. 297	4. 298	4. 298	4. 297	4. 297	4. 297	4. 297	4. 297	4. 297	4. 297
西山	4. 291	4. 291	4. 291	4. 290	4. 291	4. 291	4. 290	4. 290	4. 290	4. 290	4. 290	4. 290	4. 290	4. 290	4. 290	4. 290	4. 290
胥口	4. 284	4. 284	4. 284	4. 283	4. 284	4. 284	4. 283	4. 283	4. 283	4. 283	4. 283	4. 283	4. 283	4. 283	4. 283	4. 283	4. 283
漫山	4. 288	4. 288	4. 287	4. 288	4. 287	4. 288	4. 288	4. 288	4. 287	4. 288	4. 287	4. 288	4. 288	4. 288	4. 288	4. 288	4. 288
平望大桥	5. 154	5. 155	5. 156	5. 156	5. 156	5. 156	5. 156	5. 156	5. 157	5. 152	5. 156	5. 156	5. 156	5. 156	5. 155	5. 156	5. 156
汾湖桥	6. 150	6. 150	6. 151	6. 150	6. 151	6. 152	6. 151	6. 151	6. 152	6. 148	6. 150	6. 150	6. 150	6. 151	6. 151	6. 151	6. 151
练塘大桥	6. 154	6. 154	6. 154	6. 154	6. 155	6. 156	6. 155	6. 155	6. 155	6. 152	6. 154	6. 154	6. 154	6. 155	6. 155	6. 155	6. 155
吴淞口	6. 177	6. 177	6. 176	6. 176	6. 176	6. 177	6. 176	6. 176	6. 177	6. 176	6. 176	6. 176	6. 176	6. 176	6. 175	6. 176	6. 176
南市水厂	6. 181	6. 181	6. 181	6. 181	6. 181	6. 182	6. 181	6. 181	6. 181	6. 179	6. 180	6. 181	6. 181	6. 181	6. 181	6. 181	6. 181
松浦大桥	6. 167	6. 167	6. 167	6. 167	6. 167	6. 168	6. 168	6. 168	6. 168	6. 166	6. 167	6. 168	6. 168	6. 168	6. 168	6. 168	6. 168
吕城大桥	6. 153	6. 153	6. 153	6. 153	6. 153	6. 153	6. 153	6. 153	6. 153	6. 153	6. 153	6. 153	6. 154	6. 154	6. 153	6. 153	6. 153
东方红桥	6. 209	6. 209	6. 207	6. 206	6. 207	6. 212	6. 206	6. 207	6. 206	6. 196	6. 206	6. 206	6. 206	6. 206	6. 206	6. 205	6. 205
五七大桥	6. 252	6. 253	6. 253	6. 253	6. 254	6. 253	6. 254	6. 254	6. 254	6. 243	6. 252	6. 254	6. 254	6. 254	6. 254	6. 254	6. 254
何山大桥	6. 256	6. 256	6. 256	6. 256	6. 256	6. 256	6. 256	6. 256	6. 256	6. 247	6. 256	6. 256	6. 256	6. 256	6. 256	6. 256	6. 256
瓜泾桥	6. 249	6. 249	6. 248	6. 248	6. 248	6. 249	6. 248	6. 247	6. 248	6. 241	6. 248	6. 248	6. 248	6. 248	6. 248	6. 247	6. 247
乌镇双溪桥	6. 180	6. 179	6. 176	6. 176	6. 176	6. 179	6. 176	6. 175	6. 175	6. 174	6. 176	6. 176	6. 176	6. 176	6. 176	6. 174	6. 174
望亭立交闸下	4. 368	4. 367	4. 367	4. 369	4. 367	4. 369	4. 369	4. 369	4. 370	4. 314	4. 369	4. 369	4. 370	4. 369	4. 369	4. 369	4. 369
大桥角新桥	6. 153	6. 150	6. 150	6. 150	6. 148	6. 152	6. 152	6. 150	6. 153	6. 151	6. 152	6. 151	6. 150	6. 151	6. 151	6. 149	6. 149
向阳桥	6. 179	6. 179	6. 178	6. 176	6. 174	6. 176	6. 175	6. 175	6. 173	6. 177	6. 179	6. 177	6. 177	6. 174	6. 174	6. 173	6. 173
虞义桥	6. 186	6. 189	6. 188	6. 181	6. 181	6. 185	6. 186	6. 179	6. 178	6. 184	6. 187	6. 182	6. 181	6. 185	6. 186	6. 179	6. 178
平均值	5. 374	5. 374	5. 374	5. 374	5. 374	5. 374	5. 374	5. 374	5. 374	5. 371	5. 374	5. 374	5. 374	5. 374	5. 374	5. 373	5. 374

③污染损失法，按工农业生产遭受水质污染所造成的损失计算。

（1）水厂降低水处理成本的效益分析

水环境改善降低自来水厂水处理成本体现在减少药剂用量和能耗。国家颁布的《地表水环境质量标准》（GB3838—2002）依据地表水水域环境功能和保护目标，按功能高低划分为五类，见表7-22。

表7-22　地表水水域环境功能表

水质等级	主要功能和用途
Ⅰ类	主要适用于源头水、国家自然保护区
Ⅱ类	主要适用于集中式生活饮用水地表水源地一级保护区、珍稀水生生物栖息地、角虾类产卵场、仔稚幼鱼的索饵场等
Ⅲ类	主要适用于集中式生活饮用水地表水源地二级保护区、鱼虾类越冬场、洄游通道、水产养殖区等渔业水域及游泳区
Ⅳ类	主要适用于一般工业用水区及人体非直接接触的娱乐用水区
Ⅴ类	主要适用于农业用水区及一般景观要求水域

由上列分类标准，Ⅳ类、Ⅴ类与劣Ⅴ类的水体不适合作为饮用水水源。然而，在水质型缺水的太湖流域地区，主要通过强化给水处理达到饮用水水质标准。按照我国当前的水处理药剂价格，通过专家咨询估计：水质由Ⅳ～Ⅴ类提高到Ⅲ～Ⅳ类，混凝剂和氯消毒剂的耗量减少，平均处理成本可降低0.01～0.02元/t；而水质由Ⅳ～Ⅴ类提高到Ⅱ～Ⅲ类，供水综合平均处理成本可降低0.1元/t。

太湖流域绝大部分生活和工业用水均由自来水厂进行集中供水。根据《太湖流域水资源及其开发利用调查评价简要报告》，2000年具有一定规模的城镇自来水厂有223座，现状总供水能力1 467万t/d。

根据上述方法和水质评价结果，计算了太湖流域洪水资源利用各方案降低水处理成本的效益。从表7-23可知，1990年计算条件下，太湖流域洪水资源利用各方案比常规方案降低水处理成本效益相差较大，为8.03万～337.34万元，平均117.97万元。

表7-23　太湖流域洪水资源利用各方案降低水处理成本效益（1990年计算条件）（单位：万元）

方案	方案1	方案2	方案3	方案4	方案5	方案6	方案7	方案8
效益	40.16	337.34	8.03	281.11	40.16	48.19	56.22	40.16
方案	方案9	方案10	方案11	方案12	方案13	方案14	方案15	方案16
效益	20.08	168.67	8.03	144.57	20.08	24.1	32.13	24.1

（2）农业减少水污染经济损失的效益分析

农业水污染经济损失采用中国水利水电科学研究院建立的水污染经济损失模型，该模型通过建立水质状况与各类实物型经济损失量的定量关系，进行水污染损失货币化定量评估。根据水污染经济损失的基本特征，采用平移—变形的双曲函数描述水污染经济损失率（李锦秀和徐嵩龄，2003）。

$$\gamma = k\left(\frac{e^{0.54(Q-4)} - 1}{e^{0.54(Q-4)} + 1} + 0.5\right) \tag{7-20}$$

式中，γ 为水污染经济损失率；k 为损失系数，李锦秀教授根据 1998 年水污染经济损失调查数据，求出了农业水污染损失系数 $k=0.45$；Q 为水质评价类别。

农作物水污染经济损失为

$$L = \gamma F \tag{7-21}$$

式中，L 为农作物水污染经济损失；F 为农作物经济总量。

根据上述方法，结合水质评价结果和农业产值，计算了太湖流域洪水资源利用各方案减少农业水污染损失的效益。从表 7-24 可知，在 1990 年计算条件下，太湖流域洪水资源利用各方案比常规方案减少农业水污染损失 0.03 亿～1.11 亿元，平均 0.40 亿元。

表 7-24　太湖流域洪水资源利用各方案减少农业污染损失的效益（1990 年计算条件）（单位：亿元）

方案	方案 1	方案 2	方案 3	方案 4	方案 5	方案 6	方案 7	方案 8
效益	0.13	1.11	0.03	0.92	0.16	0.16	0.21	0.16
方案	方案 9	方案 10	方案 11	方案 12	方案 13	方案 14	方案 15	方案 16
效益	0.16	0.16	1	0.32	0.32	1.06	0.32	0.21

7.4　风险与效益综合评价方法与其结果分析

7.4.1　多目标模糊综合评价方法

以下根据陈守煜（1999），介绍多目标模糊综合评价方法的基本原理。设有对模糊概念 A 作识别的 n 个样本组成的集合

$$\boldsymbol{X} = \{x_1, x_2, \cdots, x_n\} \tag{7-22}$$

样本 j 的特性用 m 各指标（目标）特征值表示，即

$$\boldsymbol{X}_j = (x_{1j}, x_{2j}, \cdots, x_{mj})^{\mathrm{T}} \tag{7-23}$$

则样本集可用 $m \times n$ 阶指标特征值矩阵表示

$$\boldsymbol{X} = (x_{ij}) \tag{7-24}$$

式中，x_{ij}为样本 j 指标 i 的特征值；$i=1, 2, \cdots, m$；$j=1, 2, \cdots, n$。

样本集依据 m 个指标按 c 个级别的指标标准特征值进行识别，则有 $m \times c$ 阶指标标准特征值矩阵

$$\boldsymbol{Y} = (y_{ih}) \tag{7-25}$$

式中，y_{ih}为级别 h 指标 i 的标准特征值；$h=1, 2, \cdots, c$。

根据相对隶属度函数定义，建立对模糊概念 A 进行识别的参考连续统，确定参考连续统关于 A 的两个极点，然后在参考连续统上定义对 A 的相对隶属度。通常有两种不同

的指标类型：①指标标准特征值 y_{ih} 随级别 h 的增大而减小。②指标标准特征值 y_{ih} 随级别 h 的增大而增大。对于①类指标，确定小于、等于指标的 c 级标准特征值对 A 的相对隶属度为 0（左极点），等于、大于指标的 1 级标准特征值对 A 的相对隶属度为 1（右极点）。对于②类指标，确定大于、等于指标的 c 级标准特征值对 A 的相对隶属度为 1（右极点），小于、等于指标的 1 级标准特征值对 A 的相对隶属度为 0（左极点）。对以上两类指标，其特征值介于 1 级与 c 级标准特征值之间者，对 A 的相对隶属度按线性变化确定，则得指标对 A 的相对隶属函数公式

$$r_{ij}=\begin{cases}0, & x_{ij}\leqslant y_{ic} \text{ 或 } x_{ij}\geqslant y_{ic}\\ \dfrac{x_{ij}-y_{ic}}{y_{i1}-y_{ic}}, & y_{i1}>x_{ij}>y_{ic} \text{ 或 } y_{i1}<x_{ij}<y_{ic}\\ 1, & x_{ij}\geqslant y_{i1} \text{ 或 } x_{ij}\leqslant y_{i1}\end{cases} \tag{7-26}$$

式中，r_{ij} 为样本 j 指标 i 的特征值对 A 的相对隶属度；y_{i1}、y_{ic} 分别为指标 i 的 1 级、c 级标准值。

类似地，可得指标 i 级别 h 标准值 y_{ih} 对 A 的相对隶属函数公式

$$s_{ih}=\begin{cases}0, & y_{ih}=y_{ic}\\ \dfrac{y_{ih}-y_{ic}}{y_{i1}-y_{ic}}, & y_{i1}>y_{ih}>y_{ic} \text{ 或 } y_{i1}<y_{ih}<y_{ic}\\ 1, & y_{ih}=y_{i1}\end{cases} \tag{7-27}$$

式中，s_{ih} 为级别 h 指标 i 的标准值对 A 的相对隶属度。

用指标相对隶属函数式把指标特征值矩阵式、指标标准特征值矩阵式变换为对 A 相应的相对隶属度矩阵

$$\boldsymbol{R}=(r_{ij}) \tag{7-28}$$

$$\boldsymbol{S}=(s_{ih})$$

由矩阵 $\boldsymbol{R}$ 知样本 j 的 m 个指标相对隶属度

$$r_j=(r_{1j},\ r_{2j},\ \cdots,\ r_{mj})^{\mathrm{T}} \tag{7-29}$$

将 r_j 中指标 1，2，…，m 的相对隶属度 r_{1j}，r_{2j}，…，r_{mj} 分别与矩阵 $\boldsymbol{S}$ 中的第 1，2，…，m 行的行向量逐一地进行比较，可得指标 i 所处的级别区间 $[a_{ij},\ b_{ij}]$，$i=1$，2，…，m。于是 r_j 落入矩阵 $\boldsymbol{S}$ 的级别区间下限 a_j 与级别区间上限 b_j 可按下式确定

$$a_j=\min_i a_{ij}$$

$$b_j=\max_i b_{ij} \tag{7-30}$$

设样本集各级别对 A 的相对隶属度矩阵为

$$\boldsymbol{U}=(u_{hj}) \tag{7-31}$$

式中，u_{hj} 为样本 j 级别 h 对 A 的相对隶属度。由于样本 j 的 m 个指标相对隶属度全部落入矩阵 $\boldsymbol{S}$ 的级别区间 a_j、b_j 范围内，故矩阵 $\boldsymbol{U}$ 应满足约束条件

$$\sum_{h=a_j}^{b_j}u_{hj}=1 \tag{7-32}$$

由矩阵 $\boldsymbol{S}$ 知对 A 级别 h 的 m 个指标标准特征值的相对隶属度

$$s_h = (s_{1h},\ s_{2h},\ \cdots,\ s_{mh})^{\mathrm{T}} \tag{7-33}$$

根据相对隶属函数定义，参考连续统上确定的左、右极点有

$$s_{i1} = 0,\quad s_{ic} = 0 \tag{7-34}$$

一般的，样本集的 m 个指标对识别的影响程度不同，故指标应具有不同的权重，设指标权向量为

$$\omega = (\omega_1,\ \omega_2,\ \cdots,\ \omega_m),\qquad \sum_{i=1}^{m} \omega_i = 1 \tag{7-35}$$

样本 j 与级别间的差别用权距离表示

$$d_{hj} = \left\{ \sum_{i=1}^{m} \left[\omega_i (r_{ij} - s_{ih}) \right]^p \right\}^{1/p},\qquad h = a_j,\ \cdots,\ b_j \tag{7-36}$$

式中，d_{hj} 为样本 j 与级别 h 间的广义权距离。

为求解样本 j 与级别 h 对 A 的最优相对隶属度，建立目标函数

$$\min\left\{ F(u_{hj}) = \sum_{h=a_j}^{b_j} {u_{hj}}^2 {d_{hj}}^{\alpha} \right\} \tag{7-37}$$

式中，α 为优化准则参数，取 1 或 2。

据目标函数式（7-37）、约束式（7-32）构造拉格朗日函数，令 λ_j 为拉格朗日乘子，则

$$L(u_{hj},\ \lambda_j) = \sum_{h=a_j}^{b_j} {u_{hj}}^2 {d_{hj}}^{\alpha} - \lambda_j \left(\sum_{h=a_j}^{b_j} u_{hj} - 1 \right) \tag{7-38}$$

解

$$\frac{\partial L(u_{hj},\ \lambda_j)}{\partial u_{hj}} = 0,\qquad \frac{\partial L(u_{hj},\ \lambda_j)}{\partial \lambda_j} = 0 \tag{7-39}$$

得样本 j 级别 h 对 A 的最优相对隶属函数公式

$$u_{hj} = \left(d_{hj}^{\alpha} \sum_{k=a_j}^{b_j} d_{kj}^{-\alpha} \right)^{-1},\qquad d_{hj} \neq 0,\ a_j \leqslant h \leqslant b_j \tag{7-40}$$

考虑特殊情况，得样本 j 级别 h 对 A 的最优相对隶属函数公式的完整形式为

$$u_{hj} = \begin{cases} 0, & h < a_j \text{ 或 } h > b_j \\ \left({d_{hj}}^{\alpha} \sum_{k=a_j}^{b_j} d_{kj}^{-\alpha} \right)^{-1}, & d_{hj} \neq 0,\ a_j \leqslant h \leqslant b_j \\ 1, & d_{hj} = 0 \end{cases} \tag{7-41}$$

模型中优化准则参数 α、距离参数 p 的取值，同样有四种搭配，不宜取 α、p 均等于 1 的线性模型。

为克服最大隶属度原则的缺点，采用级别特征值作为判断与识别的新指标

$$H(u) = \sum_{h=1}^{c} u_{hj} \cdot h \tag{7-42}$$

利用上式得样本集的级别特征值向量

$$H = (H_1,\ \cdots,\ H_n) \tag{7-43}$$

选择最小级别特征值对应的方案为优选决策方案。

7.4.2 评价指标体系

选择农业增供水效益、工业增供水效益、第三产业增供水效益、居民生活增供水效益、水厂降低水处理成本、农业减少水污染损失共6个指标作为效益指标，选择太湖最高水位增幅、太湖水位超警天数增幅和洪灾损失增幅共3个指标作为风险指标，构建太湖流域洪水资源利用风险效益综合评价的指标体系。指标特征值根据风险效益分析结果获得，见表7-25。为消除各指标量纲的差异，对指标特征值进行标准化。指标权重取定效益0.5，风险0.5。

表7-25 太湖流域洪水资源利用风险效益综合评价指标特征值

方案名	效益指标						风险指标		
	农业增供水效益（亿元）	工业增供水效益（亿元）	第三产业增供水效益（亿元）	居民生活增供水效益（亿元）	水厂降低水处理成本（万元）	农业减少水污染损失（亿元）	太湖最高水位增幅（m）	太湖超警天数增幅（日）	洪灾损失增幅（亿元）
方案1	0.30	0.30	0.75	0.28	20.08	0.07	0.09	45	0.0
方案2	0.22	0.22	0.57	0.21	168.67	0.55	0.095	47	0.7
方案3	0.52	0.52	1.32	0.48	8.03	0.01	0.08	48	-0.7
方案4	0.46	0.46	1.18	0.43	144.57	0.46	0.095	49	0.7
方案5	0.90	0.90	2.31	0.84	20.08	0.08	0.09	51	1.4
方案6	0.55	0.55	1.41	0.52	24.10	0.08	0.095	50	1.4
方案7	0.77	0.78	1.98	0.72	32.13	0.11	0.1	52	2.1
方案8	0.83	0.83	2.12	0.78	24.10	0.08	0.1	52	2.1
方案9	0.00	0.00	0.00	0.00	36.14	0.12	0.095	45	0.7
方案10	0.24	0.24	0.61	0.22	24.10	0.08	0.09	48	0.7
方案11	0.41	0.41	1.04	0.38	156.62	0.50	0.095	49	1.4
方案12	0.39	0.39	0.99	0.36	48.19	0.16	0.085	48	0.0
方案13	0.53	0.54	1.37	0.50	48.19	0.16	0.09	50	0.7
方案14	0.48	0.48	1.22	0.45	164.65	0.53	0.095	49	1.4
方案15	0.76	0.76	1.93	0.71	48.19	0.17	0.095	52	1.4
方案16	0.74	0.74	1.88	0.69	36.14	0.11	0.095	52	1.4

7.4.3 洪水资源利用方案综合评价结果分析

对目标特征值矩阵进行标准化处理，得到相对优属度矩阵 $\boldsymbol{R}$，采用我国传统5级制识别标准，即优（100分）、良（80分）、中（60分）、可（30分）、劣（0分），则各目标相对优属度的标准值向量为 $s=(1, 0.8, 0.6, 0.3, 0)$。

针对太湖流域洪水调度方案，距离参数 $p=2$，则样本 j 与级别 h 间的广义权距离 $(d_{hj})_{c\times n}=$

$$\begin{pmatrix}
0.26 & 0.28 & 0.27 & 0.25 & 0.24 & 0.28 & 0.24 & 0.28 & 0.24 & 0.28 & 0.27 & 0.26 & 0.25 & 0.22 & 0.27 & 0.22 \\
0.21 & 0.22 & 0.22 & 0.20 & 0.20 & 0.23 & 0.20 & 0.22 & 0.19 & 0.22 & 0.22 & 0.21 & 0.20 & 0.18 & 0.22 & 0.18 \\
0.16 & 0.17 & 0.17 & 0.16 & 0.17 & 0.18 & 0.17 & 0.17 & 0.16 & 0.18 & 0.17 & 0.17 & 0.16 & 0.16 & 0.18 & 0.16 \\
0.14 & 0.14 & 0.15 & 0.14 & 0.17 & 0.13 & 0.17 & 0.13 & 0.15 & 0.13 & 0.14 & 0.15 & 0.14 & 0.18 & 0.15 & 0.17 \\
0.18 & 0.16 & 0.19 & 0.18 & 0.22 & 0.16 & 0.22 & 0.16 & 0.20 & 0.16 & 0.17 & 0.19 & 0.19 & 0.25 & 0.19 & 0.24
\end{pmatrix}$$

取优化准则参数 $\alpha=2$，根据模糊模式识别公式，目标相对优属度矩阵 $\boldsymbol{R}$，目标权向量 w 与各目标相对优属度标准向量 s，得到 16 个方案对于 1 至 5 级的相对优属度矩阵 $(u_{hj})_{c\times n}=$

$$\begin{pmatrix}
0.09 & 0.08 & 0.10 & 0.10 & 0.13 & 0.08 & 0.12 & 0.08 & 0.11 & 0.08 & 0.09 & 0.10 & 0.10 & 0.15 & 0.10 & 0.14 \\
0.15 & 0.13 & 0.15 & 0.15 & 0.19 & 0.12 & 0.19 & 0.13 & 0.17 & 0.12 & 0.14 & 0.16 & 0.16 & 0.22 & 0.16 & 0.22 \\
0.24 & 0.21 & 0.23 & 0.24 & 0.27 & 0.20 & 0.27 & 0.21 & 0.26 & 0.20 & 0.22 & 0.24 & 0.26 & 0.28 & 0.24 & 0.28 \\
0.33 & 0.34 & 0.32 & 0.32 & 0.27 & 0.35 & 0.27 & 0.35 & 0.29 & 0.35 & 0.34 & 0.31 & 0.31 & 0.22 & 0.31 & 0.23 \\
0.20 & 0.23 & 0.20 & 0.19 & 0.15 & 0.25 & 0.16 & 0.24 & 0.16 & 0.25 & 0.23 & 0.19 & 0.17 & 0.12 & 0.20 & 0.13
\end{pmatrix}$$

利用级别特征值模型 $H=(1,2,3,4,5)U$，解得 16 个方案的级别特征值向量 H（表 7-26）。

表 7-26　求解所得 H

方案编号	1	2	3	4	5	6	7	8	9	10	11	12	13	14	15	16
H	3.40	3.51	3.38	3.05	3.13	3.58	3.15	3.55	3.22	3.56	3.47	3.32	3.28	3.94	3.34	3.98

选择级别特征值最小的方案作为推选方案，即方案 4。该方案是将太湖非汛期和汛后期防洪控制水位抬高至 3.80m（较原方案抬高 0.30m），汛前期不变，主汛期线性变化，太浦河和望虞河调度方式不变。该方案相比常规调度方案，在蓄满的状况下，平均每年能增加供水效益 2.53 亿元，减少农业水污染损失 0.46 亿元，降低自来水厂处理成本 144.57 万元，而仅增加洪涝灾害损失 0.70 亿元，因此是一个值得推荐的洪水调度方案。

7.5　洪水资源利用的风险控制策略

7.5.1　防洪风险控制策略

太湖流域实施洪水资源利用措施，抬高太湖汛前期和汛后期的防洪控制水位，将会对太湖流域和区域防洪带来一定的影响，为了控制并降低由于洪水资源利用带来的防洪风险，减少不必要的洪涝灾害损失，提出以下风险控制策略。

（1）改善太湖流域上游排水条件，降低太湖水位抬高带来的洪涝灾害损失

湖西区、浙西区上游局部滨湖低洼圩区排水一定程度上受太湖高水位顶托影响，为降低由太湖控制水位抬高而带来的洪涝损失，需要在流域防洪工程的基础上补充必要的

区域防洪除涝工程措施，包括区域性骨干排水河道的疏浚和圩区堤防建设等。同时，还需加强城镇防洪建设，进一步提高重要城镇防洪标准。

（2）适度提高太浦河、望虞河控制水位，增强太湖泄洪能力

太浦河、望虞河是太湖流域综合治理确定并已实施完成的太湖泄洪通道，实施洪水资源利用后，若高水位遭遇较强暴雨，为充分保障太湖防洪安全，应及时加大太浦河和望虞河的泄洪流量。为了发挥两河的行洪能力，需要适当抬高望虞河、太浦河的行洪控制水位，并对河道两岸口门实施有效控制，保护沿岸地区防洪安全。

（3）杭嘉湖南排工程联合调度，扩大太湖洪水出路

杭嘉湖南排工程太湖防洪规划的重点，也是洪水资源利用实施后降低流域和区域防洪风险的重要措施。1999 年抗洪实践证明，杭嘉湖南排的排水效果好，杭嘉湖平原增加南排出路对流域、区域防洪效果明显。分析表明，100 年一遇“1999 年南部”设计洪水造峰期南排杭州湾水量较现状工况增加 3. 70 亿 m^3，大幅度降低了杭嘉湖平原地区水位，嘉兴日均最高水位降低 24cm，减轻了杭嘉湖区防洪压力，也减少了北排太浦河的水量，一定程度上缓解了太浦河行洪与杭嘉湖排涝的矛盾。

（4）提高沿长江排水能力，强化流域外排能力

洪水排江是太湖流域防洪的主要出路之一。湖西区、武澄锡虞区和阳澄淀泖区排江占流域北排长江总水量的 70% 左右，占流域总外排水量的 25% ~30%，占洪水总量的 20% 左右。增加洪水排江能力、减少入湖水量，有利于流域的防洪安全，对改善沿江地区排水条件以及提高流域、区域引水能力都有重要作用。

（5）提高水文测报预报水平，加强洪水实时调度

为降低洪水资源利用调度运行过程的防洪风险，不仅要依靠防洪、排水、除涝等工程措施的落实，还要依靠洪水预警预报、防洪调度管理等非工程措施的不断完善，这样才能有效降低防洪风险产生的各项损失。在洪水资源利用实时调度过程中，由于洪水发生的可预见性，应该充分利用气象水文预报系统，在预报未来可能发生大洪水之前，加大流域外排流量，减小防洪压力，相反在预报无较大洪水时，将太湖水位上调至推荐的控制水位，充分调蓄洪水。

7. 5. 2 水质风险控制策略

太湖流域水环境演变和水污染问题是一个复杂的过程，影响因素众多，因而改善太湖水环境、控制太湖水污染是一项长期的复杂工程，要采取外源控制、内源治理、生态修复、引水调控等多种措施进行综合治理，才能遏制太湖流域水环境持续恶化的趋势。洪水资源利用的水质评价和水质风险计算成果表明，仅仅依靠抬高太湖防洪控制水位，依靠实施洪水资源利用，对改善太湖流域水环境的效果有限，同时表明，洪水资源利用对局部区域的水质风险存在一定影响，对此提出风险控制策略。

（1）对洪水前期进行拦污，控制污染物集中入太湖

由于区域污染物的不断积累，一般在洪水发生前期，极易引发洪水携带大量污染物的突发污染事件，因此在洪水资源利用过程的前部分的重要工作，是对重点污染河段的洪水进行拦污，加强区域洪水调度，控制被污染的洪水直接进入太湖。

（2）加快河网水体流动，降低污染物滞留风险

采取必要的工程措施加速太湖流域平原区的河网水体流动，尽量降低因水体停滞而带来的水质恶化风险。望虞河水位抬高会导致西岸局部河段发生污染物堆积而增加水质风险，因此应加大望虞河西岸与长江的水系沟通，利用长江加快区域水体的交换，达到降低望虞河西岸的水污染物滞留风险，同时保证望虞河向太湖引水水质的安全。

（3）继续推进引江济太工程，整体改善太湖流域水环境

在保证太湖防洪安全的前提下，继续加大引江济太工程调水力度和范围，增加对太湖流域优质水源的供给，促进太湖水体整体流动和良性更新，以达到整体改善太湖水环境的效果。

（4）利用生态修复技术，改善水源地的水质

为降低水源地的水质风险，降低水处理成本，在太湖流域重要水源地周边划定生态修复区，拟定生态修复计划。根据相关研究，湖水经过人工复合生态系统，TP 和 TN 的去除率分别为 0.05/d 和 0.043/d，对改善水生态环境具有较好的推广前景（崔广柏等，2009）。

7.6　小　　结

针对太湖流域洪水调度方案，基于实测资料和数学模型结果，分析了洪水资源利用方式调整造成的防洪风险和水质超标风险，计算洪水资源利用的供水和水质改善效益，统筹风险和效益对洪水调度方案进行了综合评价，在此基础上得到了合理的洪水利用方案。

1）定性分析了太湖流域洪水资源利用在水量增加和水质改善方面的综合效益，分别采用分摊系数法、成本分析法和污染损失法计算了洪水资源利用的供水效益、水厂降低处理成本的效益，以及农作物减少污染损失的效益。效益计算结果表明，采用洪水资源利用调度方案，比现行调度方案平均每年增加供水效益 4.05 亿 ~7.26 亿元，减少农作物污染损失 0.03 亿 ~1.11 亿元，降低水处理成本效益 8.03 万 ~337.34 万元。

2）从太湖及河网的最高水位、超警戒水位天数、太湖水位超 4.50m 天数，以及洪灾直接经济损失分析洪水资源利用的防洪风险。风险分析结果表明，洪水资源利用对太湖流域防洪风险影响较小，洪水资源利用各方案与现行方案相比，太湖最高水位变幅不超过 0.05m，河网最高水位变幅不超过 0.03m，太湖及河网的超警天数、太湖超 4.50m 天数以及流域洪灾损失变化较小。

3）结合不同水功能区的水质控制类别，利用统计分析方法计算了各方案下的水质超标风险，计算结果表明，洪水资源利用调度方案对太湖的水质超标风险影响较小，而部分方案对望虞河和太浦河的水质超标风险产生较大影响。

4）针对设计暴雨计算条件和新设计的太湖控制水位方案，进行了风险效益综合分析和评价，推荐的最优方案为汛前期抬高至 3.20m、汛后期抬高至 3.80m，该方案平均每年能产生 6.13 亿元的效益，而对太湖及河网的防洪风险影响较小，平均每年可能增加

的洪涝灾害损失为1.73亿元。

5）针对太湖流域洪水资源利用过程中产生的防洪和水质风险，从改善太湖流域上游排水条件等方面提出了洪水资源利用防洪风险的控制策略，从对洪水前缘进行拦污等方面提出了洪水资源利用水质风险的控制策略。

第 8 章
Chapter 8

太湖流域洪水资源利用的调度实践

1991 年大水以后，太湖流域综合治理十一项骨干工程相继开工建设。经过十余年的努力，初步形成洪水北排长江、东出黄浦江、南排杭州湾和充分利用太湖调蓄的防洪和水资源调控工程体系。2002 年 1 月，太湖流域管理局组织江苏、浙江和上海两省一市，利用治太骨干工程体系，开展引江济太调水试验，并实施引江济太水资源调度，积极探索流域洪水资源利用，努力改善太湖水质和流域水环境，提高流域水资源承载能力和水环境承载能力，支撑经济社会发展。

2007 年无锡供水危机发生后，国务院批复了《太湖流域水环境综合治理总体方案》，流域各地加强了水资源监测、预测和调控能力建设。太湖流域管理局相继完成了太湖流域引江济太调度方案和太湖流域洪水与水量调度方案的编制（本书的相关成果已应用在流域洪水与水量调度方案中）。太湖流域管理局努力探索以引江济太工程为核心的防洪、水资源、水环境综合调度模式，适度承受流域梅雨和台风雨洪水风险，保障流域防洪、供水安全，促进流域水环境、水生态好转。近年来，流域洪水资源利用取得了较好的实际效果，有力保障了2010 年上海世博会期间重要水源地的正常供水和上海市长江口青草沙原水系统通水的顺利切换，并成功化解了发生在 2011 年 1 ~5 月的近 60 年以来流域同期最严重的气象干旱事件。

8.1　2008 年洪水资源利用调度实践及效果初析

8.1.1　2008 年洪水情势分析

2008 年汛期，太湖流域苕溪、湖区和杭嘉湖区出现超警戒水位的洪水，其中杭嘉湖区出现超保证水位的洪水。流域汛期总降雨量 782.4mm，较常年同期偏多一成，梅雨期降雨量 285.7mm，较常年偏多三成；梅雨期（6 月 7 日至 7 月 4 日）出现连续强降雨致使太湖水位一度陡涨至 3.96m（6 月 28 日）。2008 年汛期水雨情主要特点如下。

（1）入梅时间早，梅雨量大

太湖流域 6 月 7 日入梅，至 7 月 4 日出梅，梅雨期 27 天，较常年略长，累计梅雨量达 285.7mm，较常年偏多三成。梅雨期出现了 5 场明显的降雨过程。其中，6 月 10 日杭嘉湖区降雨量达 117.9mm，超过 10 年一遇。降雨主要分布在流域南部，其次是流域下游地区。浙西区梅雨量最大达 415.3mm，较常年梅雨量偏多 72%（图 8-1）；其次是杭嘉湖区 341.0mm，较常年偏多 60%；太湖区、浦东浦西区分别为 315.7mm、295.1mm，较常年偏多 52%；阳澄淀泖区 277.7mm，较常年偏多 41%；湖西区、武澄锡虞区分别较常年偏少 28%、12%。

（2）局地暴雨强，台风影响较小

太湖流域出梅后，局部性强降雨天气较多，7 月中下旬 7 号台风“海鸥”和 8 号台风“凤凰”先后影响太湖流域，但最典型的是 8 月 24 日至 25 日流域下游地区发生短历时强降雨，其中湖州市吴兴区西部山区平均面雨量达 76mm，五丰水库站达 211.5mm，主要集中在 24 日 21 时至 25 日 1 时；25 日 7 时至 8 时，上海市出现了强雷电和短时强降雨，其中徐家汇站 1 小时雨量达 117.5mm，重现期超百年。

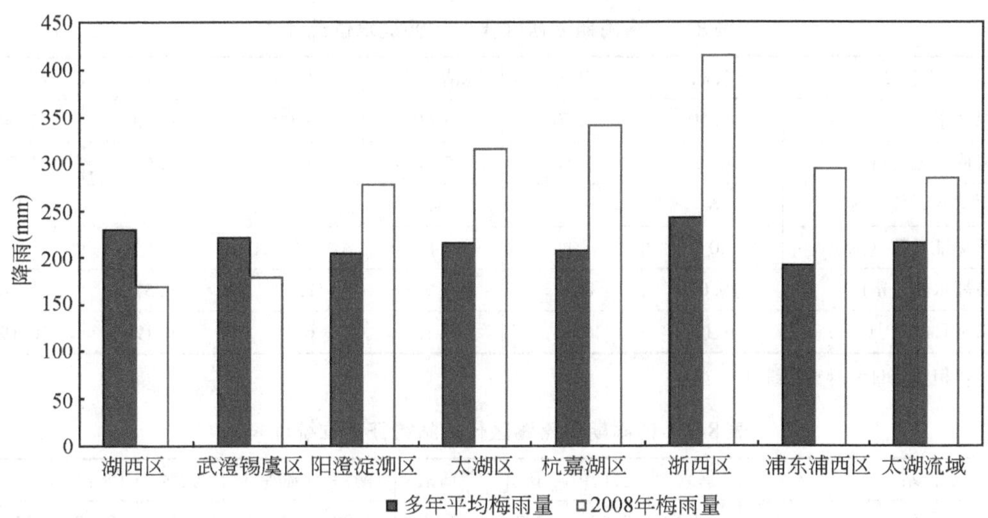

图 8-1　2008 年梅雨量与多年平均梅雨量比较图

（3）水位涨幅大，超警时间长

太湖入汛水位 3.12m，汛前期水位较平稳，在 3.10～3.20m。入梅后，太湖水位迅速上涨（图 8-2），于 6 月 17 日 17 时达到 3.50m 警戒水位，至 6 月 28 日涨至汛期最高水位 3.96m。其中 6 月 17 日至 18 日日涨幅达 0.17m，为梅雨期最大日涨幅，在历史日涨幅中列第 8 位。主汛期后至汛末，太湖水位基本维持在 3.50m 上下。整个汛期太湖水位共有 95 天超警戒水位，与常年同期水位相比偏高 0.04～0.72m。受梅雨期强降雨影响，地区河网水位大部分出现超警戒水位，尤其流域南部地区超警戒水位的持续时间较长。在 6 月 11 日，瓶窑站最大日涨幅达 4.18m，嘉兴站日涨幅达 0.76m。具体情况见表 8-1 和表 8-2。

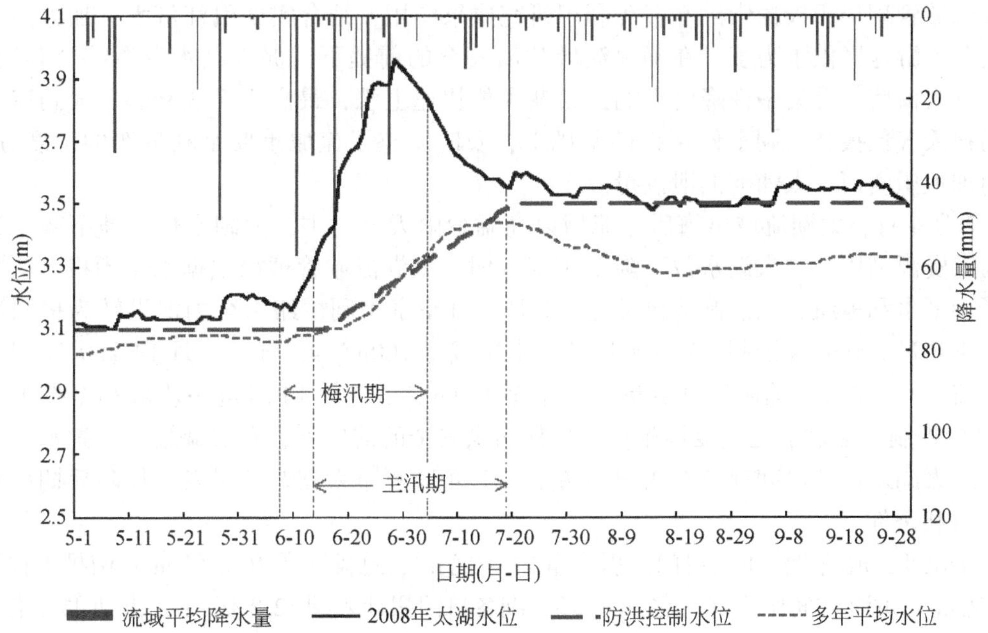

图 8-2　汛期太湖水位过程线比较图

表 8-1　梅雨期浙西区代表站特征水位统计表

水位站	余杭	瓶窑	德清（上）	梅溪	港口	杭长桥
保证水位（m）	10.50	8.50	6.00	8.00	6.60	5.00
警戒水位（m）	8.50	7.50	5.00	7.00	5.60	4.50
超警戒天数（天）	8	7	12	1	2	1
超保证天数（天）	0	0	4	0	0	0
最高水位（m）	10.07	8.47	6.21	7.27	6.57	4.68
出现日期（月-日）	6-13	6-11	6-12	6-19	6-19	6-19

注：根据每日 8 时数据统计

表 8-2　梅雨期杭嘉湖区代表站特征水位统计表

水位站	崇德	嘉兴	王江泾	新市	乌镇	南浔	临平上	欤城	平湖	嘉善
保证水位（m）	4.00	3.70	3.50	4.30	3.70	3.90	5.70	4.00	3.80	3.60
警戒水位（m）	3.60	3.30	3.10	3.70	3.30	3.40	5.20	3.50	3.40	3.30
超警戒天数（天）	16	18	25	16	24	24	6	4	6	2
超保证天数（天）	4	2	18	1	8	0	2	1	1	0
最高水位（m）	4.31	3.77	3.75	4.31	3.98	3.85	6.32	4.05	3.81	3.40
出现日期（月-日）	6-11	6-11	6-28	6-12	6-12	6-28	6-11	6-11	6-11	6-24

注：根据每日 8 时数据统计

8.1.2　2008 年洪水调度实践

为增加流域水资源有效供给，改善重要供水水源地水质及受水地区水环境，2008 年太湖流域管理局积极探索洪水资源利用研究成果应用，结合实施引江济太，加大向太湖周边及下游地区供水力度，在确保流域防洪安全的前提下，促进洪水资源综合利用。6 月 7 日入梅后，受集中性降雨影响，太湖水位快速上涨，最高涨至 3.96m。太湖流域管理局在天气预报和太湖水位预报的基础上，及时调整了流域重要水利枢纽的调度方式，提前加大望虞河、太浦河的泄洪量。

7 月 4 日，太湖流域出梅后，流域以高温少雨天气为主，太湖水位快速下降。为促进雨洪资源利用，当太湖水位下降至 3.80m 时，太湖流域管理局根据水位预报，适当控制了望亭水利枢纽、太浦闸泄洪流量。7 月 5 日望亭水利枢纽由全力泄洪转为按照泄洪流量不超过 200m^3/s 控制，7 月 7 日进一步压减至 100m^3/s，直至 7 月 14 日关闭望亭水利枢纽。7 月 7 日太浦闸泄洪流量也减小至 100m^3/s，7 月 14 日进一步减小至按不超过 50m^3/s 控制。通过上述调度措施，在确保防洪安全的前提下，有效减缓了太湖水位下降速度。太湖水位长时间保持在 3.50m 左右，为预防夏季太湖蓝藻暴发，保障后期用水创造了有利条件。

全汛期，流域沿江主要口门总引水量 27.4 亿 m^3、总排水量 16.2 亿 m^3；南排工程排水 6.4 亿 m^3；黄浦江净泄量 71.3 亿 m^3；环太湖各口门累计入湖 52.2 亿 m^3，出湖 45.1 亿 m^3，其中通过常熟水利枢纽引水 6.8 亿 m^3、排水 6.1 亿 m^3；望亭水利枢纽引 3.1 亿 m^3、排水

4.5 亿 m^3，太浦闸供排 11.6 亿 m^3。2008 年汛期各分区代表站水位特征值如表 8-3 所示。

表 8-3　2008 年汛期各分区代表站特征水位统计表

分区	站点	最高水位（m）	日期（月-日）	最低水位	日期（月-日）	平均水位（m）
湖西区	宜兴（西）	4.04	6-23	3.16	5-5	3.55
	王母观	4.34	6-24	3.28	6-12	3.72
	丹阳	4.96	8-1	3.40	5-26	4.08
	常州	4.21	7-20	3.34	6-11	3.88
武澄锡虞区	仙蠡桥	4.08	6-18	3.32	6-13	3.67
	琳桥	3.83	6-18	3.29	5-1	3.60
	青阳	4.08	6-18	3.28	6-10	3.67
阳澄淀泖区	苏州	3.79	6-28	3.00	5-2	3.38
	湘城	3.44	8-24	2.99	5-4	3.24
	平望	3.70	6-24	2.79	5-1	3.20
	陈墓	3.57	6-28	2.79	5-1	3.17
杭嘉湖区	崇德	4.31	6-11	2.85	5-3	3.29
	嘉兴	3.77	6-11	2.65	5-2	3.08
	王江泾	3.75	6-28	2.85	5-1	3.27
	新市	4.31	6-12	2.92	5-3	3.37
	乌镇	3.98	6-12	2.84	5-3	3.26
	南浔	3.85	6-28	2.87	5-2	3.28
浙西区	瓶窑	8.47	6-11	2.91	5-3	3.82
	德清大闸上	6.21	6-12	2.92	5-3	3.56
	杭长桥	4.68	6-19	2.96	5-6	3.42
	港口	6.57	6-19	2.99	5-6	3.58
	长兴	4.42	6-19	3.02	5-20	3.44

注：根据每日 8 时数据统计

8.1.2.1　河网、湖泊和水库蓄水量

2008 年，太湖流域汛末较汛初多蓄 15.3 亿 m^3。其中，太湖流域河网汛末较汛初多蓄 15.5 亿 m^3。太湖流域 7 座大型水库汛初蓄水量 3.2 亿 m^3，汛末蓄水量 3.1 亿 m^3，汛末较汛初少蓄 0.2 亿 m^3。

8.1.2.2　流域引排水量

（1）沿江主要口门引排水量

选取沿江 14 个闸的资料进行引排水量分析。湖西区圩塘闸没有水文资料，根据以往实测资料分析，一般以魏村闸的 70% 进行折算处理。

2008 年汛期太湖流域沿江总引水量为 27.4 亿 m^3，总排水量为 16.2 亿 m^3（表 8-4

和图 8-3、图 8-4)。其中湖西区引水量最多，达 14.3 亿 m^3，为各区之首；而排水量最多的是阳澄淀泖区为 7.4 亿 m^3。武澄锡虞区引排水量相对较小，分别为 0.3 亿 m^3 和 2.3 亿 m^3。常熟水利枢纽汛期共引水 6.8 亿 m^3（图 8-5）。

表 8-4　沿江各分区 2008 年汛期引排水量统计表

分区	湖西区	武澄锡虞区	常熟水利枢纽	阳澄淀泖区	总计
引水量（亿 m^3）	14.26	0.27	6.75	6.16	27.44
比例（%）	52.0	1.0	24.6	22.4	100
排水量（亿 m^3）	0.39	2.29	6.12	7.35	16.15
比例（%）	2.4	14.2	37.9	45.5	100

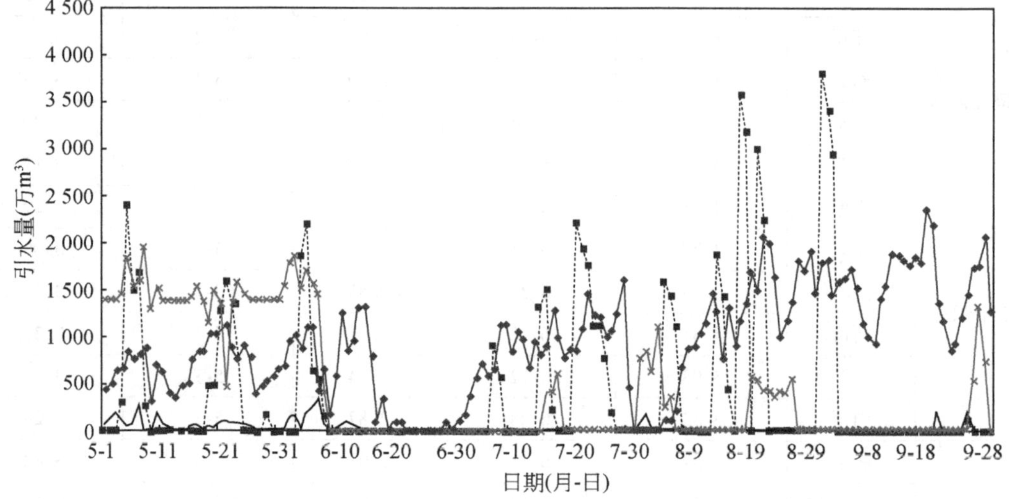

图 8-3　2008 年汛期沿江各分区引水量过程

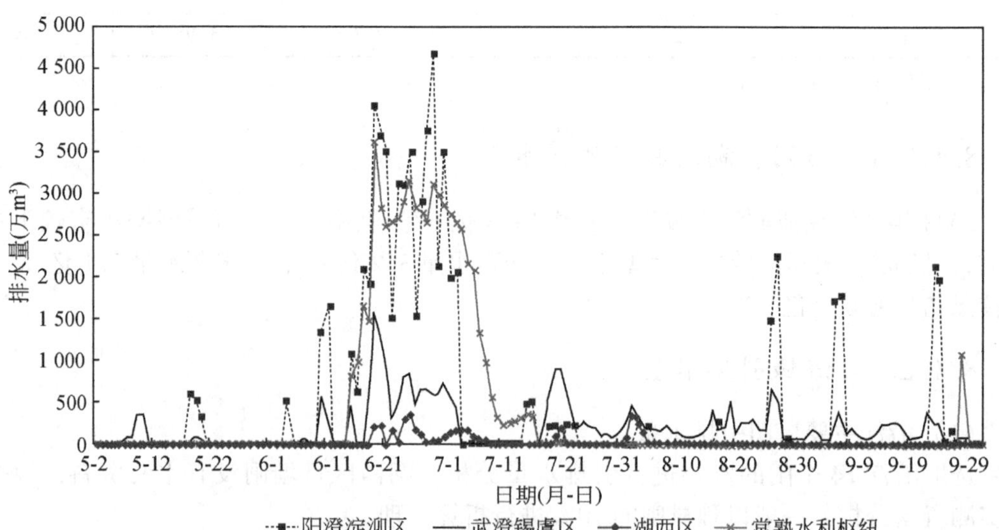

图 8-4　2008 年汛期沿江各分区排水量过程

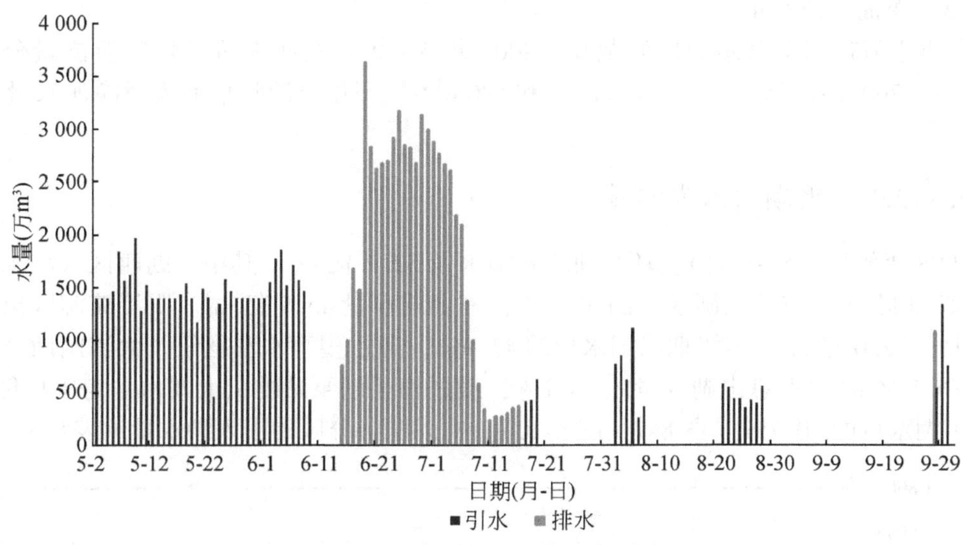

图 8-5　2008 年汛期常熟水利枢纽引排水量过程

（2）杭嘉湖南排水量

汛期杭嘉湖南排各闸共有三次排水过程，共排水 9.7 亿 m³：长山闸排水 6.4 亿 m³，南台头闸 2.4 亿 m³，盐官上河闸 0.1 亿 m³，下河闸 0.8 亿 m³。第一次南排为梅雨期排水，于 6 月 9 日首次开闸，7 月 5 日关闭。梅雨期共计排水 6.5 亿 m³，其中，长山闸排水 3.2 亿 m³，南台头闸 2.4 亿 m³，盐官上河闸 0.1 亿 m³，下河闸 0.8 亿 m³（图 8-6）。余下两次排水均只有长山闸排水，第二次南排（8 月 24 日至 9 月 23 日）共排水 3.0 亿 m³，第三次南排（9 月 29 日至 10 月 1 日）共排水 0.2 亿 m³。

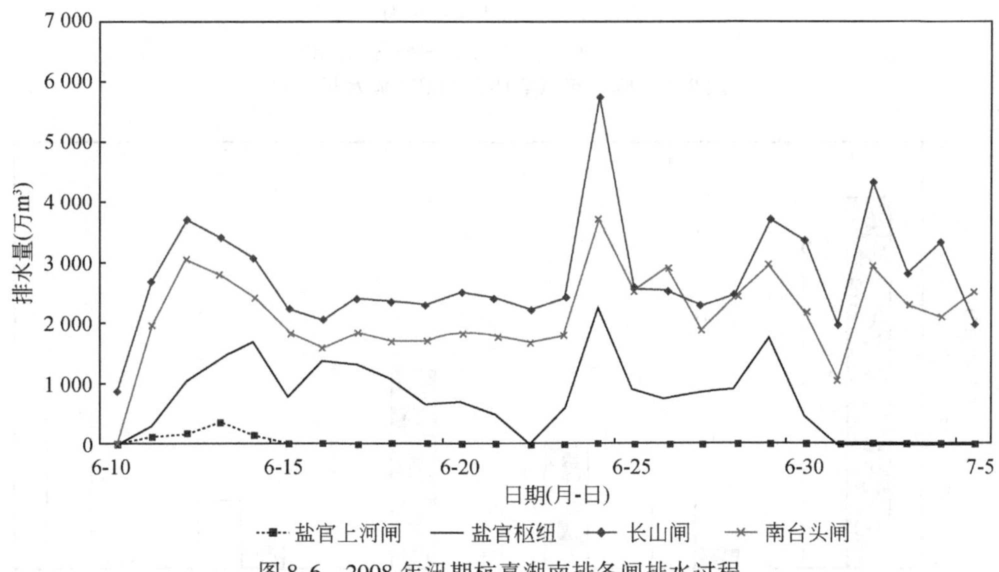

图 8-6　2008 年汛期杭嘉湖南排各闸排水过程

(3) 黄浦江泄水量

根据上海市水文总站的监测数据，2008 年 5 ~ 9 月松浦大桥平均净泄流量分别为 430m^3/s、760m^3/s、560m^3/s、470m^3/s 和 480m^3/s，汛期黄浦江松浦大桥净泄水量 71.3 亿 m^3。

8.1.2.3　太湖出入湖水量

2008 年汛期（5 ~ 9 月），环太湖总入湖水量 52.2 亿 m^3。其中，湖西区入湖水量最大达 27.9 亿 m^3，占总入湖水量的 53.4%；总出湖水量 45.9 亿 m^3。阳澄淀泖区出湖水量最大达 22.0 亿 m^3，占汛期出湖水量的 47.9%，通过望亭水利枢纽及太浦闸两个枢纽出湖 16.1 亿 m^3，占总出湖水量的 35.1%，通过梅梁湖泵站抽引太湖水量为 4.9 亿 m^3，占总出湖水量的 10.7%（图 8-7 ~ 图 8-10）。梅雨期各分区的出入湖水量见表 8-5。

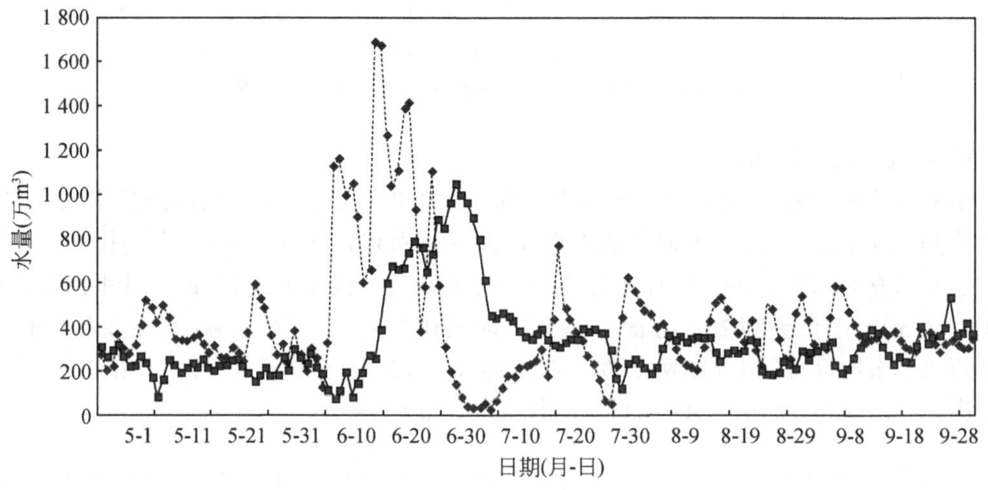

图 8-7　2008 年汛期环太湖出入湖水量过程

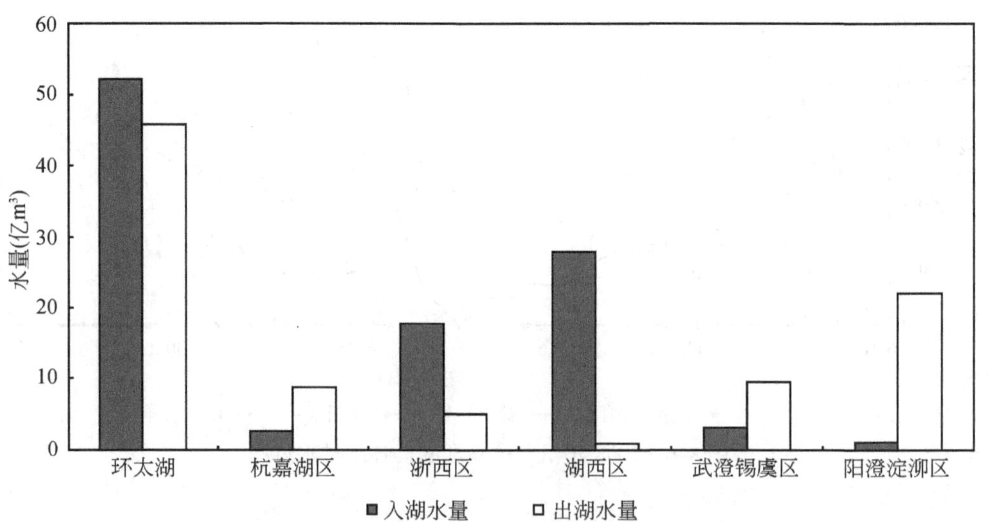

图 8-8　2008 年汛期环太湖及各分区出入湖水量

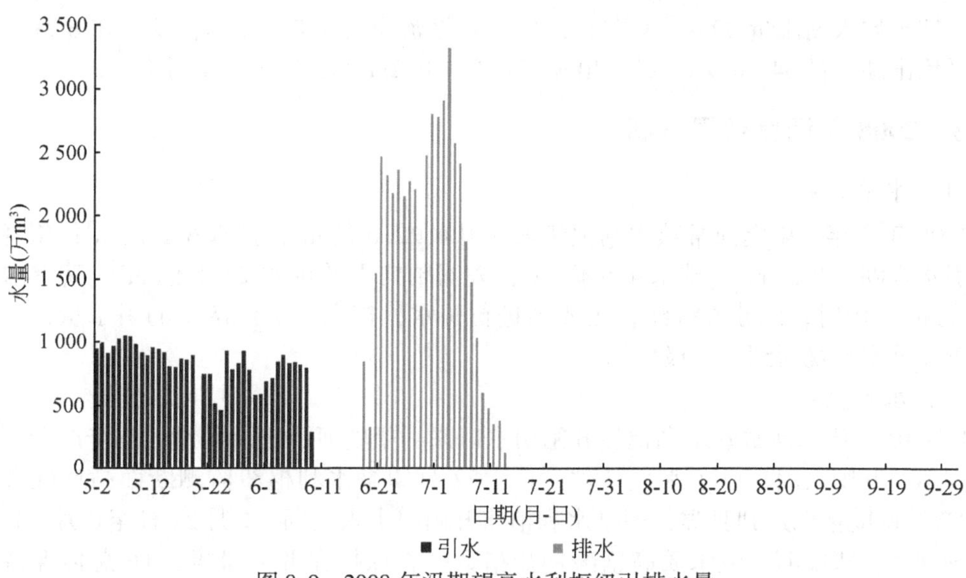

图 8-9　2008 年汛期望亭水利枢纽引排水量

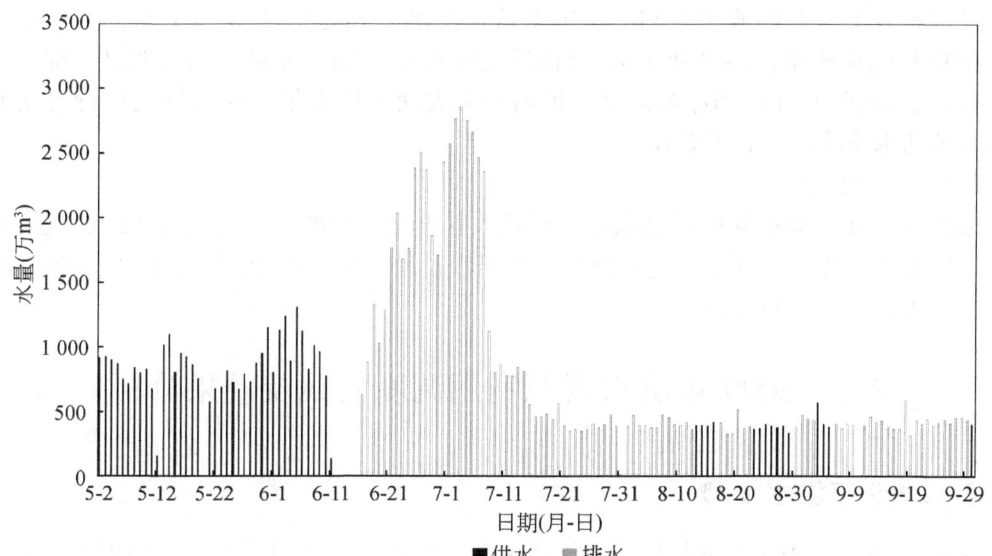

图 8-10　2008 年汛期太浦闸供排水量

表 8-5　汛期环太湖各分区出入湖水量

分区	杭嘉湖区	浙西区	湖西区	武澄锡虞区	阳澄淀泖区	累计
入湖水量（亿 m^3）	2. 47	17. 72	27. 90	3. 11	1. 04	52. 24
比例（%）	4. 7	33. 9	53. 4	6. 0	2. 0	100
出湖水量（亿 m^3）	8. 70	4. 92	0. 84	9. 45	22. 00	45. 91
比例（%）	19. 0	10. 7	1. 8	20. 6	47. 9	100

注：其中武澄锡虞区入湖水量 3. 11 亿 m^3，均为望亭水利枢纽入湖；阳澄淀泖区出湖水量中，通过太浦闸出湖水量为 11. 56 亿 m^3；武澄锡虞区出湖水量中，通过望亭水利枢纽排水出湖水量为 4. 54 亿 m^3，梅梁湖泵站抽引太湖水量为 4. 91 亿 m^3

汛期平均入湖流量 394m^3/s 左右，最大入湖流量为 1 812m^3/s，发生在 6 月 18 日。汛期平均出湖流量 347 m^3/s，最大出湖流量为 1 042m^3/s，发生在 7 月 2 日。

8.1.3 2008 年调度效果分析

（1）水量效果

2008 年全年，望虞河常熟水利枢纽累计引水 22.0 亿 m^3，排水 6.2 亿 m^3；望亭水利枢纽引水入湖 8.9 亿 m^3，排水 4.5 亿 m^3；太浦闸向下游供水 23.1 亿 m^3，其中增供水 15.4 亿 m^3。同时，江苏省沿江各主要闸进行引水，扩大了引江济太的引水量，为进一步改善流域水环境起到了积极作用。

（2）水质效果

1 月 10 日望虞河常熟水利枢纽开闸引水以来，望虞河干流沿程水质逐步改善，为望亭水利枢纽开闸入湖提供了水质条件，1 月 22 日望亭水利枢纽监测断面高锰酸钾盐指数、TP 等调度指标达到Ⅲ类，望亭水利枢纽开闸引水入太湖。1 月 22 日至6 月 9 日，引水入湖期间，望虞河干流水质高锰酸钾盐指数一直保持在Ⅱ～Ⅲ类，TP 总体保持在Ⅲ类，太浦河出湖水质各项指标均达到Ⅱ～Ⅲ类水质标准。在太浦闸大流量供水期间，松浦大桥水源地水质有所改善，NH_3-N 浓度从最高的 2.8mg/L 下降到 1.5mg/L。与 2006 年、2007 年同期相比，2008 年 1～3 月松浦大桥水源地 NH_3-N 浓度均有明显下降，且其浓度要低于2000 年同期 NH_3-N 浓度，说明加大太浦河供水量并保持持续运行对松浦大桥水源地的水质改善起着重要作用。

（3）经济效益评估

据初步估算，2008 年引江济太在水环境改善方面产生的经济效益为 12.63 亿元。按照各地区效益占总量的百分比进行比较，苏州效益最明显，占全部效益的 67.4%，其次为上海、无锡、嘉兴和湖州。

8.2 2009 年洪水资源利用调度实践及效果分析

8.2.1 2009 年洪水情势

2009 年汛期，受 7 月下旬持续性强降雨和“莫拉克”台风影响，太湖发生了流域性洪水，东、西苕溪均发生大洪水，其中东苕溪上游支流北苕溪出现超历史洪水。汛期流域总降雨量 776.1mm，较常年同期偏多 9.2%，梅雨期降雨量 161.0mm，较常年偏少 25%，降雨主要集中在 7 月 21 日至 8 月 11 日，流域累计降雨量达 347.7mm，为常年同期的 4.1 倍，连续强降雨致使流域河网湖泊水位纷纷超警戒水位，部分河网水位超保证水位，8 月 16 日，太湖出现 2000 年以来最高水位 4.23m。2009 年汛期，太湖流域水雨情主要特点如下。

8.2.1.1 前期降雨偏少，出梅后局地暴雨多、历时短、强度大，创历史纪录

太湖流域入梅前（5 月 1 日至 6 月 19 日），全流域降雨仅 108.9mm，较常年偏少

48%。入梅后梅雨期（6 月 20 日至 7 月 8 日）降雨量仅 161mm，较常年偏少 25%，尤其浙西区、杭嘉湖区，较常年偏少达 45%、41%。

7 月 21 日至 8 月 11 日是 2009 年汛期太湖流域降雨最为集中时段。22 天时间中，雨日高达 20 天，仅两天无雨。全流域累计降雨达 347.7mm，为常年同期的 4.1 倍，各分区降雨量之大均为历史同期少有。据统计，7 月 21 日至 8 月 11 日阳澄淀泖区降雨量为 391.5mm，达到常年同期的 4.7 倍，其余各分区均为常年同期的 4.0 倍以上。全流域最大 15 天降雨量达 5 年一遇，其中阳澄淀泖区最大 15 天降雨量达 10 年一遇。

2009 年年汛期局地强降雨天气较多，发生了 5 次局地大暴雨，6 月 20 日，湖西漕桥站一日雨量达 105.4mm；7 月 2 日，浦东三甲港一日雨量达 151.9mm；8 月 1 日浦西黄渡一日雨量达 155.5mm；8 月 2 日苏州七浦闸一日雨量达 391.4mm，6 小时降雨量达 344.2mm，均超历史纪录；8 月 9 日，浙西市岭、龙上坞一日雨量分别达 203.0mm、119.0mm，松江达 106.4mm。

8.2.1.2　梅雨期遭遇台风暴雨，对太湖流域南部地区影响严重

2009 年汛期，8 号台风“莫拉克”在福建霞浦登陆后，对太湖流域片造成严重影响。“莫拉克”于 8 月 4 日在西太平洋洋面生成，于 8 月 9 日 16 时 20 分在福建霞浦登陆（图 8-11），登录时中心气压 970hPa，风力 12 级（33m/s），登陆后向西北方向移动，9 日 18 时减弱为强热带风暴，10 日 2 时减弱为热带风暴，5 时进入浙江境内，23 时开始穿越太湖流域。

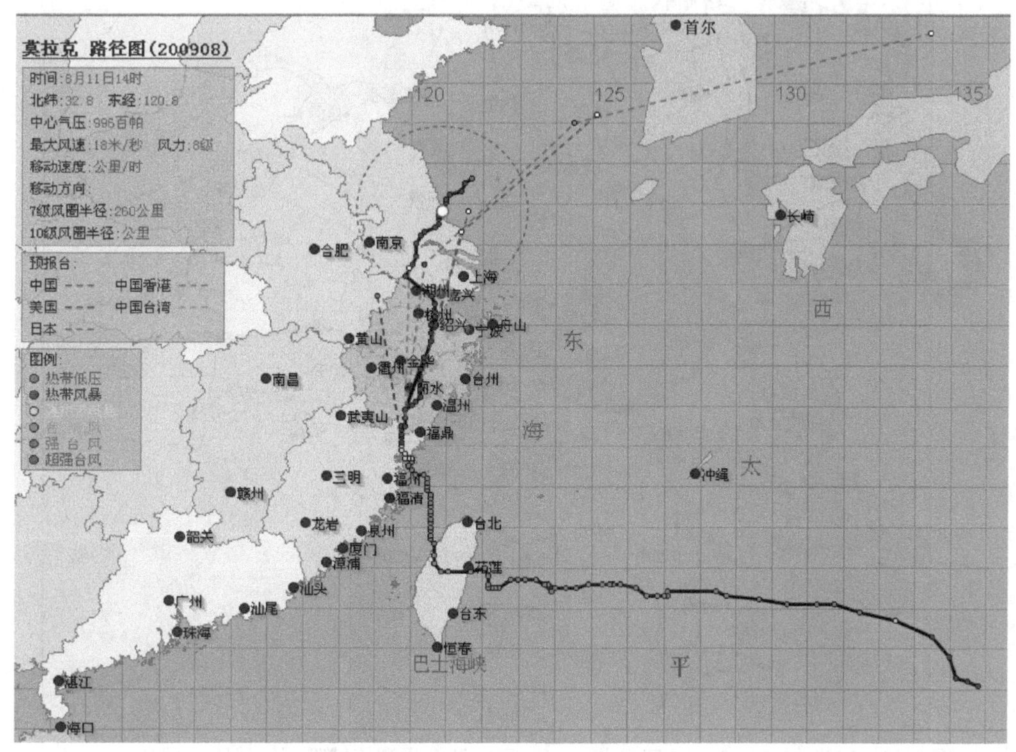

图 8-11　2009 年“莫拉克”台风路径截图

“莫拉克”对太湖流域汛情造成了严重影响。太湖流域自 8 月 8 日起开始降雨，至 12 日 8 时，流域平均累计降雨量 87. 2mm，浙西区最大 132mm，其次是湖西区 97. 7mm，其余各分区在 60 ~ 80mm。台风影响期间降雨主要集中在 8 月 9 ~ 10 日两天，其中 8 月 9 日流域普降大到暴雨，主要降雨区在阳澄淀泖区、浦东浦西区以及浙西区，分区平均降雨量均在 50mm 以上，流域平均降雨量 39. 3mm；8 月 10 日暴雨中心在流域上游的湖西区和浙西区，区平均降雨量分别为 79. 7mm、55. 3mm，流域平均 34. 7mm。“莫拉克”台风期间太湖流域降雨情况详见表 8-6 和图 8-12。

表 8-6　“莫拉克”台风影响期间太湖流域各分区降雨量统计　（单位：mm）

日期（年-月-日）	全流域	湖西区	武澄锡虞区	阳澄淀泖区	浦东浦西区	杭嘉湖区	浙西区	太湖区
2009-8-8	7. 3	3. 3	1. 7	2. 4	3	12. 7	16. 3	5. 8
2009-8-9	39. 3	10. 7	29. 5	52. 4	67. 2	39	57. 6	28. 3
2009-8-10	34. 7	79. 7	34. 7	8. 4	4. 6	11. 7	55. 3	22. 1
2009-8-11	5. 9	4	9. 9	10. 2	2. 4	5. 8	2. 8	10. 1
累计	87. 2	97. 7	75. 8	73. 4	77. 2	69. 2	132	66. 3

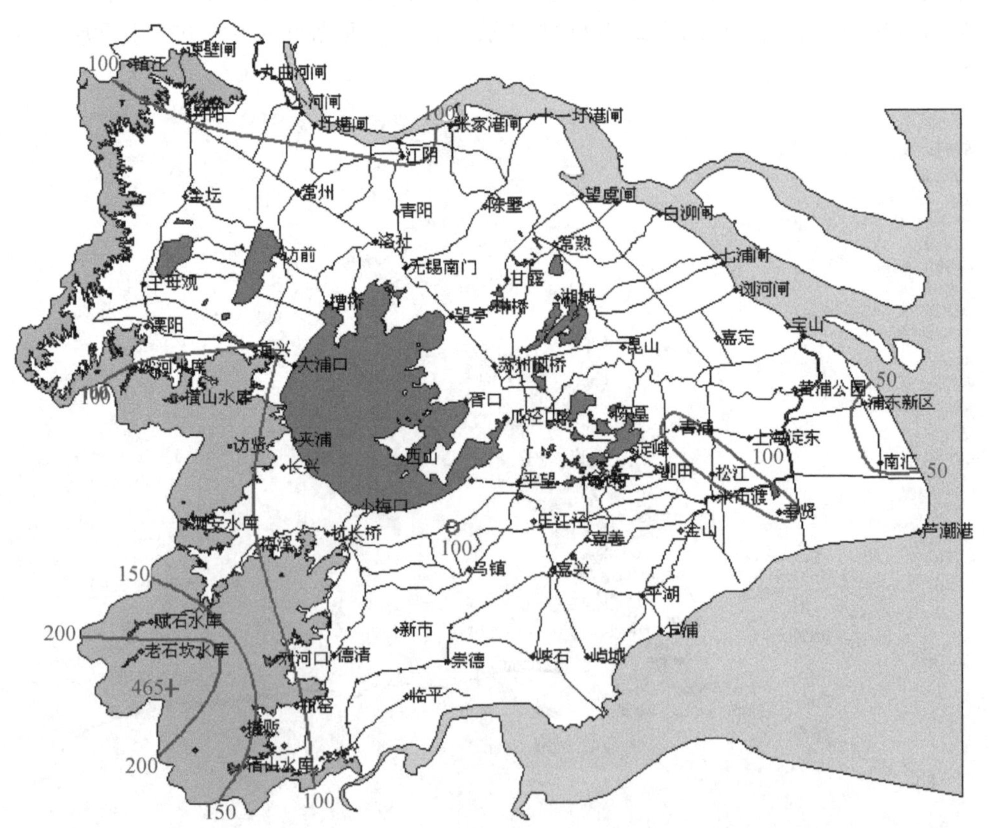

图 8-12　2009 年 8 月 8 ~ 11 日“莫拉克”影响期间太湖流域降雨等值线（单位：mm）

8.2.1.3　太湖流域发生流域性洪水，部分支流出现超历史洪水

受前期天气系统和“莫拉克”台风影响，8 月上旬起太湖流域普降大雨到暴雨，局部地区大暴雨，河网、湖泊水位快速上涨，16 日 8 时，太湖水位达到 4.23m，超警戒水位 0.73m。流域一度有 45 个站点超警戒水位，13 个站点超保证水位，超警幅度大多在 0.50m 以上，最大为港口站超警幅度达 1.83m，见表 8-7。

表 8-7　2009 年 7 月 21 日～8 月 16 日太湖流域超保证站点特征值统计表

序号	分区	站名	最高水位		警戒水位（m）	超警值（m）	保证水位（m）	超保证水位值（m）	历史最高（m）	超保证水位天数（天）
			时间	水位（m）						
1	浙西区	港口	8 月 11 日 12 时	7.43	5.60	1.83	6.60	0.83	7.51	2
2	浙西区	梅溪	8 月 11 日 11 时	8.54	7.00	1.54	8.00	0.54	9.95	1
3	杭嘉湖区	王江泾	8 月 11 日 11 时	3.99	3.10	0.89	3.50	0.49	4.28	17
4	浙西区	瓶窑	8 月 11 日 8 时	8.88	7.50	1.38	8.50	0.38	9.18	1
5	杭嘉湖区	乌镇	8 月 11 日 20 时	3.96	3.30	0.66	3.70	0.26	4.75	12
6	杭嘉湖区	嘉兴	8 月 10 日 11 时	3.81	3.30	0.51	3.70	0.11	4.37	1
7	杭嘉湖区	杭长桥	8 月 11 日 20 时	5.08	4.50	0.58	5.00	0.08	5.61	1
8	杭嘉湖区	南浔	8 月 11 日 15 时	3.98	3.40	0.58	3.90	0.08	4.72	3
9	浙西区	德清上	8 月 11 日 8 时	6.24	5.00	1.24	6.00	0.24	6.41	2
10	杭嘉湖区	崇德	8 月 11 日 20 时	4.04	3.60	0.44	4.00	0.04	5.05	1
11	太湖区	夹浦	8 月 15 日 16 时	4.22	3.70	0.52	4.20	0.02	4.97	1
12	杭嘉湖区	嘉善	8 月 11 日 8 时	3.61	3.30	0.31	3.60	0.01	4.11	2
13	浙西区	长兴	8 月 11 日 10 时	5.01	4.50	0.51	5.00	0.01	5.52	1

“莫拉克”台风影响期间，浙西区东西苕溪上游普降暴雨到大暴雨，局部特大暴雨，东西苕溪水位迅猛上涨。8 月 10 日，东苕溪上游山洪暴发，水库、河道水位急剧上涨，四岭水库水位从 65.27m 猛涨至 77.85m（均为 1985 年国家高程基准），最大入库流量 450m^3/s，均破历史纪录，并出现建库以来的首次非常溢洪道泄流。北苕溪出现超历史洪水，洪峰流量 750m^3/s，大大超过河道安全流量。为快速有效降低北苕溪水位，8 月 11 日凌晨 1：00 启用北湖滞洪区，为加快洪水分入滞洪区的速度，8：15 实施人工破提，破堤长 40m，分洪流量 200m^3/s，在 3 小时内降低北苕溪水位 1.30 m，降低东苕溪干流水位 0.50m。

受降雨影响，太湖流域 7 座大型水库自 7 月 21 日起陆续超汛限，尤其在“莫拉克”影响期间，8 月 11 日，7 座大型水库全线超汛限，其中赋石水库最高水位超防洪控制水位 6.93m，老石坎水库最高水位超防洪控制水位 6.87m，青山水库最高水位超防洪控制水位 6.30m。

“莫拉克”台风影响期间，太湖流域沿海恰逢天文大潮汛，8 月 10 日凌晨，长江口、杭州湾及黄浦江都出现了超警戒潮位的最高潮位，风暴潮增水明显，其中杭州湾增水 1.00m 左右，黄浦江增水 0.50～1.00m。

8.2.2　2009 年洪水调度实践

2009 年 4 月 27 日，为增加流域水资源有效供给，加快太湖水体流动，抑制太湖蓝藻暴发，太湖流域管理局调度开启望亭水利枢纽引水入湖，5 月 13 日调度常熟水利枢纽实施闸泵联合运用引水，同时进一步加大望亭水利枢纽入湖流量和太浦闸向下游地区供水流量。一方面可以保持引水入湖流量与出太湖流量平衡，降低防洪风险，确保防洪安全。另一方面通过大引大排的方式来加快太湖水体流动，改善太湖水质和水环境。自 4 月 27 日至 6 月 28 日，累计通过常熟水利枢纽引长江水 9.67 亿 m^3，通过望亭水利枢纽引水入湖 4.88 亿 m^3，通过太浦闸向下游增供水 2.77 亿 m^3，增加了流域水资源有效供给，改善了太湖及地区河网水环境。

太湖流域入梅后，出现了集中降雨过程，太湖水位快速上涨，太湖流域管理局按照洪水调度方案加强调度，全力排泄太湖洪水，并于 8 月 4 日起，进一步加大流域骨干工程排水力度，望亭水利枢纽全力排水，进一步预排预泄太湖洪水，为太湖调蓄洪水创造有利条件。台风“莫拉克”于 8 月 9 日在福建登陆后北上，太湖水位快速上涨，最高涨至 4.23m，随后开始回落。8 月 29 日，太湖水位回落至 3.79m。当时正值盛夏高温，为保障流域供水和水生态安全，加强洪水资源利用，及时调整了流域骨干工程调度方式，常熟水利枢纽由泵排转为节制闸自排，望亭水利枢纽和太浦闸排水流量也进一步压减，使太湖缓慢下降，为太湖周边地区在高温季节用水创造有利条件。9 月 6 日，当太湖水位进一步回落至 3.63m 时，根据天气预报，太湖流域仍将以晴热高温天气为主，虽然太湖水位仍超过警戒水位 0.13m，为促进洪水资源利用，调度关闭了望亭水利枢纽停止泄洪，太浦闸泄水流量也进一步压减，有效维持了汛后太湖水位。从 8 月 29 日太湖水位 3.79m 开始进行洪水资源调度控制至 9 月 14 日太湖水位回落至警戒水位以下，太湖共拦蓄利用洪水资源近 6 亿 m^3。

2009 年汛期，常熟水利枢纽引水 9.21 亿 m^3、排水 10.69 亿 m^3；望亭水利枢纽引水 4.70 亿 m^3，排水 7.07 亿 m^3；太浦闸泄水 13.58 亿 m^3。流域其他水利工程中，沿江 13 个主要口门引水 15.35 亿 m^3、排水 15.09 亿 m^3；南排工程排水 10.19 亿 m^3；黄浦江净泄量 63.85 亿 m^3；环太湖各口门累计入湖 53.46 亿 m^3，出湖 49.94 亿 m^3。

8.2.2.1　河网、湖泊调蓄量和水库蓄水量

2009 年汛期，太湖流域（河网、太湖和 7 座大型水库）蓄水量汛末较汛初增加 7.07 亿 m^3。其中，太湖汛初蓄水量 77.27 亿 m^3，汛末蓄水量 81.63 亿 m^3，拦蓄洪水 4.36 亿 m^3。流域河网汛初蓄水量 58.02 亿 m^3，汛末蓄水量 61.12 亿 m^3，增加蓄水 3.09 亿 m^3。太湖流域 7 座大型水库汛初蓄水量 3.41 亿 m^3，汛末蓄水量 3.02 亿 m^3，减蓄 0.39 亿 m^3。7 座大型水库达到最高水位时共拦蓄洪水 2.14 亿 m^3（相对于防洪控制水位）。

8.2.2.2　流域引排水量

（1）太湖流域管理局直管工程引排水量

2009 年汛期常熟水利枢纽总引水量 9.21 亿 m^3，日最大引水量 1 800 万 m^3（6 月 7

日)；汛期总排水量 10.69 亿 m^3，日最大排水量 3 670 万 m^3（8 月 11 日)，见图 8-13。

2009 年汛期望亭水利枢纽总引水量 4.70 亿 m^3，日最大引水量 1 020 万 m^3（6 月 5 日)；汛期总排水量 7.07 亿 m^3，日最大排水量 3 344 万 m^3（8 月 16 日)，见图 8-14。

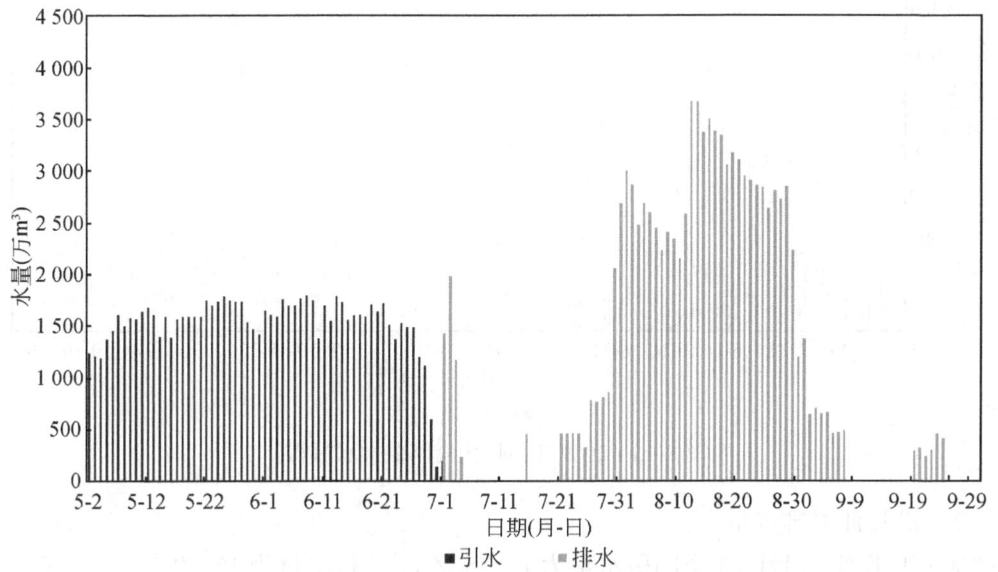

图 8-13　2009 年汛期常熟水利枢纽引排水过程

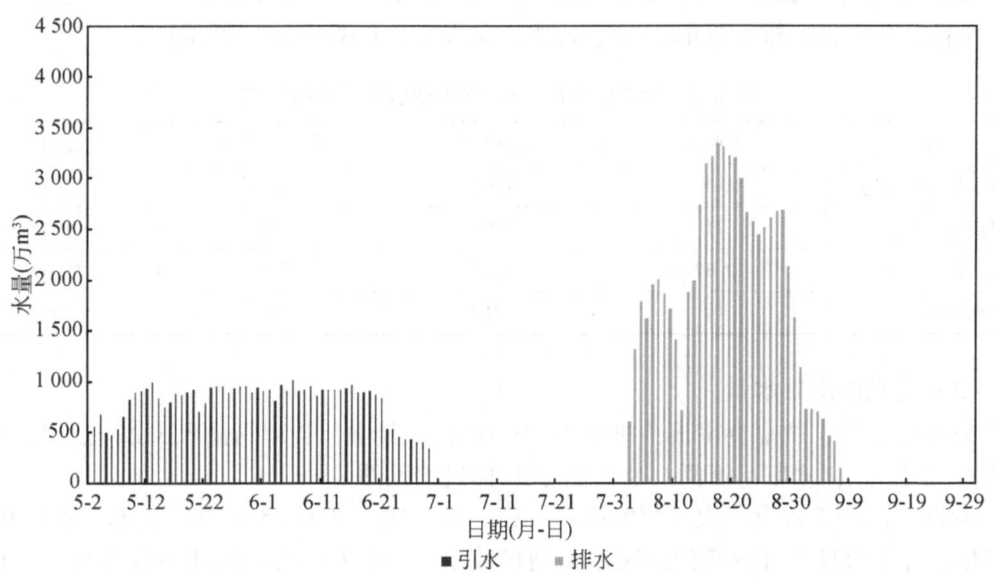

图 8-14　2009 年汛期望亭水利枢纽引排水过程

2009 年汛期太浦闸累计泄水 13.58 亿 m^3，日最大泄水量为 4 173 万 m^3，出现在 8 月 22 日，见图 8-15。

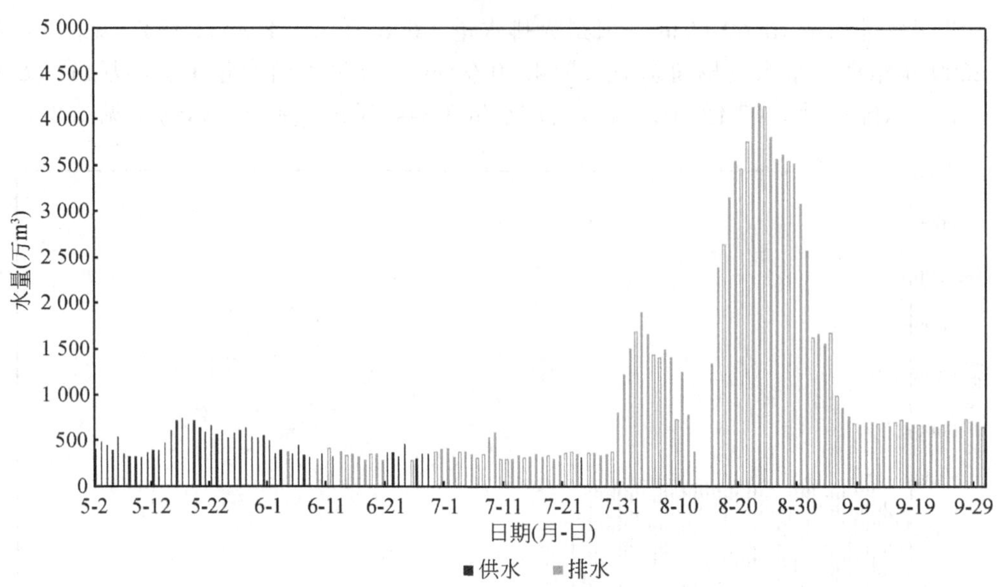

图 8-15 2009 年汛期太浦闸供排水过程

(2) 沿长江引排水量

2009 年汛期，沿江 13 个闸引水量为 15.35 亿 m^3，排水量为 15.09 亿 m^3。其中湖西区引水量最多，达 10.87 亿 m^3，占总引水量的 71%，武澄锡虞区、阳澄淀泖区分别占 7%、22%。排水量最多的是阳澄淀泖区为 9.06 亿 m^3，占总引排量的 60%，武澄锡虞区、湖西区分别占总排水量的 21%、19%，见表 8-8 和图 8-16、图 8-17。

表 8-8 沿江各分区 2009 年汛期引排水量统计表

分区	湖西区	武澄锡虞区	阳澄淀泖区	总计
引水量（亿 m^3）	10.87	1.04	3.45	15.35
比例（%）	71	7	22	100
排水量（亿 m^3）	2.87	3.17	9.06	15.09
比例（%）	19	21	60	100

(3) 杭嘉湖南排水量

2009 年汛期，杭嘉湖南排共排水 10.19 亿 m^3，其中，长山闸排水 5.22 亿 m^3，南台头闸 4.17 亿 m^3，盐官下河闸 0.8 亿 m^3，具体过程见图 8-18。

2009 年南排工程有两次主要的排水过程，第一次于 7 月 25 日开闸排水，8 月 16 日盐官枢纽停止泵排，并视潮位情况启用闸排放水，9 月 7 日长山闸和南台头闸于停止排水，期间南排工程共计排水 9.22 亿 m^3，其中，长山闸排水 4.70 亿 m^3，南台头闸 3.72 亿 m^3，盐官下河闸 0.8 亿 m^3。

9 月下旬，受北方弱冷空气影响，嘉兴市各地连续降雨，河网水位逐步上升，9 月 22 日长山闸和南台头开闸排水，并于 9 月 28 日停止放水，期间，南排共排水 0.97 亿 m^3，其中，长山闸排水 0.52 亿 m^3，南台头闸 0.45 亿 m^3。

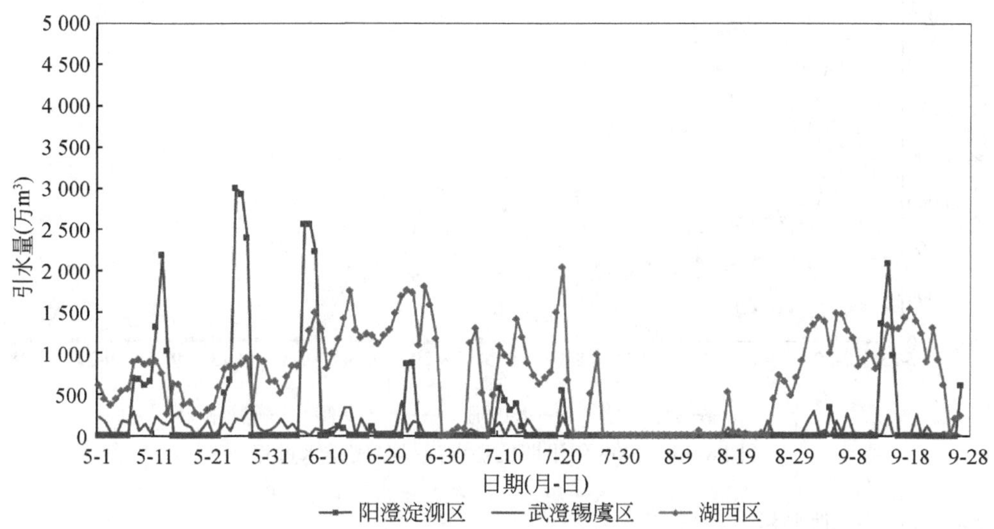

图 8-16　2009 年汛期汛期沿江各分区引水量过程

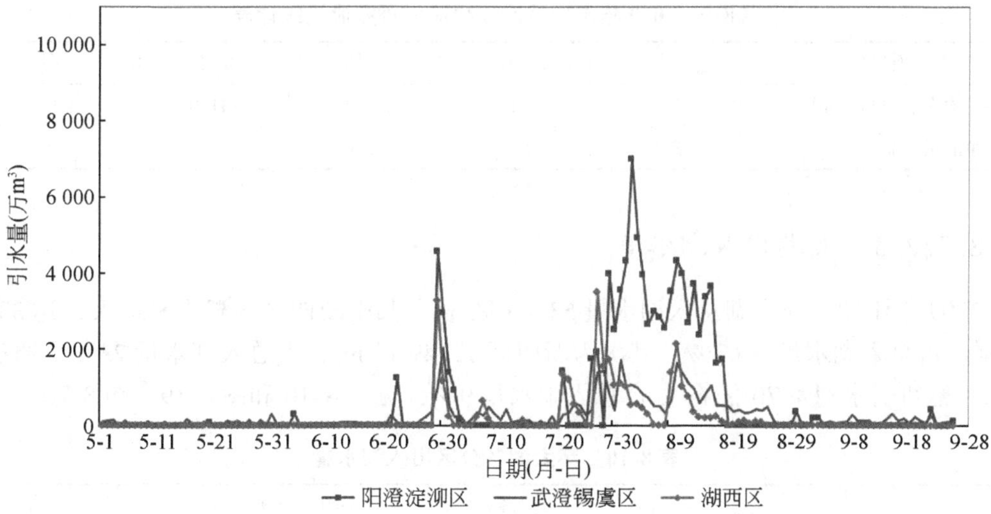

10 000
8 000
6 000
4 000
2 000
0
引水量(万m³)
5-1 5-11 5-21 5-31 6-10 6-20 6-30 7-10 7-20 7-30 8-9 8-19 8-29 9-8 9-18 9-28
日期(月-日)
阳澄淀泖区　武澄锡虞区　湖西区

图 8-17　2009 年汛期汛期沿江各分区排水量过程

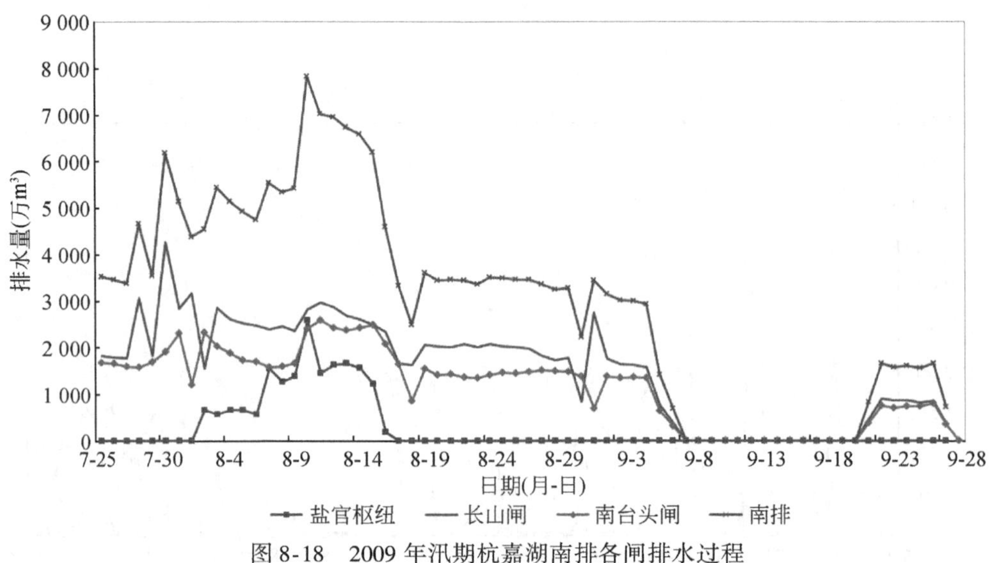

图 8-18 2009 年汛期杭嘉湖南排各闸排水过程

(4) 黄浦江泄水量

据上海市水文总站提供的数据，2009 年 5 ~ 9 月松浦大桥平均净泄流量分别为 365m³/s、334m³/s、560m³/s、741m³/s 和 408m³/s，因此，汛期黄浦江松浦大桥净泄水量达 63.85 亿 m³。具体情况见表 8-9。

表 8-9 2009 年汛期黄浦江松浦大桥净泄量统计表

项目	5 月	6 月	7 月	8 月	9 月
月平均净泄流量（m³/s）	365.0	334.0	560.0	741.0	408.0
月净泄量（亿 m³）	9.8	8.7	15.0	19.8	10.6

8.2.2.3 太湖出入湖水量

2009 年汛期，环太湖总入湖水量 53.46 亿 m³，其中湖西区入湖水量最大，达 33.60 亿 m³，占总入湖水量的 63%；其次为浙西区 12.49 亿 m³，占总入湖水量 23%。通过望亭水利枢纽引水湖 4.70 亿 m³，占总入湖水量 9%，见表 8-10 和图 8-19、图 8-20。

表 8-10 环太湖各分区出入湖水量

项目	杭嘉湖区	浙西区	湖西区	武澄锡虞区	阳澄淀泖区	望亭水利枢纽	梅梁湖泵站	太浦闸	累计
入湖水量（亿 m³）	1.48	12.49	33.60	0.00	1.19	4.70	0.00	0.00	53.46
比例（%）	3	23	63	0	2	9	0	0	100
出湖水量（亿 m³）	7.61	9.00	0.12	0.00	10.30	7.07	2.28	13.58	49.94
比例（%）	15	18	0	0	21	14	5	27	100

环太湖总出湖水量 49.94 亿 m³。其中，太浦闸出湖水量最大，为 13.58 亿 m³，占总

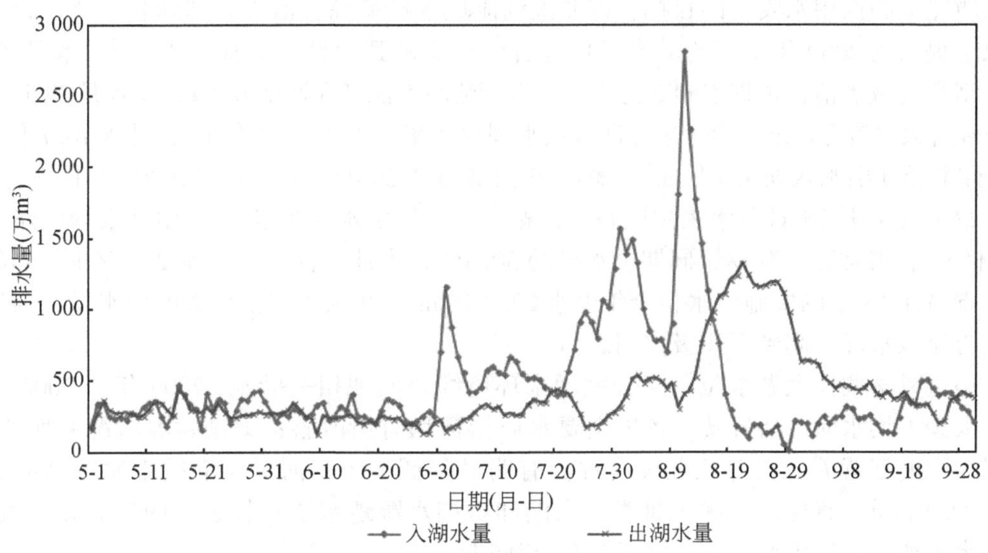

图 8-19　2009 年汛期环太湖出入湖口门逐日进出水量过程

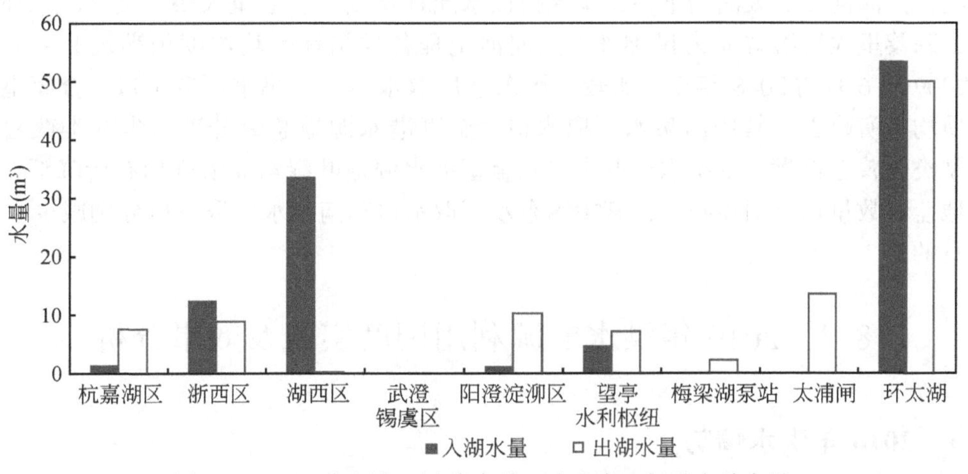

图 8-20　2009 年汛期环太湖各分区出入湖口门进出总水量

出湖水量的 27%，其次为阳澄淀泖区 10.30 亿 m^3，占总出湖水量的 21%。通过望亭水利枢纽出湖 7.07 亿 m^3，占总出湖水量的 14%，通过梅梁湖泵站抽引太湖水量为 2.28 亿 m^3，占总出湖水量的 5%。

2009 年汛期，日最大入湖流量为 2 510m^3/s，发生在 8 月 11 日，超过 1991 年，仅次于 1999 年。日最大出湖流量为 1 289m^3/s，发生在 8 月 21 日。

8.2.3　2009 年调度效果

2009 年 4 月，太湖流域降雨偏少，太湖水位逐步下降。随着气温升高，地区耗水量不断上升，太湖水源地水质也呈变差的趋势；同时，通过巡查和卫星图片发现太湖部分湖湾已出现条状蓝藻，并有可能对流域供水安全造成较大威胁。为保障太湖不发生大面积水质黑臭和饮用水安全的目标，按照太湖流域水环境综合治理省部际联席会议第二次会议上提出的2009年太湖流域水环境综合治理要做到“两个确保”“三个下降”的要求，结合流域水情，依据水利部批复的《太湖流域引江济太调度方案》，于4月27日启动了引江济太水资源调度。全年望虞河常熟水利枢纽累计引水13.1亿m^3，排水10.7亿m^3；望亭水利枢纽引水入湖4.9亿m^3；太浦闸向下游泄水20.4亿m^3，其中增加供水11.2亿m^3。4月27日至6月28日引水入湖期间，常熟水利枢纽引水9.7亿m^3，望亭水利枢纽入湖4.9亿m^3，占常熟水利枢纽同期引水量的50.5%；太浦闸向下游供水2.7亿m^3。同时，江苏省沿江13个闸实施引水，全年引水22.3亿m^3，扩大了引江济太的引水量，为进一步改善流域水环境起到了积极作用。

通过科学调控太湖水位，配合太湖水环境综合治理相关措施，2009年与2008年相比，太湖平均水质有所好转。各项主要水质指标均有所改善；太湖营养状况有所改善，虽仍为中度富营养，营养状况综合评分有明显降低。望虞河干流沿线水质得到明显改善，入湖水质一直保持或优于Ⅲ类，太湖和贡湖水源地水质都较去年同期有较大改善，贡湖水源地蓝藻发生情况明显轻于2008年同期。

2009年太浦河出湖断面太浦闸下水质良好，一直保持在Ⅱ类；受京杭运河等支流汇入影响，太浦河干流太浦闸下—黎里大桥段水质逐步变差，黎里大桥—金泽段水质稍有好转，除黎里大桥溶解氧为Ⅳ类外，太浦河全程各项指标平均浓度仍满足Ⅱ～Ⅲ类标准。2009年6月与2008年6月比较，锡东水厂取水口、南泉水厂取水口、金墅港水源地水质均有所改善，其中南泉水厂取水口、金墅港水源地总氮分别由劣Ⅴ类改善至Ⅴ类、Ⅴ类改善至Ⅳ类；南泉水厂取水口和金墅港水源地叶绿素a浓度均有所降低；三个水源地蓝藻数量均有明显减少，其中锡东水厂取水口和南泉水厂取水口分别减少至2008年6月的1/3和1/6。

8.3 2010年洪水资源利用调度实践及效果分析

8.3.1 2010年洪水情势

2010年太湖流域发生严重春汛。该年汛期，太湖流域降雨总量偏少，但梅雨期偏长、梅雨量偏大；太湖及河网水位正常略偏高，流域汛情总体平稳；登陆或影响台风浙闽地区偏多、太湖流域偏少。2010年流域汛期水雨情主要特点如下。

8.3.1.1 汛期降雨量较常年偏少，入梅偏晚，但梅雨期长，梅雨量大

汛期流域平均降雨量624.7mm，较常年同期偏少12%，其中4月、5月、8月较常年同期偏少21%～53%，7月太湖流域降雨量高达238.2mm，较常年同期偏多56%，占汛期雨量的38.1%。9月基本持平。降雨分布南部大于北部。汛期有8个站累计雨量大于800mm，其中大浦口最大为902mm，见表8-11。

表 8-11　2010 年汛期太湖流域各分区降水量　（单位：mm）

分区	5 月	6 月	7 月	8 月	9 月	汛期	梅雨量
湖西区	65.0	54.4	282.3	77.9	114.8	594.4	263.2
武澄锡虞区	57.1	24.3	217.7	132.4	112.7	544.2	192.4
阳澄淀泖区	63.2	72.1	192.9	130.7	123.0	582.0	216.3
浦东浦西区	82.7	115.3	199.4	114.9	142.6	654.8	296.7
杭嘉湖区	68.2	118.7	258.3	108.5	139.5	693.3	311.0
浙西区	68.9	124.1	225.5	116.0	124.5	658.9	253.0
太湖区	76.0	75.2	244.8	103.9	83.3	583.2	244.2
全流域	68.4	86.9	238.2	108.5	122.7	624.7	260.4

入梅前流域降雨明显偏少，5 月 1 日至 6 月 16 日，全流域降雨仅 98.1mm，较常年偏少 49.5%。太湖流域 6 月 17 日入梅，7 月 17 日出梅，梅期 30 天（常年 23 天），雨日 25 天，流域平均梅雨量 260.4mm，较常年偏多 20%，具体情况如表 8-12 所示。梅雨期主要有三次集中降雨过程，即 6 月 28 日和 29 日、7 月 3 日至 5 日、7 月 10 日至 16 日，流域平均降雨量分别为 29.1mm、74.4mm、119.2mm。

表 8-12　2010 年太湖流域各分区梅雨量距平统计表

分区	太湖流域	湖西区	武澄锡虞区	阳澄淀泖区	浦东浦西区	杭嘉湖区	浙西区	太湖湖区
2010 年梅雨量（mm）	260.4	263.3	192.3	216.1	294.8	311.1	253.1	244.2
距平（%）	20	14	-14	6	54	50	5	13

8.3.1.2　太湖及周边河网水位正常略偏高，汛情总体平稳

入汛后至入梅前，太湖水位总体呈缓慢下降趋势，水位从汛初 3.34m 降至 3.12m；入梅后受梅雨期第二、三次降雨过程影响，太湖水位快速上涨，7 月 14 日 8 时，太湖水位达到 3.51m，首次超警，7 月 19 日涨至汛期最高水位 3.75m（图 8-21），高于常年同期水位 0.31m，随后太湖水位较快回落，至 8 月中旬下降趋势减缓并趋于稳定，维持在 3.30m 左右，汛末水位 3.28m。汛期太湖最低水位 3.06m，出现在 6 月 24 日；汛期太湖平均水位 3.30m，汛期超警天数 21 天。太湖水位最大日涨幅 0.09m，出现在 7 月 5 日 8 时。

汛前期太湖流域各代表站水位总体平稳；7 月中旬出现明显快速上涨过程；流域大部分站点超警戒水位，尤其是湖西区、武澄锡虞区和杭嘉湖区绝大多数站点超警戒水位，各站点最高水位基本出现在梅雨期第三次降雨过程影响期间；随后，河网水位总体呈回落趋势。汛期各代表站特征值统计详见表 8-13，太湖周边有 37 个测站超过警戒水位，但未超保证水位，4 座大中型水库及多座中小型水库超防洪控制水位，流域汛情总体平稳。

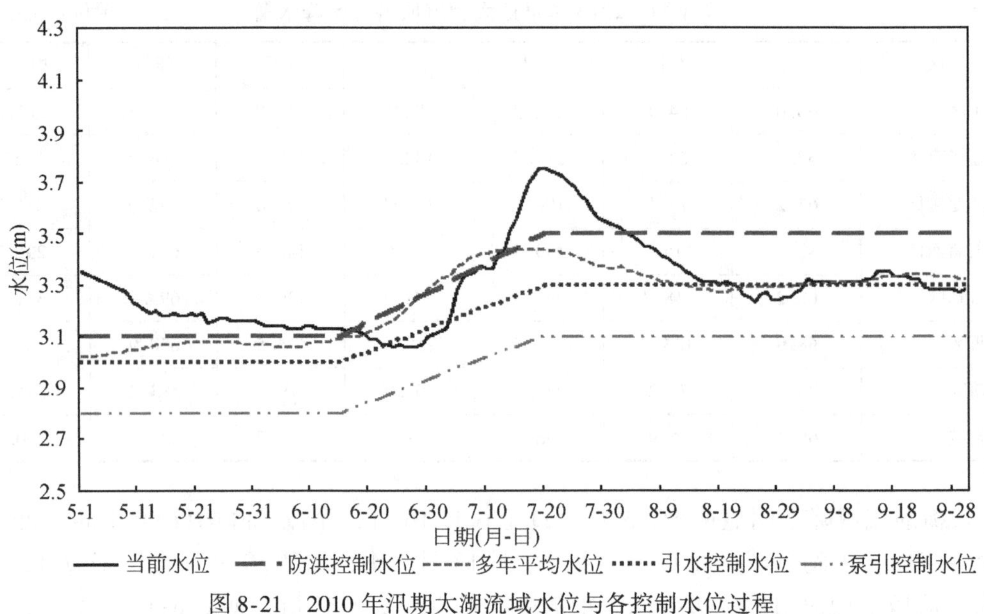

图 8-21 2010 年汛期太湖流域水位与各控制水位过程

表 8-13 2010 年汛期太湖流域代表站特征值统计表

分区	水位站	警戒水位（m）	超警天数（天）	最高水位		最高水位超警幅度（m）	最低水位		平均水位（m）	最高最低差（m）
				水位（m）	时间（月-日）		水位（m）	时间（月-日）		
湖西区	溧阳	4.50	4	4.63	7-13	0.13	3.26	6-23	3.64	1.37
	宜兴（西）	4.20	0	4.09	7-17	−0.11	3.14	6-23	3.46	0.95
	金坛	5.00	2	5.59	7-13	0.59	3.62	6-19	3.98	1.97
	王母观	4.60	6	5.03	7-13	0.43	3.37	6-24	3.77	1.66
	坊前	4.00	14	4.32	7-15	0.32	3.25	6-25	3.63	1.07
	丹阳	5.60	1	6.35	7-13	0.75	3.55	5-8	4.02	2.80
武澄锡虞区	琳桥	3.50	87	3.87	9-15	0.37	3.29	5-16	3.54	0.58
	常州	4.30	5	5.00	7-13	0.70	3.53	5-8	3.91	1.47
	仙蠡桥	3.59	93	4.23	7-13	0.64	3.39	6-21	3.65	0.84
	青阳	4.00	8	4.39	7-13	0.39	3.45	5-9	3.74	0.94
	陈墅	3.90	6	4.14	7-13	0.24	3.42	6-21	3.71	0.72
	甘露（望）	3.50	91	3.89	9-15	0.39	3.29	5-16	3.56	0.60
阳澄淀泖区	苏州	3.50	14	3.73	7-19	0.23	3.08	6-9	3.32	0.65
	常熟	3.50	0	3.47	7-5	−0.03	3.15	6-13	3.29	0.32
	湘城	3.50	0	3.45	7-5	−0.05	3.14	6-12	3.27	0.31
	昆山	3.47	0	3.37	7-17	−0.10	2.94	6-8	3.12	0.43
	平望	3.50	1	3.54	7-17	0.04	2.78	6-8	3.05	0.76
	陈墓	3.47	1	3.49	7-17	0.02	2.94	6-8	3.14	0.55

续表

分区	水位站	警戒水位（m）	超警天数（天）	最高水位		最高水位超警幅度（m）	最低水位		平均水位（m）	最高最低差（m）
				水位（m）	时间（月-日）		水位（m）	时间（月-日）		
杭嘉湖区	崇德	3.60	3	3.77	7-16	0.17	2.85	6-8	3.12	0.92
	嘉兴	3.30	6	3.49	7-17	0.19	2.71	6-8	2.94	0.78
	王江泾	3.10	23	3.46	7-17	0.36	2.70	6-8	2.95	0.76
	新市	3.70	1	3.74	7-16	0.04	2.88	6-8	3.15	0.86
	乌镇	3.30	14	3.65	7-17	0.35	2.84	6-8	3.10	0.81
	南浔	3.40	11	3.6	7-17	0.20	2.84	6-8	3.10	0.76
	欤城	3.50	0	3.41	7-6	−0.09	2.54	7-11	2.86	0.87
	平湖	3.40	1	3.41	7-5	0.01	2.56	6-8	2.82	0.85
	嘉善	3.30	5	3.51	7-17	0.21	2.62	6-8	2.92	0.89
浙西区	余杭	8.50	0	6.84	7-16	−1.66	3.21	5-25	4.55	3.63
	瓶窑	7.50	0	5.68	7-16	−1.82	2.91	6-8	3.27	2.77
	杭长桥	4.50	0	3.97	7-17	−0.53	2.92	6-9	3.21	1.05
	梅溪	7.00	0	6.2	7-15	−0.80	3.11	6-23	3.48	3.09
	港口	5.60	0	5.38	7-15	−0.22	3.02	6-9	3.33	2.36
	长兴	4.50	0	4.11	7-17	−0.39	3.02	6-22	3.29	1.09

8.3.2　2010 年洪水调度实践

2010 年，受流域春汛集中降雨影响，太湖水位快上涨，为保障流域防洪安全，从 3 月 4 日起太湖流域管理局暂停望虞河骨干工程引水，转为流域洪水调度，加大了太浦闸泄水流量，最大泄水流量达 300m³/s。在加快太湖洪水外排，降低太湖水位，减少防洪风险的同时，最大程度促进了流域下游地区水质改善，较好发挥了洪水资源的作用。

2010 年 5 月 1 日至 10 月 31 日，第 41 届世博会在上海举办，正值流域汛期，为保障世博会期间上海地区供水安全，改善世博园区水环境，太浦闸向下游地区供水流量始终保持在 100m³/s 以上。同时，为维持太湖水位，保障太湖周边地区供水安全，太湖流域管理局加强分析预报，精细调度，科学调度。特别是从 8 月上旬开始，虽然仍在汛期，但流域持续高温少雨，太湖水位不断下降，太湖蓝藻水华聚集面积增大，太湖水源地部分监测指标恶化，为保障太湖饮用水源地供水安全和上海世博会良好的周边水环境，进一步加大了引江济太力度，取得了较好的效果。

11 月 20 日起，为配合上海青草沙水源地原水系统通水切换工作，努力保障黄浦江下游临时取水口水质稳定，调度加大太浦闸供水流量。自 12 月 1 日起，实施引江济太水资源专项调度，一直到 12 月 30 日上海市青草沙原水工程严桥支线维修工作基本结束，杨树浦等水厂通水切换完成才压减太浦闸供水流量，有力保障了青草沙水源地切换期间的上海供水安全。

据统计，2010 年汛期，常熟水利枢纽引水 9.51 亿 m^3，排水 3.91 亿 m^3。望亭水利枢纽引水 3.79 亿 m^3，排水 3.63 亿 m^3；太浦闸泄水 16.36 亿 m^3。沿江 13 个主要口门（不包括常熟水利枢纽）引水量 22.07 亿 m^3，排水量 12.05 亿 m^3；南排工程累计排水 9.44 亿 m^3；黄浦江净泄量 53.10 亿 m^3；环太湖各口门累计入湖 53.98 亿 m^3，出湖 46.82 亿 m^3。

8.3.2.1　河网、湖泊和水库蓄水量

2010 年汛期，太湖流域（河网、太湖和 7 座大型水库）蓄水量汛末较汛初减少 1.65 亿 m^3。其中，太湖流域河网汛初蓄水量 60.43 亿 m^3，汛末蓄水量 60.42 亿 m^3，时段末较时段初减少蓄水 0.95 亿 m^3；太湖汛初蓄水量 79.22 亿 m^3，汛末蓄水量 78.27 亿 m^3，汛末较汛初少蓄 0.95 亿 m^3；太湖流域 7 座大型水库汛初蓄水量 3.53 亿 m^3，汛末蓄水量 2.84 亿 m^3，汛末较汛初少蓄 0.69 亿 m^3。

8.3.2.2　流域引排水量

（1）太湖流域管理局直管工程引排水量

1）常熟水利枢纽：2010 年汛期常熟水利枢纽总引水量为 9.51 亿 m^3，日最大引水量 1 810 万 m^3（9 月 7 日）；汛期总排水量 3.91 亿 m^3，日最大排水量为 3 280 万 m^3（7 月 22 日）。常熟水利枢纽引排水过程见图 8-22。

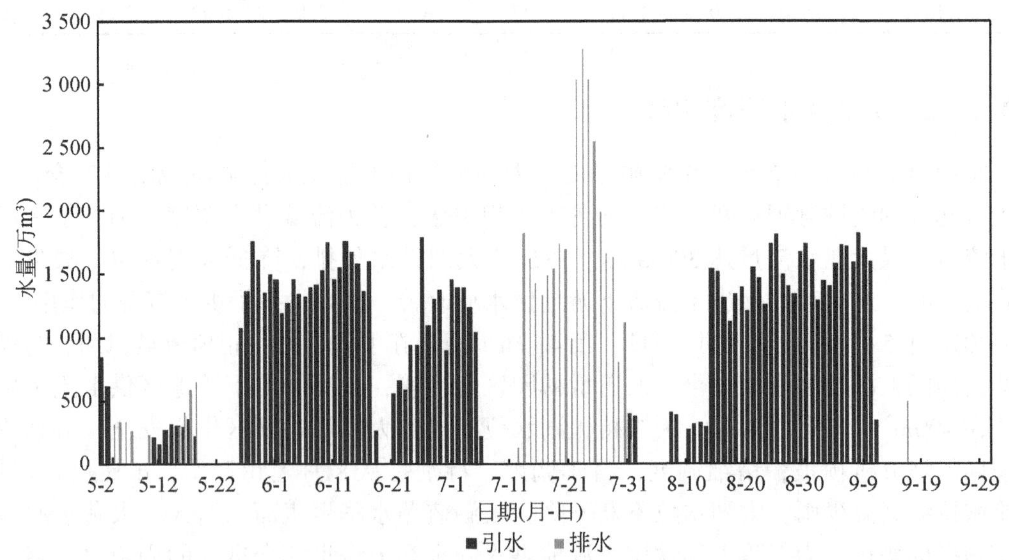

图 8-22　2010 年汛期常熟水利枢纽引排水过程

2）望亭水利枢纽：2010 年汛期望亭水利枢纽总引水量为 3.79 亿 m^3，日最大引水量为 1 175 万 m^3（9 月 7 日）；汛期总排水量为 3.63 亿 m^3，日最大排水量为 2 022 万 m^3（7 月 22 日）。望亭水利枢纽具体引排水过程见图 8-23。

3）太浦闸工程：2010 年汛期太浦闸累计泄水 16.36 亿 m^3，日最大泄水量为 3 387 万 m^3，出现在 7 月 21 日。太浦闸工程汛期具体引排水过程见图 8-24。

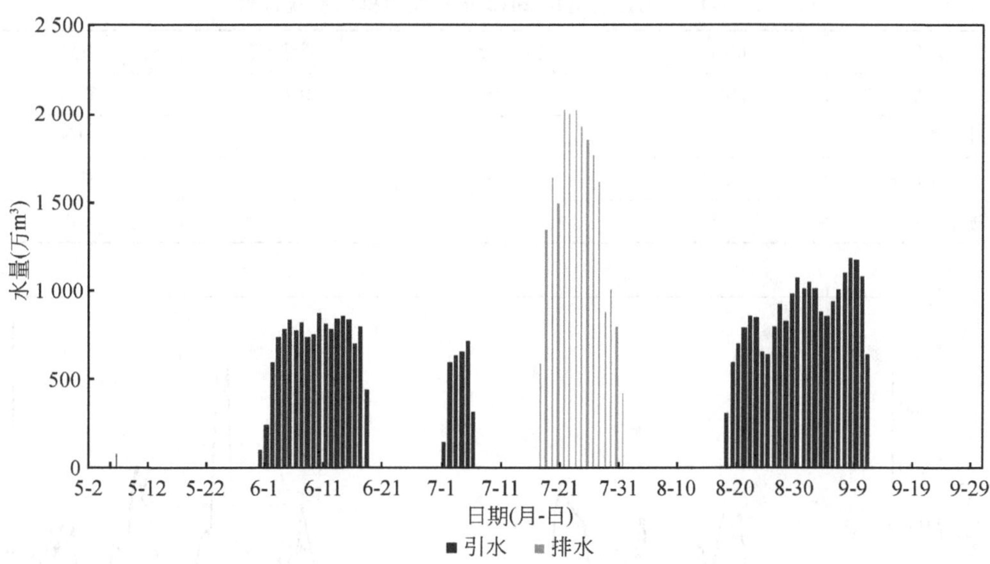

图 8-23　2010 年汛期望亭水利枢纽引排水过程

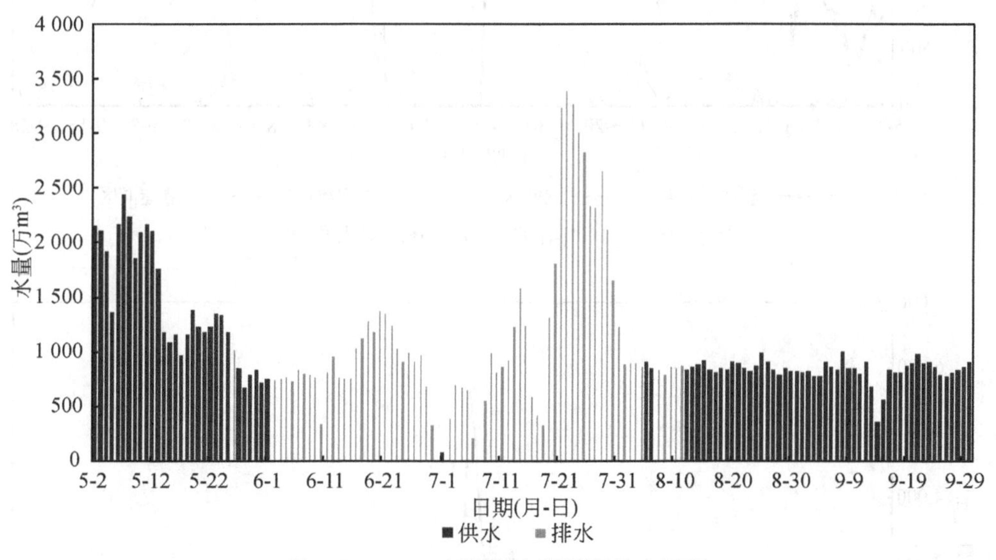

图 8-24　2010 年汛期太浦闸引排水过程

（2）沿长江排水

2010 年汛期，沿江 13 个闸引水量为 22.07 亿 m^3，排水量为 12.05 亿 m^3。其中湖西区引水量最多，达 20.19 亿 m^3，占总引水量的 92%；武澄锡虞区、阳澄淀泖区分别占 6%、3%。排水量最多的是阳澄淀泖区为 7.36 亿 m^3，占总引排量的 61%，武澄锡虞区、湖西区分别占总排水量的 24%、15%，见表 8-14 和图 8-25、图 8-26。

表 8-14　沿江各分区 2010 年汛期引排水量统计表

分区	湖西区	武澄锡虞区	阳澄淀泖区	总计
引水量（亿 m^3）	20.19	1.23	0.65	22.07
比例（%）	92	6	3	100
排水量（亿 m^3）	1.81	2.88	7.36	12.05
比例（%）	15	24	61	100

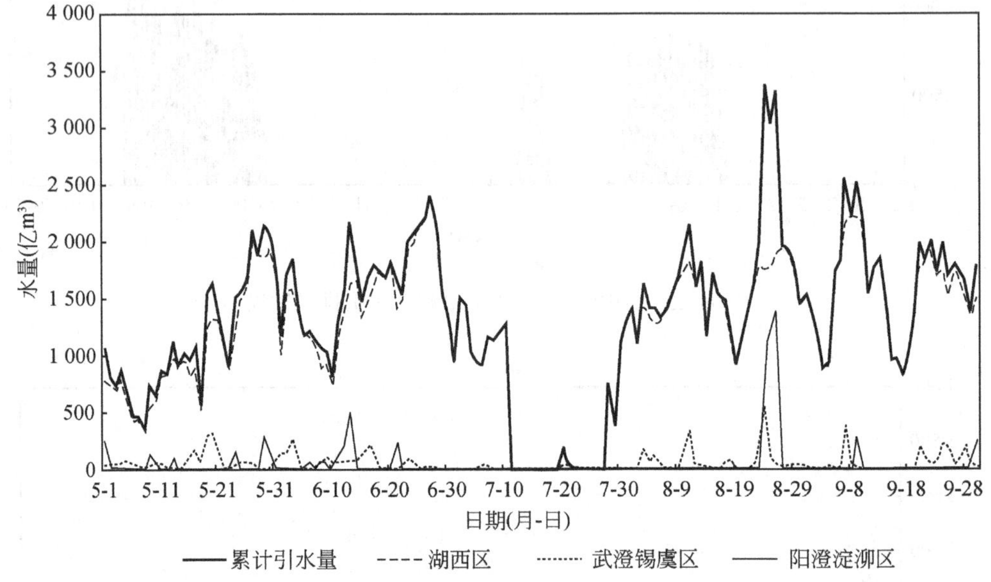

图 8-25　2010 年汛期沿江各分区引水量过程

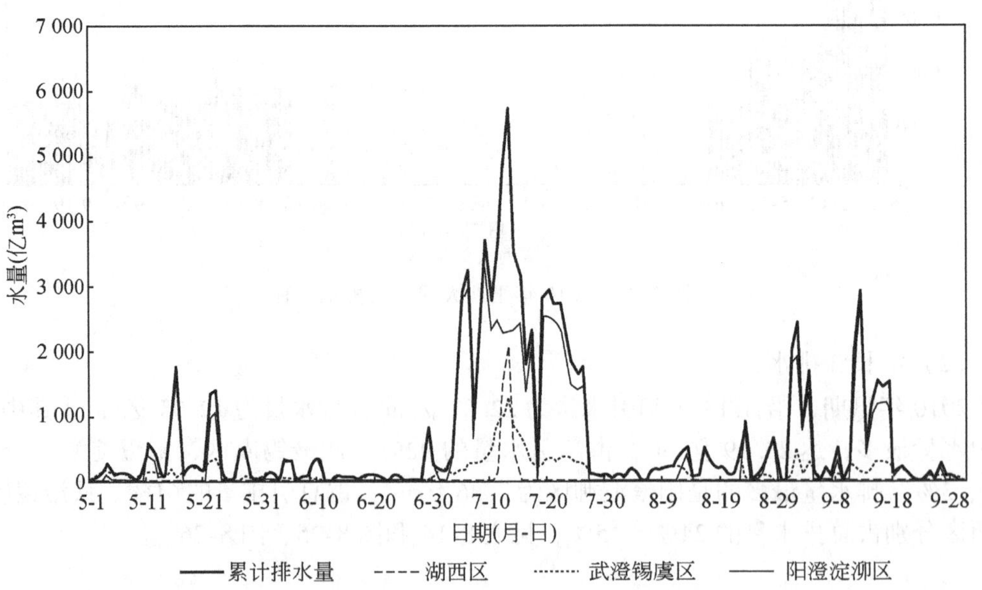

图 8-26　2010 年汛期沿江各分区排水量过程

（3）南排工程

2010 年汛期，杭嘉湖南排共排水 9.44 亿 m^3。其中，长山闸排水 5.88 亿 m^3，南台头闸 2.42 亿 m^3，盐官下河闸 1.14 亿 m^3。

（4）黄浦江泄量

根据上海市水文总站统计，2010 年汛期 5 ~ 9 月松浦大桥平均净泄流量分别为 429m^3/s、354m^3/s、566m^3/s、377m^3/s 和 405m^3/s，全汛期黄浦江松浦大桥净泄水量达 53.10 亿 m^3。

8.3.2.3　太湖出入湖水量

2010 年汛期，环太湖总入湖水量 53.98 亿 m^3，其中湖西区入湖水量最大，达 39.98 亿 m^3，占总入湖水量的 74%，其次为浙西区 8.31 亿 m^3，占总入湖水量 15%。通过望亭水利枢纽引水入湖 3.79 亿 m^3，占总入湖水量 7%。各分区出入湖水量具体情况见表 8-15。

表 8-15　环太湖各分区出入湖水量　（单位：亿 m^3）

项目	杭嘉湖区	浙西区	湖西区	武澄锡虞区	阳澄淀泖区	望亭水利枢纽	梅梁湖泵站	太浦闸	累计
入湖水量（亿 m^3）	0.85	8.31	39.98	0.00	1.05	3.79	0.0	0.0	53.98
比例（%）	2	15	74	0	2	7	0	0	100
出湖水量（亿 m^3）	8.76	5.67	0.17	2.42	8.02	3.63	1.80	16.36	46.82
比例（%）	19	12	0	5	17	8	4	35	100

汛期环太湖总出湖水量 46.82 亿 m^3。其中，太浦闸出湖水量最大，为 16.36 亿 m^3，占总出湖水量的 35%；其次为杭嘉湖区 8.76 亿 m^3，占总出湖水量的 19%。通过望亭水利枢纽出湖 3.63 亿 m^3，占总出湖水量的 8%，通过梅梁湖泵站抽引太湖水量为 1.80 亿 m^3，占总出湖水量的 4%。

8.3.3　2010 年调度效果

2010 年望虞河常熟水利枢纽累计引水 22.29 亿 m^3，望亭水利枢纽引水入湖 10.04 亿 m^3，太浦闸向下游泄水 38.43 亿 m^3，其中增加供水 28.7 亿 m^3。同时，江苏省沿江 14 个主要口门也扩大了调水规模和受益范围，为改善水环境起到了积极作用。

2010 年太湖主要水质指标平均浓度 COD 为 4.08mg/L（Ⅲ类），NH_3-N 为 0.23mg/L（Ⅱ类），TP 为 0.071mg/L（Ⅳ类），TN 为 2.48mg/L（劣Ⅴ类），叶绿素 a 浓度为 19.4mg/m^3，太湖平均营养状态指数为 61.5。太湖锡东水厂、南泉水厂、金墅港 3 个水源地取水口水质溶解氧均达到Ⅰ类，COD 为Ⅱ类，NH_3-N 为Ⅰ ~ Ⅱ类，TP 为Ⅱ ~ Ⅳ类，TN 为Ⅳ ~ 劣Ⅴ类；3 个水源地蓝藻数量分别为 965 万个/L、802 万个/L、43 万个/L，叶绿素 a 浓度分别为 25.3mg/m^3、14.7mg/m^3 和 5.2mg/m^3。

2010 年太浦河出湖断面太浦闸下水质优良，一直保持在Ⅱ类；平望大桥断面水质基本保持在Ⅱ类，明显好于往年；受两岸支流汇入的影响，太浦河沿程水质略有变差，金泽断面水质总体为Ⅱ ~ Ⅲ类，明显好于往年。

上海青草沙原水切换应急调水期间，随着太浦河大流量向下游供水，太湖下游地区水质得到不同程度改善，太浦河上海市境内断面水质一直保持在Ⅱ～Ⅲ类，与去年同期相比有明显改善；在黄浦江下游临时取水的杨树浦水厂、南市水厂、居家桥水厂和陆家嘴水厂等4个水厂的水质与去年同期相比均有不同程度的改善。

8.4　2011年洪水与水量调度实践及效果分析

8.4.1　2011年洪水情势

2011年，太湖流域年降水量1 118.2mm，较常年偏少6%。1～5月，太湖流域降水量仅178.6mm，较常年同期偏少59%，为1951年有降雨系列资料以来同期降水量最少的年份，太湖流域遭遇了60年来最严重的气象干旱。与常年同期相比，各分区均偏少，偏少幅度在52%～65%。但汛期太湖流域降水量879.6mm，比常年同期偏多24%。太湖流域入梅和出梅均偏早（6月10日入梅，6月27日出梅），梅雨量280.1mm，较常年偏多28%。受降雨影响，太湖水位全年有三次明显上涨过程，6月25日太湖水位最高达3.86m，超警戒水位0.36m。2011年太湖流域降雨主要特点如下。

8.4.1.1　出入梅偏早，台风影响小，局部发生降雨强

2011年，太湖流域于6月10日入梅，比常年偏早5天，6月27日出梅，较常年偏早11天。梅雨期有4次明显降雨过程，梅雨量280.1mm，较常年偏多28%，见图8-27，其中浙西区最大为316.0mm，浦东浦西区最小为231.8mm。与常年同期相比，梅雨期流域各分区均偏多两成以上，其中阳澄淀泖区偏多幅度最大达43%。梅雨期单站降水量最大为宜兴站426.0mm。

汛期太湖流域降雨空间分布总体上为上游大于下游。降雨最大为武澄锡虞区1 061.5mm，其次为浙西区1 057.0mm，最小为浦东浦西区635.1mm。全年分区降水量最大的为浙西区1 359.2mm；武澄锡虞区次之，为1 243.0mm；浦东浦西区年降水量最少，仅871.4mm。与常年相比，流域年降水量偏少6%。单站年降水量最大为浙西区银坑站1 764.0mm。

2011年，太湖流域未发生台风登陆事件，仅3个台风影响太湖流域，分别为6月下旬第5号台风“米雷”、8月上旬第9号台风“梅花”和8月下旬第11号台风“南玛都”。

8.4.1.2　河湖水位发生多个小洪峰

2011年汛前，受流域持续干旱少雨影响，地区河网水位普遍偏低，整体呈逐步下降趋势；汛期，前期太湖和地区河网水位持续偏低（5月18日，太湖出现年最低水位2.74m，见图8-28），入梅后受梅雨期降雨影响，流域地区河网水位普遍大幅上涨，大部分站点出现超警戒水位，局部超保证水位；汛后，地区河网水位总体呈回落趋势。

全年太湖水位汛前明显偏低，汛期偏高，汛后期略低，平均水位3.14m，超警戒水位天数达86天，与常年同期水位相比，6月中旬至9月下旬较常年同期偏高，偏高最大

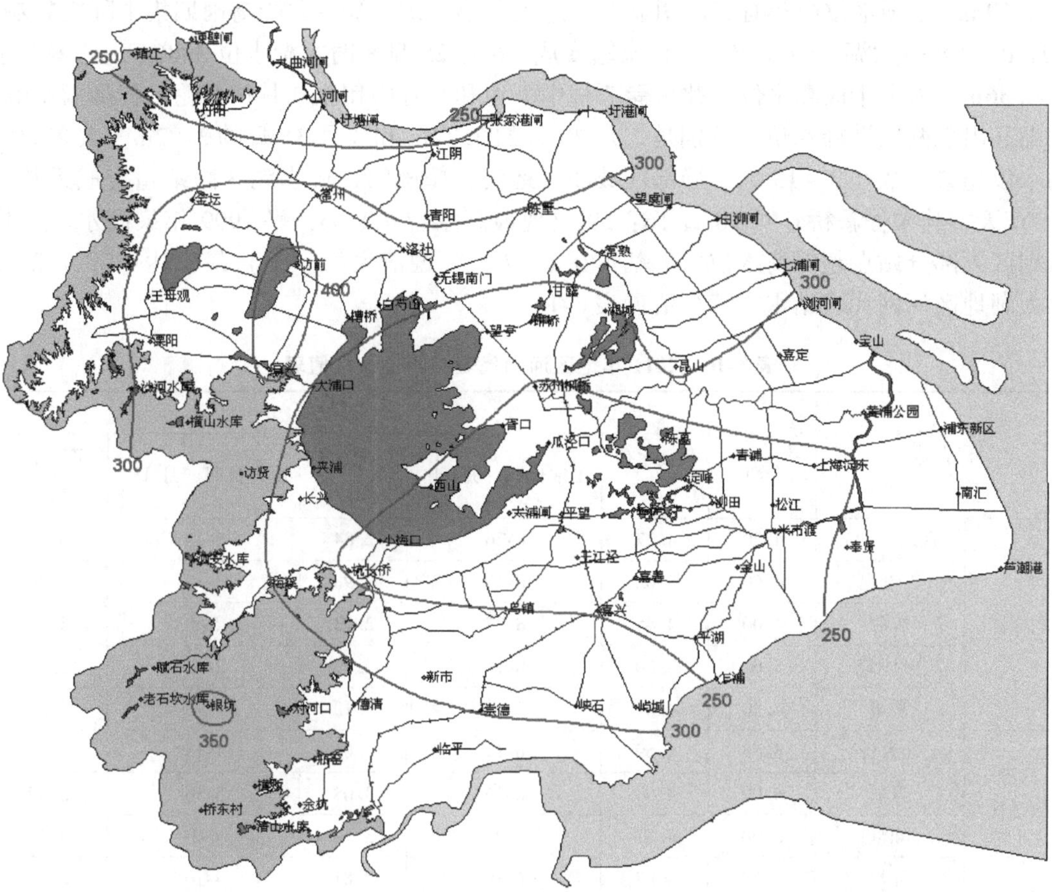

图 8-27　2011 年梅雨期太湖流域降水量等值线（单位：mm）

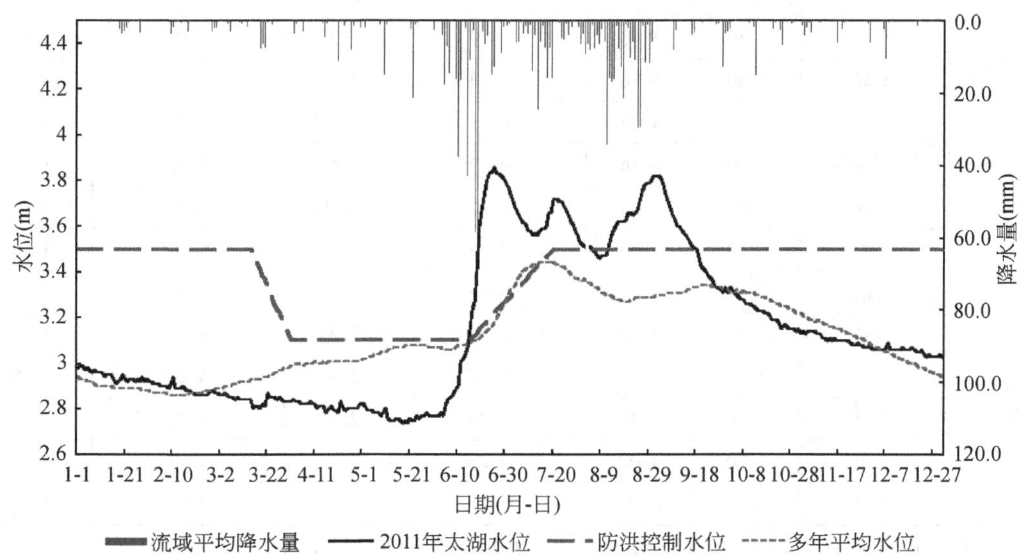

图 8-28　2011 年太湖水位与常年同期水位比较

达0.69m。太湖水位全年有三次明显上涨过程。第一次上涨主要受梅雨期集中降雨影响，6月19日8时太湖水位3.60m，首次超警戒，6月25日8时太湖水位3.86m，超警戒水位0.36m，为全年最高水位。此后受7月中下旬和8月中旬至9月初两轮过程降雨影响，太湖又出现两次洪峰水位，分别是7月20日的3.72m和8月31日的3.82m。大多数河网水位超警天数在2～15天，局部区域如大运河、望虞河、杭嘉湖区测站超警戒天数大于50天，其中仙蠡桥6月18日16：59出现最高水位4.88m，平1999年最高水位。杭嘉湖区大部分站点超保证水位，但基本在1～7天，德清大闸（下）最长达40天。2011年太湖地区河网代表站水文特征值见表8-16。

表8-16　2011年地区河网代表站水位特征值表

代表站		警戒水位（m）	全年				
			最高水位（m）	出现日期（月-日）	最低水位（m）	出现日期（月-日）	平均水位（m）
湖西区	宜兴（西）	4.20	4.27	8-26	2.84	5-13	3.27
	王母观	4.60	5.02	6-19	2.98	3-17	3.40
	坊前	4.00	4.45	8-27	2.93	5-3	3.30
	丹阳	5.60	5.30	8-13	2.99	2-14	3.43
	常州	4.30	4.84	7-14	3.12	3-15	3.54
武澄锡虞区	仙蠡桥	3.59	4.59	6-19	3.01	1-18	3.41
	青阳	4.00	4.68	8-26	3.08	3-16	3.47
	陈墅	3.90	4.57	8-26	3.14	4-1	3.51
阳澄淀泖区	苏州	3.50	4.07	6-19	2.81	4-16	3.14
	湘城	3.50	3.71	6-19	2.88	2-17	3.13
	平望	3.50	3.86	6-19	2.43	4-13	2.86
	陈墓	3.50	3.78	6-19	2.58	3-18	2.94
浙西区	瓶窑	7.50	8.18	6-19	2.50	5-20	3.25
	杭长桥	4.50	4.55	6-19	2.61	5-9	3.10
	德清大闸上	5.00	6.16	6-19	2.55	5-19	3.14
	港口	5.60	6.22	6-20	2.60	5-18	3.25
	长兴	4.50	4.65	6-19	2.64	5-18	3.16
杭嘉湖区	崇德	3.60	4.30	6-19	2.56	6-3	3.06
	嘉兴	3.30	3.89	6-19	2.34	4-14	2.75
	王江泾	3.10	3.83	6-19	2.37	3-29	2.95
	新市	3.70	4.31	6-20	2.56	5-21	3.15
	乌镇	3.30	4.08	6-20	2.50	5-19	3.01
	南浔	3.40	4.01	6-20	2.54	5-19	3.06

注：①以上站点基面为吴淞基面（镇江基准点）；②表内水位基于每日08时水位统计

8.4.2　2011 年洪水调度实践

2011 年初，太湖流域片出现近 60 年来最严重的气象干旱，按照国家防总防汛抗旱工作“两个转变”的指导思想，太湖流域管理局组织两省一市积极开展引江济太水资源调度，根据流域雨水情，充分考虑流域与区域不同目标需求，统筹兼顾流域防洪安全与供水安全，精心组织，有效应对旱情。在 2010 年 10 月开始首次跨年度实施引江济太，加大引水力度，努力提高入湖效率，望虞河年引江水量和入湖水量均创新高，确保了大旱之年无大灾，成效十分显著。6 月 8 日起，根据气象预报，流域将出现集中降雨过程，为防止旱涝急转，太湖流域转为防洪调度。受集中性降雨影响，太湖水位最高上涨至 3.86m。随着“梅花”台风影响结束，流域以高温少雨天气为主，根据天气预报，为促进太湖洪水资源利用。9 月 5 日，太湖水位回落至 3.74m，逐步减少了流域骨干工程泄水流量，减缓太湖水位下降速度，促进太湖水资源利用。

2011 年，引江济太时间之长、引水量之大为引江济太启动以来之最。望虞河常熟水利枢纽全年引水 251 天，共调引长江水 31.85 亿 m^3；排水 70 天，累计排水 9.4 亿 m^3。望亭水利枢纽引水 219 天，累计引水入湖 16.08 亿 m^3；排水 57 天，累计排水 6.1 亿 m^3。太浦闸运行 356 天，向下游供排水 18.4 亿 m^3，通过太浦闸向下游地区供水运行 271 天，累计供水 8.03 亿 m^3，有效满足了太湖周边地区用水，缓解了流域旱情，为确保流域供水安全发挥了重要作用。全年太湖流域（太湖、河网和 7 座大型水库）蓄水量年末较年初增加 1.92 亿 m^3。其中，汛初较年初减少 7.39 亿 m^3，汛末较汛初增加 23.45 亿 m^3，年末较汛末减少 14.12 亿 m^3。沿江江苏段 14 个主要口门总引水量为 47.95 亿 m^3，总排水量为 27.82 亿 m^3。

8.4.2.1　河网、湖泊和水库调蓄量

太湖蓄水量年末较年初增加 0.93 亿 m^3。其中，汛初较年初减少 3.80 亿 m^3，汛末较汛初增加 11.60 亿 m^3，年末较汛末减少 6.86 亿 m^3。太湖流域河网蓄水量年末较年初增加 0.61 亿 m^3。其中，汛初较年初减少 3.12 亿 m^3，汛末较汛初增加 10.18 亿 m^3，年末较汛末减少 6.44 亿 m^3。太湖流域 7 座大型水库年初蓄水量 2.35 亿 m^3，年末蓄水量 2.73 亿 m^3，年末较年初增加 0.38 亿 m^3。其中，汛初较年初减少 0.47 亿 m^3，汛末较汛初增加 1.67 亿 m^3，年末较汛末减少 0.82 亿 m^3。

8.4.2.2　太湖流域引排水量

（1）太湖流域管理局直管工程引调水量

1）第一阶段（1 月 1 日至 6 月 9 日）：由于流域降雨偏少，太湖水位从 2 月下旬开始一直低于多年平均水位，并持续下降，太湖流域遭遇严重旱情。对此，太湖流域管理局及时调整引江济太阶段调水计划，适时加大引水规模和入湖流量。此阶段，常熟水利枢纽累计引水 22.7 亿 m^3，望亭水利枢纽引水 12.4 亿 m^3，通过太浦闸向下游地区增加供水 3.20 亿 m^3，见图 8-29 ~ 图 8-31。

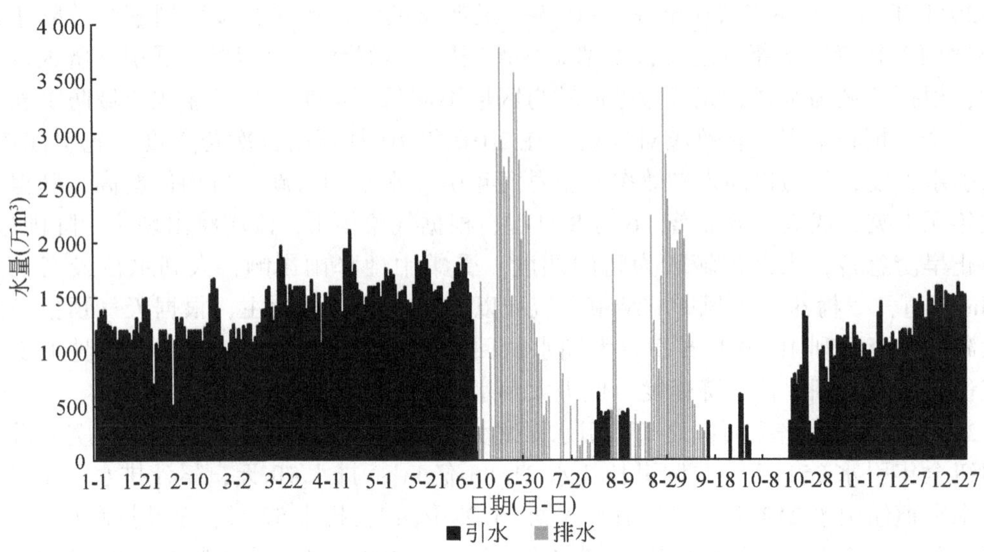

图 8-29　2011 年望虞河常熟水利枢纽引排水过程线

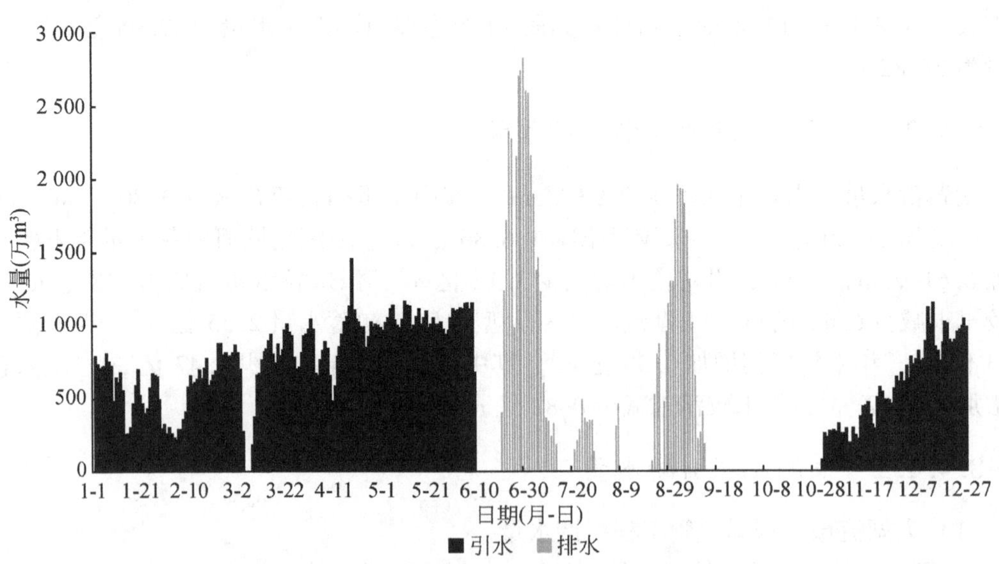

图 8-30　2011 年望虞河望亭水利枢纽引排水过程线

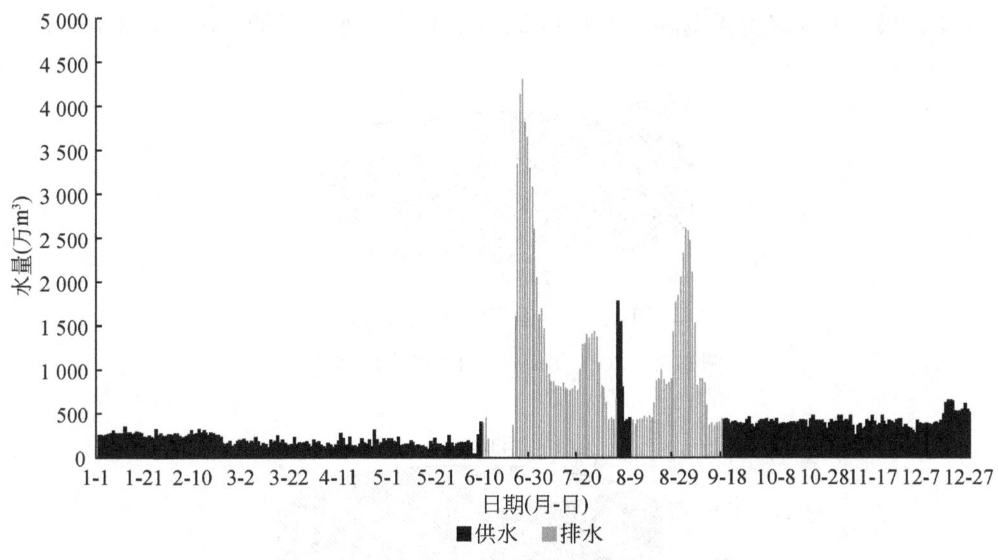

图 8-31　2011 年太浦河太浦闸供排水过程线

2）第二阶段（10 月 31 日至 12 月 31 日）：汛后，流域降雨偏少，太湖水位下降较快，一度低于多年平均水位。为保证太湖水位处于合理水平，保障流域冬春季供水安全，10 月 31 日再次启动了引江济太，至 12 月 31 日，太湖水位维持在 3.00m 以上。此阶段，常熟水利枢纽引水 7.60 亿 m^3，望亭水利枢纽引水 3.70 亿 m^3，通过太浦闸增供水 2.6 亿 m^3。

（2）沿江主要口门引排水量

2011 年，沿江江苏段 14 个主要口门总引水量为 47.95 亿 m^3，总排水量为 27.82 亿 m^3。汛前、汛后引水量远大于排水量；汛期、梅雨期引水量小于排水量，详见图 8-32。

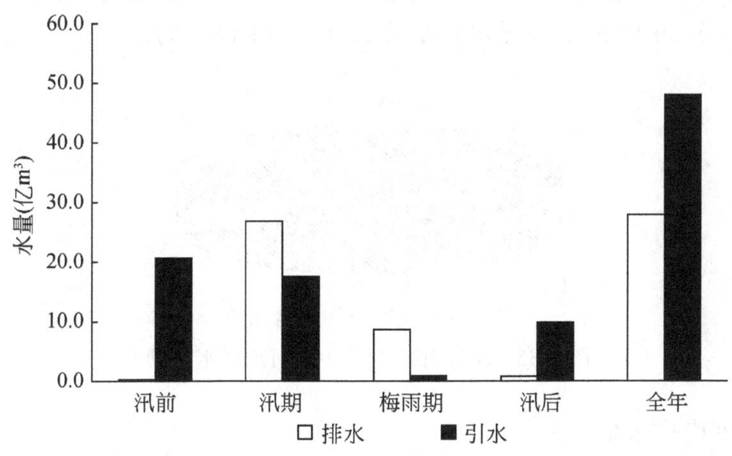

图 8-32　2011 年沿江各时段引水量及排水量对比

汛前、汛期引水量合计 38.15 亿 m^3，约占全年的 80%，其中汛前 20.68 亿 m^3，约占全年的 44%，汛期 17.47 亿 m^3，约占全年的 36%；梅雨期引水量较小，仅 0.95 亿 m^3，约占全年的 2%；汛后引水量 9.80 亿 m^3，约占全年的 20%（图 8-33）。引水量最多的为常熟水利枢纽，占引水总量的 67.0%；其次为湖西区和阳澄淀泖区，分别占引水总量的 16.0%

和13.0%；最小的为武澄锡虞区，达1.89亿m^3，仅占引水总量的4.0%（图8-34）。

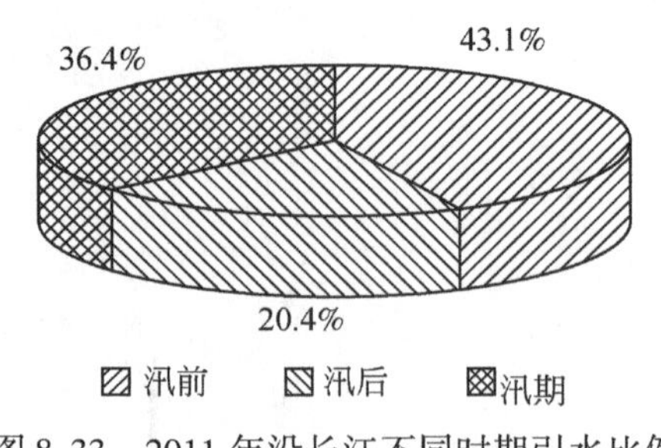

图8-33　2011年沿长江不同时期引水比例

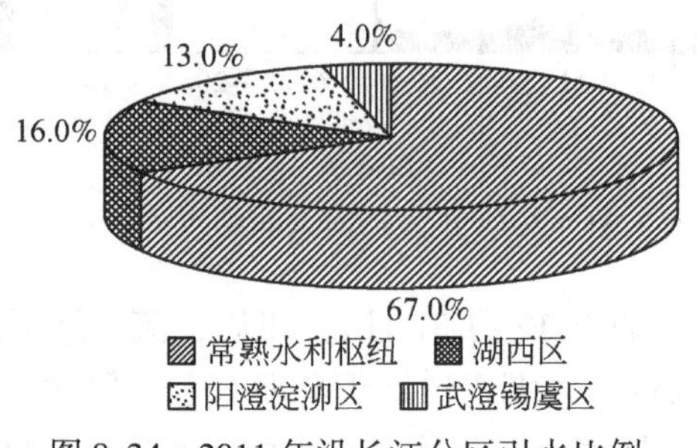

图8-34　2011年沿长江分区引水比例

2011年沿江排水量集中在汛期，排水量为26.83亿m^3，约占全年的96%，其中梅雨期排水量为8.65亿m^3，占全年的31%；汛前、汛后排水量均较小，分别占排水总量的0.9%和2.7%（图8-35）。各分区排水量最多的为常熟水利枢纽，排水量为9.43亿m^3，占总量的34.0%；其次为阳澄淀泖区，排水量为9.18亿m^3，占总量的33.0%；最小的为湖西区，排水量3.36亿m^3，占排水总量的12.0%（图8-36）。

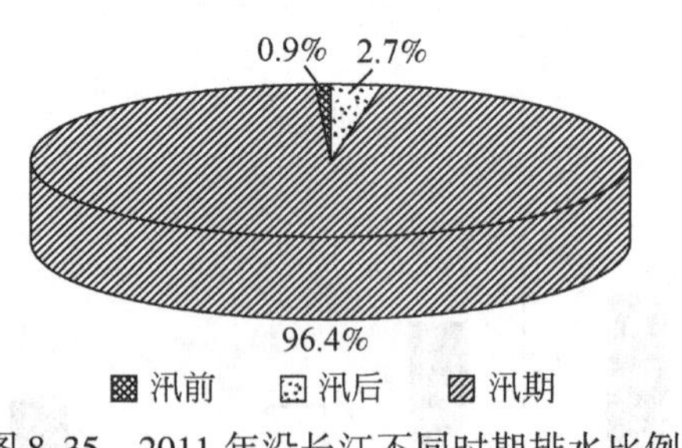

图8-35　2011年沿长江不同时期排水比例

（3）杭嘉湖南排水量

2011年，杭嘉湖南排水量12.72亿m^3，其中汛期排水量12.36亿m^3，比2010年汛期多排2.91亿m^3，汛后排水量0.36亿m^3，逐月排水量见图8-37。

（4）黄浦江净泄水量

2011年黄浦江松浦大桥年净泄水量168.08亿m^3，较常年增加泄量58%，其中汛前松浦大桥净泄水量50.52亿m^3，较常年同期增加泄量41%；汛期松浦大桥净泄水量

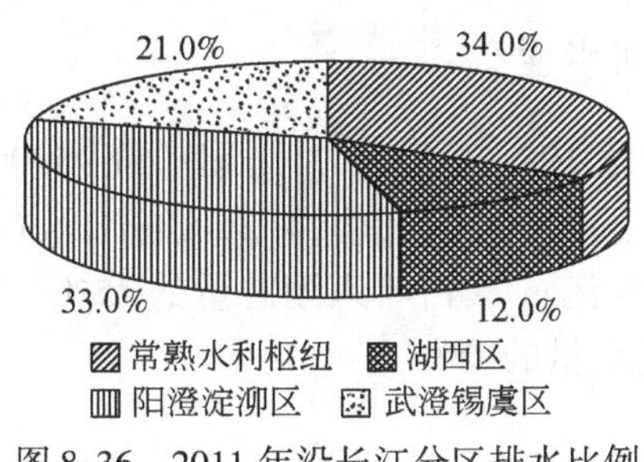

图 8-36 2011 年沿长江分区排水比例

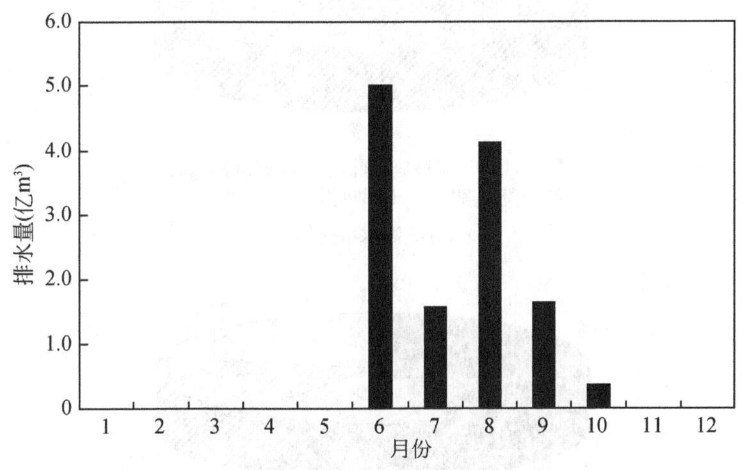

图 8-37 2011 年逐月杭嘉湖南排水量过程

73.89 亿 m^3，较常年同期增加泄量 79%；汛后松浦大桥净泄水量 43.67 亿 m^3，较常年同期增加泄量 48%，见图 8-38。

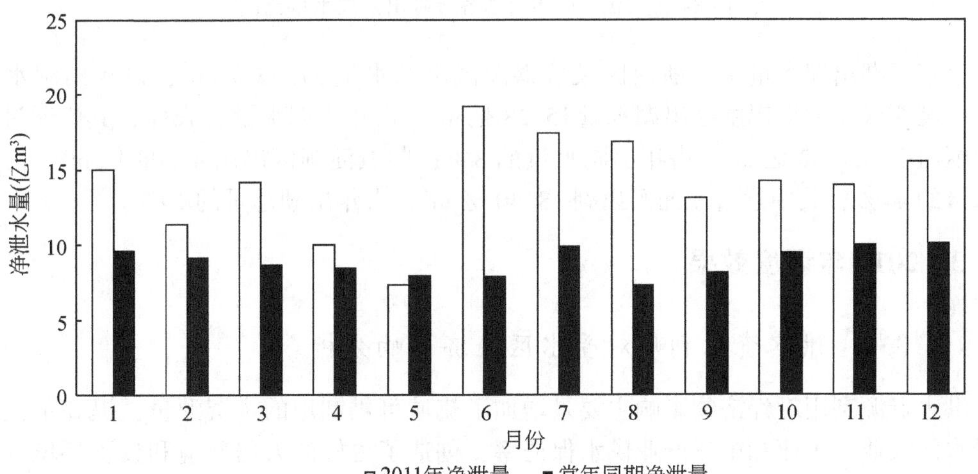

图 8-38 2011 年松浦大桥净泄水量与常年同期比较

8.4.2.3　太湖出入湖水量

2011 年，环太湖入湖水量 108.78 亿 m^3，出湖水量 95.00 亿 m^3（图 8-39）。全年环湖入湖水量中，浙西区及杭嘉湖区入湖水量 24.24 亿 m^3，占年入湖水量的 23%；湖西区及武澄锡虞区入湖水量 82.06 亿 m^3，占年入湖总量的 75%，其中通过望亭水利枢纽的水量为 16.22 亿 m^3，占年入湖水量的 15%。

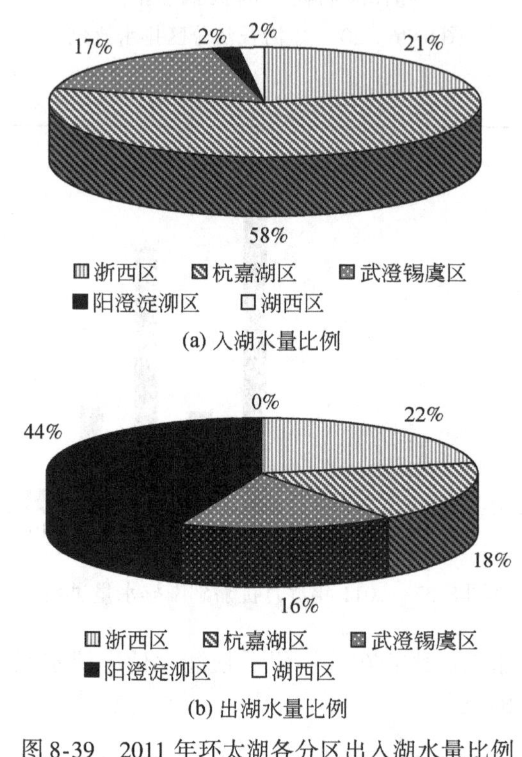

(a) 入湖水量比例

(b) 出湖水量比例

图 8-39　2011 年环太湖各分区出入湖水量比例

全年环湖出湖水量中，浙西区及杭嘉湖区出湖水量 37.65 亿 m^3，占年出湖水量的 40%；湖西区及武澄锡虞区出湖水量 15.28 亿 m^3，占年出湖水量的 16%，其中通过望亭水利枢纽引水 7.62 亿 m^3，占年出湖水量的 8%；阳澄淀泖区出湖 42.08 亿 m^3，占年出湖水量的 44%，其中通过太浦闸出湖 18.40 亿 m^3，占年出湖总量的 19%。

8.4.3　2011 年调度效果

8.4.3.1　洪水资源利用对受水区经济影响分析

洪水资源利用对经济的影响主要是增加了流域可供利用的水资源量，提高了太湖流域受水区农业、工业和第三产业供水保证率，创造了更好的人居环境和投资环境，从而为与水质、水量密切相关的重点行业带来巨大的效益。对 2011 年太湖流域洪水资源利用对经济影响的效益货币化，发现由于增加供水获得的三次产业供水效益分别为 22.62 亿元、34.66 亿元和 36.91 亿元，调水效益显著。

同时，由于太湖流域洪水资源利用抬高了太湖及地区河网水位，保证了最低通航水位，从而促进航运业的发展。根据表 8-17 可以看出，2011 年太湖流域各受水区货物吞吐量较 2010 年均有不同程度增长，基中苏州地区、嘉兴地区分别增长 15.6% 和 18.7%。

表 8-17　2011 年太湖流域受水区货运量

地区	港口货物吞吐量（亿 t）	比上年增长（%）
无锡	2.10	4.8
苏州	3.80	15.6
上海	7.28	11.4
嘉兴	0.526	18.7
湖州	1.467	2.2

8.4.3.2　洪水资源利用对受水区社会影响分析

洪水资源利用对社会影响主要体现在调水改善了太湖流域水质、缓解了干旱缺水，保障了居民生活用水、促进了社会就业，有利于人们身心健康和提高生活满意度，为城市化的发展提供了空间，对社会发展具有长期的积极促进作用，这是一种不可替代的效益。

经分析计算，2011 年太湖流域受水区因调水改善水质，减少的医疗费用支出（即增加的人群健康改善效益）为 2.57 亿元，其中，无锡人群健康改善效果较为明显，改善效益为 1.76 亿元，苏州人群健康改善效益为 0.81 亿元。因此，引江济太由于改善水质，一定程度上改善了居民的健康状况。

8.4.3.3　洪水资源利用对太湖水环境影响分析

洪水资源利用加快了太湖及流域河网水体流动，抬高了太湖流域地区的水位，提高了水资源承载能力，改善了太湖及流域河网水质，对太湖流域受水区环境产生了深远影响。

由于河道或湖区水位提升，太湖流域河流与湖泊环境容量增加，污染物浓度下降，改善了水域范围内各水厂及取水口的水质状况和取水条件。2011 年太湖流域洪水调度实践改善了取水口的水质，节约了水厂的运行成本，分别为苏州 727.73 万元，无锡 283.55 万元，上海 2 305.33 万元，湖州 52.96 万元，嘉兴 143.71 万元。

同时，2011 年洪水调度实践促进了太湖水体循环，加快了太湖水体流动和更新，改善了河湖水质，有效抑制了蓝藻暴发，避免了蓝藻暴发事件造成的潜在损失。

2011 年太湖流域洪水调度实践还改善了当地的水环境和文化环境，提升了受水区旅游业效益。据估计，无锡市旅游业效益增加约 1.43 亿元，苏州约 0.84 亿元。

8.5　小　　结

2007 年无锡供水危机发生后，水利部太湖流域管理局和太湖流域两省市开展和完成了太湖流域水量与洪水调度方案，本书的相关研究成果已功应用于其中。太湖流域管理局及流域两省一市在2008 ~2011 年流域水利工程调度实践中，探索了水利工程的综合调度模式，加强了洪水资源利用，促进了洪水调度和资源调度有机结合，不仅保障了流域防洪安全和供水安全，而且促进了流域水质的好转。因此，近年来流域洪水资源利用取得了较好的实际效果。太湖流域洪水资源利用的实践经受了 2009 年“莫拉克”台风型暴雨洪水、2011 年典型旱涝急转等特殊水文条件的考验，为确保流域防洪、供水安全发挥了重要作用，基本实现了大旱之年无大灾，并对流域水环境改善中起到了积极作用。这些事实说明，适当调整太湖及两河的洪水与调度方式，完善流域洪水与水量调度方式，合理利用流域洪水资源、优化水资源配置是完全有必要的，也是科学可行的。

第 9 章

Chapter 9

结论与展望

太湖流域是我国典型的河网地区，自然地理特征和水资源利用条件在南方地区具有很强的代表性。随着太湖流域防洪工程体系的不断完善和水资源综合管理的推进，客观上要求将流域防洪减灾与水资源利用、水环境改善统筹考虑，实现防洪调度与水资源调度的结合。太湖流域洪水资源利用研究正是在这一背景下开展的。

本书围绕太湖流域洪水资源的“利用依据”“利用方式”和“利用效果”三个层面，通过对太湖流域暴雨洪水特性和演变规律、洪水资源利用识别体系、洪水资源利用评价、洪水资源调控模式以及洪水资源利用风险效益综合评价等方面的研究，构建了集基本概念、宏观评价方法、利用模式和风险效益评估于一体的太湖流域洪水资源利用技术体系，拓展了我国洪水资源利用的技术体系，为增加流域供水，改善水环境，提高水资源的利用效率和效益提供了科学依据。同时，研究成果在近年引江济太实践中得到应用，取得了良好的经济和社会效益，实现了洪水资源利用理论与实践的结合，为丰水地区洪水资源利用提供了技术示范。

9.1　主要成果与结论

1）系统分析了太湖流域暴雨洪水的天气系统背景，剖析了降水特征要素多尺度演变特征和长期变化趋势，评价了人类活动和气候变化对太湖最高水位的影响作用，为客观认识太湖流域暴雨洪水规律，提出太湖流域洪水资源利用和管理宏观策略奠定了坚实基础。

影响梅雨期暴雨洪水的主要大气环流系统有西太平洋副高、西风带环流系统等，一次大暴雨过程往往是由多个致雨天气系统综合造成的。1954～2009 年，太湖流域早梅、重梅的次数较多，易造成持续性降雨和洪涝灾害。1949～2009 年，影响太湖流域的台风主要集中在 6～9 月（占总数的 92%）。在 214 场台风中，与梅雨期遭遇的有 28 场次，占总数的 13.1%。台风与梅雨遭遇会增加梅雨期的降雨量，对流域防洪不容忽视。

1954～2009 年太湖流域及各水资源分区年降雨量和汛期降雨量的趋势变化均不显著，阳澄淀泖区年最大 30 天降雨量具有显著上升趋势，但其他分区和全流域最大 30 天降雨量均无显著变化趋势。Morlet 连续小波分析得出，太湖流域年降雨量具有 4 年、9 年、14 年和 28 年的显著准周期，在时程上经历了“丰—枯—丰—枯”四个演变阶段，其变异点分别为 1963 年、1983 年和 2000 年。流域汛期降雨量具有与年降雨量相一致的周期和丰枯变异特性。

受梅雨型降雨的影响，1954～2009 年太湖年内最高水位主要出现在 7 月中下旬。在年际变化上，太湖年内最高水位可分为以 1979 年为变点的前后两个阶段，后一阶段的平均最高水位及高水位出现的频次要明显多于前一阶段，两个阶段水位平均变化为 0.33m。统计回归模型表明，降雨和蒸发的变化是导致太湖最高水位变化的主导因素，而人类活动是相对次要的因素。由降雨、蒸发能力变化而引起的太湖最高水位变化占总变化的比例为 75.2%，而引排水、下垫面变化等人类活动所占比例为 24.8%。

从流域分区 30 天降雨量对太湖最高水位的影响上看，湖西区、浙西区降雨量的单位变化对太湖最高水位的变化影响最显著，两个分区是太湖水量来源的主要地区。1980～

2009 年与 1954 ~ 1979 年相比，阳澄淀泖区和武澄锡虞区 30 天降雨量对太湖最高水位的影响程度在减小，而浙西区、杭嘉湖区在增加。

2）基于太湖长系列水位和流域降雨数据，提出了太湖流域洪水的基本判断标准和洪水期划分基本方法，分析了洪水资源利用的基本方式及流域洪水资源总体利用格局，阐述了洪水资源利用的约束条件，形成了太湖流域洪水资源利用识别体系，提出了太湖流域洪水资源利用的定义，为流域洪水资源利用评价奠定了基础。

基于 1956 ~ 2009 年太湖流域逐日水位资料和流域逐日降雨数据分析，提出了太湖流域洪水的判断标准，并对历年洪水过程进行了识别。考虑流域洪水的一般性定义和太湖流域殊性，提出了太湖流域“洪水期”的界定方法：年内最高水位超过 3. 50m；洪水期的开始时刻应对应水位的起涨时刻，与流域主要场次降雨过程基本一致；洪水期的结束时刻应对应水位由最高水位消退至所处时段防洪控制水位的时刻。1956 ~ 2009 年，有 24 个年份流域发生了洪水过程，其中发生一次洪水过程的有 21 年，发生两次明显洪水过程中的有 3 年。

太湖流域洪水资源利用的实质是依托流域防洪工程体系，通过太湖和地区河网，对洪水期流域洪水径流进行适度调蓄和及时排泄，在保障流域防洪安全的前提下，蓄泄兼筹，使太湖水位和流域蓄水量保持在安全合理范围内，将洪水尽可能的转化为可供后期利用的水资源量，从而达到提高流域水资源利用水平，保障流域水资源供需安全，改善水环境的目的。

系统分析了流域防洪安全、供水安全和水环境改善对洪水资源利用的需求和约束，从流域洪水资源利用的对象、利用方式等方面，识别了相应的水位、水量、水质约束要素，最后初步构建了太湖流域洪水资源利用识别体系。

3）剖析了太湖流域洪水资源量、洪水资源利用量、洪水资源利用潜力等概念的定义，提出了相应的计算方法，构建了洪水资源利用的评价指标体系和评价流程，为平原地区河网洪水资源利用宏观评价提供了依据，在此基础上提出了太湖流域洪水资源量、洪水资源利用量、洪水资源利用潜力计算成果。

太湖流域洪水资源量是指洪水期内太湖流域降雨形成的本地天然径流量与同期外流域入境水量之和；太湖流域洪水资源利用量是指在一定的工程条件和洪水调控方案下，通过对洪水的控制调节，整个洪水期内流域蓄变量与同期流域生产、生活和河道外生态直接用水量之和；洪水资源利用率是洪水资源利用量与洪水资源量之比；洪水资源利用潜力是指在一定的水文条件和工程条件下，相对于现有或原有洪水资源利用量，通过对流域防洪工程体系调度方案的优化，能够进一步调蓄的洪水资源量。洪水资源利用潜力表征了洪水资源利用方案所能够产生的潜在效益。

在 2000 年用水和下垫面条件下，太湖流域多年平均洪水资源利用量为 93. 26 亿 m^3，其中流域蓄变量为 20. 28 亿 m^3，洪水期直接用水量为 72. 98 亿 m^3，多年平均洪水资源利用率为 73. 7%。在将太湖汛前期防洪控制水位抬高到 3. 20m，汛后期防洪控制水位抬高至 3. 80m 的调度方式下，24 个洪水年太湖流域洪水资源利用潜力介于 3. 66 亿 ~ 22. 5 亿 m^3。随着流域汛后期防洪控制水位的抬高，流域洪水资源利用潜力增加，水资源潜在利用效益显著。

4）分析了太湖流域现状调度方式调整的可行性，指出优化太湖防洪控制水位是太湖流域洪水资源利用调度的重点；考虑流域水资源需求及流域、区域防洪约束因素，拟定了洪水调控方案情景，并针对多种典型降水条件，采用太湖流域水量水质调度模型对各方案进行了分析计算，基于多目标模型识别方法，提出了推荐的流域洪水资源调度方案。

设置了流域洪水调度方案情景，包括现状调度方案以及备选方案，其中备选方案的汛前期防洪控制水位均抬高至3.20m，汛后期防洪控制水位分别抬高至3.60m、3.80m和4.00m。太湖流域水量水质模型的计算结果表明，各备选调度方案对太湖和地区汛情影响不大，防洪风险较小，但对于改善汛前期等时段水资源利用具有一定效果。在5年一遇降雨（1989年）条件下，相对于现状方案，洪水资源利用潜力为1.35亿~2.96亿m^3。50年一遇设计降雨情况下，洪水资源利用潜力为0.35亿~3.77亿m^3。

太湖流域洪水资源利用的效益主要为水量增加效益和水质改善效益，风险主要包括防洪风险和水质超标风险。基于多目标模糊识别决策法，建立了洪水资源利用风险效益评价的多目标优选模型。选择太湖及河网最高水位增幅、太湖水位超警天数增幅，以及太湖流域洪灾损失增幅等指标，建立了太湖洪水资源利用综合评价指标体系，采用多目标模糊识别决策法对各备选方案进行风险效益综合评价。综合各方案的效果，推荐太湖汛前期防洪控制水位抬高至3.20m，汛后期抬高至3.80~4.00m。

9.2 研究展望

本书虽然比较全面地开展了太湖流域洪水资源利用的研究，并取得了若干有意义的结论，但由于太湖流域洪水资源利用问题的复杂性，仍诸多方面仍存在不足。今后，还需要在以下方面开展进一步的研究和探索。

（1）太湖流域暴雨、洪水要素的时空演变规律及影响因素分析

由于本次研究主要掌握的是流域面雨量资料，目前主要侧重于对降雨时间分布规律的研究，而对空间分布规律的研究相对不足。在后续研究中，需要进一步补充单站降雨资料，基于空间统计学方法，对流域暴雨空间分布进行细致研究。

在太湖流域降雨长期变化趋势的分析和预测方面，应当从两个方面作进一步的探讨。第一方面是基于更长的流域实测降水序列（2009年之后），对降水序列的历史演变规律进行解析，根据降水的气候背景因子，对其后续发展态势进行诊断。第二个方面是根据IPCC（Intergovernmental Panel on Climate Change，IPCC）气候评估中的有关预估结果，对太湖流域降水可能变化进行讨论。这两个方面可为太湖流域降水长期演变规律的认识和流域洪水管理策略的制订提供参考。

本次研究主要是通过基于多元回归的统计模型评价了气候因素变化和人类活动因素对于太湖最高水位的相对影响，但仅利用统计分析模型进行研究无疑具有较大的局限性，在后续研究中建议从太湖流域水循环的角度，采用定量的流域水循环模型科学评价气候变化和人类活动因素对太湖流域或分区域洪水资源利用的影响。

（2）太湖流域洪水资源利用潜力评价

由于水文资料所限，仅对5年一遇降雨条件（1989年）和50年一遇设计降雨条件

（“1991 年北部”和“1999 年南部”）下的洪水资源利用潜力进行了评价，因此未能充分反映不同水文条件下各调度方案对应的洪水资源利用潜力及变化规律。在今后研究中，有必要对此进行补充，增加更多年型降水条件下洪水资源利用潜力的计算及分析，以全面说明流域不同水文条件下增加洪水资源利用量的空间。

（3）太湖流域洪水调控模式

限于调度方案计算模拟的工作量，研究中未对两河及环太湖其他重要引排水口门的调度方式的调整途径进行深入研究。因此，今后应对望亭水利枢纽、太浦闸等环湖控制性工程的洪水调度规则作细致分析和适当调整，以适应太湖防洪控制水位的调整，更全面的评价其控泄方式对太湖及两河沿程区域水情的影响，完善流域洪水资源调控方案。同时需要指出的是，除“一湖两河”外，区域重要工程调度方式的调整也是必需的，只有这样才能实现太湖流域洪水资源的科学合理调度。

太湖流域的水资源问题主要表现为河湖水质恶化、水质型缺水。因此，改善流域河湖水环境质量是流域水资源调度需要考虑的重点之一，也应是洪水资源化利用的重要目的所在。合理的洪水资源调度方式，不仅要求增加流域洪水资源的有效利用量，而且必须对流域水质水环境的改善起到促进作用。本次研究中，对于通过调整流域洪水资源调度方式改善太湖流域河湖水质的考虑是比较初步的，这是今后需要深入探讨的问题。

太湖防洪控制水位线的拟定，应该在防洪安全的前提下，考虑为引江济太创造有利条件，加大长江优质水资源的引入量，加快河湖水体有序流动，促进流域河湖水体的“吐故纳新”，降低流域河湖水体内积存的污染物。特别是随着走马塘工程、望虞河西控制线和新孟河工程的实施，引江济太将发挥更大的作用，这一工作将更为迫切。从长远来看，如何形成有利于太湖水生生物多样化的水位过程，也应是今后太湖水位调度中需要考虑的问题之一。

参考文献

陈守煜.1999.工程模糊集理论与应用.北京：国防工业出版社.

陈小红，涂新军.1999.水质超标风险率的 CSPPC 模型.水利学报，12（12）：1-4.

陈兴芳，赵振国.2000.中国汛期降水预测研究及应用.北京：气象出版社.

程文辉，王船海，朱琰.2006.太湖流域模型.南京：河海大学出版社.

崔广柏，刘凌，姚琪，等.2009.太湖富营养化控制机理研究.北京：中国水利水电出版社.

崔婷婷，王银堂，刘勇，等.2012.影响太湖流域的台风演变规律分析.水文，32（2）：54-58.

崔宗培.1991.中国水利百科全书.北京：水利电力出版社.

丁晶，邓育仁.1988.随机水文学.成都：成都科技大学出版社.

方红远，王银堂，胡庆芳.2009.区域洪水资源利用综合风险评价.水科学进展，20（5）：726-731.

符淙斌，滕星林.1988.我国夏季的气候异常与埃尔尼诺/南方涛动现象的关系.大气科学，12（s1）：133-141.

高波，刘克琳，王银堂，等.2005.系统聚类法在水库汛期分期中的应用.水利水电技术，36（6）：1-5.

高建芸，邓自旺，周晓兰，等.2006.基于 EOF 和小波分析的福建近四十年旱涝时空变化特征研究.热带气象学报，22（5）：491-497.

高新波，谢维信.1999.模糊聚类理论发展及应用的研究进展.科学通报，44（21）：2241-2248.

郭生练，闫宝伟，肖义，等.2008.Copula 函数在多变量水文分析计算中的应用及研究进展.水文，28（3）：1-7.

和宏伟，张爱玲.1994.Fisher 最优分割法在云南地震分期中的应用.地震研究，17（3）：231-239.

侯玉，吴伯贤，郑国权.1999.分形理论用于洪水分期的初步探讨.水科学进展，10（2）：104-143.

黄荣辉，1990.引起我国夏季旱涝的东亚大气环流异常遥相关及其物理机制的研究.大气科学，14（1）：108-117.

胡庆芳，王银堂.2009.海河流域洪水资源利用评价研究.水文，29（5）：6-12.

胡庆芳，王银堂，杨大文.2010.流域洪水资源可利用量和利用潜力的评估方法及实例研究.水力发电学报，（4）：20-27.

胡四一，高波，王忠静.2002.海河流域洪水资源安全利用——水库汛限水位的确定与运用.中国水利，10：105-108.

胡四一，王宗志，王银堂，等.2011.太湖流域台风与梅雨遭遇概率分析.中国科学：技术科学，41（4）：426-435.

金菊良，杨晓华，丁晶.2001.标准遗传算法的改进方案——加速遗传算法.系统工程理论与实践，21（4）：8-13.

李剑锋，张强，白云岗，等.2012.新疆地区最大连续降水事件时空变化特征.地理学报，67（3）：312-320.

李锦秀，徐嵩龄.2003.流域水污染经济损失计量模型.水利学报，10：68-74.

林荷娟，杨洪林.1999.太湖流域河网水动力学模型的改进.水动力学研究与进展，14（3）：312-316.

刘攀，郭生练，王才君，等.2005.三峡水库汛期分期的变点分析方法研究.水文，25（1）：18-22.

刘勇，王银堂，陈元芳，等.2011.太湖流域梅雨时空演变规律研究.水文，31（3）：36-43.

秦长海，甘泓，张小娟，等.2012.水资源定价方法与实践研究Ⅱ：海河流域水价探析.水利学报，43（4）：429-436.

邱海军，曹明明，刘闻．2009. 基于 EOF 的陕西省降水变化时空分异研究．水土保持通报，31（3）：57-59.
史忠植．2001. 知识发现．北京：清华大学出版社．
宋金杰，王元，陈佩燕，等．2011. 基于偏最小二乘回归理论的西北太平洋热带气旋强度统计预报方法. 气象学报，69（5）：745-756.
水利部太湖流域管理局．2008. 2008 年太湖流域梅雨期汛情分析．上海：水利部太湖流域管理局．
水利部太湖流域管理局．2009. 2009 年太湖流域梅雨期汛情分析．上海：水利部太湖流域管理局．
水利部太湖流域管理局．2010. 2010 年太湖流域梅雨期汛情分析．上海：水利部太湖流域管理局．
水利部太湖流域管理局防汛抗旱办公室．2000. 1991 年太湖流域洪水．北京：中国水利水电出版社．
水利部太湖流域管理局水文局．2001. 2000 年太湖流域片水情年报．上海：水利部太湖流域管理局水文局．
水利部太湖流域管理局水文局．2007. 2006 年太湖流域片水情年报．上海：水利部太湖流域管理局水文局．
太湖流域管理局水利发展研究中心．2008. 太湖流域洪水调度应急完善研究报告．上海：太湖流域管理局水利发展研究中心．
王惠文．1999. 偏最小二乘回归方法及其应用．北京：国防工业出版社．
王家仪，管振范．1992. 跨越世纪的宏图——东北地区北水南调工程介绍．水利天地，3：001.
王文圣，丁晶，李跃清．2005. 水文小波分析．北京：化学工业出版社．
王文圣，丁晶，向红莲．2002. 小波分析在水文学中的应用研究及展望．水科学进展，13（4）：515-520.
王银堂，胡庆芳，张书函，等．2009. 流域雨洪资源利用评价及利用模式研究．中国水利，15：13-16.
王宗志，王银堂，胡四一．2007. 水库控制流域汛期分期的有效聚类分析．水科学进展，18（4）：580-585.
吴浩云．2000. 太湖流域典型年梅雨洪涝灾害比较分析．水文，20（4）：54-57.
吴浩云，刁训娣，曾赛星．2008. 引江济太调水经济效益分析——以湖州市为例．水科学进展，19（6）：888-892.
吴浩云，王银堂，胡庆芳，等．2013. 太湖流域61 年来降水时空演变规律分析．水文，33（2）：75-81.
吴恒安．1997. 关于影子水价计算方法的讨论．水利规划，4：47-51.
许士国，孔猛，马传才．2006. 利用月亮泡水库实现嫩江洪水资源化的可能性分析．水电能源科学，24（6）：1-5.
许士国，刘建卫，陈立羽．2005. 通河湖库在洪水资源化中的补偿作用分析．水利学报，36（11）：1359-1364.
阎广聚，刘春光．2004. “引岳济淀”实现水资源优化配置．河北水利，（11）：6-7.
严银汉，孔兴功，汪永进，等．2012. 基于小波分析的全新世气候千年周期及其成因．第四纪研究，32（2）：294-303.
朱来义．1993. 关于修正的 Lagrange 插值多项式．数学学报，36（1）：136-144.
中国水利水电科学研究院．2007. 太湖流域洪灾直接经济损失应急快速评估模型研究报告．北京：中国水利水电科学研究院．
Brown L C，Barnwell T O. 1987. The enhanced stream water quality models QUAL2E and QUAL2E-UNCAS：documentation and user manual. Washington DC：US Environmental Protection Agency，Office of Research and Development，Environmental Research Laboratory.
Doucet A，de Freitas N，Gordon N. 2001. Sequential Monte Carlo Methods in Practice. New York：Springer.

Duan Q Y, Gupta V K, Sorooshian S. 1993. Shuffled complex evolution approach for effective and efficient global minimization. Journal of Optimization Theory and Applications, 76 (3): 501-521.

Duan Q, Sorooshian S, Gupta V K. 1994. Optimal use of the SCE-UA global optimization method for calibrating watershed models. Journal of Hydrology, 158 (3): 265-284.

Hammersley J M, Handscomb D C, Weiss G. 1965. Monte Carlo methods. Physics Today, 18: 55.

Harrison W B. 1981. Annals of a Crusade: Wright Patman and the Federal Reserve System. American Journal of Economics and Sociology, 40 (3): 317-320.

Jucui W, Yanqing W, Biling D, et al. 2011. Assessment the source apportionment of point and non-point loads combinedly using the QUAL2E Model and factor analysis. Energy Procedia, 11: 2929-2939.

Kahaner D K, Rechard O W. 1987. WODQD an adaptive routine for two-dimensional integration. Journal of Computational and Applied Mathematics, 17 (1): 215-234.

Laplante B, Rilstone P. 1996. Environmental inspections and emissions of the pulp and paper industry in Quebec. Journal of Environmental Economics and Management, 31 (1): 19-36.

Sang Y F, Wang D, Wu J C, et al. 2013. Improved continuous wavelet analysis of variation in the dominant period of hydrological time series. Hydrological Sciences Journal, 58 (1): 118-132.

Shadmani M, Marofi S, Roknian M. 2012. Trend analysis in reference evapotranspiration using Mann- Kendall and Spearman's Rho tests in arid regions of Iran. Water Resources Management, 26 (1): 211-224.

Shutian W Y Q. 2008. A study on contagion of financial crisis in Asian emerging economies——a testing methodology of coupla. Studies of International Finance, 9: 006.

Wurbs R A. 1993. Reservoir-system simulation and optimization models. Journal of Water Resources Planning and Management, 119 (4): 455-472.

Wurbs R A. 1997. Water rights considerations in reservoir system management. Water Resources Update, 106: 57-68.

Wurbs R A. 2005. Modeling river/reservoir system management, water allocation, and supply reliability. Journal of Hydrology, 300 (1): 100-113.

Wurbs R A, Cabezas L M. 1987. Analysis of reservoir storage reallocations. Journal of Hydrology, 92 (1): 77-95.

Xie X L, Beni G. 1991. A new fuzzy clustering validity and its application to color image segmentation. Arlington, Virginia: IEEE International Symposium on Intelligent Control.

附　图

附图 1　太湖流域历年逐日降雨及太湖逐日水位对照图

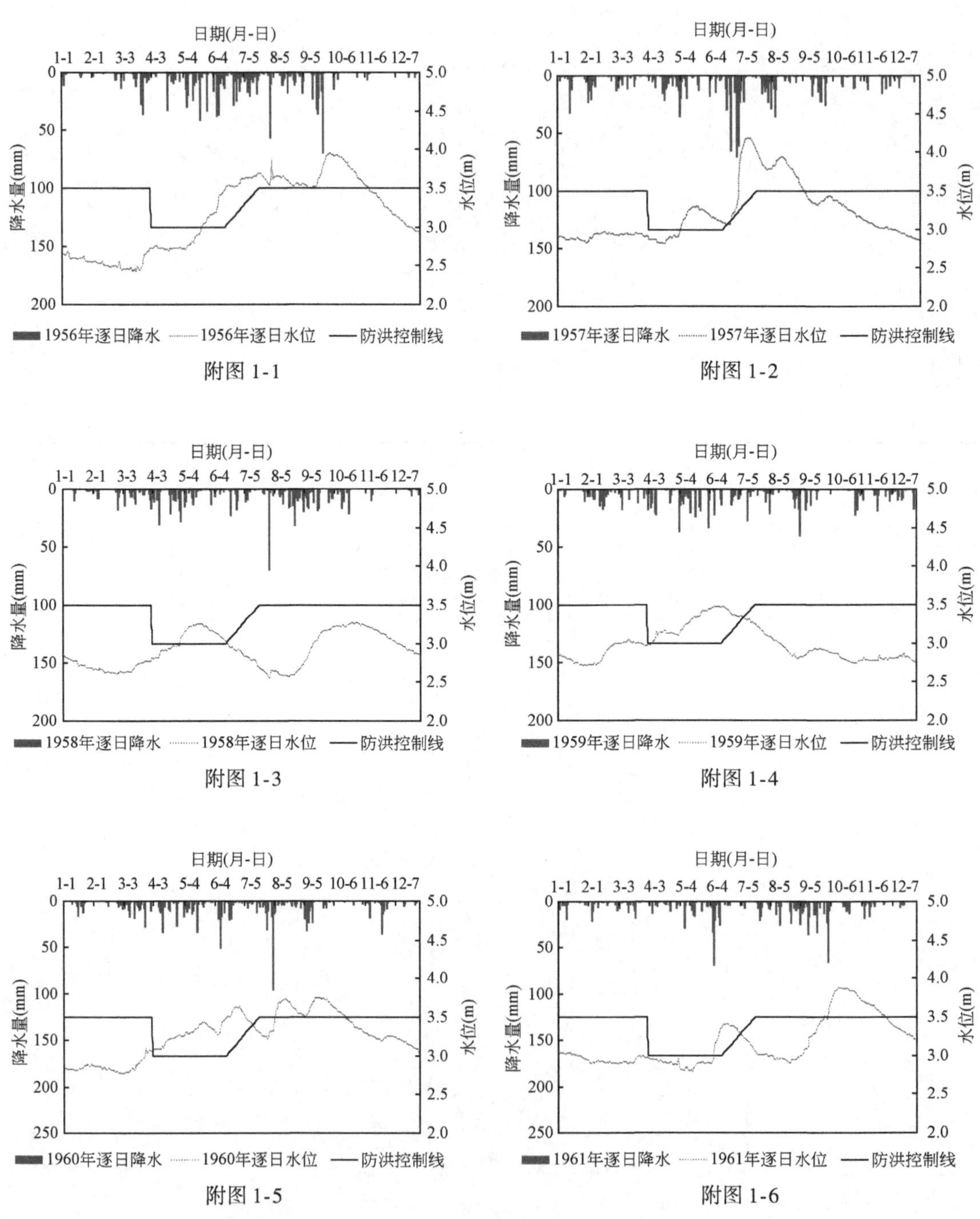

附图 1-1

附图 1-2

附图 1-3

附图 1-4

附图 1-5

附图 1-6

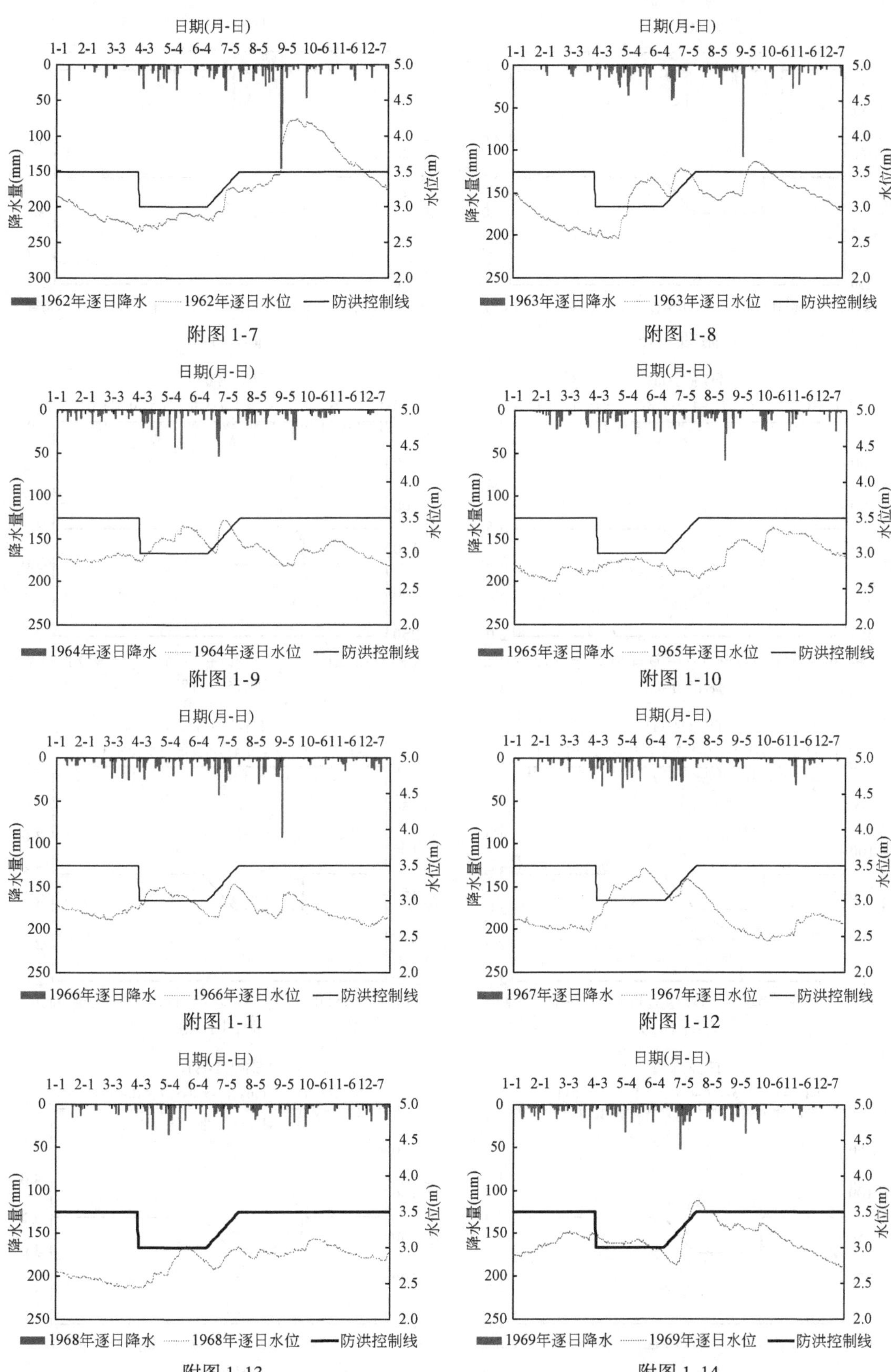

附图 1-7

附图 1-8

附图 1-9

附图 1-10

附图 1-11

附图 1-12

附图 1-13

附图 1-14

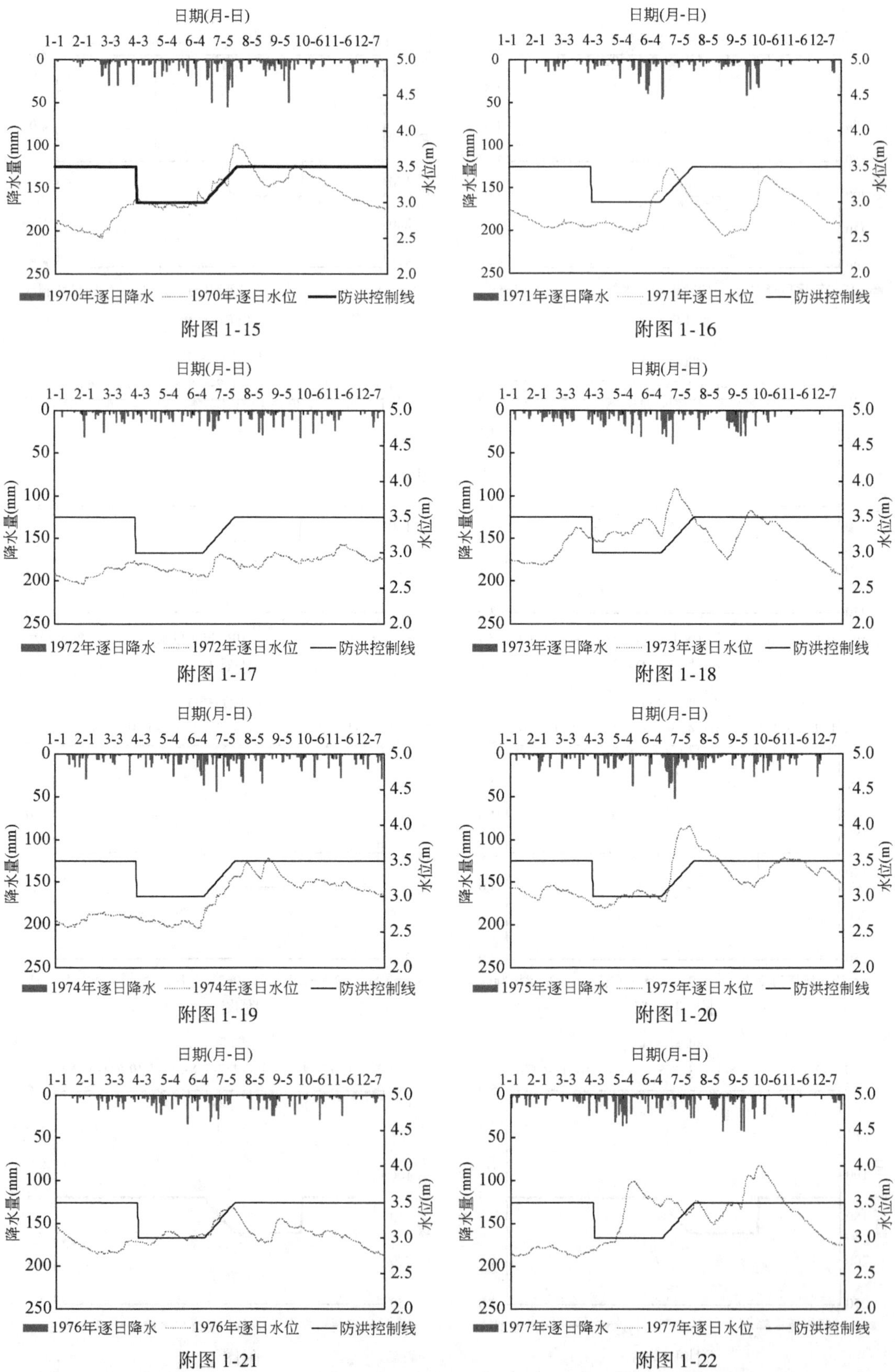

附图 1-15

附图 1-16

附图 1-17

附图 1-18

附图 1-19

附图 1-20

附图 1-21

附图 1-22

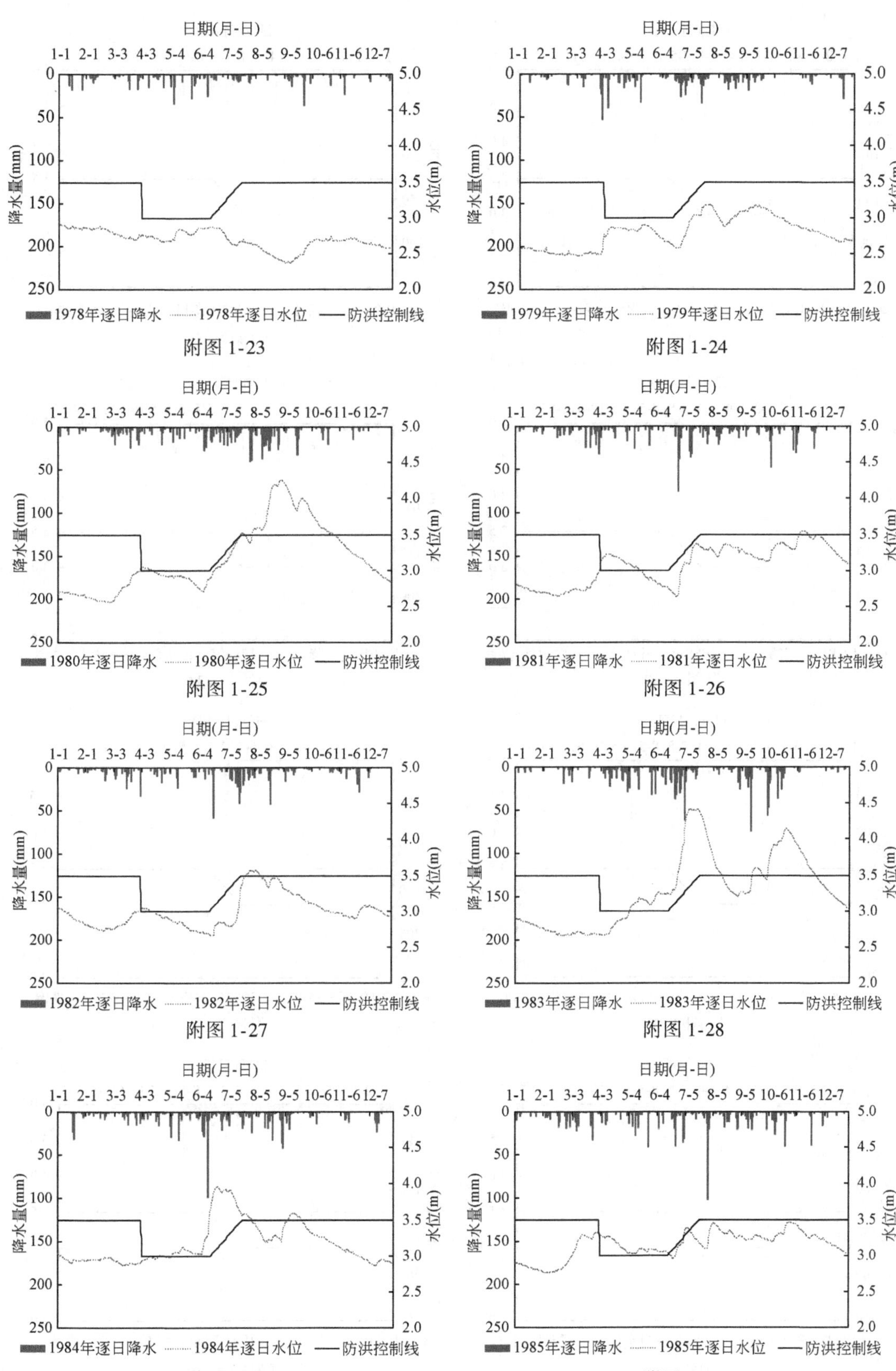
日期(月-日)
1-1 2-1 3-3 4-3 5-4 6-4 7-5 8-5 9-5 10-6 11-6 12-7
降水量(mm)
水位(m)
1978年逐日降水 1978年逐日水位 防洪控制线
附图 1-23
1979年逐日降水 1979年逐日水位 防洪控制线
附图 1-24
1980年逐日降水 1980年逐日水位 防洪控制线
附图 1-25
1981年逐日降水 1981年逐日水位 防洪控制线
附图 1-26
1982年逐日降水 1982年逐日水位 防洪控制线
附图 1-27
1983年逐日降水 1983年逐日水位 防洪控制线
附图 1-28
1984年逐日降水 1984年逐日水位 防洪控制线
附图 1-29
1985年逐日降水 1985年逐日水位 防洪控制线
附图 1-30

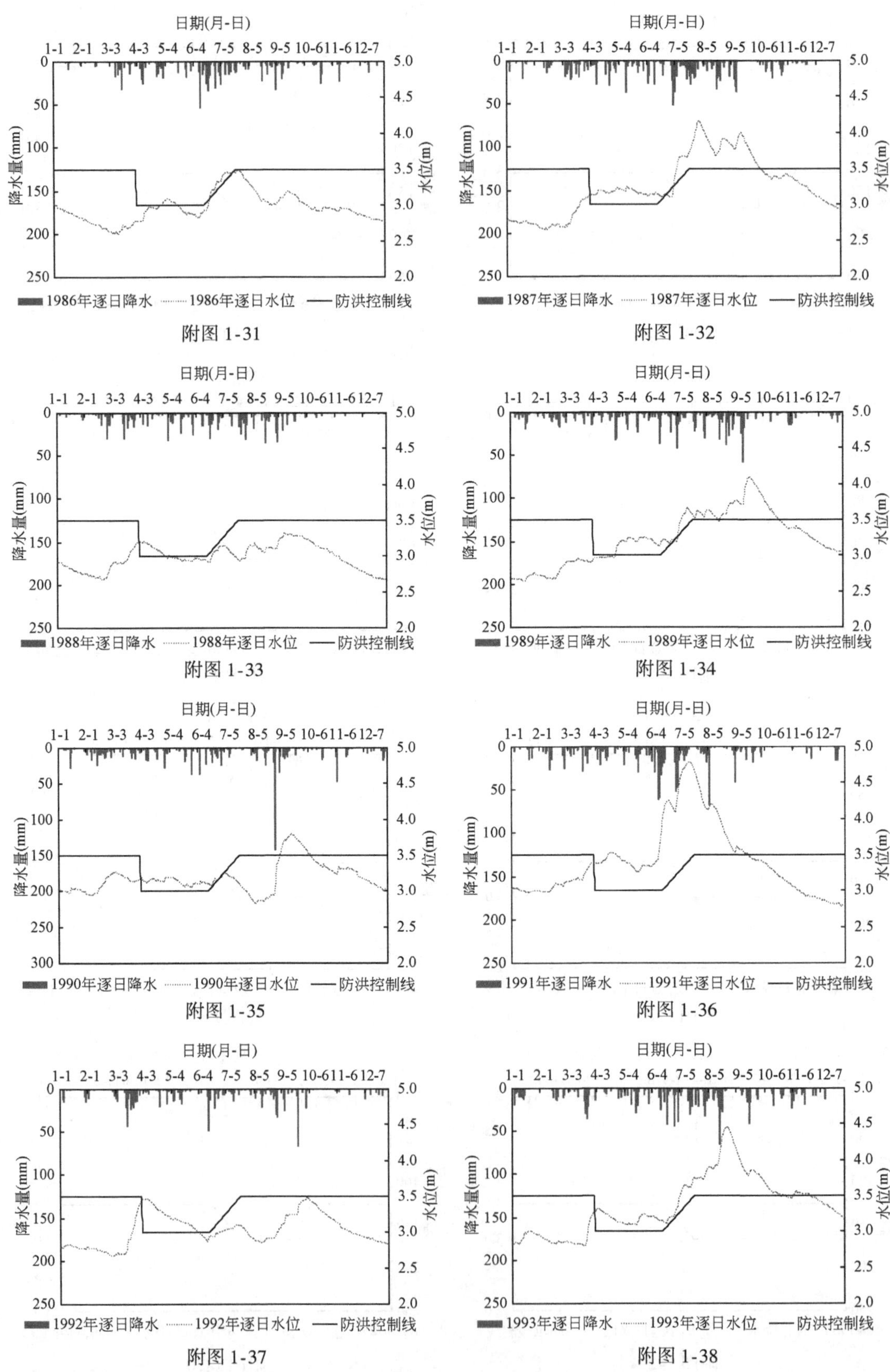

附图 1-31

附图 1-32

附图 1-33

附图 1-34

附图 1-35

附图 1-36

附图 1-37

附图 1-38

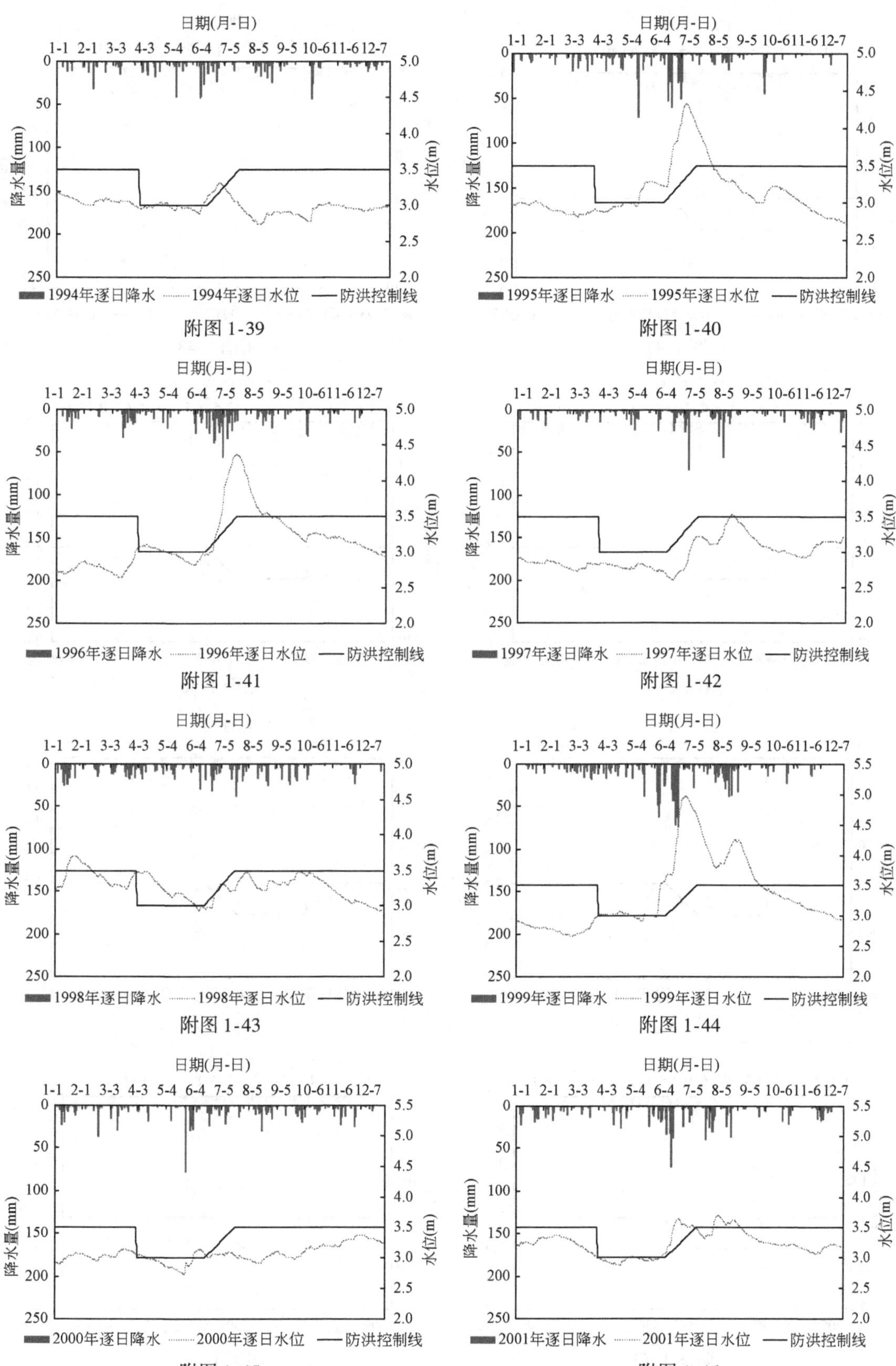
日期(月-日)
1-1 2-1 3-3 4-3 5-4 6-4 7-5 8-5 9-5 10-6 11-6 12-7
降水量(mm)
水位(m)
1994年逐日降水 1994年逐日水位 防洪控制线
附图 1-39
1995年逐日降水 1995年逐日水位 防洪控制线
附图 1-40
1996年逐日降水 1996年逐日水位 防洪控制线
附图 1-41
1997年逐日降水 1997年逐日水位 防洪控制线
附图 1-42
1998年逐日降水 1998年逐日水位 防洪控制线
附图 1-43
1999年逐日降水 1999年逐日水位 防洪控制线
附图 1-44
2000年逐日降水 2000年逐日水位 防洪控制线
附图 1-45
2001年逐日降水 2001年逐日水位 防洪控制线
附图 1-46

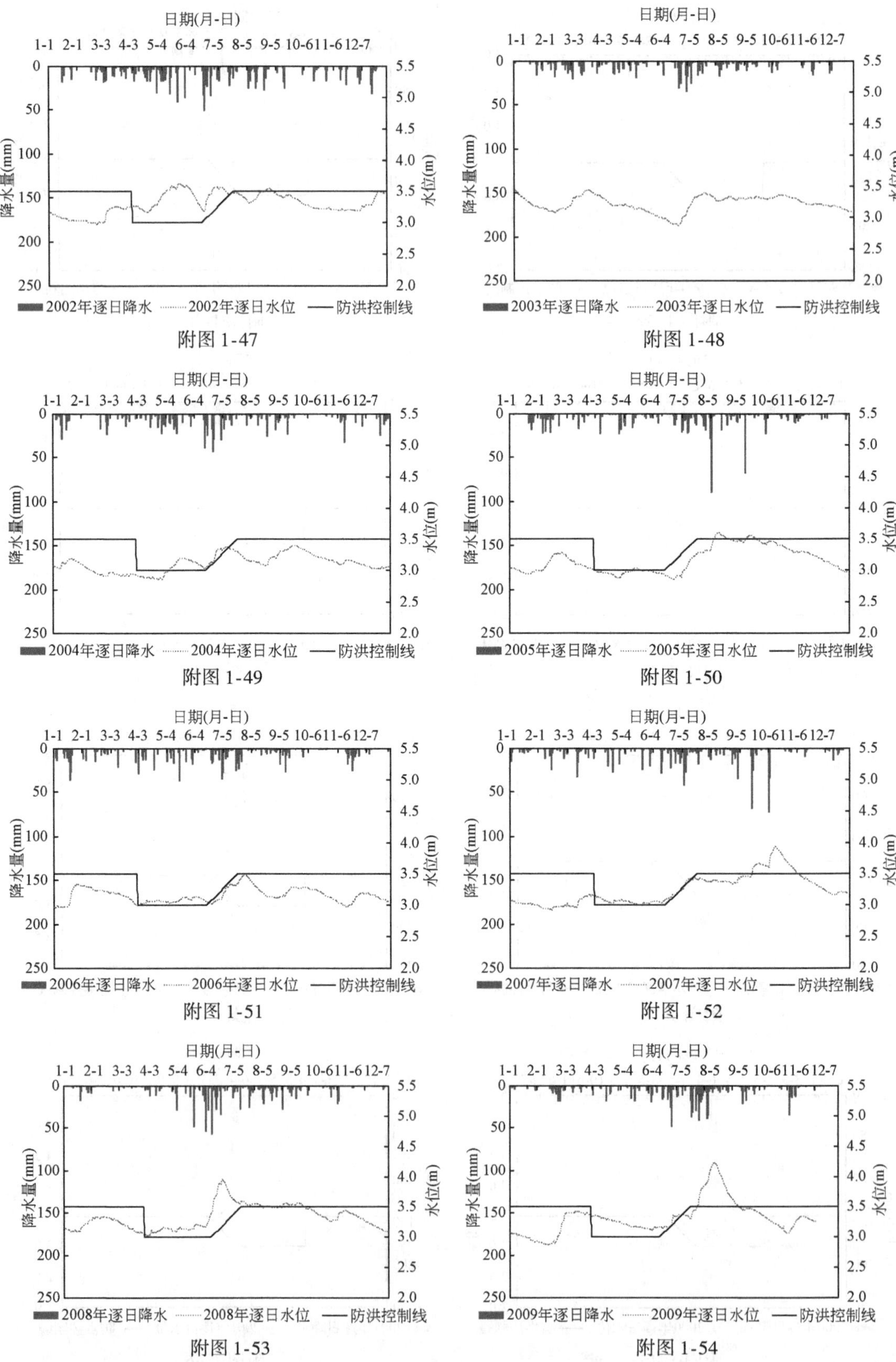

附图 1-47

附图 1-48

附图 1-49

附图 1-50

附图 1-51

附图 1-52

附图 1-53

附图 1-54

附图2　1989年各洪水资源调度方案太湖流域地区代表站逐日水位

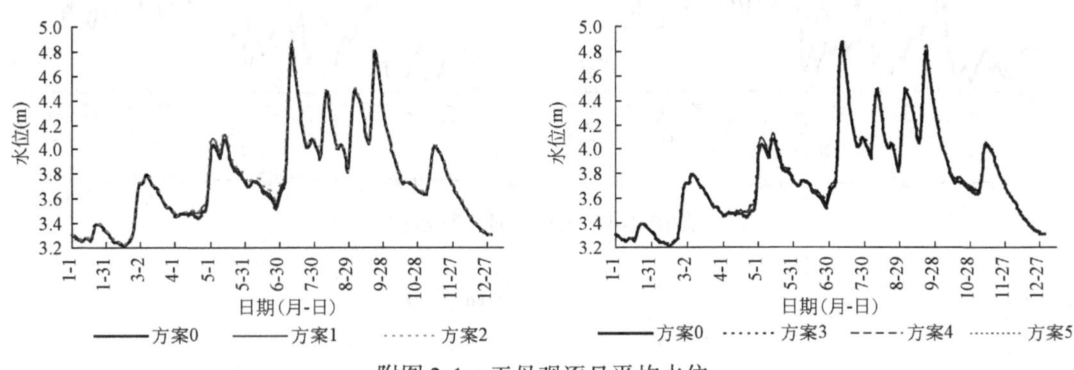

附图 2-1　王母观逐日平均水位

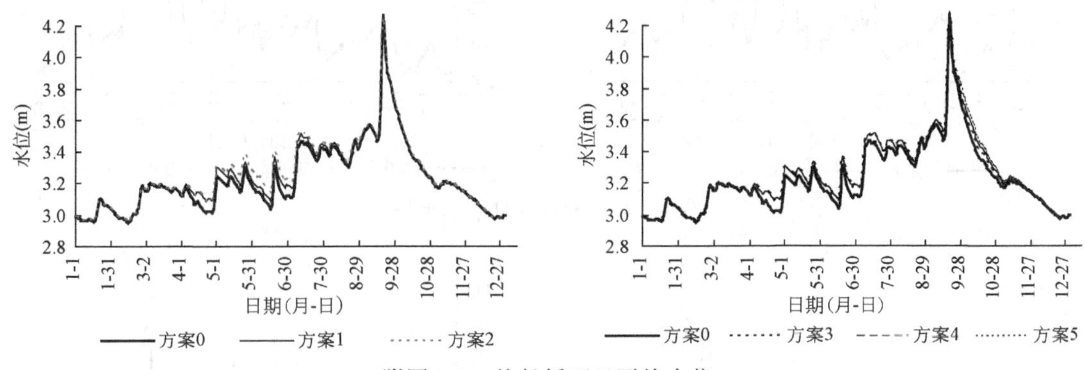

附图 2-2　杭长桥逐日平均水位

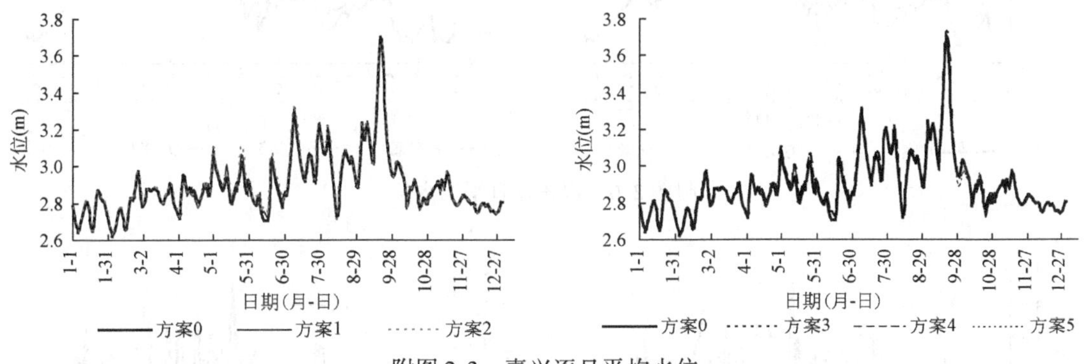

附图 2-3　嘉兴逐日平均水位

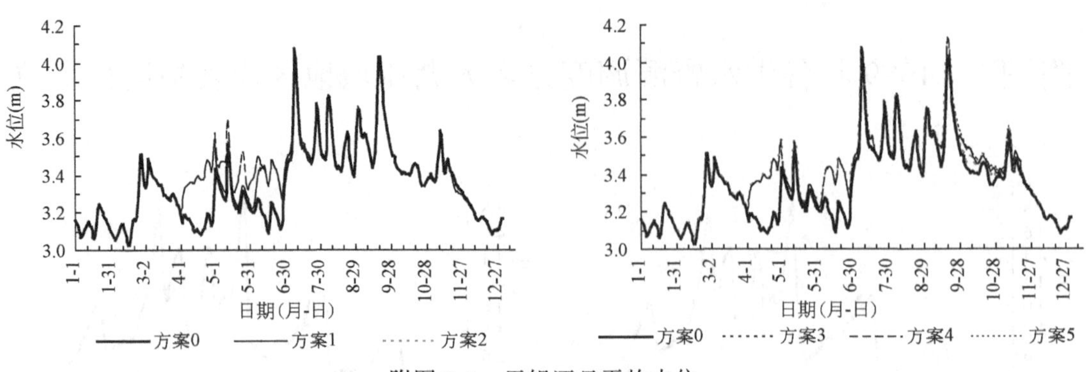

附图 2-4　无锡逐日平均水位

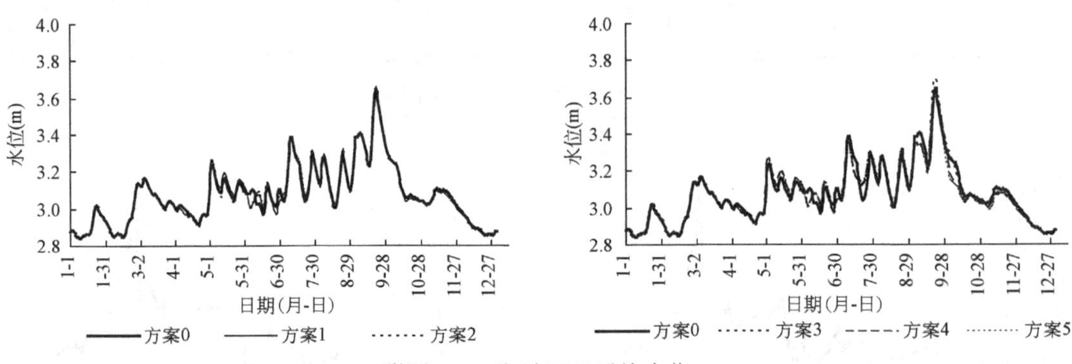

附图 2-5　湘城逐日平均水位

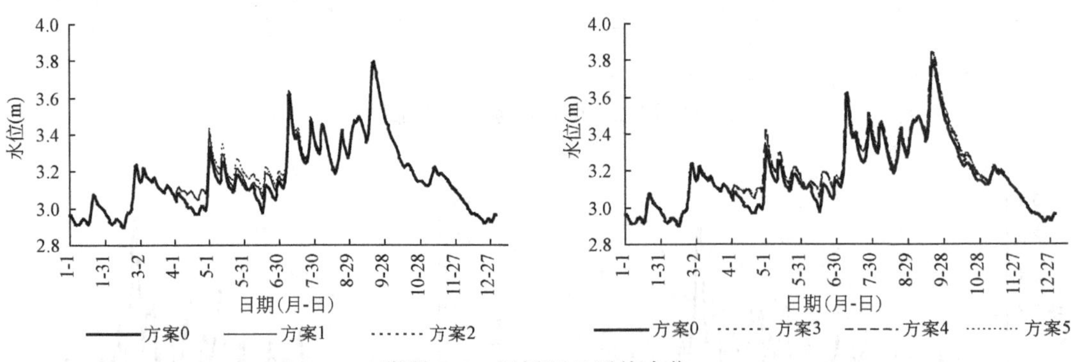

附图 2-6　枫桥逐日平均水位

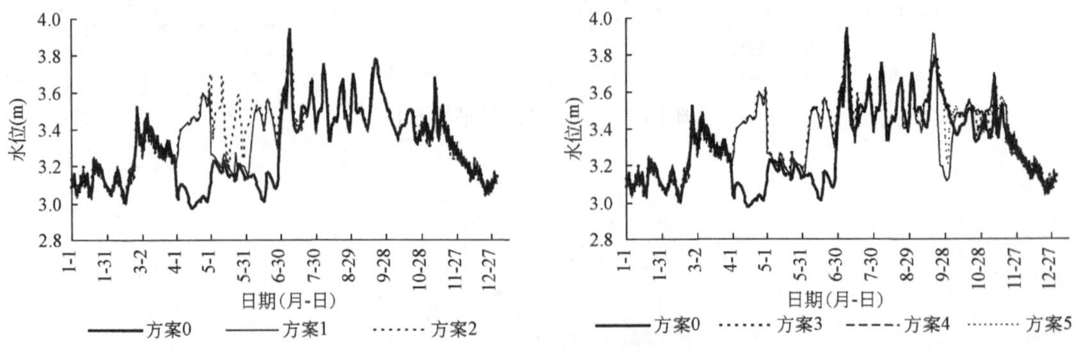

附图 2-7　琳桥逐日平均水位

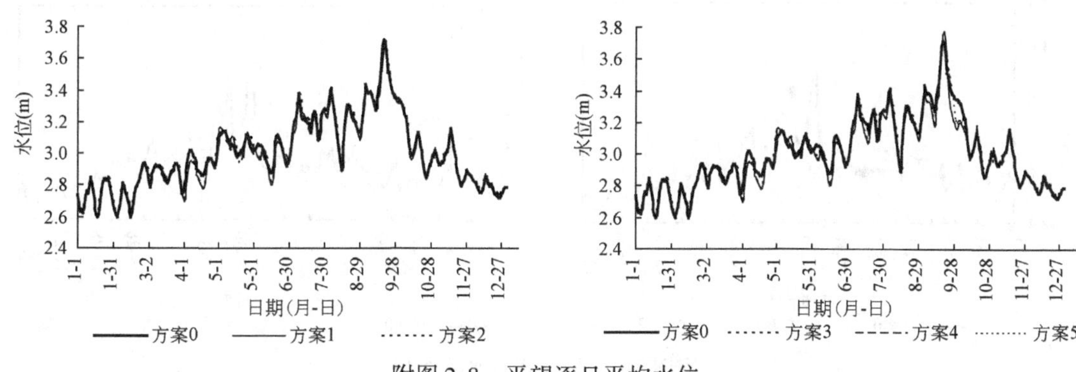

附图 2-8　平望逐日平均水位

附图 3　“1991 年北部”50 年一遇设计降雨情况下各洪水资源调度方案太湖流域地区代表站逐日水位

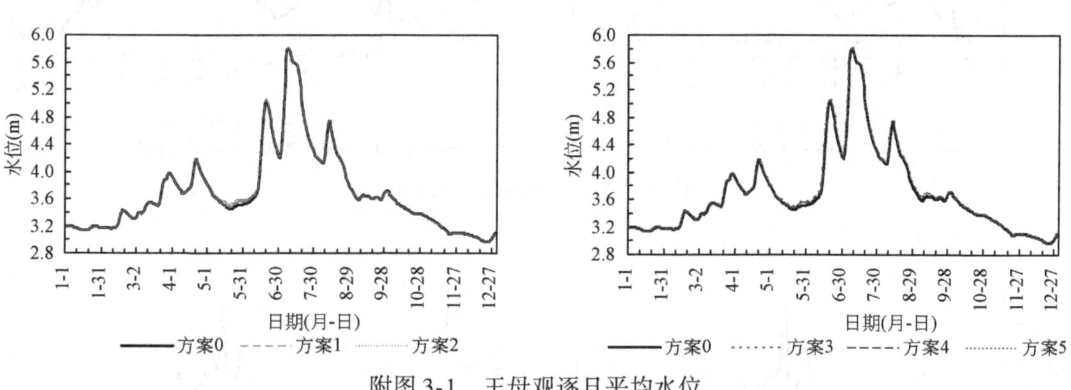

附图 3-1　王母观逐日平均水位

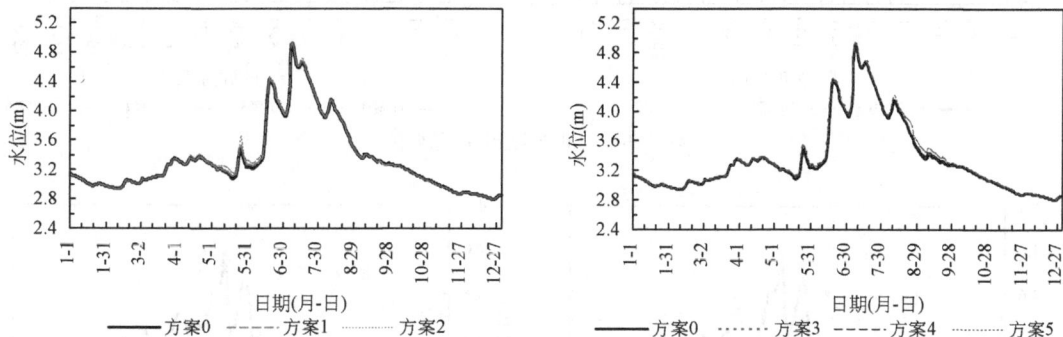

附图 3-2　杭长桥逐日平均水位

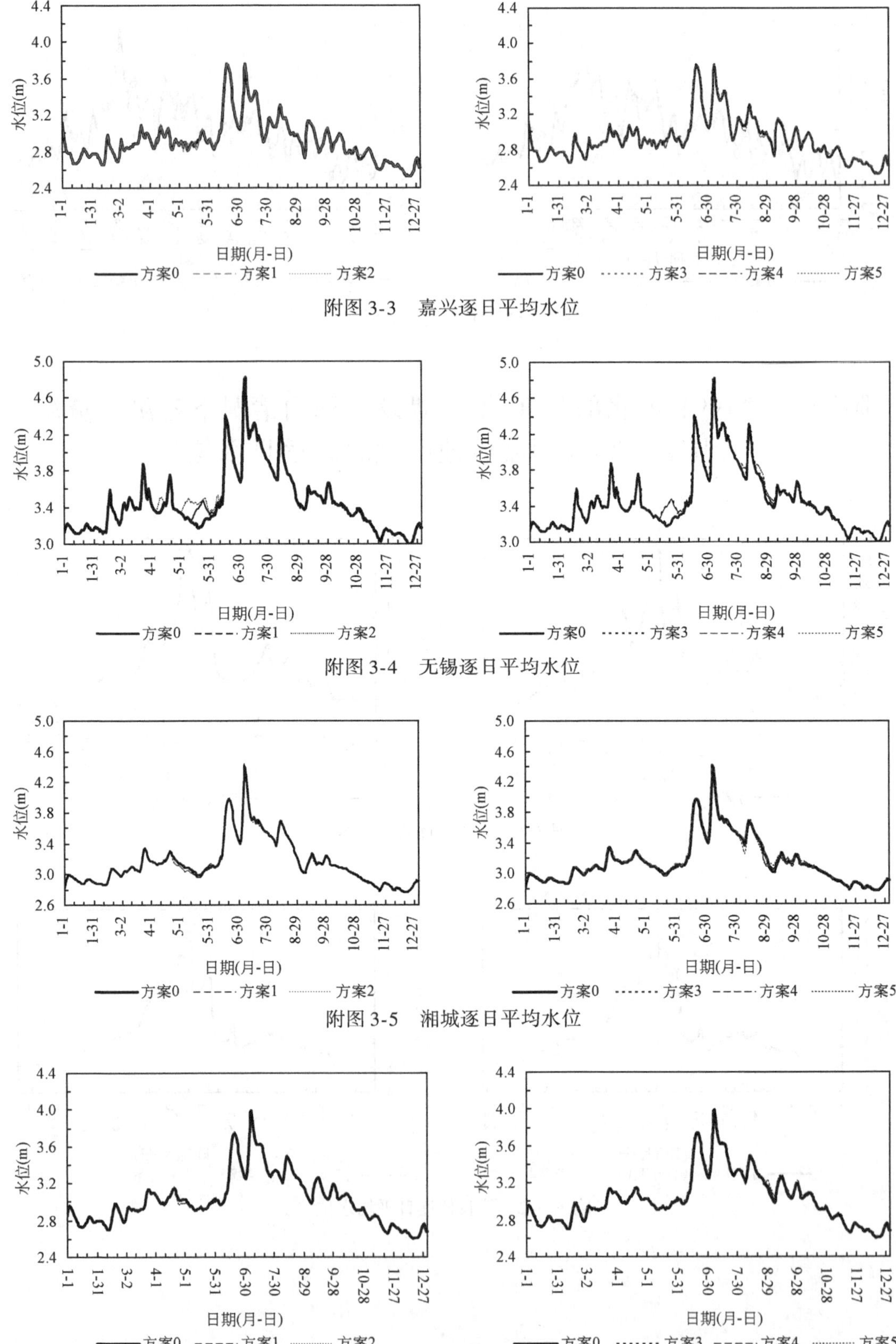

附图 3-3　嘉兴逐日平均水位

附图 3-4　无锡逐日平均水位

附图 3-5　湘城逐日平均水位

附图 3-6　陈墓逐日平均水位

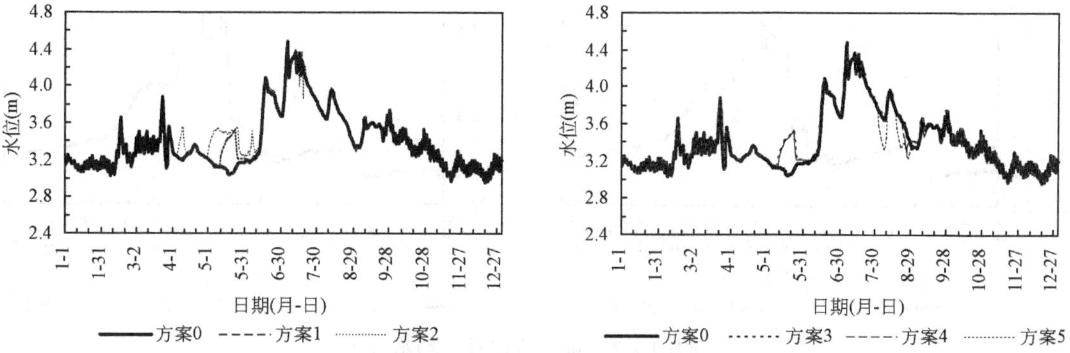

附图 3-7　琳桥逐日平均水位

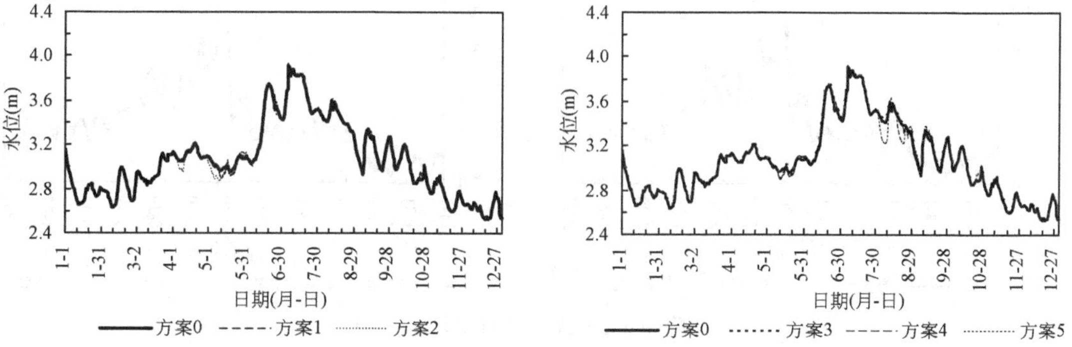

附图 3-8　平望逐日平均水位

附图 4 “1999 年南部” 50 年一遇设计降雨情况下各洪水资源调度方案太湖流域地区代表站逐日水位

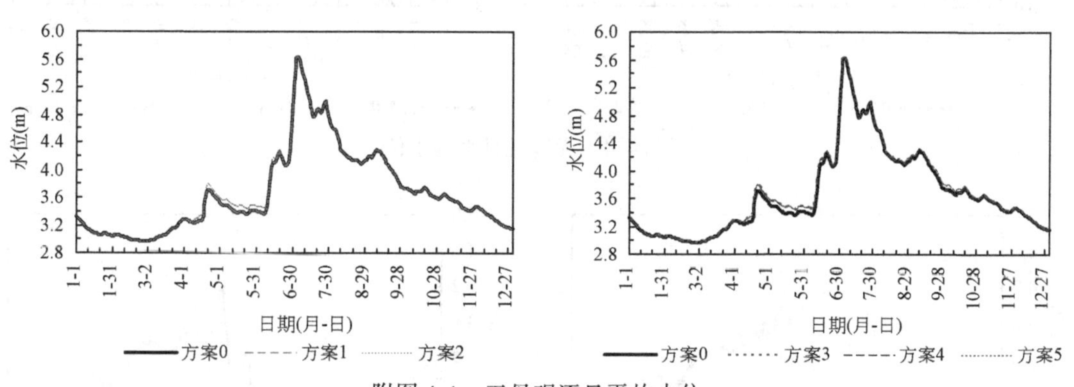

附图 4-1　王母观逐日平均水位

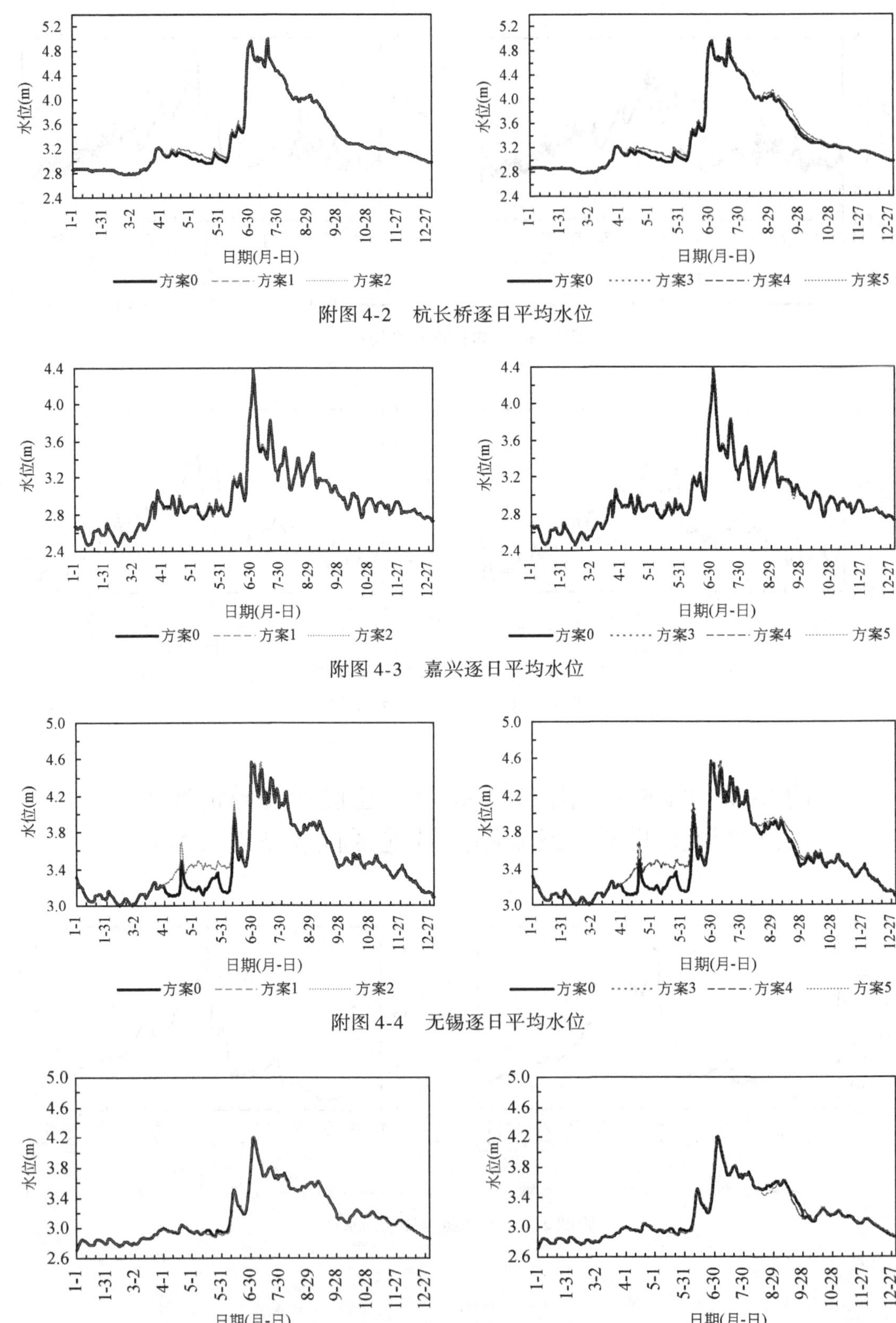

附图 4-2　杭长桥逐日平均水位

附图 4-3　嘉兴逐日平均水位

附图 4-4　无锡逐日平均水位

附图 4-5　湘城逐日平均水位

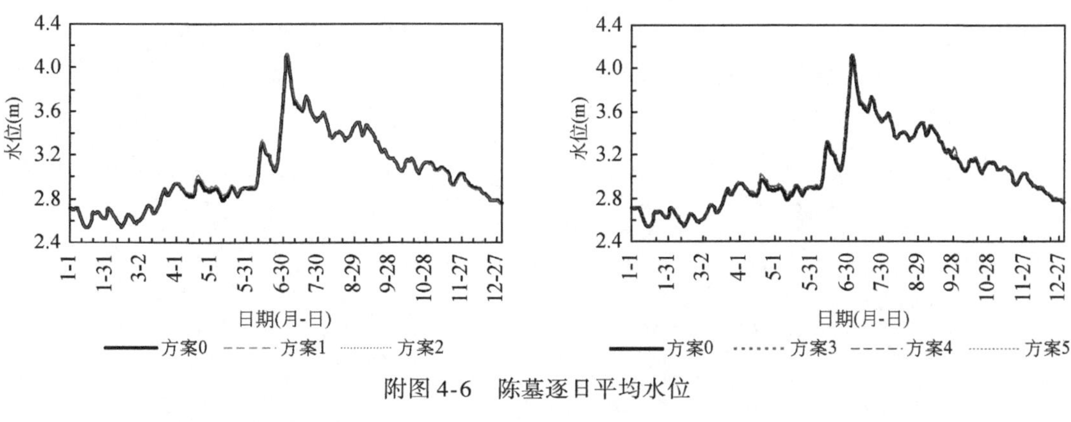

附图 4-6 陈墓逐日平均水位

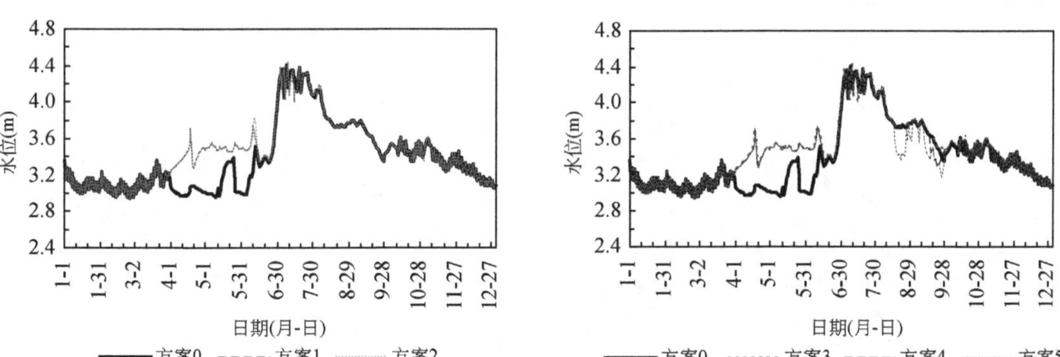

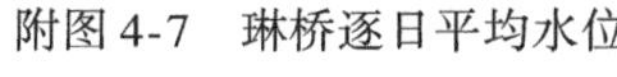

附图 4-7 琳桥逐日平均水位

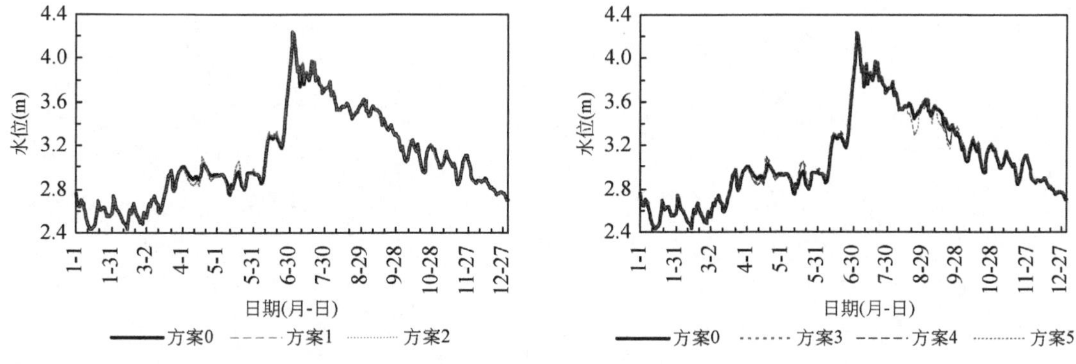

附图 4-8 平望逐日平均水位